Drought and Water Crises
Integrating Science, Management, and Policy
Second Edition

干旱与水危机
整合科学、管理和政策
（第2版）

（美）Donald A. Wilhite （美）Roger S. Pulwarty 著

赵兰兰 卢洪健 王 容 李 磊 宫博亚 译

黄河水利出版社
·郑州·

Donald A. Wilhite, Roger S. Pulwarty

Drought and Water Crises: Integrating Science, Management, and Policy (Second Edition)

ISBN: 9781138035645

图书在版编目(CIP)数据

干旱与水危机:整合科学、管理和政策/(美)唐纳德·A.惠特(Donald A. Wilhite),(美)罗杰·S.普尔沃蒂(Roger S. Pulwarty)著;赵兰兰等译.—2版.—郑州:黄河水利出版社,2020.8

书名原文:Drought and Water Crises: Integrating Science, Management, and Policy(Second Edition)

ISBN 978-7-5509-2792-6

Ⅰ.①干… Ⅱ.①唐… ②罗…③赵… Ⅲ.①干旱-研究 ②水资源管理-研究 Ⅳ.①P426.616②TV213.4

中国版本图书馆 CIP 数据核字(2020)第161855号

出 版 社:黄河水利出版社　　网址:www.yrcp.com

地址:河南省郑州市顺河路黄委会综合楼14层　　邮政编码:450003

发行单位:黄河水利出版社

发行部电话:0371-66026940、66020550、66028024、66022620(传真)

E-mail:hhslcbs@126.com

承印单位:广东虎彩云印刷有限公司

开本:787 mm×1 092 mm 1/16

印张:18.25

字数:422千字

版次:2020年8月第1版　　印次:2020年8月第1次印刷

定价:80.00元

豫著许可备字-2020-A-0133

译者前言

《干旱与水危机:整合科学、管理和政策(第2版)》一书由美国国家干旱减灾中心(NDMC)创始主任、内布拉斯加大学林肯分校自然资源学院教授 Donald A. Wilhite 与美国国家海洋和大气管理局(NOAA)气候研究高级科学顾问 Roger S. Pulwarty 联合主编,由泰勒-弗朗西斯集团于2018年正式出版。全书阐述了第1版出版以来十年间干旱管理方面所取得的最新进展,涵盖干旱监测、检测及其烈度表征,各级决策者之间信息沟通能力的提升,及其在干旱风险减缓中发挥的作用;介绍了在提升季节干旱预报可靠性方面做出的贡献,同时致力于改进此类预报的表达方式,以便更能满足终端用户的需求;开发了先进的影响评估、规划和减灾工具,可以协助政府和其他人员制定干旱减缓计划。

干旱是世界范围内循环往复发生的一类自然灾害,也是影响我国经济社会发展的主要自然灾害之一。中华人民共和国成立以来,我国建设了大量卓有成效的以蓄、引、提、调为主的水源工程以及抗旱应急备用水源工程,抗旱组织体系、抗旱法规预案、抗旱减灾规划、旱情监测站网、抗旱信息化、抗旱应急调水、抗旱服务能力、抗旱减灾研究等方面的抗旱非工程体系建设也取得了长足进展,抗旱减灾能力和水平得到了极大的提高,抗旱减灾效益显著。

干旱无法避免,因此减少未来干旱风险需要转向更加积极主动的防御方式,即强调备灾规划,重视适当的减缓措施及有规划的发展,包括通过发展综合预警和信息传递系统来改善干旱监测与预报。本书汇集了当前世界范围内最新的干旱科学、管理与政策知识,通过翻译出版为中文,相信能为我国干旱管理决策者及相关科研和业务人员提供更为丰富的借鉴与参考。

本书由赵兰兰、卢洪健、王容、李磊、宫博亚翻译和校对。其中,卢洪健负责翻译第Ⅰ部分(第1章)和第Ⅱ部分(第2~5章)及第Ⅴ部分(第25章),赵兰兰负责翻译第Ⅲ部分(第6~12章),李磊负责翻译第Ⅳ部分(第13~16章),王容负责翻译第Ⅳ部分(第17~20章),宫博亚负责翻译第Ⅳ部分(第21~24章)。全书由赵兰兰和卢洪健负责校改、审核并定稿。

本书的翻译和出版得到了国家重点研发计划项目“大范围干旱监测预报与灾害风险防范技术与示范”课题三“多源土壤含水量融合及大范围干旱预测技术应用”(2017YFC1502403)和课题六“干旱监测预报与灾害风险防范应用平台开发和集成示范”(2017YFC1502406)的资助,特此深表感谢。

由于译者水平有限,译文中难免存在一些表述不当或不准之处,敬请读者谅解。

译　者

2020年6月

前　言

《干旱与水危机:整合科学、管理和政策(第2版)》,记录了自2005年第1版出版以来,干旱管理方面取得的显著进展。过去十年的重大进展增强了我们监测和发现干旱及干旱严重程度的能力,并将得到的信息传达给各级决策者以降低干旱风险。一些地区在提高季节性干旱预报的可靠性方面已取得了进展,在水资源和其他自然资源的管理方面为决策者提供服务。目前,正努力以更好地满足最终用户需求的方式表达这些预测。研究人员和业务人员改进了影响评估工具,可以帮助确定与干旱有关的真正的经济成本、社会成本和环境成本。同时制定了规划并开发了缓解干旱的工具来协助政府等开展干旱缓解计划。针对脆弱性评估的新工具已经在不同的环境中进行开发和测试,尽管在这个复杂的过程中仍有许多工作要做。新的节水技术也已经开发,并正在农业和城市部门中应用,这为持续提高用水效率提供了机会。

尽管在这些改进了的干旱管理技术的实施方面取得了重大进展,但在2013年以前,这些进展大多是零星的,仅限于特定的地理环境。尤其是在国家干旱政策的发展方面严重不足,干旱政策强调将减少风险作为一项战略,以改变传统的危机管理方法,即"不合理"的循环。2013年3月举行的国家干旱政策高级会议(HMNDP)促进了国家干旱政策以及与综合干旱管理有关的概念的制定。这次会议汇集了联合国的三个主要组织,它们都对改善干旱管理和减少干旱的影响有浓厚的兴趣。这种合作促成了关于制定国家干旱政策的重要性的全球对话,其目标是减少这种潜在自然灾害对所有国家的影响。在世界气象组织(WMO)、联合国粮食及农业组织(FAO)和联合国防治干旱及荒漠化公约(UNCCD)的大量投入和支持下,发挥了促进HMNDP的作用。第2章详细描述了HMNDP的目标及其结果。该会议的宣言是会议的一项成果,并得到参加这次会议的87个国家的一致赞同,它标志着危机管理的重大转变。该宣言呼吁所有国家制定一项以减少风险为重点的国家干旱政策。自2013年以来,人们对这一话题的关注是重大的,且在本书中详细描述的进展也是显著的。

本书分为5个部分,以突出近年来干旱风险评估和管理在工具和方法开发方面取得的进展,以及这些工具和方法如何应用于世界各地的各种情况。第Ⅰ部分讨论了干旱这一种灾害及其管理的复杂性,为后面的章节奠定了基础。第Ⅱ部分详细介绍了在推进关于干旱风险管理的对话方面所取得的进展,以便将管理灾害的模式转变为管理风险的模式,并介绍了在实现这一转变方面所面临的困难和机遇。第Ⅲ部分着重介绍干旱监测、预警和预测与干旱管理方面的进展。第Ⅳ部分从本书第1版起已做了相当大的扩充,以提供干旱和水资源管理方面的相关案例的研究和进展,展示了在改进与干旱管理相关的政策的过程中综合科学、技术和管理方面取得的进展。第Ⅴ部分是总结性的部分，简明扼要地综合和总结了迄今所取得的进展，并展望未来。

作为本书的共编者，我们希望第2版中包含的内容能更好地向读者提供知识和适当的例子，并说明如何通过积极主动的干旱风险管理将这些工具应用于实际，以减少社会对干旱的脆弱性。

Donald A. Wilhite
内布拉斯加大学林肯分校
Roger S. Pulwarty
NOAA

致　谢

《干旱与水危机:整合科学、管理和政策(第 2 版)》,是过去一年中许多工作人员共同努力的结果。本书的这一版提供了过去十年干旱管理进展的最新情况,这一进展强调了积极主动的降低风险的方法,而不是传统的危机管理方法。决定在 2016 年出版这本书的第 2 版是与泰勒-弗朗西斯集团(Taylor & Francis Group)的环境科学、地理信息系统和遥感领域的高级编辑 Irma Shagla Britton 共同讨论的结果。很高兴与 Irma 和整个 CRC 团队合作编写本书。

我们特别要感谢本书的所有贡献者。选择这些同事是因为他们的专业知识,他们在整个职业生涯中的研究质量,以及他们的研究工作和经验对本书主题的贡献。我们感谢他们在短期限内准备并提交章节稿件及其对建议编辑和修改的接受。

我们还要感谢美国国家干旱减灾中心(NDMC)的 Deborah Wood,感谢她为编写本书的最终稿件所做的许多贡献。Deb 的出色编辑技巧和对细节的关注是非常宝贵的。如果没有她孜孜不倦地完成书中的各个章节,我们就无法按计划完成这个项目。这本书只是 Deb 多年来贡献了她许多才能和技能的手稿之一。

最后,我们要感谢在林肯内布拉斯加大学的 NDMC 工作人员和合作伙伴以及国家海洋和大气管理局的国家综合干旱信息系统工作人员,感谢他们在干旱风险管理方面积极主动地为本书的大部分内容提供了材料。

作者简介

Donald A. Wilhite,内布拉斯加大学林肯分校自然资源学院应用气候科学的教授和主任,2007 年至 2012 年 8 月,担任自然资源学院的主任。Donald 于 1995 年担任美国国家干旱减灾中心(NDMC)的创始主任,1989 年在内布拉斯加大学林肯分校担任国际干旱信息中心主任。他于 2013 年当选为美国气象学会会员。Donald 的研究及外展活动侧重于干旱监测、规划、缓解和政策问题,在决策中使用气候信息,以及气候变化。2013 年,他主持了由世界气象组织(WMO)、联合国粮食及农业组织(FAO)和联合国防治干旱及荒漠化公约(UNCCD)主办的国家干旱政策高级别会议(HMNDP)。Donald 是综合干旱管理计划(IDMP)的管理和咨询委员会主席,该计划由 WMO 和全球水伙伴于 2013 年发起。2014 年,他撰写了《国家干旱管理政策指南:IDMP 操作模板》。Donald 曾撰写或合著过 150 多篇期刊文章、专著、书籍的章节和技术报告。他是许多干旱和干旱管理类书籍的主编或合著者,包括 Drought and Water Crises(CRC Press,2005);From Disaster Response to Risk Management:Australia's National Drought Policy(Springer,2005);Drought:A Global Assessment(Routledge,2000);Drought Assessment, Management, and Planning:Theory and Case Studies(Kluwer Publishers,1993);Planning for Drought:Toward a Reduction of Societal Vulnerability(Westview Press,1987)。Donald 也是 2014 年和 2016 年发表的关于内布拉斯加州气候变化影响的两份报告的合著者,以及《内布拉斯加州地图集》的合著者(内布拉斯加大学出版社,2017)。

Roger S. Pulwarty,美国国家海洋和大气管理局(NOAA)气候项目和科罗拉多州博尔德地球系统研究实验室气候研究高级科学顾问。Roger 的出版物侧重于美国、拉丁美洲和加勒比地区的气候和风险管理。在他的整个职业生涯中,他帮助开发和领导了广泛认可的气候科学、适应和服务项目,包括区域综合科学和评估、美国国家综合干旱信息系统和加勒比气候变化适应主流项目。Roger 是政府间气候变化专门委员会、联合国国际减灾战略和美国国家气候评估报告的主要召集人。他在美国国家科学院咨询委员会任职,并担任西方州长协会、美国国家组织、开发署、美洲银行和世界银行等机构的气候风险管理顾问。他是世界气象组织气候服务信息系统执行小组的主席。Roger 的工作因将科学研究纳入决策而获得了美国政府、国际和专业协会的奖项。Roger 是科罗拉多大学和西印度群岛大学的兼职教授。

作者简介

目　录

第Ⅲ部分　干旱预测、早期预警、决策支持和管理工具的进展

第Ⅳ部分 综合干旱和水资源管理的案例研究:科学、技术、管理和政策的作用

第Ⅴ部分 总结与展望

第Ⅰ部分　综　述

第1章　干旱危害:自然和社会背景[1]

1.1　概　述

干旱是一种隐伏的自然灾害,在一个季节或者更长的时期内,当降水量比期望的“正常”值少,且不能满足人类活动和环境的需求时,干旱就发生了。其他的气候因素(如温度、较低的相对湿度和大风)也可能加重干旱事件的严重性或延长干旱的持续时间。其中,温度是一个特别重要的附加变量,因为它影响着大气蒸发能力,这是全球变暖中一个日益重要的因素。正如联合国防治干旱及荒漠化公约和其他公约所指出的那样,荒漠化、农业需求、土地退化和干旱正在加剧全球水危机。

与水有关的危机,涉及范围很广,从对最富生产力的农田造成的影响到安全饮用水的获取,这些危机构成了未来十年地球面临的最重大威胁。世界经济论坛在2015年得出结论:预计15年内,全球范围内的用水需求量将达到供应量的1.4倍。正如Wilhite和Pulwarty(2005)所指出的,危机可以被定义为一个不稳定的时期或关键阶段,该阶段产生的结果将产生或好或坏的决定性影响。“危机”这个词来源于希腊语言krisis,字面意思是决定,决策者将被迫对水资源的分配做出艰难的选择,这些决策将对整个经济和环境产生重大影响。且在干旱期间,这些选择的困难将会加剧,更重要的是,如果干旱严重且持续时间较长,情况将更糟(2015年世界经济论坛)。

干旱本身不是灾难,是否会演变成旱灾,取决于它对当地居民和环境的影响,以及它们对长期降水不足的恢复能力。在干旱事件之前,为减少脆弱性,应采取相应的适应措施,不同于其他灾害的应急响应,该措施类似于在事件发生前建议或执行的行动,例如提高用水效率。在这种情况下的预警系统(简称EWS)不仅需要研究事件发生超过某个社会可接受或安全水平的阈值,而且需要研究事件的强度和持续时间,时间上从季到数十年,空间上考虑几百平方千米到几十万平方千米(Pulwarty和Verdin,2013)。

干旱预案和政策大大加强了抗旱能力,这些预案和政策强调关键领域的脆弱性评估并实施措施以减少干旱风险,减轻未来由干旱造成的相关影响。因此,更有效地理解并管理干旱的关键是加强对它的自然属性和社会属性的理解。我们逐渐意识到,综合干旱和水资源短缺管理方法亟须在国家、社区和跨界层面上建立多利益相关的平台,以实施联合战略以及预防和应对危机。

干旱是正常气候变化的一部分,而不是偏离正常气候的(Glantz,2003)。将干旱看作是偏离正常气候的这种观点常常导致政策制定者和决策者将干旱这种复杂现象视为罕见的随机事件。这种认识通常导致人们很少针对那些风险最高的个体、群体、经济部门、地

---

[1] 本章是对第1版《干旱与水危机》的重要修订。我们感谢Margie Buchanan-Smith对第1版的贡献。

区和生态系统而做出努力（Wilhite，2000；Sivakumar 等，2014）。改进的干旱政策和抗旱准备是积极主动的而不是被动的，旨在降低风险而不是应对危机，更具成本效益，可以带来更持续的资源管理，并能减少政府以及援助机构的干预（Wilhite 等，2000；WMO 和 GWP，2014；另见第 2～5 章）。

本章的主要目的是讨论干旱的自然特征和人为因素，因为这些决定了在应对水有关的危机时，采取的应对措施的有效性（见图 1-1）。如图 1-1 所示，所有类型的干旱都是源于降水的缺乏（气象干旱），并且可能会因高温和其他因素而加剧。如图 1-1 所示的典型案例所示，当这一时期的降水持续不足时，土壤水分开始减少并影响农业生物量的生产，导致生物产量的减少（农业干旱）。如果干旱持续更长时间，随着土壤的自适应缓冲作用（储存、含水层和有效措施）的消耗，影响将变得越来越复杂，导致来自多个领域的用水者之间的冲突加剧。例如，持续的干旱将会减少径流，降低水库和湖泊蓄水位、积雪和地下水位（水文干旱），并对水力发电、休闲和旅游、灌溉农业、生态系统和其他部门产生重大影响。虽然所有干旱都源于降水不足，但这些干旱（包括社会经济和政治干旱）的影响程度主要是水土管理的政策和措施的结果。因此，这些其他类型的干旱所产生的影响与自然事件（降水量不足）的关系不那么直接，更多的是在干旱事件发生之前和干旱期间如何管理水资源和其他自然资源（参见章节 1.2 和 1.3 有关该主题的更多讨论）。减少干旱风险必须在很大程度上集中于改变各级管理政策和措施。

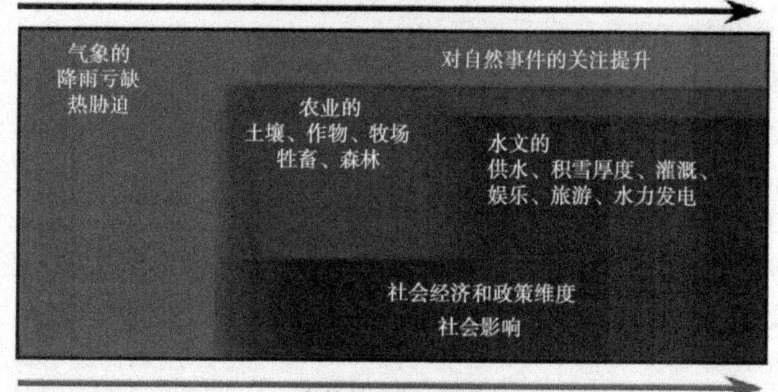

图 1-1　干旱的自然和社会方面

（由林肯内布拉斯加大学国家干旱减灾中心提供）

本章为读者提供了干旱的概念、特征及其影响的概述，并为更全面地了解这种复杂灾害提供基础——它如何影响人类和社会，反过来，社会使用或滥用自然资源，以及政府的不当政策都将加剧这种自然灾害。本书中的章节提出了一种全面和多学科交叉的干旱管理方法——一种侧重于风险管理的方法，而不是在事件成为灾难后应对事件的传统方法（危机管理）。本讨论对于理解本书后续章节（第 2 章和第 3 章）以及第 4 章介绍的各种案例研究至关重要。我们使用“灾害”一词来描述干旱的自然现象，并用“灾难”一词来描述在适应系统不堪重负并需要外部支持后产生的显著不利的人类和环境影响。

1.2 自然灾害的干旱:概念、定义和类型

干旱在很多方面与其他自然灾害不同。第一,干旱是一种缓慢发生的危害,通常被称为渐变现象(Gillette,1950)。图 1-2 进一步展示了典型干旱的假设生命周期,并说明了干旱的发展和影响。由于干旱的渐变性质,它的影响通常是持续数月或更长时间的缓慢积累。因此,干旱的开始和结束很难确定,科学工作者和政策制定者在干旱的结束标准上通常无法达成一致。Tannehill(1947)指出:

“我们可以坦诚地说,当我们遇到干旱时很少能觉察它,我们欣喜于雨后初晴,无雨的日子又持续了一段时间,我们会因长期的好天气而喜悦。但当这样的好天气继续,我们逐渐开始担心,再多几天,我们真的遇到了麻烦。天气晴朗的第一个无雨天对干旱造成的影响和最后一天是一样的,但是没有人知道在最后一个干旱的日子消失并且降雨再次来临之前会有多严重...... 在农作物枯萎死亡之前,我们都不能确定这种影响的程度。”

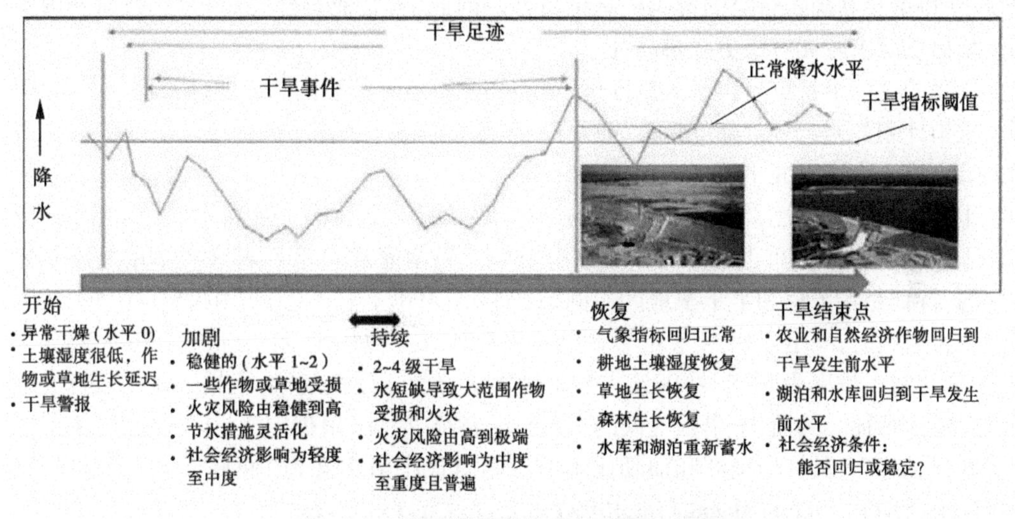

图 1-2 重视干旱的多维度和时间尺度特征
(由世界气象组织气候学和农业气象委员会提供)

是否应该以回归到正常降水来表示干旱的结束?如果是这样的话,正常降水或高于正常的降水需要持续多长时间才能正式宣布干旱结束?是否只有当干旱期间积累的降水亏缺被消除后才表示干旱事件结束?水库蓄水和地下水位是否需要恢复正常或平均水平?在正常降水恢复后,影响会持续相当长的一段时间,那么干旱是由气象或气候因素终止的,还是由对社会和环境的负面影响逐渐减少而终止的?

第二,对干旱缺乏一个精确且普遍接受的定义,这就增加了人们对干旱是否存在以及干旱严重程度的困惑。实际上,干旱的定义应该是针对特定的区域和应用领域(或影响)的(Wilhite 和 Glantz,1985)。定义必须是针对特定区域的,是因为每种气候机制都有其独特的气候特征(例如,北美大平原、澳大利亚、东非和南部非洲、西欧和印度西北部等区域

之间的干旱特征存在显著差异)。定义需要特定于具体应用领域是因为干旱和美丽一样,是由旁观者定义的,取决于干旱如何影响其活动或事业。因此,干旱对水资源管理者、商品生产商、水力发电厂经营者、自给自足的农民和野生生物学家来说有着不同的含义。即使同样在农业领域,对于不同部门干旱也有许多不同的视角,因为对农作物、牲畜生产商和农业综合企业的影响可能存在显著差异。例如,干旱对玉米、小麦、大豆和高粱作物的产量有着不同的影响,因为每种作物在不同的生长季节种植,在不同的生长阶段,作物对水分和温度胁迫具有不同的敏感性。管理因素也在作物产量中起着重要作用,这就是为什么有许多关于干旱的定义。因此,寻找干旱的普遍定义是一项毫无意义的工作。政策制定者有时会因科学家之间关于干旱是否存在及其严重程度的分歧而感到不知所措。政策制定者正试图确定政府是否应该做出回应,如果应该的话,通过采用什么类型的应对措施。现在所采用的一套应对措施通常是基于过去干旱事件所用的应对措施,而很少或根本没有考虑这些措施是否实际有效。本书力求改变干旱管理的模式,从被动到主动,后者是一种侧重于降低风险的方法,从而降低社会脆弱性。

第三,旱灾的影响是非结构化和分散的,比洪水、热带风暴和地震等其他自然灾害造成的损害更大,波及更大的地理区域,跨越更长的时间。干旱的这些特点,加上它的渐进性质,使得量化和确定特定的影响极具挑战性。因此,与其他自然灾害相比,及时有效地为干旱提供防灾减灾对策更具挑战性。

干旱的这三个特点阻碍了人们准确、可靠和及时地对其程度和影响进行评估,最终阻碍了抗旱计划的制定和以降低风险为目标的策略的实施。同样,负责应对干旱的应急管理人员也难以应对大面积地区的干旱。

干旱不同于干燥性,干燥性是气候的永久特征,而干旱只是一种暂时的反常现象。季节性干旱(明确的旱季)也必须与干旱区分开来。科学家和决策者对这些术语的理解是不同的,特别是在干旱和半干旱地区。例如,Pessoa(1987)在讨论干旱的影响和政府对干旱的应对措施时,展示了巴西东北部干旱频率的地图。他指出,在东北地区的大部分区域,干旱的发生概率为81% ~100%。该地区大部分为干旱性气候,干旱是该地区气候的一个经常性特征。然而,干旱是气候的一个暂时特征,因此,根据定义,干旱不能100%发生。同样,研究人员将中美洲和加勒比雨季的相对最小值定义为“仲夏干旱”,尽管它是每年降雨周期的一部分(Magaña 等,1999)。

然而,更重要的是要识别干旱随时间的发展趋势,分析干旱是否正在变得更频繁和更严重。如今,人们担心,气候变暖可能会增加未来某些地区极端气候事件的频率和严重程度(IPCC,2012;Melillo 等,2014)。随着水和其他有限自然资源的供给压力持续增加,缺水和水资源过剩地区(如上游和下游)以及国家之间的冲突将日益加剧,更频繁和严重的干旱引起了人们的关注。预测和减少未来干旱事件的影响至关重要,它必须是可持续发展战略的一部分,这是本章后面和本书通篇中提出的一个主题。

干旱应被当作一种相对事件而非绝对的,它发生在几乎所有的气候区中。经验告诉科学家、决策者和公众,干旱往往只发生在干旱地区、半干旱地区和半湿润地区。例如,尽管旱灾传统上与美国西南部和美国西部其他地区有关,但由于干旱和取水的综合作用,美国东南部地区相对湿润的 Apalachicola-Chattahoochee-Flint 流域一直是美国最具争议的流域之一。事实上,干旱发生在大多数国家,无论是在干旱地区还是潮湿地区,通常每年都会发生一次,尤其是在具有多个气候带特征的较大国家,这些气候带是由不同的气候控制造成的。干旱的特征和管理方式在每个气候带将有所不同。干旱越来越受到重视,不仅因为它对农业有重大影响,还因为它对影响健康、能源、交通和娱乐的供水也有重大影响。因此,这一现实为制定以减少干旱风险为重的国家战略或政策提供了支持(Wilhite 等,2014;WMO 和 GWP,2014;第 2 ~4 章)。

1.3 干旱的类型

如前所述,所有类型的干旱都是源于降水不足(Wilhite 和 Glantz,1985)。当降水不足持续较长一段时间(气象干旱)时,干旱就可从自然现象的特征进行定义,尽管温度和其他因素也会对其严重性产生重大影响。干旱是由于全球大气环流模式持续大尺度扰动而造成的(见第 6 章)。干旱的暴露程度在空间上各不相同,而且我们几乎不能阻止干旱的发生。然而,其他常见的干旱类型(农业干旱、水文干旱和社会经济干旱)更强调干旱的人为或社会方面,突出了该事件的自然特征与人类活动之间的相互作用,它取决于降水是否能为社会和环境提供足够的水资源(见图 1-1)。例如,土壤在干旱对农业生产的影响方面具有重要作用,因为降水量和降水在土壤中的入渗并不存在直接关系。渗透速率取决于前期水分条件、坡度、土壤类型和降水强度。土壤的特性也各不相同,有些土壤具有较高的持水能力,而另一些土壤的持水能力则较低,持水能力低的土壤更容易受到干旱的影响。

水文干旱的特征与降水量不足没有明显相关关系,因为水文干旱通常与地表水和地下水在不同时间点偏离正常条件下的供水有关。与农业干旱一样,降水量与湖泊、水库、蓄水层和溪流的地表水及地下水供应状况之间不存在直接关系,因为水文系统的各个水文要素是为多目标(例如灌溉、娱乐、旅游、防洪、水力发电、生活供水、濒危物种保护以及环境和生态系统保护)服务的。地表水和地下水的供应和管理是决定干旱发生时这些水的可用性的一个主要因素。降水不足导致水文系统各个要素(如水库、地下水和河川径流)出现明显不足,且这些不足往往存在相当长的滞后。由于地表水和地下水补给周期较长且受到管理方法的影响,这些成分的恢复速度也很慢。在以积雪为主要水源的地区,如美国西部,基础设施、体制建设和法律约束使得影响干旱程度的原因更为复杂。例如,水库有很大的蓄水能力,可以在干旱年起到缓冲作用,因此能增加该地区的抗旱能力。当然,修建这些水库是为多目标(如渔业保护、水力发电、娱乐和旅游、灌溉等)服务的,政府在拨款建设水库时会确定各目标的优先用水次序。而这些用途通常是相互冲突的,水资源在不同目标之间的分配通常是固定的、不灵活的,这使得管理一场持续时间不可预见的干旱变得困难起来。此外,不同行政区域(州和国家)之间已经达成的法定协议,也要求水资源管理者在把水资源从一个行政区输送到另一个行政区时要按协议办事,以维持河道的正常水流。干旱期间,由于可利用水资源的缺乏,缺水冲突会更加严重。而对水资源和土地资源的管理不善又会使冲突加剧。

社会经济干旱与其他类型有着显著区别,因为它将气象干旱、农业干旱和水文干旱与人类活动联系起来。它可能是由某些因子共同作用引起的,这些因子影响了某些依赖于降水的经济商品(如水、饲料和水力发电)的供应或需求。社会经济干旱也是干旱过程对不同人群产生不同影响的结果,干旱对于不同人群的影响与他们获取或使用某些特定资源(如土地)的权力或者他们之间为获取有限资源而产生的冲突相关。一个典型例子就是非洲之角的游牧牧民和定居农耕者之间的冲突,放牧的游牧牧民需要寻找牧场,而农耕者需要使用同一块土地进行耕种,这种冲突在干旱年份会演化成暴力。综合干旱管理方案(在第 3 章中讨论)为本地区和其他地区的干旱管理提供了新的信息。

当试图给干旱一个较完整的定义时,干旱与人类活动之间的相互作用却引发了一个严重的问题,社会经济干旱的概念才是决策者最关心的问题。此前有人指出,干旱是因为在一个季节或者更长的时间内当降水量比期望值或“正常”值低且不能满足人类活动和环境的需求而产生的。从概念上讲,这一定义假定在正常或平均降水期间,人类活动的需求与降水所能提供的供水能力之间保持平衡或协调。然而,如果发展需求超过现有的水供应,那么即使在正常降水年份,需求也将超过供应。这可能导致人为干旱或通常所说的水资源短缺。在这种情况下,只有通过开采地下水或跨流域调水,才能维持用水供应。

干旱的严重性不仅受到其他气候因素的影响,如高温、大风和相对湿度低,还受到时间(主要发生季节、雨季开始时间的延迟以及与主要作物生长阶段的相关降雨的发生)和降雨的有效性(降雨强度和次数)的影响。因此,每一次干旱事件在气候特征、空间范围、影响程度上都是独一无二的(没有两次干旱事件是相同的)。受干旱影响的地区在一次干旱过程中很少是静止的,随着干旱的出现和加剧,受影响的中心区域发生了变化,其影响范围的边界在不断扩大或收缩。如下文所述,全面的干旱预警系统对于探测新出现的降水不足并跟踪其空间覆盖率、严重性和潜在影响的变化至关重要。

1.4 表征干旱及其强度

从学术角度来说,可以从强度、持续时间和影响范围三个基本特征来区分各次干旱事件。强度可以从两个方面进行叙述,一是降水短缺的程度,二是因降水减少而造成的影响程度。通常通过某些气候参数(如降水)、指标(如水库蓄水位)或指数(如标准化降水指数)等偏离正常值的程度来度量,这些参数、指标和指数与干旱历程密切相关。第 7 章和第 8 章中将详细讨论这些监测干旱的工具。干旱的另一个显著特征是持续时间,通常需要 2 ~ 3 个月才会导致干旱的发生,但随后可能会持续数月或数年。干旱影响程度与降水短缺开始的时间、强度和持续时间密切相关。特别是当降水不足与高温胁迫以及内部大气变化有关时,尤其要注意“骤旱”事件的出现,如美国 2012 年干旱期间即发生此类情况。

各次干旱的空间分布特征也是不同的。受严重干旱影响的区域是逐渐变化的,干旱强度最大的地区(干旱中心)也随着季节不同而不断变化。在地域广阔的国家,如巴西、中国、印度、美国和澳大利亚,干旱很少影响到整个国家。例如,在美国 20 世纪 30 年代的严重干旱期间,1934 年受严重和极端干旱影响的地区占全国的 65%,与 2012 年的美国干旱的影响范围差不多。这两次干旱代表了 1895 ~ 2016 年干旱的最大影响范围。由于气候的多样性和国家的地域广阔,像美国这样的国家,干旱似乎每年都有可能发生。

从规划的角度来看,干旱的空间分布特征是一个严重的问题。例如,各国应确定干旱同时影响其疆域内全部或主要作物种植区或流域的可能性,并为此类事件制定应急措施。同样,对于各国政府来说,分析区域干旱同时影响本国和邻近供给国家的农业生产力及水资源的可能性是非常重要的。当区域性干旱发生时,依靠从邻国甚至是遥远市场进口粮食以减轻干旱影响的策略可能不可行。例如,与 2015 ~ 2016 年厄尔尼诺和南方涛动(ENSO)事件有关的干旱,此次干旱不仅使南非地区玉米产量减少,同时导致该地区的东南亚大米进口减少,从而出现了粮食危机。

1.5 干旱作为一种"灾害":社会和政治含义

如前所述,干旱同所有自然灾害一样,具有自然和社会两个方面。对任何区域而言,与干旱有关的风险都是该区域遭受的干旱(不同程度的干旱发生概率)、社会对干旱事件的脆弱性,以及社会减少这种影响的能力的联合产物。脆弱性可以定义为"无防御性、不安全性、不抗风险性和无准备性",如何处理这些问题是困难的(Chambers,1989)。脆弱性是由微观和宏观两个层面共同决定的,同时它取决于经济、社会、文化和政治等各方面因素。Blaikie 等(1994)和 Wisner 等(2004)的"灾害压力模型"很好地代表了从局部到全球尺度的灾害与易受影响程度之间的相互作用。正如 Wilhite 和 Buchanan-Smith(2005)所指出的那样,该模型从三个层次探索脆弱性。首先,社会脆弱性的根源,这些似乎非常细微,但可能与基本的政治经济制度和结构有关。其次,影响脆弱性的原因是动态的,它把根源的影响转化为特定的危险性形式,这些原因可能包括快速的人口增长、快速的城市化和流行病。最后是造成不安全的条件,例如,居住在危险地点的人,不论是出于自愿,还是由于流离失所、工作地点、国家、保险公司等私营机构等未能提供充分的保护。了解人们在干旱面前的脆弱性是复杂的,但对于设计抗旱准备、缓解干旱和制定应对措施以及减少干旱风险的方案和政策来说是必不可少的。

传统上,研究脆弱性的方法已经强调了经济和社会的各项因素。这些因素在支持大量脆弱性评估工作的居民生计框架中最为明显。一些生计框架试图研究个人、家庭和社区实现和维持生计的复杂方式,以及干旱等外部冲击对生命和生计的可能影响(Save the Children[UK],2000;Young 等,2001)。在这些框架中,政治因素和权力关系有时被忽视。例如,制度化剥削和个人、家庭与群体之间的歧视往往被忽视。然而,这些可能是特定种族或年龄群体是否能够获得土地等生产性资产和救济资源的决定性因素。同样,许多饱经战乱的国家更容易受旱灾影响。从国家层面到地区层面,了解冲突的动态和影响对于了解人民在干旱面前的脆弱性至关重要。

了解和衡量特定群体抵御干旱的脆弱性并非易事。它需要深入了解社会和社会内部各阶层的关系,这不是新手能承担的工作。相反,它要求对社会有一个相当长时间的了解,并能始终保持客观分析的能力。此外,脆弱性不是静态的,因此任何两次的干旱不会对人类社会产生同样的影响。在理想情况下,脆弱性的评估将捕获动态趋势和发展过程,而不仅仅是其中的某个时刻。而且,这种关系是循环往复的:高度脆弱性意味着人群特别容易受到干旱的不利影响。反过来,长期干旱的影响可能削弱社会群体的物质基础,当缺乏减灾或应对灾害的准备措施时,又会使该社会群体在抵御未来干旱时变得更加脆弱。

尽管我们不能改变干旱的发生,但我们可以采取一些措施来减少脆弱性。这就需要政府的政策和能力发挥作用。例如,通过扶持最弱势群体以加强其物质基础,减少潜在的脆弱性。政府可以通过牲畜、补贴及免费食物来减轻干旱的直接影响。但是,如后续章节所述,救济计划应与旨在降低风险的国家干旱政策保持一致。

1.6 干旱早期预警所面临的挑战

干旱早期预警和信息系统(DEWIS)的目的是确定关键气象、水文和社会指标的趋势,以预测特定干旱的出现时间和可能带来的影响,并采取适当的缓解和应对措施(Buchanan-Smith 和 Davies,1995;WMO 和 GWP,2014)。对于大多数地区,从干旱预报到预警的连续过程仍然是基于风险沟通的"发送者——接收者"模型的线性过程。在接下来的讨论中,术语"早期预警信息系统"用于描述风险评估、沟通和决策支持的集成过程,其中预警是中心输出。早期预警信息系统不仅仅涉及预测的发展和传播,它还是对潜在风险区域信息的系统收集和分析,这些信息可以:①为预测危机和危机演变提供应对战略;②生成对特定问题的风险评估和方案;③有效地向关键行动者传达备选方案以达到决策、准备和缓解的目的(Pulwarty 和 Verdin,2013)。

干旱早期预警与旨在理解和降低风险的脆弱性评估相结合,以成为降低风险的有力工具。国家干旱政策的目的是制定一个总体原则,该原则是针对有效及时的、以降低风险为目标的规划(见第 4 章)。

为了确定干旱的开始、结束和空间分布特征,应对干旱的众多自然指标进行定期监测并对干旱的严重程度连续地进行定期评估。尽管干旱源于降水不足,但仅仅依靠气候因素来评估严重性和影响是不够的。有效的干旱预警必须将降水数据与其他数据(如径流量、积雪、地下水位、水库和湖泊蓄水位以及土壤湿度等)结合起来,以评估干旱的发展程度和水资源供应状况(见第 7 ~9 章)。

这些物理指标和气候指数必须与社会经济指标相结合,才能预测干旱对人类社会的影响。社会经济指标包括市场数据(例如,粮食价格和作为许多农村社区购买力指标的主粮与牲畜之间不断变化的交换比率)和其他应对策略措施。社区通常采用一系列的策略应对干旱,早期的应对策略很少造成任何持久的损害,而且是可逆的。在许多贫穷的农村,早期应对策略的例子包括移民去寻找新的工作、寻找野生食物和出售非生产性资产等。随着干旱影响的加剧,这些早期的战略将不再适用,人们被迫采取更具破坏性的应对策略,如出售大量牲畜、选择饥饿或减少食物营养来源以保存一些生产资料,以及放弃传统的家园。一旦所有的选择都用尽了,人们就会面临贫穷,并采取危机策略,如大规模移民或搬迁(Corbett,1988;Young 等,2001)。监测这些应对策略可以很好地反映干旱对当地人民的影响,尽管到目前为止各种证据表明,应对干旱后期阶段,采取预防措施通常为时已晚。

有效的干旱早期预警系统是全球提高抗旱准备工作的一个组成部分。事实上,许多干旱早期预警系统只是预警系统的一个子系统，而预警系统具有更广泛的权限——预警其他自然灾害，有时还包括冲突和政治不稳定性。实时可靠的数据和信息是有效的干旱政策和计划的基石。正如前面提到的，由于旱灾的独特特征，监测干旱面临一些独特的挑战。

由世界气象组织（WMO）和其他组织主办的一次关于干旱对策及干旱预警系统的专家组会议，审查了干旱预警系统的现状、缺点和需求，并对如何让干旱预警系统在干旱对策中发挥更大的作用提出了建议（Wilhite 等，2000b）。这次会议是作为世界气象组织对《联合国防治干旱及荒漠化公约》缔约国会议所做贡献的一部分。本次会议不仅记录了巴西、中国、匈牙利、印度、尼日利亚、南非和美国等在预警系统研究方面所做的努力，还记录了东非和南部非洲区域干旱监测中心所做的工作，并对西亚和北非在干旱早期预警系统所做的努力进行了报道。当前早期预警系统主要存在以下不足：

（1）数据采集网络——站点密度不足，气象和水文的数据精度差，主要的气候和水资源供给指标之间缺乏有机联系，降低了这些指标在空间分布上的代表性。

（2）数据共享——政府机构之间数据共享不足和获取数据所付出的高成本限制了数据在抗旱、缓解干旱影响和制定干旱对策等方面的应用。到 2017 年，这在大多数国家仍然是一个严重的问题。

（3）干旱早期预警系统产品——数据和信息产品往往过于专业化和复杂化。对于忙碌的决策者而言是难以把握的。同样，这些决策者也很少接受过将这些信息应用于决策的培训。

（4）干旱预测——预测者提供的不可靠的季节预报和这些预报信息的不明确性限制了农民和其他相关人对这些信息的应用。

（5）干旱监测手段——虽然标准化降水指数作为早期评判干旱是否出现的一项新的重要手段，但对评判干旱的开始和结束仍缺乏足够的指标体系。自 2000 年会议召开以来，干旱监测手段取得了重大进展，将在第 8 章“干旱指数和指标手册”对这些进展进行更为详细的讨论，该书由 WMO 的综合干旱管理方案（IDMP）和全球水伙伴关系（GWP）出版，并在 WMO 和 GWP 的许可下再出版于本书中（见第 8 章；WMO 和 GWP，2016）。

（6）干旱和气候综合监测——干旱监测系统应将自然和社会经济等多学科监测指标进行综合，以充分了解干旱程度、空间范围和影响。正如本书中的许多案例研究所指出的，一些国家在这一问题上取得了相当大的进展。

（7）影响评估方法——影响评估方法的缺乏阻碍了对干旱影响的评价，同时妨碍了减灾和救灾措施的实施。在大多数国家，这仍然是一个缺点。

（8）信息传递系统——关于干旱出现征兆的信息、季节性预报和其相关数据及信息往往不能及时传递到用户手中。

（9）全球早期预警系统——缺乏历史干旱数据库，也没有基于一个或两个关键指标的全球干旱评估产品，而这些产品对国际组织、非政府组织（NGO）和其他组织是很有帮助的，近年来，在开发全球干旱监测系统方面取得了相当大的进展（见本书第 6 章；Heim 等，2017）。

如本书所述，目前正在通过联合国国际干旱管理计划、美国国家干旱综合信息系统和墨西哥 PRONACOSE 等机构努力解决这些具体问题。正如现在已公认的那样，只有一个干旱早期预警还不足以提高抗旱能力。有效的预警取决于预警过程的每个阶段，从监测到应对和评估，所有相关行动者之间的多部门和跨学科协作，并为应急反应以外的长期规划提供信息。关键是决策者是否能及时听取警告并采取行动，以在人们生活受到威胁之前保护生计，并利用这些机会制定更积极的政策。以社区为基础的方法与国家和全球 EWS 之间的联系仍然相对薄弱。有很多原因可以解释为什么这通常是"缺失的环节"，并被称为"最后一英里"，例如，不愿承担风险的官员，在对预报做出的反应可能表现得比较勉强，除非有了确定和量化的证据。这必然导致当危机出现确凿证据时的反应已经迟缓。谁"拥有"早期预警信息对它的使用也至关重要。预警信息的来源是否可靠？对这些信息是否相信？最终，是否关注这些早期预警并适时地采取对策取决于是否有足够的意愿(Buchanan Smith 和 Davies，1995；Wilhite 等，2014)。政治意愿如何在非危机情况下产生，仍然是政策科学需要重点研究的领域。

1.7 干旱风险管理的三支柱方法

国家干旱政策高级别会议的主要成果(见第 2 章)及其后续一系列活动，如发展国际干旱管理计划和举办一系列由世界气象组织、联合国粮食及农业组织(粮农组织)、联合国荒漠化公约、联合国水资源、生物多样性公约和合作组织主办的国家干旱政策区域能力建设研讨会的成果(见第 3 章和第 4 章及其他章节)意味着干旱风险管理和政策的三支柱方法的出现。这些支柱如第 3 章的图 3-1 所示。三大支柱是监测和预警，脆弱性和影响评估，缓解、准备和响应。这三个支柱的概念在本书的许多章节中进行了讨论，并被作为干旱风险管理的新模式加以推广。

1.8 总结与结论

干旱的发生不像季节一样具有可预测性(例如，冬季、夏季、潮湿和干燥的季节)，但它几乎是所有地区经历的气候的正常部分。它不应仅仅被视为一种物理现象。相反，干旱是自然事件与人类对供水的需求之间相互作用的结果。如果它在没有适当的缓解措施的情况下对人们产生严重的负面影响，那将成为一场灾难。

由于干旱的定义有多种，因此期望得出通用定义是不现实的。干旱是个综合体，不同的学科会从不同的视角看待它：气象、农业、水文和社会经济。每个学科在定义干旱时又包含不同的自然因素和生态因素。但最重要的是，我们关注干旱对人类和环境的影响。因此，在对干旱进行定义时，应包括干旱的物理方面(事件的强度和持续时间)以及事件对人类活动和环境的影响，以便决策者进行规划和操作。定义还应反映独特的区域气候特征。区分一种干旱与另一种干旱的三个特征是强度、持续时间和空间广度。因此，干旱的影响是多种多样的，并且从根本上取决于不同社会群体的潜在脆弱性。反过来，脆弱性是由微观层面和宏观层面的社会、经济、文化和政治因素共同决定的。在世界许多地方，人类社会防范干旱风险的能力似乎变得越来越弱，且减弱的速度很快。现在又引入了两个要素：意识到风险正在发生变化，可能产生额外的风险，以及需要创建和传达有关未来条件的新知识，这些知识应被理解、信任和使用（IPCC，2012；Pulwarty 和 Verdin，2013）。认识到这些新兴因素，现代预警信息系统应该为旨在降低风险的准备战略提供基础，这取决于充足的资源和合作关系网，并使公众和领导层都参与其中。了解脆弱性是减少干旱风险、影响和应急措施需求的关键第一步（三支柱方法）。

如果想减少干旱对社会、经济和环境造成的损害，则必须更加重视干旱的减缓、风险防范预案、干旱预测和早期预警，这将需要各学科以及各级政策制定者的合作努力。本书提供了具体的例子，说明如何通过开发以研究为基础的信息并采取积极行动来增强干旱管理，从而形成旨在降低风险的机构能力；还提供了大量案例研究，用实例说明如何在发达国家和发展中国家制定和应用这些积极主动的战略。

展望未来，科学界和政策界都非常关注干旱与其他关键环境问题和社会问题之间的联系。例如，干旱与气候变化、水资源短缺、国家安全、发展、贫穷、环境退化、粮食安全、环境难民和政治稳定之间的联系经常在科学和通俗文学中被引用。在本书所包含的章节中，我们将更详细地讨论和探析不同情境下的此类联系。

参考文献

（略）

第Ⅱ部分　减少干旱风险：从灾害管理到风险管理的范式转变

第2章 国家干旱政策高级别会议：成果总结[1]

2.1 概 述

根据Bryant(1991)的研究，广泛地认为干旱是一种缓慢的渐进现象(Tannehill, 1947)，它是自然气候变化的结果，在所有自然灾害中排名第一。近年来，由于气候条件的变化，人们越来越担心干旱的发生频率和严重程度可能会增加。世界大部分地区对干旱的应对通常是被动的，这种危机管理方法是不及时、效率较低、协调性差，并易瓦解的。由于水是商品生产和提供多种服务不可或缺的组成部分，因此干旱对全球经济、社会和环境的影响显著增加。干旱对社会经济的影响可能来自自然条件和人为因素的相互作用，如土地利用和土地覆盖的变化，以及水需求和用水，过度取水会加剧干旱的影响。干旱的一些直接影响包括作物、牧场和森林生产力的降低，水位的降低，火灾危险的增加，能源生产的减少，娱乐与旅游的机会和收入的减少，牲畜和野生动物死亡率的增加以及对野生动物和鱼类栖息地的破坏。作物生产力的降低通常会导致农民收入减少、饥饿、食品价格上涨、失业和移民。

从干旱危机管理中吸取的教训表明，未来的应对必须是积极主动的。尽管人类历史上反复发生干旱并对不同社会经济部门产生巨大影响，但尚未做出协调一致的努力，就制定和采用国家干旱政策展开对话。协调一致的国家干旱政策应包括有效的监测和预警系统，以便及时向决策者提供信息、有效的影响评估程序、积极的风险管理措施、旨在提高应对能力的准备计划以及减少干旱影响的有效应急计划。没有协调一致的国家干旱政策，各国将继续以被动的危机管理模式应对干旱(Sivakumar等，2011)。

为了解决国家干旱政策问题，世界气象组织(WMO)于2011年在日内瓦举行的第16届会议建议组织一次国家干旱政策高级会议(HMNDP)。与此同时，《联合国防治荒漠化和干旱公约》缔约方在其第十届会议(2011年在韩国的昌原市举行)上欣然接受世界气象组织的建议。2000年以来，联合国粮食及农业组织(FAO)成员国为解决干旱问题也向国家干旱政策高级会议寻求支持。因此，WMO、UNCCD秘书处和FAO与一些联合国机构、国际和区域组织以及主要国家机构合作，于2013年3月11～15日在日内瓦组织了国家干旱政策高级会议，国家干旱政策高级会议的主题是减少社会脆弱性、帮助社会(社区和部门)。

---

[1] 该章是一篇论文的修订版，该论文最初发表在《天气和气候极端情况》的特刊上。这篇论文可以在网上找到：http://www.sciencedirect.com/science/article/pii/S2212094714000267。

该计划由非洲开发银行(AfDB)、巴西国家一体化部(MI)、巴西战略研究与管理中心(CGEE)、中国气象局(CMA)、OPEC国际发展基金(OFID)、美国国家海洋和大气管理局(NOAA)、挪威政府外交部、沙特阿拉伯、瑞士发展与合作局(SDC)和美国国际开发署(USAID)共同赞助。来自87个国家以及国际和区域组织和联合国机构的代表参加了该计划。

2.2 国家干旱政策的目标

国家干旱政策高级会议(HMNDP)的目标是提供实用的、基于科学的行动,以解决《荒漠化公约》下政府和私营部门正在考虑的主要干旱问题,以及应对干旱的各种战略。各国政府必须采取能够在各级政府间产生合作和协调的政策,以提高其应对长期缺水的能力。最终目标是建立更加抗旱的社会。国家干旱政策的目标是:

(1)积极缓解干旱和规划措施、风险管理、公共服务以及资源管理是国家有效干旱政策的关键要素。

(2)加强合作,加强国家/区域/全球观测网络和信息传递系统,以增进公众对干旱的了解和准备。

(3)将全面的政府和私人保险及财务战略纳入抗旱计划。

(4)基于对自然资源的合理管理和不同治理水平的自救,确认紧急救援安全网。

(5)以有效、高效和以客户为导向的方式协调干旱项目和应对工作。

2.3 HMNDP组织

HMNDP分为两部分,一部分是为期三天半的科学部分,另一部分是为期一天半的高级别部分。科学部分的开幕会议由尊敬的津巴布韦的交通、通信和基础设施发展部长Nicholas Tasunungurwa Goche先生和非洲气象部长级会议(AMCOMET)主席主持。HMNDP的科学部分讨论了与国家干旱政策有关的七个主要主题:干旱监测;早期预警和信息系统;干旱预测和可预测性;干旱脆弱性和影响评估;加强干旱防备和缓解;在国家干旱政策框架内规划适当的应对和救济;构建国家干旱政策框架的未来之路。科学部分分为15次会议,包括7次全体会议、2次圆桌讨论会和6次分组会议。19位受邀发言者在这些会议上就具体议题做了专题介绍,来自世界各地的28位专家担任讨论者。高级别部分有国家元首和政府首脑、部长以及国际组织和赞助商的负责人和代表出席。

2.4 HMNDP科学部分主要成果

2.4.1 概　述

内布拉斯加大学(美国)应用气候科学的教授Donald Wilhite在第一届科学部分的一般性会议准备阶段中介绍了在不断变化的气候中管理干旱风险:国家干旱政策的作用

(Wilhite 等, 2014)。

以下是本届会议的主要建议:

(1)重要的是制定国家干旱政策和防备计划,应强调风险管理,而不是危机管理。

(2)有必要协调好区域级与国家到地方级之间的干旱政策,反之亦然。

(3)世界气象组织推荐的几个干旱指标应被应用于监测和预报即将发生的干旱。

(4)HMNDP 应建立合作关系网,加强知识和信息共享,以提高公众对干旱的了解和防备。

2.4.2 干旱监测、预警和信息系统

为了讨论干旱监测、预警和信息系统的主题,举行了全体会议,美国国家海洋和大气管理局气候项目办公室的国家综合干旱信息系统(NIDI)主任 Roger Pulwarty 博士介绍了气候变化中的信息系统:早期预警和干旱风险管理(Pulwarty 和 Sivakumar,2014)。全体会议之后,来自巴西、罗马尼亚、美国和肯尼亚的四名讨论者发表了评论。

全体会议结束后,同时举行了圆桌讨论会[实施干旱监测、早期预警和信息系统(DEWS)]和三个分组会议(区域旱情监测中心:进展和未来计划、各级旱情教育和倡导 HMNDP 的成果培育)。以下是五个会议中提出的关于干旱监测、早期预警和信息系统的主要建议:

(1)建立科学合理、全面、综合的干旱早期预警系统(EWS),这将需要进一步的研究和开发。

(2)使 EWS 能够在数据丰富和数据贫乏的情况下运行。

(3)在数据差的情况下,探索使用卫星衍生产品、全球模式结果和全球新方案的输入来触发行动[例如,使用完全开发的全球数据库管理系统(GDMS),其方式类似于使用欧洲洪水感知系统(EFAS)]。

(4)在任何时刻都运行 EWS,而不仅仅是干旱期间。

(5)为开发干旱监测和预警信息系统准备指导材料。主要特征应包括综合气候、地表水和地下水,以及易受干旱影响的脆弱部门提供的地面信息,以向决策者(从政治家、公务员和非政府组织到社区和个人)提供全面的区域、国家、地区和地方信息。

(6)通过整合终端用户的输入,设计和构建干旱信息、产品和服务,并使用其首选的信息接收模式(数字平台,包括手机、纸张、面对面简报等)提供信息。

(7)教育最终用户理解信息,并向他们演示如何使用信息触发行动以降低风险。

(8)列出在丰富、中等和较差的 3 种数据环境中操作 EWS 工作的结果,以说明可能的情况。

2.4.3 干旱预测和可预测性

干旱的主要模式主要受海温(SST)模式驱动,成熟的干旱预测依赖于主要海温模式的可预测性。了解海温模式和干旱模式之间的遥相关物理学是非常重要的。最近的出版物表明,预测十年代际的全球平均温度和北大西洋海温是可能的。利用世界气候研究计划(WCRP)第 5 阶段多模式耦合比较计划(CMIP5)的输出,对多年至十年代际干旱的回

顾预报,取得了非常令人鼓舞的初步结果。使用集合动力统计预报系统的年代际气候和水文气象试验也在进行中。在干旱预测和其他信息指导下,干旱影响的预测和与利益相关者的持续互动对于干旱政策的成功至关重要。

为了讨论干旱预测和可预测性的主题,召开了全体会议,美国地球系统变化研究中心的 Vikram Mehta 博士对干旱预测和可预测性进行了概述(Mehta 等,2014)。随后,来自肯尼亚、巴西和美国的三位讨论者发表了评论。在干旱预测和可预测性会议上提出了以下建议:

(1)对干旱的影响进行预测以及与利益相关者的持续互动对于干旱预测和干旱政策的成功实施至关重要。

(2)干旱预测不能代替早期预警系统,但应当用于加强现有的干旱监测和预警系统。

(3)应推广一种考虑到用户社区需求的合作研究方法。干旱预测需要气候科学家和最终用户的合作努力。

(4)应促进发展中国家的科学家与 NOAA 和 WMO 等主要机构合作形成协作平台,以提高能力,确保预报和通信的可持续性。

(5)应促进建立加强知识和信息共享的网络,以增进公众对干旱的了解和防备。

2.4.4 干旱脆弱性、影响评估、备灾和减灾

在风险方程中,有两个因素,即灾害暴露度和脆弱性。脆弱性与具体的环境和地理位置有关,考虑到社会经济和文化方面,包括受影响的社区的应对能力。风险评估包括:①使用干旱风险模型来解释干旱的损失和影响;②通过观测(如气候、遥感、粮食价格)持续监测干旱风险;③评估干旱影响、受影响家庭数量等。

干旱地区脆弱的农业生态系统覆盖了地球表面的41%,居住着20多亿居民和世界上大多数穷人。大约16%的人口生活在长期贫困中,特别是在边缘的雨养农业地区。干旱地区应对干旱和加强粮食安全面临的挑战包括农业可持续发展政策不充分和农业研发投资不足。我们不能预防干旱,但可以采取行动,更好地做好应对干旱的准备,发展更有弹性的生态系统,增强从干旱中恢复的能力,减轻干旱的影响。

为讨论干旱脆弱性和影响评估的主题,举行了全体会议,联合国减灾战略办公室(UNISDR)的 John Harding 先生介绍了目前干旱脆弱性和影响评估的方法,随后来自德国、肯尼亚、阿根廷以及乌兹别克斯坦的四位讨论者发表了评论。

另一次全体会议讨论了防旱减灾问题,国际旱地农业研究中心(ICARDA)总干事 Mahmoud Solh 博士介绍了可持续农业生产的防旱减灾问题(Solh 和 van Ginkel,2014)。随后,来自印度、墨西哥和俄罗斯联邦的三位讨论者发表了评论。

在这两次全体会议之后,同时举行了圆桌会议(降低风险的脆弱性和影响评估)和3次分组会议(不同区域的防旱减灾战略、干旱影响的关键部门和应对策略以及政策制定的战略和建议)。

就干旱脆弱性和影响评估问题提出了以下建议:

(1)致力于推动世界气象组织在全世界推广衡量干旱的标准指标。

(2)鼓励各国系统地收集能够评估干旱影响的数据。

(3)将包括干旱在内的所有灾害损失数据的收集制度化。

(4)通过收集一个共同的最小值数据集,促进各国之间干旱脆弱性评估的比较。

(5)将气候变化维度包含到干旱风险评估和管理政策中。

(6)通过让当地社区参与干旱影响和脆弱性评估,说明具体情况。

(7)进行长期监测,确保脆弱性和影响评估的可靠性。

(8)在设计适应策略时,不仅要使用自上而下的方法,还要使用自下而上的方法,以允许纳入地方性知识并促进目标社区的拨款。

(9)在设计抗旱战略时,应超越经济成本效益考虑,将社会层面和文化层面纳入考虑范围。

就抗旱和管理问题提出了以下建议:

(1)干旱政策在干旱风险管理中起着至关重要的作用,应予以推广。

(2)政策流程应以机构间协作为目标。

(3)应促进社区和农场各级执行备灾和减灾战略。

(4)确保免费提供适应干旱条件的技术、措施和实践。

(5)推广本地品种的农作物、植物、树木等。

(6)考虑长期和中期的防旱减灾措施。

(7)将当地和州级的抗旱和干旱规划联系起来。

(8)确保在可访问的媒体上传播满足用户需求的信息。

(9)促进灌溉、雨养和混合系统的高效水管理。

(10)强调水生产力优化而不是产量最大化。

(11)促进社区抗旱减灾工作。

(12)确保经济包容性:青年计划非常重要。

(13)推动综合干旱备灾和减灾方法的执行。

(14)确定最脆弱的区域和可达性。

(15)强调有效沟通。

(16)将预报转化为用户可以理解的语言/概念。

(17)关注就业和其他长期问题,干旱管理不仅仅是提供食物/水。

(18)促进安全网的发展和实施。

2.4.5 在国家干旱政策框架内规划适当的响应和救助

在国家干旱管理政策的框架内,有必要从被动的方法转向主动的方法。还需要在预警、防备和长期恢复能力建设之间建立联系。适当的方法应考虑干旱管理的跨部门和多学科性质,并加强协作决策。关键是让所有的利益攸关方(包括私营部门)参与进来,并寻求各级应对措施的协调。

为解决国家干旱政策框架内的适当响应和救助的规划问题,召开了一次全体会议,加拿大农业和农业食品局的 Harvey Hill 博士在会上介绍了《干旱邀请锦标赛:它能支持抗旱和响应吗?》(Hill 等,2014)。随后,来自美国、意大利和瑞士的三位讨论者发表了评论。

在国家干旱政策框架内,就适当的响应和救助的规划问题提出了以下建议:

(1)利用传统和新开发的工具来评估跨部门影响和救助措施的效果,弥合早期预警和备灾之间的差距。

(2)在各级水平上加强对干旱现象及其相关风险和意义的理解。

(3)鼓励以科学为基础和以用户为导向的快速援助(迅速响应)。

(4)促进工具的应用,以支持主动应对、降低风险和长期适应。

(5)干旱邀请锦标赛(IDT)方法可以作为一种模型,让利益相关者参与主要部门干旱事件准备和应对的协调讨论和规划。

(6)IDT 可以通过提供框架,在其中进行评估、确定准备和应对的优势/差距、建立资产并解决脆弱性,为机构防备和应对干旱提供支持。

2.4.6 建设国家干旱政策框架:未来道路

为探讨构建国家干旱政策框架的主题:未来道路,召开了一次全体会议,澳大利亚南昆士兰大学 Roger Stone 博士介绍了《构建国家干旱政策框架:澳大利亚制定和实施国家干旱政策的未来道路》。接下来是来自中国、墨西哥和非洲开发银行的三位讨论者的评论。全体会议结束后,为了便于与会者就建设国家干旱政策框架:前进方向这一主题进行广泛讨论,设立了六个分组,涵盖以下六个区域:非洲、亚洲、北美和加勒比、南美洲、西南太平洋和欧洲,提出了以下建议:

(1)了解关键的气候驱动因素,因为气候系统直接与农业收入挂钩。

(2)认识到作物模拟模型在农业干旱防备规划中的关键价值。

(3)政府项目应通过适当的决策帮助农民管理风险。

(4)促进各种组织——国家和国际组织、非政府组织、私营部门和媒体之间的合作、协商、沟通、基于证据的政策和时间安排以及伙伴关系。

(5)在国家服务、学术、研究和文化组织的参与下开展全国性的运动。

(6)避免努力和资源的重复。

(7)建立区域气象和支持系统。

(8)促进主动响应,尤其是针对 EWS。

(9)建立一个系统,允许对不同资源进行综合管理,特别是在最不发达国家(LDCs)。

(10)强调向所有用户以所有语言传播信息。

(11)评估不同活动的用水竞争。

(12)促进水资源使用和管理立法。

(13)改善废水处理系统。

2.5 HMNDP 高级别部分主要成果

高级别部分由国家和政府首脑、部长、国际组织和提案国的首脑和代表发言。

尼日尔共和国总理 Brigi Rafini 阁下主持会议高级别部分开幕式并致辞,联合国秘书长 Ban Ki-moon 先生,坦桑尼亚联合共和国总统 Jakaya Mrisho Kikwete 阁下,联合国秘书长和卫生顾问委员会(UNSGAB)主席奥伦治的 Willem-Alexander 殿下,瑞士联邦农业办公室主任 Bernard Lehmann 博士都发表了主旨演讲。世界各地的部长在部长级会议上发言。会议由赞比亚共和国农业和畜牧部长 Hon. Robert Sichinga 主席阁下主持。

高级别部分通过了以下会议宣言，鼓励各国政府制定和实施国家干旱政策（Sivakumar 等，2014）。

公开宣言

DO1：2013 年 3 月 11 日至 15 日，各国元首和政府首脑、部长、代表团团长和专家出席了在日内瓦举办的国家干旱政策高级会议：

（序言部分）

问题的紧迫性

PP1：承认干旱是自人类诞生以来就造成人类苦难的自然现象，并由于气候变化而加剧。

PP2：注意到干旱、土地退化和荒漠化之间的相互关系，以及干旱对许多国家，特别是发展中国家和最不发达国家的严重影响，以及干旱的悲惨后果，特别是在非洲。

PP3：确认联合国各机构的作用，特别是联合国防治干旱及荒漠化公约（UNCCD 公约），根据其任务、规定和原则，尤其是公约第二部分和第三部分在协助防治干旱和荒漠化中发挥的作用。

PP4：注意到干旱造成的人类生命的丧失、粮食无保障、自然资源退化、对环境动植物的负面影响、贫穷和社会动荡，目前在很多经济领域存在越来越多的短期和长期经济损失，包括农业、畜牧业、渔业、供水、工业、能源生产和旅游业。

PP5：关注气候波动和变化带来的影响，以及干旱模式可能发生的转变，干旱频率、严重程度和持续时间可能增加，从而进一步增加社会、经济和环境损失的风险。

PP6：强调应对气候变化可有助于减少干旱的加剧，需要根据《联合国气候变化框架公约》的原则和规定采取行动。

PP7：注意到沙漠化、土地退化和干旱是全球性挑战，继续对所有国家，特别是发展中国家的可持续发展构成严重挑战。

PP8：承认世界各地的许多国家缺乏适当的干旱管理和积极的防备干旱政策，需要加强国际合作，支持所有国家，尤其是发展中国家在管理干旱和建设抗灾能力，并认识到国家继续以反应式危机管理模式应对干旱。

PP9：还认识到各国迫切需要有效地管理干旱，更好地应对其环境、经济和社会影响。

PP10：认识到为了更好地应对干旱，各国需要了解改进风险管理战略的必要性，并制定减少干旱风险的防备计划。

干旱监测预警系统的科学进展

PP11：认识到在政府授权下，干旱监测、预警和信息系统的进步，以及利用当地知识和传统做法，有助于增强社会恢复力，做出更强有力的规划和投资决策，包括减少干旱影响的后果。

PP12：认识到季节至多年和数十年期气候预测的科学进展，为继续开发新的工具和服务提供了额外的机会，以支持改进干旱管理。

脆弱性和影响评估需求

PP13:注意到迫切需要对干旱脆弱性评估和干旱管理进行跨部门协调。

快速救助和响应需求

PP14:注意到需要确定紧急措施,以减少当前干旱的影响,同时减少未来灾害发生的脆弱性,救济必须针对受影响的社区和社会经济部门,并及时送达。

PP15:还注意到有必要在抗旱措施与备灾、减灾和适应行动之间建立协同作用,以实现长期恢复力。

需要有效的干旱政策

PP16:回顾联合国可持续发展会议("里约+20"峰会)成果文件中的承诺,即在适当情况下显著改善各级水资源综合管理的实施。

PP17:回顾UNCCD与促进可持续发展有关,并呼吁制定有效的政策,防治土地退化和荒漠化,减轻干旱的影响。

PP18:又回顾UNCCD第10次缔约方会议,呼吁建立一个关于干旱的宣传政策框架,以促进建立国家干旱管理政策。

PP19:回顾各国政府决定建立全球气候服务框架(GFCS),以加强基于科学的气候预测和服务的生产、供应、交付和应用。

(操作部分)

OP1:鼓励世界各国政府制定和实施符合本国发展的法律、条件、能力和目标的国家干旱管理政策,除其他外,以下列各项为指导:

制定积极的抗旱影响缓解、预防和规划措施、风险管理、促进科学、适当的技术和创新、公共服务和资源管理,作为有效的国家抗旱政策的关键要素。

促进更大的合作,以提高地方/国家/区域/全球观测网络和传输系统的质量。

提高公众对干旱风险的认识和抗旱准备工作。

在每个国家的法律框架内,尽可能考虑经济手段和财务战略,包括干旱管理计划中的风险降低、风险分担和风险转移工具。

在合理管理自然资源和在适当治理水平上自救的基础上,制定应急救援计划。

将干旱管理计划与地方/国家发展政策联系起来。

OP2:督促世界气象组织、联合国荒漠化公约和联合国粮食及农业组织、联合国其他有关机构、方案和条约以及其他有关各方,协助各国政府,特别是发展中国家制定国家干旱管理政策及它们的实施。

OP3:督促发达国家按照UNCCD的原则和规定,协助发展中国家,特别是最不发达国家,采取执行手段,全面制定和执行国家干旱管理政策。

OP4:鼓励适当促进国际合作,包括以南南合作为补充的南北合作,以促进发展中国家的干旱政策。

OP5:请 WMO、UNCCD 和 FAO 考虑到 HMNDP 的建议,更新科学和政策文件草案,并在最后定稿前分发给所有政府供其审查,以协助各国政府制定和实施国家干旱管理政策。

2.6 总结与结论

越来越多的证据表明,由于全球变暖,干旱的发生频率和严重程度已经增加。危机管理是政府应对干旱的典型措施,然而这种方法效果不佳,导致反应不合时宜,协调性差。因此,WMO、UNCCD 和 FAO 与一些联合国机构、国际和区域组织以及主要国家机构合作,组织了国家干旱政策高级会议。国家干旱政策高级会议为解决政府正在考虑的关键干旱问题以及应对干旱的各种战略提供了实用的、科学的行动和见解。会议与会者一致通过的《国家干旱政策高级会议宣言》鼓励世界各国政府根据本国发展的法律、条件、能力和目标制定和实施国家干旱管理政策。

参考文献

(略)

第3章　综合干旱管理倡议[1]

3.1　导　言

本章概述了国家干旱管理政策的发展。探讨了协作开始以来所做出的努力，这些努力开始于国家干旱政策高级别会议（见第2章），并通过世界气象组织（WMO）和全球水伙伴关系（GWP）综合干旱管理方案（IDMP）和相关举措的进行实施，特别是联合国水资源倡议对国家干旱管理政策的支持。早期成果——例如《国家干旱管理政策指南——一个行动模板》（见第4章）和《干旱指标和指数手册》（见第8章），说明了干旱从业人员如何将专家审查的指南汇集起来，并将其用于制定国家干旱管理政策以及应用干旱指数/指标。来自中欧、东欧和非洲之角的区域实例强调了如何应用这些准则和成果。IDMP的作用是为各国提供一个框架和相应的技术支持，但国家干旱计划和政策的实际制定和实施仍需由政府部门和国家利益攸关方完成。本章强调了如何利用来自不同来源的信息，支持各国从仅对干旱做出反应转向采取积极主动的国家干旱政策，这些政策侧重于通过适当的风险降低措施以改善合作和减轻干旱影响。

干旱通常是以一种反应性的方式解决的，只有在干旱影响发生后才会做出反应。这种反应式或危机管理方法不合时宜、协调性差，并已瓦解，不能适应不断变化的气候带来的影响。

尽管意识到有必要从危机管理转向风险管理，但尚未做出协调一致的努力，就制定和采用国家干旱政策展开对话。此外，由于干旱对经济部门和社会以及不同的信息和解决方案的提供者有不同的影响，因此必须进行协作，以有效地管理干旱。例如，在国家层面，国家气象和水文服务部门（NMHS）提供干旱监测和天气及气候变量的预警，水资源管理部门提供水库水位信息，农业部门提供作物产量信息并估计产量，以及环境部门提供有关环境流动的数据，规划和财政部门通常是总体发展规划的关键参与者。所有这些机构必须合作，为国家制定一致的干旱管理政策。

为了解决这些问题，WMO、UNCCD秘书处和FAO与一些联合国机构、国际和区域办事处合作，2013年3月11～15日在日内瓦组织了HMNDP，详见第2章。

在其最后宣言（WMO，2013）中，HMNDP鼓励各国政府按照以下原则制定和实施国家干旱管理政策：

（1）制定积极主动的干旱影响缓解措施、预防和规划措施、风险管理、科学培育、适当的技术和创新、公共宣传和资源管理，作为有效的国家干旱政策的关键要素。

---

[1] 本章是以下期刊文章的修改版：Pischke，F. and R. Stefanski，2016. Drought management policies—From global collaboration to national action. Water Policy 18(6)：228-244.

（2）促进更大的合作，以提高地方/国家/区域/全球观测网络和传输系统的质量。

（3）提高公众对干旱风险和干旱防备的认识。

（4）在每个国家的法律框架内，尽可能考虑经济工具和金融战略，包括干旱管理计划中的风险降低、风险分担和风险转移工具。

（5）在合理管理自然资源和在适当治理水平上自救的基础上，制定应急救援计划。

（6）将干旱管理计划与地方/国家发展政策联系起来。

此外，HMNDP的政策文件（UNCCD等，2013）阐述了国家干旱政策的基本要素，即：

（1）促进脆弱性和影响评估的标准方法。

（2）实施有效的干旱监测、预警和信息系统。

（3）加强备灾和减灾行动。

（4）实施加强国家干旱管理政策目标的应急响应和救济措施。

HMNDP的一个成功之处是，它有助于将国际组织和各国政府的注意力集中在积极的政策上。

WMO和GWP在2013年3月的HMNDP上发起了IDMP项目，强烈呼吁建立一个政策框架，结合不同的方法，这些方法被认为是从危机管理方法转向风险管理方法的关键。IDMP的目标是通过提供政策和管理指导，并通过共享科学信息、知识和最佳实践，为干旱管理的综合方法提供各级利益攸关方的支持，其目标是：

（1）通过减轻干旱、减少脆弱性和做好准备，将关注重点从被动（危机管理）转向主动措施。

（2）将区域、国家和社区层面的垂直规划和决策过程整合为多利益攸关方的方法，包括关键部门，特别是农业和能源。

（3）促进干旱知识库的发展，建立一个向各级部门利益相关者分享知识和提供服务的机制。

（4）培养不同层次的利益相关者的能力。

根据国家干旱政策高级别会议（UNCCD等，2013），IDMP及其合作伙伴采用了三大旱灾管理支柱（见图3-1），由Wilhite（WMO和GWP，2014）提出：①干旱监测和早期预警系统；②脆弱性和影响评估；③旱灾准备、缓解和应对。

这些支柱反映在许多不同的倡议中，包括支持国家干旱管理政策的联合国水资源能力发展倡议，以及非洲干旱会议的温得和克宣言（UNCCD，2016），因为它们代表了一种共同的方式，即构建一个综合的干旱管理办法。

3.2 全球合作的先期成果——综合干旱管理方案

在HMNDP之后形成了一些倡议，这些倡议的优势在于，它们提供了一个共同框架，以前不同的努力可以为这一框架做出贡献。IDMP和联合国水资源倡议的努力是以伙伴关系的方式进行的，并利用其伙伴的活动来确定各国的地位和需要，共同向前推进，以解决这些需要。迄今为止，已有30多个组织支持并提供对IDMP目标的投入。IDMP还利用NMHS和与WMO（联合国气象、气候和水问题专门机构）相关的机构网络以及全球水

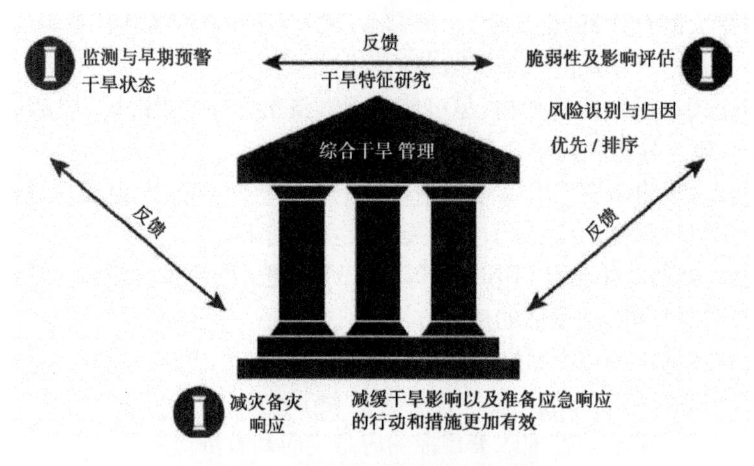

图 3-1 综合干旱管理的三大支柱

资源计划的区域和国家水伙伴关系作为多方参与平台,汇集政府、民间社会、私营部门和学术界的参与者,致力于水资源开发、水资源管理、农业和能源。此外,IDMP 与相关倡议保持联络,这些倡议不是 IDMP 的正式组成部分,但对 WMO 和 GWP 有贡献。

在 HMNDP 的背景下,IDMP 为国家干旱政策的制定和实施制定了指导方针。根据已经在美国抗旱准备计划中应用的一项工具(Wilhite,1991;Wilhite 等,2005),Wilhite 在 IDMP 框架内采用了 10 步规划过程。这些指南(WMO 和 GWP,2014)侧重于国家政策背景,并借鉴了不同国家的经验。这些准则的目的是向各国提供一个模板,可供它们为自己的目的进行使用和修改。各国不应盲目使用这 10 个步骤。这个过程应该根据当地的经验和环境进行修改。例如,中欧和东欧国家已根据欧洲联盟(欧盟)《水资源框架指令》(见第 3.4.1 部分)调整了指南,墨西哥也根据本国情况(WMO 和 GWP,2014)修改了 10 步程序(见第 19 章)。准则在第 4 章中做了进一步的阐述,完整的出版物可在 IDMP 网站(http:www.droughtmanagement.info)上以联合国六种正式语言获得。

IDMP 的另一项早期成就是出版了《干旱指标和指数手册》(见第 8 章),该手册提供了确定干旱严重性、位置、持续时间、出现和结束干旱情况的选择(WMO 和 GWP,2016)。本手册的目的是向干旱从业人员提供一些最常用的干旱指标/指数,这些指标/指数正在干旱易发地区使用,旨在进一步推进监测、预警和信息传递系统,以支持基于风险的干旱管理政策和备灾计划。该手册是一本参考书,详细介绍了 50 多个干旱指数和指标,包括其易用性、来源、特点、输入参数、应用、优点、缺点、资源(包括获取软件代码)和参考资料。从指标中获得的信息有助于规划和设计应用程序(如风险评估、干旱早期预警系统和管理风险的决策支持工具),前提是气候制度和干旱气候的位置是已知的。手册在第 8 章中做了进一步的描述。

为了更好地理解采取行动的好处和不采取行动对减轻干旱和防备的损失,IDMP 一直在制定关于这一问题的工作流程,并将文献综述作为第一个产出(WMO 和 GWP,2017)。文献综述见第 5 章。

IDMP 利用其合作伙伴提供的信息跟踪世界各地国家干旱政策和活动的状况。利用合作伙伴组织的产出的一个例子是利用世界气象组织的调查来评估世界国家气象局提供的农业气象产品和服务的状况。在最近的一次调查(2010～2014年)中,国家气象局被要求列出本国目前使用的干旱指数以及该国是否有国家干旱政策或计划。这不是一个包罗万象的清单;在做出回应的52个国家中,有17个国家表示他们有某种国家干旱政策或计划。这次调查的结果只是一个起点。IDMP使用各种信息来源(如本次调查)来跟踪世界各地国家干旱政策的现状。然后,IDMP及其合作伙伴的工作是与这些国家联络,以了解这些政策或计划是否实际实施,以及它们的目标是否实现。

为了支持各国制定和实施干旱管理行动,正在建立一个综合干旱管理帮助台,其方法借鉴了IDMP的姊妹项目,即WMO/GWP洪水管理相关方案(APFM),该方案于2009年建立了综合洪水管理帮助台,为实施综合洪水管理原则提供支持。综合干旱管理帮助台将包括一个"查找"部分(提供现有知识资源)、一个"询问"部分(提供专业知识的联系点)和一个"连接"设施部分(提供概述并连接到正在进行的举措)。已开发的资源和IDMP的区域倡议将补充帮助台。应该强调的是,这些帮助台可供任何政府机构、国家机构或个人使用。可以通过电子邮件、信函或电话请求帮助。根据请求的类型,预期援助将包括指出相关的资源材料、提供关于程序的详细信息、咨询服务,以及在某些情况下制定培训或国别访问。

3.3 联合国水资源倡议:支持国家干旱管理政策的能力发展

IDMP与各倡议保持联络,以协助其工作和任务。上述联合国水资源倡议也源于HMNDP,旨在支持国家干旱管理政策。这是几个联合国水组织的合作倡议:WMO、UNCCD、FAO、生物多样性公约(CBD)和联合国水规划署十年能力发展方案(UNW-DPC)。由于WMO和其他组织在这两项倡议中都是合作伙伴,因此实现了与IDMP的互补性和协同作用。

联合国水资源倡议最初由UNW-DPC提供资金,其他组织也提供资金,以便组织6个区域研讨会(东欧,2013年7月,罗马尼亚;拉丁美洲和加勒比,2013年12月,巴西;亚太地区,2014年5月,越南;东非和南部非洲,2014年8月,埃塞俄比亚;近东和北非,2014年11月,埃及;西非和中非,2015年5月,加纳)。这些区域研讨会是为来自易旱国家的与会者举办的,重点是发展中国家和转型经济体(UNW-DPC,2015a)。

联合国水资源倡议的首要目标是提高主要政府利益攸关方处理本国干旱问题的能力,并确保各级政府之间的有效协调,以便通过减少与干旱发生有关的风险,发展更具抗旱能力的社会。

基于这些目标,研讨会的主要目标是:

(1)提高对干旱问题的认识,且各国需要根据减少风险的原则制定国家干旱管理政策战略。

(2)为与干旱有关的主要政府利益攸关方提供工具和战略以支持决策,并对脆弱部门、人口群体和区域进行风险评估。

(3)通过考虑以风险为基础的前瞻性方法的长期效益,推进国家干旱管理政策,这些方法解决了干旱和水资源短缺的大问题,并超越了将干旱视为危机的短期规划。

(4)促进国家和区域各级各部门(农业、水资源、气象/气候、生态和城市)之间的合作。

每个合作组织负责研讨会的一个主要专题会议。尽管这些研讨会不是直接的 IDMP 活动,但在研讨会期间使用了上文和第 4 章中更详细描述的 10 步流程(WMO 和 GWP, 2014)。联合国水资源倡议已正式结束,但各组织正在讨论如何单独帮助各国制定国家干旱政策,综合干旱管理帮助台(如上所述)是在需要时向国家进程提供持续支持的潜在工具。目前,已经开始讨论国际水资源管理计划如何进一步发展联合国水资源倡议的经验教训。

在这些研讨会的过程中,各与会者确定了一些挑战。其中一个主要挑战是相关数据的可用性。许多国家的结论是,各国关于干旱特征的数据非常稀缺。需要解决的数据问题包括:建立一个国家级的关于过去干旱发生和影响的数据库;促进旱灾监测所需数据的交流和整合;开发评估工具和方法来量化旱灾影响;增加干旱监测所用的雨量器和传感器或站网的密度以获取干旱相关参数,如河流流量、土壤湿度和水库水位。许多国家报告说,没有一致的方法来评估干旱影响或将这些信息归档到数据库中。其他重大挑战包括缺乏政治意愿,这可能阻碍国家干旱管理政策的进展,以及缺乏资金,这限制了国家干旱政策的制定和实施。

与会者还列出了在国家级成功实施国家干旱政策所需的几个后续步骤。这些步骤包括不断提高人类和机构的能力,提高对干旱经济学的理解,提高对当前干旱管理方法无效性的认识,以及加强各级合作。

3.4 区域和国家对产出的应用

虽然目前还不清楚实施这一办法所产生的影响,但已经取得了一些进展:①中欧和东欧在两年多的时间内,在 10 个国家进行了 20 次国家磋商,并在磋商的基础上制定了指导方针,区域政策框架内的干旱管理计划得到了落实;②在东非、西非、南亚和中美洲建立了几个区域项目;③前面提到的三个出版物(WMO 和 GWP,2014,2016,2017)。

3.4.1 中欧和东欧

成立时间最长的区域计划是由全球水伙伴中欧和东欧(GWP CEE)管理的中欧和东欧综合干旱管理方案(IDMP CEE),汇集了该区域 40 多个合作伙伴。自 2013 年以来,它就如何管理干旱提供了切实可行的建议,目的是通过增强抗旱能力,提高中欧和东欧国家适应气候变化的能力。产出包括良好实践、支持干旱信息交流平台、为更好的抗旱能力测试创新解决方案的示范项目以及国家和区域级的能力建设培训及研讨会。IDMP 中东欧国家的行动还侧重于干旱管理计划的现状和实施。第一次分析(GWP CEE 和 Falutova, 2014)表明,该区域大多数国家没有制定干旱管理计划,干旱管理计划的关键要素,即建立不同干旱阶段的指标和阈值、每个干旱阶段要采取的措施以及干旱管理的组织框架——尚未实施。

在认识到中欧和东欧政策框架内干旱管理计划不足的基础上,IDMP CEE 在 WMO 和 GWP(2014)制定的干旱管理政策 10 步进程的指导下,着手支持各国制定干旱管理计划。这一进程的一部分包括 10 个参与国的两轮磋商:保加利亚、捷克共和国、匈牙利、立陶宛、摩尔多瓦、波兰、罗马尼亚、斯洛伐克、斯洛文尼亚和乌克兰。磋商涉及各国参与干旱管理的主要行动者,包括政府部门和主管部门、水文气象服务和大学,以及受影响的利益相关者,包括农民、能源公用事业和渔业。第一轮磋商的重点是分析各国旱灾政策的现状,为在欧盟水框架指令和流域管理计划的背景下编制干旱管理计划制定了指导方针草案,作为该区域的总体政策背景。第二轮国家磋商旨在收集与干旱规划有关的国家经验和信息,并从第一轮磋商开始进一步制定指导方针草案。

这一过程利用全球一级的 10 步进程的投入并通过 20 次国家磋商使其适应区域背景,促使出版了在欧盟水框架指令范围内制定干旱管理计划的指南（GWP CEE,2015)以及为欧盟水框架指令专门定制的 7 个步骤的定义,即区域政策背景:

(1)制定干旱政策,成立干旱委员会。

(2)确定干旱风险管理政策的目标。

(3)为干旱管理计划的制定提供数据清单。

(4)制定/更新干旱管理计划。

(5)宣传干旱管理计划,让公众参与。

(6)制定科学和研究计划。

(7)制定教育计划。

这些步骤正在为制定干旱管理计划进行第三轮磋商奠定基础。该出版物在参与其发展的国家中也被翻译成大多数国家语言。

研究发现,在欧盟水框架指令背景下,通过将该规划过程与流域管理计划联系起来,调整国家干旱管理政策指南(WMO 和 GWP,2014)提出的逐步规划过程,再实现欧盟指令的环境目标方面具有协同效应。

3.4.2 非洲之角

IDMP 还在 2015 年制定了区域计划,并在非洲之角和西非的区域和国家层面进行实际应用。两个项目都旨在缩小当前努力的差距,并推动这些地区现有的干旱管理举措。这些区域倡议利用 GWP 的机构能力,通过 GWP 国家水伙伴关系,将来自水资源领域、农业领域和能源领域的关键行动者聚集在一起。IDMP 区域倡议与现有机构和活动保持联系,以进一步促进综合干旱管理。

非洲之角面临干旱和洪水等极端气候事件的高风险。在 HMNDP 和 IDMP 成立之前,该地区已经开发出一种创新的方式来解决区域层面的这些问题。1989 年,东非和南部非洲的 24 个国家建立了干旱监测中心,总部设在内罗毕。2003 年,东非区域政府间发展管理局(IGAD)将该中心作为一个专门机构。2007 年,该机构的名称改为 IGAD 气候预测和应用中心(ICPAC),以便更好地反映其在 IGAD 系统内的任务和目标(ICPAC,2016;UNW-DPC,2015b)。

该中心负责大非洲之角的 11 个国家(布隆迪、吉布提、厄立特里亚、埃塞俄比亚、肯尼亚、卢旺达、索马里、南苏丹、苏丹、坦桑尼亚和乌干达),并与成员国的国家气象和水文服务局密切合作,作为区域和国际数据及信息交换中心。其主要目标是及时提供有关气候变化的预警信息,并针对具体部门应用,以减轻气候变化的影响,减轻贫困,管理环境和可持续发展;提高气候信息生产者和使用者的技术能力;建立一个改进的、主动的、及时的、基础广泛的信息/产品传播和反馈系统;并扩大该区域内的气候知识库和应用,以促进有关气候风险相关问题的决策(ICPAC,2016)。

IDMP 非洲之角(IDMP HOA)区域项目的产出之一是出版了《非洲之角抗旱框架评估》(GWP EA,2015)。本出版物概述了吉布提、埃塞俄比亚、肯尼亚、索马里、南苏丹、苏丹和乌干达的干旱政策和体制框架。

在 2010/2011 年严重的区域干旱之后,政府间发展管理局和东非共同体(EAC)国家元首和政府首脑会议于 2011 年 9 月在内罗毕举行。本次首脑会议决定解决反复发生的干旱对脆弱社区的影响,呼吁受影响国家和发展伙伴加大承诺,支持对可持续发展的投资,特别是在干旱和半干旱地区。根据评估(GWP EA,2015),埃塞俄比亚、肯尼亚和乌干达制定了国家灾害风险管理政策,而南苏丹也正在制定类似的政策。吉布提、索马里和苏丹的政策要么侧重于应急响应,要么还没有灾害风险管理政策。评估的结论是,即使是非洲之角,许多国家的现有政策还不够全面,无法全面解决综合干旱管理问题。

该地区大多数国家都有一个负责领导和协调灾害风险管理实施的政府机构,但各国的安排结构各不相同。例如,肯尼亚建立了国家干旱管理局(NDMA)(GoK,2012)。南苏丹有环境部,其中包括人道主义事务和灾害管理部。埃塞俄比亚建立了由农业部下属国务部长领导的灾害风险管理和粮食安全部门。乌干达和索马里在各自的总理办公室下进行高级别协调。

IGAD 制定了 IGAD 干旱灾害恢复力和可持续性倡议(IDDRSI),成员国可以利用该倡议预防、减轻和适应干旱的不利影响(IGAD,2013b)。IDDRSI 制定和建议的方法将救济与发展干预措施结合起来,通过政府间发展管理局秘书处处理该地区的干旱和相关紧急情况。IDMP HOA 区域项目正在与 IDDRSI 密切合作,以协助厄立特里亚、埃塞俄比亚、肯尼亚、苏丹和乌干达。吉布提、索马里和南苏丹将得到 IDMP HOA 对 IDDRSI 部分的支持。

IDDRSI 制定了政府间发展管理局区域规划文件(RPP),该文件为国家和区域两级干旱相关行动的实施提供了框架(IGAD,2013a)。随着 IDDRSI 的到位,成员国制定了国家规划文件(CPPs)(IGAD,2012),可以作为规划、协调和资源调动的工具,用于帮助解决干旱紧急情况所需的项目和投资。CPPs 已经能够确定易受干旱影响的根本原因、干预领域和投资情况,并建立适当的国家协调机制以实施抗旱能力计划(IGAD,2012)。例如,埃塞俄比亚 CPPs 确定了以下挑战:干旱复发,人口增长与资源萎缩,基础设施水平低,执行能力低,暴力冲突和气候变化(埃塞俄比亚政府,2012)。

虽然该地区已采取一些积极措施来建立抗旱能力,但评估指出仍需要通过促进综合干旱管理来解决以下主要差距(GWP EA,2015):

(1)协调和实施干旱风险管理和恢复力建设举措所需的人力和机构能力有限。

(2)灾害风险管理政策和立法框架不足,特别是干旱风险管理。

(3)缺乏有关这些国家干旱和半干旱地区的水和其他自然资源的信息。

(4)易旱地区的市场、通信和运输基础设施薄弱。

(5)薄弱的早期预警系统,向脆弱的社区通报天气和灾害,并做出有效的准备和反应的警报。

(6)教育信息水平低,加上牧民社区保持大量牲畜的传统方式。

(7)限制资源以资助干旱风险管理和恢复力建设举措。

(8)干旱管理计划中的参与性基础设施不足。

(9)持续的反应性危机管理的干旱管理方法,包括过度依赖救济援助。

IDMP HOA 区域项目根据该地区各国的优先次序,采取各种干预措施,以解决这些差距。IDMP HOA 正在实施能力发展计划。该支持适用于各国制定和修订其干旱计划并制定提高抗旱能力的做法。

这些差距凸显了该地区面临的主要挑战,即扭转人类日益易受环境危害的脆弱性,而这些脆弱性的增加可能是由干旱等自然灾害或是人为干扰(如冲突和经济危机)造成的(GWP EA,2015)。其他挑战包括由于人口迅速增长,迁移,环境退化,土地重新分配,牧场分散,畜群流动性降低以及利用稀缺牧场和水资源的竞争日益激烈而对牧区和农业生产系统构成的威胁。由于土地使用权和水权没有得到充分监管,不同竞争利益攸关方之间可能会产生冲突,尤其是跨境区域。这些不利因素的结合加速了环境恶化,从而加剧了社会的脆弱性。当干旱发生时,整个农牧交错系统可能会崩溃,给受影响人群带来灾难性后果。然后,人道主义援助需要大量财政资源,甚至需要恢复受干旱影响社区的生产系统和生计。

过去,工作更集中于管理干旱灾害和相关的人道主义紧急情况。新方法将侧重于分析需要人道主义援助的根本原因,并将通过积极主动和预防性的解决方案来处理灾害管理。确定了为促进和实施非洲之角干旱管理综合方法而采取的以下机遇和步骤(GWP EA,2015):

(1)由政府间发展管理局建立区域和国际合作机制,解决区域干旱问题。

(2)IDDRSI 框架的建立,包括为抗旱和可持续发展所采用的 CPPs。

(3)区域各国政府是否有政治意愿并致力于减少干旱风险。

(4)现有的国家干旱管理执行和协调结构。

(5)HOA 国家干旱管理相关国家政策、战略和举措的可用性。

(6)提供在实施方案和项目方面具有经验和完善框架的机构,可以提供良好做法的范例。

(7)发展伙伴,政府间发展管理局成员国和私营部门对国家和区域加强抗旱能力举措感兴趣。

IDMP HOA 对抗旱性状况的评估表明,各国政府承诺为可持续的国家增长和发展而抗旱。IDDRSI 是 IGAD 在该地区加强粮食安全和抗旱能力的举措,也促成了国家计划,为其实施提供了具体的体制框架。此外,发展伙伴愿意支持旨在加强抗旱能力的行动,而不是被动的紧急和救援行动。

根据评估结果,建议在 HOA 地区建立抗旱能力的下列优先领域:

(1)展示创新抗旱案例。

(2)发展干旱管理和抗灾能力建设。

(3)促进综合干旱管理伙伴关系。

(4)促进 HOA 地区干旱管理的区域合作/协作。

(5)促进综合干旱管理的政策制定。

(6)将干旱减缓和适应战略纳入主流相关的政府部门和机构。

(7)加强早期预警系统。

创新的抗旱性案例研究将包括利用从各国的经验教训和采用综合水资源管理方法最佳做法。

3.5 总　结

2013 年的 HMNDP 将焦点放在需要做什么上,并提供了制定国家干旱政策所必需的几个关键要素。它通过各种举措促成了协调一致的努力,以向前迈进。但是,在制定全面运作的干旱管理政策方面仍有许多工作要做,这些政策实现了积极主动,减轻影响,提高公众意识,采用适当的经济手段以及与地方和国家发展框架相联系等多重目标。综合干旱管理的三大支柱 ——干旱监测和预警系统;脆弱性和影响评估;干旱防备,缓解和响应,为确定需要开展工作的结构和重点提供了指南。

为了支持各国将这些建议付诸实践,IDMP 利用其合作伙伴提供的信息,跟踪来自世界各地的国家干旱政策和活动状况,为合作缩小差距,从危机管理转向风险管理并培育不同部门和行动者之间的横向整合,以及从地方到全球的纵向交流学习,反之亦然。IDMP 并不试图协调世界各地的所有干旱活动,而是旨在与许多国际和区域组织合作,综合并应用现有的综合干旱管理知识和方法。IDMP 及其合作伙伴为各国提供了框架和相应的技术支持,但国家干旱计划和政策的实际制定与实施需要由政府部门和国家利益相关者来完成。IDMP 已经利用这些伙伴关系创造了若干早期成果,协助各国制定更加积极主动的干旱政策和计划,并根据区域和国家情况制定实用指南和应用。

参考文献

(略)

第 4 章　国家干旱管理政策指南:行动模板[1]

4.1　简　介

基于降低风险理念的干旱政策的实施可以通过降低相关影响(风险)来改变一个国家的干旱管理方法。正是这一理念促使世界气象组织(WMO)、联合国防治干旱及荒漠化公约(UNCCD)秘书处以及联合国粮食及农业组织(FAO)与一些联合国机构、国际和区域组织以及主要国家机构合作,于 2013 年 3 月 11 ~ 15 日在日内瓦召开了国家干旱政策高级别会议(HMNDP)。HMNDP 的主题是“减少社会脆弱性,帮助社会(社区和行业)”(见第 2 章)。

2013 年 3 月,世界气象组织(WMO)秘书长 Michel Jarraud 在国家干旱政策高级别会议开幕式上表示:

在世界许多地区,应对干旱的方法通常是被动的,往往侧重于危机管理。在国家和区域两级,应对措施往往不合时宜,协调不力,缺乏必要的一体化。因此,干旱对世界许多地区的经济、社会和环境的影响显著增加。我们根本无法承受在危机而非预防的驱动下,以零敲碎打的方式继续下去。我们有知识,有经验,我们可以减少干旱的影响。我们现在需要的是为所有遭受干旱的国家制定一个政策框架和实地行动。没有协调一致的国家干旱政策,各国将继续以被动的方式应对干旱。我们需要的是监测和预警系统,以便及时向决策者提供信息。我们还必须有有效的影响评估程序、积极的风险管理措施、提高应对能力的准备计划和有效的紧急反应方案,以减少干旱的影响。

2013 年,联合国秘书长潘基文表示:

在过去的 25 年里,世界变得更加容易干旱,由于气候变化,预计干旱将变得更加广泛、严重和频繁。长期干旱对生态系统的影响是深刻的,加速了土地退化和沙漠化。其后果包括贫困和当地因水资源和生产性土地而发生冲突的风险。干旱很难避免,但其影响可以减轻。由于它们很少遵守国家边界,它们要求集体做出反应。与救灾费用相比,备灾的费用是微不足道的。因此,让我们从管理危机转向为干旱做准备,通过充分落实今年 3 月在日内瓦举行的国家干旱政策高级别会议的成果,建立抗灾能力。(潘基文的完整声明可在以下网址找到:http://www.un.org/sg/statements/?nid=6911.)

---

[1]本章经世界气象组织(WMO)和全球水伙伴关系(GWP)(2014)批准列入本书。《对干旱管理方案(IDMP)工具和指导系列 1》。WMO、日内瓦、瑞士和 GWP、斯德哥尔摩、瑞典。全文可在 http://www.droughtmanagement.info/literature/IDMP_NDMPG_en.pdf. 获取。

干旱对越来越多行业产生了急剧攀升的影响，这引起了人们的高度关注。干旱不再只涉及农业生产的损失或减少。当今，干旱的发生也对能源、交通、卫生、娱乐/旅游等行业造成重大影响。同样的，水资源短缺对水、能源和粮食安全的直接影响也很重要。由于气候变化，目前的和预估的干旱频率、严重程度和持续时间的增加，因此是时候将管理模式从危机管理转向到风险管理，这种方法旨在提高各国的抗旱能力或应对能力。

来自 HMNDP 的成果和建议正引起各国政府、国际和区域组织以及非政府组织的更多关注。HMNDP 的具体成果之一是世界气象组织（WMO）和全球水伙伴关系（GWP）启动了综合干旱管理方案（IDMP）。IDMP 正与一些伙伴组织合作应对这些事宜，旨在为各利益攸关方给予支持，通过全球协调为干旱综合管理提供科学信息并分享最佳规范和知识。IDMP 特别致力于支持各地区和国家制定更积极的干旱政策，建立更好的预测机制，这套指南正是为此目的而编制的。

4.2 干旱政策和备灾：筹划布局

干旱是一种复杂的自然灾害，与之相关的影响是众多气候和社会因素的结果，这些因素决定了社会的抗灾力水平。人口增长和再分配以及不断变化的消费和生产模式是决定某个地区、经济行业或群体脆弱性的两个因素。其他诸多因素，如贫困和农村脆弱性、治理薄弱或无效、土地利用变化、环境退化、环境意识和法规以及过时或无效的政府政策，也会改变脆弱性。

虽然干旱政策和备灾计划的制定可能是一项具有挑战性的任务，但这一过程的结果可以显著提高社会对这些气候冲击的抵御能力。本书中所述的这套指南的主要目标之一是提供一个模板，以便能够相对容易地制定地区层面的国家干旱政策及相关的备灾计划。

简而言之，国家干旱政策应针对干旱及其影响管理而制定一套明确的原则或操作指南。干旱政策的首要原则应该是通过利用备灾和减缓措施进行风险管理[1]（HMNDP，2013）。该政策应当旨在通过深入认识和了解旱灾及社会脆弱性的根本原因，同时进一步了解积极主动及采取各种准备措施如何提高社会抗灾力，从而降低风险。可通过以下方式促进风险管理：

（1）鼓励改进并应用季节及短期预报。

（2）开发综合监测和干旱早期预警系统及相关信息传递系统。

（3）制定各级政府的备灾计划。

（4）采取减灾行动和方案。

（5）建立应急安全网响应计划，确保及时和有针对性的救济。

（6）建立组织结构来加强政府内部及相互间以及利益攸关方之间的协调。

该政策应该对所有地区、群体和经济行业保持公平一致，并符合可持续发展的目标。

---

[1] 在自然灾害领域，减缓措施通常被定义为在灾害事件（例如干旱）之前采取的行动，以便在下一次干旱发生时减轻影响。相反，在气候变化的背景下，减缓的重点是减少温室气体（GHG）的排放，从而减缓或限制未来气温的上升。

由于全球干旱脆弱性和干旱发生频率已经增加,因此更为关注的是,通过更好地对提升业务能力进行规划(例如气候和供水监测、建设制度能力)以及通过采取旨在减轻干旱影响的减缓措施,从而降低与干旱发生相关的风险。实际上,早就应当对侧重点做出这种调整,减轻干旱影响需要使用灾害管理循环的所有组成部分(见图 4-1),而不仅仅是这个循环中的危机管理部分。通常,在发生干旱时,政府和捐助者都会进行影响评估、响应、恢复和重建活动,以使该地区恢复到灾前状态。但却历来不太重视备灾、缓解或预测/早期预警行动(风险管理),也不太重视制定基于风险的国家干旱管理政策,然而这样的政策却能避免或减少未来影响,又可在未来减少政府和捐助者干预的必要性。危机管理只能解决干旱的症状,这些症状表现为干旱的直接或间接后果所导致的影响。另外,风险管理侧重于确定脆弱性存在的位置(特定行业、地区、社区或群体),通过系统地实施缓解和适应措施来应对这些风险,这些措施将减少与未来干旱事件相关的风险。由于社会在以往的干旱管理中强调了危机管理,各国通常从应对一次干旱事件转移到另一次干旱事件,降低的风险即使有也很小。此外,在许多干旱多发地区,在该地区从上一次事件中完全恢复之前,可能会发生另一次干旱事件。如果未来干旱的频率增加,正如许多地区预计的那样,这些事件之间的恢复期将会缩短。

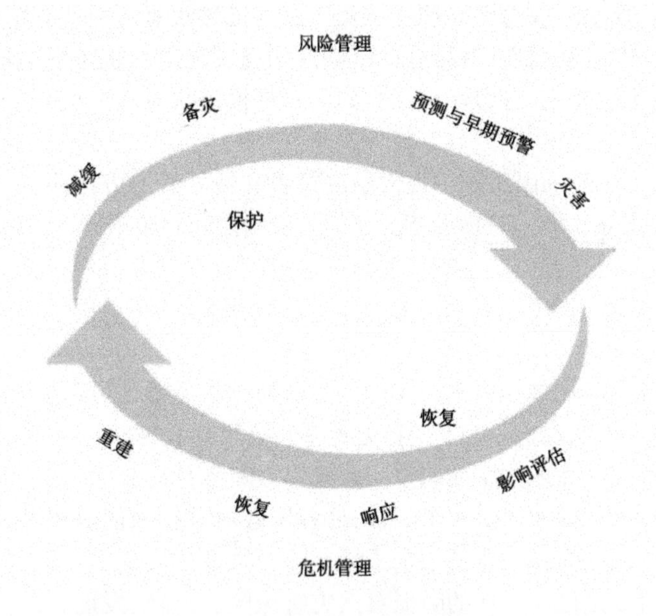

图 4-1　灾害管理循环(由内布拉斯加大学林肯分校国家干旱减灾中心提供)

由于诸多原因,干旱备灾和政策制定方面的进展缓慢。这当然与干旱的渐进特点有关,也与缺乏统一的定义有关。干旱与气候变化的共同特征是渐变现象,困难的是如何让人们意识到变化是经过长期缓慢而渐进地发生。干旱的这些特征使得科学工作者、自然资源管理者以及决策者难以做出早期预警,难以进行影响评估和响应。缺乏统一的定义通常会使决策出现混乱和停滞不前,因为科学工作者可能会对旱情的存在和严重程度(气象、农业和水文等干旱之间存在起始时间和恢复时间上的差异)存有不同意见。其严重程度也同样难以描述,因为对其所做的最佳评估是以多个指标和指数为依据,而不是根据单一变量。干旱的影响主要还是非结构性的,且空间范围广。这些特点使评估干旱的影响和及时有效地做出响应变得困难。干旱影响不像其他自然灾害的影响那样直观,使得媒体很难将事件的重要性及其影响传达给公众。公众的反响通常不及对其他可造成生命和财产损失的自然灾害的反响。

与危机管理方法相关的是,人们没有认识到干旱是气候的正常组成部分。气候变化和气候变异性的相关预测变化可能会增加干旱和其他极端气候事件的频率和严重程度。在干旱的情况下,这些事件的持续时间也可能延长。因此,所有干旱多发的国家必须采取旨在减少风险的干旱管理办法。这种方法将增强对未来干旱事件的抗灾能力。

值得注意的是,每次干旱的发生都为我们提供了一个机会,使我们朝着更积极主动的风险管理政策迈进。在严重干旱事件发生后,决策部门、资源管理者和所有受灾行业都会立即了解到干旱带来的影响,此时则更易于认识与这些影响相关的成因(脆弱性的根源),也更易于确定政府或捐助组织在响应方面存在的不足。此时正是向决策者提出国家干旱政策和备灾计划制定理念、提升社会抗灾能力的最佳时机。

为指导国家干旱政策和规划技术的制定,必须确定干旱政策的关键组成部分、目标和实施过程中的步骤。国家干旱政策的一个重要组成部分是加强对干旱备灾的关注,以便建立制度能力,从而更有效地应对这种波及广泛的自然灾害。一些国家一直在尝试这种方法,并汲取了一些经验教训,这将有助于确定如何实现更具抗旱能力的社会。为此,本书中列入了一些案例研究。这是一份动态文件,将根据从更多案例研究中所汲取的经验加以修订。

干旱备灾的一个制约因素在于提供给决策者和规划者的方法明显不足,无法在规划过程中对其给予指导。干旱的物理特征在气候机制之间有所不同,独特的经济、社会和环境特征可在局地确定所造成的影响。Wilhite(1991)制定的方法经过修订,更着重于风险管理(Wilhite 等,2000,2005),该方法提供了一套通用步骤,可适用于任何级别的政府(国家级到地区级)或地理环境。

作为 WMO 和 GWP 的一项举措,IDMP 认识到迫切需要为各国制定国家干旱管理政策提供指导方针。为实现这一目标,上文所述的抗旱规划方法已被修改,以阐明通用过程,各国政府可在国家和地方层面制定国家抗旱政策和抗旱计划,以支持该政策的原则。下文描述了这一过程,旨在提供一个模板,使各国政府或组织能够调整使用,以减少社会对干旱的脆弱性,从而为各行业的未来干旱建立更强的抗灾能力。国家干旱政策可以是独立的政策,也可以是已经存在的降低自然灾害风险、可持续发展、综合水资源或气候变化适应计划的子集。

4.3 干旱政策:特征与未来方向

作为探讨干旱政策的起点,确定现有的和已经用于干旱管理的各类干旱政策很重要。发展中国家和发达国家首选的也是最常见的办法是受到干旱影响后的政府(或非政府)干预。这些干预措施通常是以紧急援助方案形式的救济措施,旨在向干旱受灾方(或那些正经受最严重影响的人群)提供资金或其他特定类型的援助(如牲畜饲料、水和食物)。

从降低脆弱性角度而言,这种以不合理水文逻辑循环为特征的被动式方法(见图 4-2)存在严重缺陷,因为受助者不希望以改变行为或资源管理规范作为援助的条件。巴西是一个通常采用危机管理办法的国家,目前该国正在重新评估这一办法,并充分考虑制定以减少风险为重点的国家干旱政策(见第 21 章)。

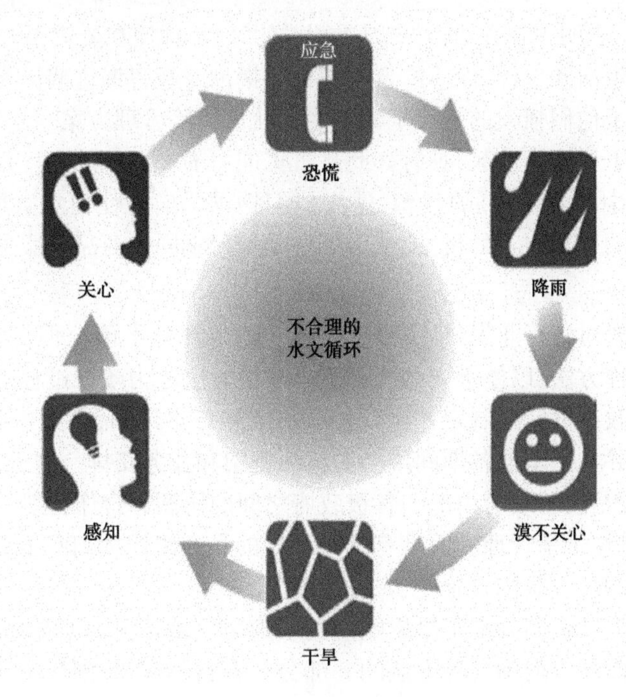

图 4-2　不合理的水文循环

(由内布拉斯加大学林肯分校国家干旱减灾中心提供)

虽然通过应急干预措施提供的抗旱援助可以满足短期需要,但从长期来看,这一措施会促进民众对这些援助的依赖,实际上可能会降低个人和社会的应对能力,而不是增加自力更生的能力。例如,家畜生产商如果不以充足的农场饲料储备作为干旱管理战略,则将会首先受到持续降水不足的影响,他们也将会最先向政府或其他组织寻求援助,以使畜群度过干旱,并寻找饲料补足储备。同样,有些城市尚未扩大供水能力以响应人口增长或尚未维护或更新供水系统,这些社区在干旱引发缺水时可能会向政府寻求援助。造成这种水资源短缺的原因是规划不周,而不是干旱的直接影响。这种依赖政府救济的做法违背了鼓励生产商、水资源管理者等投资于提高抗旱能力来预防风险的理念。政府援助或鼓励这些投资的激励措施将是政府响应方式上的一种理念变化,并将促进改变畜牧生产者对政府在这些应对工作中所起作用的期望。更为传统的救灾方法在援助的时机上同样存在缺陷。获得援助往往需要数周或数月的时间,而此时已完全错过了应对干旱影响的最佳救灾时机。此外,以前采用适当减少风险技术的家畜生产者可能不具备得到援助的条件,因为他们受到的影响得到了减轻,因此不符合资格要求。这种做法会给那些尚未采用相应资源管理规范的家畜生产商带来益处。

肯尼亚和乌干达立足社区的抗灾能力分析(COBRA)

联合国开发计划署(UNDP)旱地发展中心通过在肯尼亚和乌干达立足社区的抗灾能力分析(CoBRA),表明了存在具有“抗灾能力”的家庭,即使在受灾最严重的地区,这些家庭也能够维持其生活和生计,而不需要人道主义援助。经咨询这些国家得知,他们能够抵御任何灾害是由于他们强大的资产基础和多样化的风险管理方案。在肯尼亚和乌干达所有四个干旱和半干旱评估地区,具有如此高抗灾能力的主要原因之一是教育,不是初等教育,而是更高级(中等或高等)的教育,这为他们提供了应对任何灾害所需的知识。高等教育提供了更多的增加收入的机会,从而更好地获得不同的商品和服务。

虽然有时需要对各行业提供应急响应(影响后的评估干预),但至关重要的是推广更为积极的风险管理方法,以使下文的两种干旱政策方法成为政策过程的基石。

第二种干旱政策方针是制定并执行各项政策和备灾计划,其中包括政府和其他实体在干旱之前制定并在干旱期各期间维持的组织框架和业务安排。这种办法试图建立更大的体制能力,重点是改善政府内部和各级政府之间的协调和合作:主要受影响行业的利益攸关方;以及大量在干旱管理方面具有既得利益的私人组织(社区、自然资源或灌溉区或管理人员、公用事业、农业综合企业、农民组织等)。

第三种政策方针强调制定干旱影响前的政府方案或措施,以减少脆弱性和影响。此方法可被视为上面列出的第二种方法的一部分。在自然灾害领域,这些类型的方案或措施通常被称为减灾措施。

抗旱减灾

如前所述,在自然灾害背景下的减灾不同于在气候变化情况下的减缓,因为后者的重点是减少温室气体(GHG)的排放。自然灾害背景下的减灾是指在干旱之前采取行动,降低未来的影响。

减轻干旱的措施很多,但与地震、洪水和其他自然灾害的减灾措施相比,公众可能更不了解干旱减缓措施。因为与干旱相关的影响通常是非结构性的,因此影响不太直观,更难评估(例如作物产量下降),也不需要将重建作为恢复进程的一部分。减轻干旱的措施将包括建立全面的早期预警和传递系统,改进季节性预报,更加强调水资源保护(减少需求),更多地利用地下水资源、水资源的重复利用和再循环、建造水库、邻近社区之间互连供水、干旱备灾计划、建立更强的制度能力以及树立意识和开展教育。

在某些情况下,最好是与邻国联合制定此类水资源扩增措施,或者如果这些措施可能对其他沿岸国(或一般下游使用)产生影响,则应加以协调。许多国家目前提供的保险计划也属于这类政策类型。

4.4 国家干旱管理政策:过程

各国在制定基于风险的国家干旱管理政策方面面临的挑战很复杂。这一进程要求尽可能有最高级别的政治意愿,需要在政府内部和各级政府之间以及必须参与政策制定进程的利益攸关方之间采取协调一致的办法。国家干旱政策可以是一项独立的政策。此外,它可以通过以风险管理原则为中心的全面和多灾害办法,成为减少灾害风险国家政策的一部分(UNISDR,2009)[1]。

这一政策应提供一个框架,以便将传统上的侧重于被动危机管理的模式转变为侧重于主动风险的方法,其目的是提高国家的应对能力,从而建立起对未来的干旱事件更强的抗灾能力。

制定国家干旱政策,同时为范式转换提供了框架,但这只是减少脆弱性的第一步。制定国家干旱政策必须与国家以下各级的备灾和减灾计划的制定及执行挂钩。这些计划将成为执行国家干旱政策的工具。

以下10个步骤概述了政策和备灾规划过程。这一进程旨在成为一个通用模板或路线图,换言之,应用这一方法需要使其适应有关国家目前的体制能力、政治基础设施和技术能力。它是由美国开发的10步干旱规划程序而修改的,供州级应用。目前,美国50个州中已有47个州制定了干旱计划,其中大多数州在编制或修订干旱计划时都遵循了这些准则[2]。其他国家在制订国家干旱战略时也采用了这种干旱规划方法。例如,摩洛哥从2000年开始实施这一战略,作为制定国家干旱战略进程的一部分。在过去十年中,他们的战略不断改进。

这一进程最初是在20世纪90年代初制定的,现已进行了多次修订,每次修订都更加强调干旱的缓解规划。现在,它再次得到修改,以反映对制定国家干旱管理政策的重视,包括在国家以下各级制定支持国家政策目标的抗旱备灾计划。

干旱政策和备灾进程的10个步骤如下:

第1步:成立国家干旱管理政策委员会。

第2步:确定基于风险的国家干旱管理政策的目标和目的。

第3步:寻求利益攸关方的参与,确定并解决关键用水行业之间的矛盾,同时考虑跨界影响。

第4步:编制资料和财务资源清单并确定面临风险的群体。

第5步:制定/编写国家干旱管理政策和备灾计划的主要原则,其中包括监测、预警预报、风险及影响评估,以及缓解和响应等内容。

---

[1]为此,成员国于2005年通过的《2005—2015年兵库行动框架:建立国家和社区抗灾能力》,给出了涵盖从政策和立法制定到机构框架的所有阶段的减灾战略方向,多灾害风险识别、以人为中心的预警系统、知识和创新,以建立弹性文化、减少潜在风险因素和加强防灾准备。目前正在就《兵库行动框架》及其后续行动的执行情况进行磋商。这一进程将在联合国大会于2015年3月14~18日在日本的仙台商定的第三次减少灾害风险世界会议上得到进一步讨论。

[2]抗旱规划相关资料,请访问:http://drought.unl.edu/planning/planninginfobystate.aspx。

第6步:确定研究需求并填补制度空白。

第7步:整合干旱管理的科学和政策层面。

第8步:宣传国家干旱管理政策和备灾计划,以及树立公众意识并凝聚共识。

第9步:为各年龄段人群和利益相关者群体制定教育计划。

第10步:评估和修订国家干旱管理政策及辅助性备灾计划。

4.4.1 步骤1:成立国家干旱管理政策委员会

国家干旱管理政策的制定过程应从设立一个监督和促进政策制定的国家干旱管理政策委员会开始。鉴于干旱灾害的复杂性,以及管理监测、预警、影响评估、应对、缓解和规划的所有方面的交叉性质,应该注重协调和整合许多政府机构/部委的活动;以及私营部门(包括主要利益攸关方群体)和民间团体开展的活动。为了确保协调进程,总统/总理或其他主要政治领导人必须带头建立一个国家干旱管理政策委员会。否则,它可能无法得到所有有关各方的充分支持和参与。

国家干旱管理政策委员会的目标分为两方面。首先,委员会将监督和协调政策制定过程。这包括汇集国家政府的所有必要资源,并整合各部委和各级政府的这些资源,以便制定政策和支持备灾工作计划。通过集中政府的资源,这一初始阶段可能只需要极少的新增资源,以及对现有资源(如财务、数据和人力)的重新配置,以支持这一进程。其次,一旦政策制定,委员会将负责该政策在各级政府的落实。这项政策的原则将是在国家以下一级制定和执行备灾或减灾计划的基础。此外,该委员会将负责在干旱时期启动该政策的各项要素。委员会还将协调各项行动,实施缓解和应对方案,或将这一行动委托给国家以下各级的政府。委员会还将对政治领导人或适当的立法机构提出政策建议,并在委员会和代表的各部的授权范围内执行具体建议。

该委员会应反映干旱及其影响的多学科性质,并应涵盖所有相应的国家政府部委。还应当考虑从大学中纳入主要干旱专家,以委员会咨询身份或作为该机构的正式成员任职。还应包括州长办公室的代表,以便促进对干旱影响、状况和行动的沟通和宣传。

考虑将关键部门、专业协会以及环境和公共利益团体的代表包括在内可能也是适当的。如果不包括这些群体的成员,另一种选择是设立一个由这些代表组成的公民咨询委员会,以便这些群体在政策制定进程和身份查验中拥有发言权并实施适当的应对和缓解行动。尽管如此,这些团体的代表还将参与州/省级的抗旱计划制定进程,因此将他们纳入委员会或作为单独的公民咨询委员会可能是多余的。

委员会还必须让一名新闻专家担任传播战略专家。此人可以制定有效的沟通消息传达到所有媒体。委员会必须用唯一的声音与媒体沟通,以便向公众传达清晰简洁的信息。由于干旱在科学、区域和行业等方面具有复杂性、干旱具有灾害性及相关影响,以及相关的相应和缓解计划/行动涉及面广,因此,如果信息来自多个发布渠道,很容易使公众感到困惑。

鉴于各利益攸关方将参与政策制定、执行和推动,应让公众参与实践。此人将是委员会的观察员或实权成员,并定期出席委员会会议。此人还将协助协调政策制定过程的许多方面,以便征求参与的众多利益攸关方团体的意见。此人还可以确保所有群体,包括资金充足和处境不利的利益攸关方或利益群体，都参与这一进程。

参与具体国家政策制定进程的国家干旱委员会成员的组成可能提供有益的见解。例如，在墨西哥，Enrique Peña Nieto 总统于 2013 年 1 月 10 日宣布了一项全国干旱计划。该计划的目标是早预警和早行动，以便及时确定预防行动，从而减轻干旱的影响（见第 19 章）。

4.4.2 步骤 2：确定基于风险的国家干旱管理政策的目标和目的

干旱是气候的正常组成部分，但有相当多的证据表明，由于人为的气候变化，世界许多地区干旱的频率、严重程度和持续时间正在增加，或将来还会增加。2013 年 3 月举行的 HMNDP 会议主要是为了回应这一担忧，也是为了应对无效的传统危机管理办法或应对干旱的发生。它提供了一个论坛，并启动了 IDMP。通过 HMNDP 确定的国家干旱管理政策的基本内容是：

(1) 制定积极的缓解和规划措施、风险管理方法以及公共宣传和资源管理。

(2) 加强国家、区域和全球观测网络之间的合作，发展信息传递系统，提高公众对干旱的了解并做好应对干旱的准备。

(3) 制定全面的政府和私人保险及财务战略。

(4) 认识到需要建立一个应急救助的安全网，其基础是对自然资源的要素管理和在不同治理级别的自助。

(5) 以客户为导向，有力、高效地协调干旱计划和响应工作。

在委员会成立后，其第一项正式行动应当是为国家干旱政策确定具体和可实现的目标，确定执行政策各个方面，以及实现这些目标的时间表。在委员会制定从危机管理转向减少干旱风险的方法的战略时，应考虑若干指导原则。第一，援助措施（如果采用）不应阻止农业生产者、市政当局和其他部门或群体采取有助于减轻干旱影响的适当和有效的管理措施（援助措施应加强抗旱能力或提高应对干旱事件的能力的目标）。所采用的这些援助措施应有助于建立自身抗灾能力，以应对未来的干旱。第二，援助应以公平（对于受影响最严重的人）、一致和可预测的方式提供给所有人，而不考虑经济情况、行业或地理区域。必须强调，所提供的援助不会适得其反，也不会阻碍自力更生。第三，保护自然和农业资源基础至关重要。因此，采取的任何援助或缓解措施都不得违背国家干旱政策目标和长期可持续发展目标。

在委员会开始工作时，必须清点通过国家一级各部委提供的所有应急和减灾方案。评估这些方案的有效性以及过去通过这些计划支付的资金也很重要。应在州或省级根据制定抗旱和减灾计划，开展类似的工作。

为了指导制定国家干旱政策和规划方法，必须确定干旱政策的关键组成部分、其目标以及执行过程中的步骤。委员会成员、支持专家和利益攸关方在确定政策目标时应考虑许多问题：

(1) 政府在干旱减缓和响应活动中有哪些目的和作用？

(2) 政策的范围有多大？

(3) 哪些是国家最脆弱的经济和社会行业及地区？

(4)历史上,干旱造成的最显著的影响是什么?

(5)从历史上看,政府采取了哪些干旱应对措施以及效果如何?

(6)在缺水时期,政策在解决水资源用户与其他弱势群体之间的矛盾方面应发挥什么作用?

(7)目前哪些趋势(如气候、干旱发生率、土地和水资源利用以及人口增长)可能会增加未来的脆弱性和冲突?

(8)政府能够在规划过程中投入哪些资源(人力和财力)?

(9)政府有哪些其他人力和财政资源(例如气候变化适应基金)?

(10)该计划在各辖区层面将产生何种法律和社会影响,包括那些超越国界的影响?

(11)干旱加剧了哪些主要环境问题?

干旱政策和备灾计划的一般宗旨是通过确定风险最大的主要活动、群体或区域,并制定减少这些脆弱性的缓解行动和方案,减少干旱的影响。该项政策应旨在向政府提供一种有效和系统的手段来评估干旱状况,制定缓解行动和方案,在干旱之前降低风险,并制定响应方案,尽量减少干旱期间的经济压力、环境损失,并将社会困难降到最低。

美国干旱管理、政策和备灾

对于美国几乎所有地区而言,干旱属于气候的正常组成部分:它是气候的一个反复发生、不可避免的特性,导致严重的经济、环境和社会影响。1995年,联邦紧急事务管理局(FEMA)估计,美国因干旱造成的年平均损失为60亿~80亿美元,超过任何其他自然灾害造成的损失。最近的2012年干旱造成的影响估计为350亿~700亿美元。然而,从历史上看,美国对严重干旱的准备不足,并且像大多数国家一样,采取被动的危机管理方式,侧重于通过各种应急响应或救济计划。这些计划可以说是微不足道,为时太晚。更重要的是,干旱救灾对减少受灾地区对未来干旱事件的脆弱性几乎毫无作用。今天,国家对改善干旱管理所需的途径有了更好的理解,这将需要一种新的范式,即通过应用风险管理原则,鼓励备灾和减灾。

20世纪80年代初以来,越来越多的州制定了干旱计划。迄今为止,50个州中已有47个州制定了此类计划,其中11个州更加积极主动,强调减灾在备灾过程中的重要性。大多数州都依赖10步干旱规划过程作为计划编制过程的指南,或者直接应用这一过程,或者复制遵循这一10步进程的其他州的计划。

20世纪90年代中期以来,特别是2000年以来,干旱备灾在州一级层面上取得了最显著的进展。近年来,人们更加重视干旱减灾。这一进展主要归因于几个关键因素。第一,1996年以来,一系列严重的干旱几乎影响到该国所有地区,在许多情况下,已连续5~7年。这些干旱提高了科学界和政策界以及公众对干旱的认识。1999年以来,美国干旱减灾中心(NDMC)、美国国家海洋和大气管理局(NOAA)与美国农业部开展合作,每周制作一份美国干旱监测图,该监测图帮助提高了全国对干旱状况和影响的认识。联邦政府和州政府对其给予了高度评价,认为这是描述全国干旱严重程度及其空间维度的一种优秀的综合方法。美国干旱监测图不仅在联邦一级得到有效使用,而且被各州用于干旱评估,并作为十旱响应和减灾计划的启动依据。第二,十旱影响不断加剧、受灾的和关键行业日益增多,以及行业之间出现矛盾,这些因素提高了抗旱工作在各级政策界的重要性。第三,1995 年在内布拉斯加大学设立了国家干旱减灾中心(NDMC),使人们对干旱监测、影响评估、减灾和备灾问题更加关注。许多州受益于这一专门机构的存在,以指导干旱规划进程。从制定或修订计划的州数目的趋势来看,这些州的重点是减轻灾害。由于各州已从响应过渡到减缓规划,越来越需要更好和更及时的干旱状况和预警信息,包括改进季节预报和向决策者或其他用户提供这些资料。这些用户或利益攸关方还必须参与产品或决策支持工具的开发,以确保满足他们的关切和需求。

尽管美国尚未制定国家干旱政策,但各州对联邦政府施加了相当大的压力,要求联邦政府转向基于风险的国家干旱政策。这种压力相当有效,导致美国国会出台了立法,以提高防范和预警能力。1998 年《国家干旱政策法案》批准设立了国家干旱政策委员会(NDPC),负责就今后的干旱管理办法向大会提出建议。委员会的最后报告于 2000 年提交国会,其中一项建议提议美国根据风险管理原则着手制定国家干旱政策(NDPC,2000 年)。国会在 2001 年推出并在 2003 年和 2005 年再次推出《国家旱灾防备法案》,基本上体现了国家干旱委员会最重要的建议。尽管这项法案未能通过,没有成为法律,但它催生出另一项法案,即《全国干旱综合信息系统(NIDIS)法案》,该法案于 2006 年获得国会通过,总统在当年下半年签署了该法案。该系统(NIDIS)由国家海洋和大气管理局(NOAA)及来自其他联邦机构、州和地区组织以及大学的合作伙伴一起实施。NIDIS 最近再次获得了美国国会为期 5 年的授权。

2012 年美国发生严重干旱,在最严重时期,65%的毗连州都受到了影响,为了应对这种情况,奥巴马政府在 2013 年 11 月通过了一项总统行政命令,授权建立国家抗旱伙伴关系。这一伙伴关系包括七个联邦机构,目的是协助社区更好地准备和减少干旱事件对社区、家庭和企业的影响。作为奥巴马政府气候变化行动计划的一部分,这一行动有可能继续推动美国走上以风险为基础的国家干旱政策的道路。

4.4.3 步骤 3:寻求利益攸关方的参与,确定并解决关键用水行业之间的矛盾,同时考虑跨界影响

如步骤 1 所述,公众参与专家是政策制定过程中的重要贡献者,因为干旱与社会、经济和环境部门相互交叉,而且这些部门依赖于获得充足的水供应来支持各种生计。随着干旱情况的加剧,对稀缺水资源的竞争加剧,冲突时有发生。这些冲突在危机期间无法解决,因此,当务之急是在非干旱时期处理潜在的冲突。作为政策制定进程的一部分,必须确定与这一进程及其自身利益密切相关的所有公民团体(利益攸关方),包括私营行业。为寻求公平的代表性,这些群体必须尽早和持续地参与,以确保在国家和国家以下各级建立有效的干旱政策制定进程。如果是跨界河流,国家作为缔约国的协定所承担的国际义务也应予以考虑。在干旱过程的早期讨论问题,使参与者有机会了解彼此的各种观点、需

求和顾虑，从而找到协作解决方案。虽然这些群体的参与程度因国家而异，甚至在国家内部也会有很大差异，但在许多情况下，公益团体在决策中的权力巨大。事实上，如果这些群体不参与这一进程，它们很可能会阻碍政策制定取得进展。委员会还应保障那些财力不足、无法作为资深代言人的利益攸关方的利益。促进公众参与的一个方法是设立一个公民咨询委员会（如步骤1所述），作为委员会组织结构的一个常设机构，以便保持信息流通，解决利益攸关者之间的冲突。

国家干旱政策制定进程在其方法中必须是多层次和多层面的（见第19章）。就墨西哥而言，正在配合国家干旱方案倡议一起制定26个地区流域计划。因此，流域计划的目标应反映国家政策目标。州或省政府需要考虑是否应设立地区或区域咨询委员会并考虑其人员组成。这些委员会可以召集利益攸关方团体，讨论其用水问题，并在下一次干旱之前寻求协作解决办法。

4.4.4 步骤4：编制资料和财务资源清单并确定面临风险的群体

自然资源、生物资源、人力资源和财政资源的清单由委员会启动编制，包括确定可能妨碍政策制定的限制因素。在许多情况下，通过各种省级和国家机构/部委可以得到许多关于自然资源和生物资源的信息。重要的是确定这些资源对干旱造成的缺水期的影响。最明显的重要自然资源是水（地点、可获性、数量和质量），但明确了解如气候和土壤等其他自然资源也很重要。生物/生态资源是指草原/牧场、森林、野生动物、湿地等的数量和质量。人力资源包括开发水资源、铺设管道、运输水和牲畜饲料、处理和答复公民投诉、提供技术援助、提供咨询和引导公民获得现有服务所需的劳动力。

还必须查明政策制定进程的限制因素，以及随着干旱情况的发展，政策和备灾计划的各个要素的制定和实施。这些限制可能是物理、财务、法律或政治。必须权衡与政策制定有关的费用，以及如果没有计划可能造成的损失（不采取行动的代价）。如前所述，国家干旱政策的目标是降低干旱风险及其对经济、社会和环境的影响。法律限制可包括水权、现行公共信托法、对公共供水商的要求、跨界协议（例如，规定必须予以保证跨界河道水流的一定水量和份额）和责任问题。

从危机向风险管理过渡是困难的，因为从历史上看，很少有人了解并解决与干旱有关的风险。为了解决这个问题，应当确定高风险地区，在发生干旱之前可以采取的行动也是为了减少这些风险。风险的确定可根据某地区对旱灾的暴露度以及该地区对干旱引起缺水期的脆弱性（Blaikie 等，1994）。干旱是一种自然事件；必须确定全国各地、省或流域对旱灾的暴露程度（各种强度和持续时间的干旱频率）。有些地区可能比其他地区面临更大的风险，因为受这种灾害的影响更大，从而抑制或缩短了连续干旱之间的恢复时间。由于目前和预计的气候变化以及极端气候事件（例如干旱）发生频率的变化，因此必须评估对干旱的以往暴露度及预估的未来暴露度。另外，脆弱性受社会因素的影响，如人口增长和移民趋势、城市化、土地利用变化、政府政策、用水趋势、经济基础的多样性和文化构成。委员会可以在政策制定过程的早期处理这些问题，但是，在国家或省级的具体工作组开始进行抗旱准备规划进程时，需要将与这一风险或脆弱性进程有关的更详细的工作交给它们。这些团体将拥有更精确的当地知识，并将能够更好地从当地利益相关者团体获得输入。

4.4.5 步骤5:制定/编写国家干旱管理政策和备灾计划的主要原则,其中包括监测、预警预报、风险及影响评估,以及缓解和响应等内容

如前所述,干旱备灾/缓解计划是执行国家抗旱政策的工具。这些计划必须反映以减少风险概念为中心的国家干旱政策的原则。下列所述的是应当在国内各州或省内加以效仿的制度能力,并与国家干旱委员会建立正式通报和汇报的联系。

首先,必须指出,备灾规划可以采取两种形式。第一种形式,即响应规划,旨在制定仅在干旱事件期间发挥作用的计划,通常是应对各种影响。这种类型的规划是被动的,无论是国家或州政府还是捐助组织都是为了处理对部门、群体和社区的具体影响,因此反映了社会脆弱性的关键领域。实际上,通过紧急措施应对影响只涉及干旱的症状(影响),这些响应通常不合时宜、缺乏协调,而且往往针对受灾最重的人。如前所述,这种基本上被动性的方法实际上加剧了社会脆弱性,因为抗旱或援助方案的受助者变得依赖政府和其他计划提供援助度过危机。这种做法阻碍了自身抗灾能力的发展,也不利于实施可长期降低风险的改进型资源管理规范。换言之,如果政府或其他方面可能帮助他们摆脱危机局势,那么潜在的紧急援助接受者为什么要采取更积极的缓解措施呢?在某些情况下,紧急措施是适当的,特别是在提供人道主义援助方面,但必须谨慎使用,并与国家干旱政策的长期目标相一致,该政策的重点是提高对未来事件的抗旱能力。

备灾规划的第二种形式是减灾规划。采用这种方法,通过分析历史和近期干旱的影响,可以确定干旱脆弱性,并将其作为规划进程的一部分。这些影响代表那些风险最大的行业、地区和群体。然后,规划过程可以侧重于确定哪些行动和政府机构或非政府机构能够帮助提供必要的资源来降低脆弱性。如果减少风险是规划进程的目标,则减灾规划是支持基于风险的国家干旱政策的最佳选择。下面的讨论显示了州/省如何制定以减灾为重点的计划。

在地区层面的各个干旱专题组应确定可支持规划目标的具体目的。应考虑的目的包括:

(1)及时、系统地收集和分析与干旱有关的信息。

(2)建立干旱紧急事件发布标准和各类减灾及响应活动的启动标准。

(3)建立组织架构和确保信息在各级政府之间及内部流动以及各级决策者流动的传递系统。

(4)确定各机构或部委在干旱方面的责任和职责。

(5)维护目前用于评估和响应干旱紧急事件及减缓长期影响的政府计划清单(如果有)。

(6)确定该州干旱多发地区和脆弱的经济行业、人员或环境。

(7)确定可用于应对脆弱性和减小干旱影响的减灾行动。

(8)建立可确保及时和准确评估干旱对农业、工业、市政、野生生物、旅游业和娱乐、卫生等领域的影响的机制。

(9)以书面和电子(例如,通过电视、广播和互联网)向媒体提供准确和及时的信息,向公众通报当前情况和应对措施。

(10)建立并实施一项战略,消除缺水期间公平分配用水的障碍,并制定鼓励节约用水的要求或提供节水奖励。

(11)建立一套程序,可持续评估和实施计划,并定期修订计划,使其继续满足当地需要,并加强国家干旱政策。

制定以减灾为重点的抗旱计划时,首先要设立一系列委员会,监督该计划必要的机构能力的发展,以及干旱期间各个元素需要发挥作用时,计划的实施和应用情况。减灾计划的核心是在地方级(如州或省和社区)成立一个干旱专题组,这在很大程度上反映了国家干旱委员会的组成(来自多个机构/部委和主要利益攸关方群体的代表)。干旱计划的组织结构(见图4-3)反映了计划的三个主要要素:监测、早期预警和信息传递;风险和影响评估;缓解、准备和响应。建议设立一个委员会,集中讨论前两项要求;在大多数情况下,干旱专题组可以履行缓解和应对职能,因为这些职能主要是政策类职能。

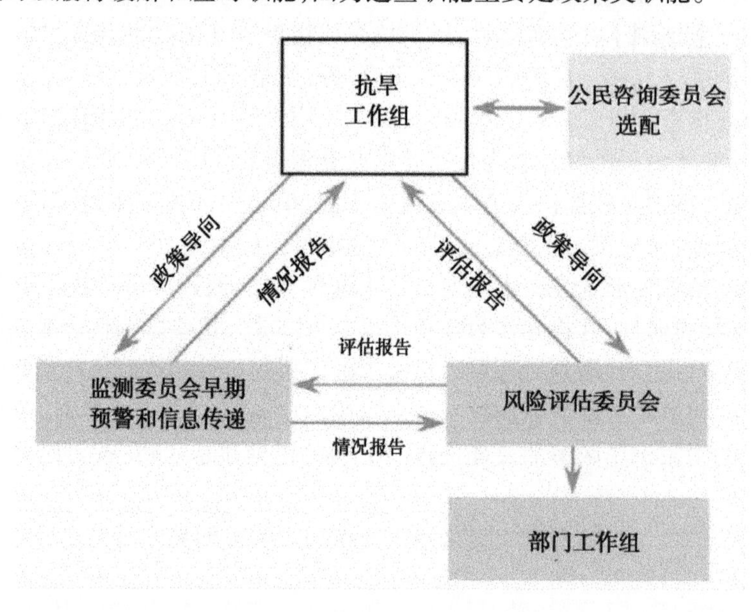

图4-3　防旱减灾规划组织机构(由内布拉斯加大学林肯分校国家干旱减灾中心提供)

这些委员会将有自己的任务和目标,但为了确保有效的规划,委员会与专题组之间既定的沟通和信息流动是必不可少的。

4.4.5.1　监测、预警和信息传递委员会

一份可靠的可用水量评估报告及其近期和长期前景,对于干旱时期和湿润时期都是非常有价值的信息。在干旱期间,这些信息的价值尤为重要。监测委员会应隶属于州级或省级委员会,这是因为它能解释当地情况和影响,并将这一信息传达给国家气象委员会及其国家气象部门的代表。在某些情况下,可以为气候条件相似和遭受干旱的某些地区设立一个监测委员会,而不是针对每个州或省。然而,该委员会的组成应包括负责监测气候和供水的所有机构的代表。委员会在评价水形势和前景时,建议考虑每一个适用指标的数据和资料(例如降水、温度、蒸散发、季节气候预报、土壤湿度、径流、地下水位、水库和湖泊水位、积雪)。负责收集、分析和发放资料与信息的机构差异巨大。此外,可用水量和未来展望的系统评估中的资料需要在每次评估时进行调整,以便纳入那些对于当地

干旱监测最为重要的变量。

监测委员会应定期举行会议,特别是在需求旺季和雨季开始之前。每次会议之后,应编写报告,并分发给省级干旱任务组、国家干旱委员会和媒体。监测委员会主席应为省抗旱任务组的常设成员。在许多国家,这个职位由国家气象部门的代表担任。如果情况需要,任务组领导应向省长或有关政府官员通报报告内容,包括具体行动的任何建议。公共信息传播应由新闻专家进行筛选,以避免关于目前状况的报告产生混淆或相互矛盾。

监测委员会的主要目标是:

(1)采用一种可在实践中使用的干旱定义,可用于启动和解除与干旱状况有关的州和国家减缓行动和应急措施的级别。由于单一的干旱定义不能适用于所有的情况,可能有必要采用干旱的多种定义,以确定其对各种经济、社会和环境部门的影响。

委员会将需要在供水评估的整个过程中考虑适当的指标(例如降水、温度、土壤湿度和径流)和指数。有许多指数都是可用的,应仔细考虑每个指数的优缺点(见第8章)。目前的趋势是依靠多种干旱指数来指导减缓和应急行动,并对其进行标定以适用于干旱或影响的不同强度。目前的理念是,没有一个单一的干旱指数足以衡量水文循环各要素和影响之间的复杂的相互关系。

为干旱和供水警报级别建立一系列描述性术语是很有帮助的,如"咨询""警报""紧急"和"配给"(而不是更通用的术语,如"阶段1"和"阶段2",或耸人听闻的术语,如"灾害")。审查其他实体(当地公用事业、灌溉区和流域管理机构)使用的术语并选择一致的术语将是有益的,由于在一些领域可能会出现多个部门的区域职责发生重叠的情况,这会避免公众混淆与不同地区的术语。因此,这样做是非常有用的。应在与风险评估委员会和省级任务组讨论时确定这些警报级别。

在考虑诸如配给等紧急措施时,必须记住,干旱的影响可能因地区而异,这取决于水的来源和用途以及以前执行的规划程度。例如,一些城市可能扩大了供水能力,而其他邻近社区在干旱期间供水能力可能不足。对人民或社区采取常规的紧急措施,而不考虑其现有脆弱性,可能导致政治影响和信誉丧失。

一个相关的考虑是,一些市政供水系统可能过时或运行状况不佳,因此,即使是轻微的干旱,也会影响社区向客户提供水的能力。查明供水系统不足(脆弱的),并制定方案升级这些系统,应成为长期缓解干旱战略的一部分。

(2)建立干旱管理区(按政治边界、共同水文特征、气候特征或干旱概率或风险等其他方式将省或地区更方便地划分为大小不同的区域)。这些细分在干旱管理方面可能很有用,因为这样可根据不同时间干旱变化的严重性,按地区来确定干旱阶段以及减缓和应急方案。

(3)开发干旱监测系统。气象和水文网络的质量在不同国家和不同区域差异很大(例如,台站数量、记录长度和缺失数据数量)。收集、分析和分发资料的责任由许多政府机构分担。监测委员会面临的挑战是协调和整合分析,以便决策者和公众收到关于新出现的干旱状况的早期预警。

近年来,自动化天气数据网络已积累了相当多的经验,可以快速获取气候资料。这些网络对于监测新出现的和持续的干旱状况来说极为重要。应调查具有综合自动化气象和水文网络的区域的经验，并酌情吸取经验教训。必须建立自动化天气网络并联网，以便及时检索数据。

(4)整理当前观察网络的资料数量和质量清单。许多网络可监测水文系统的关键要素，这些网络大多由国家或省级机构运营，但也有一些网络可为省或区域的部分地方提供重要信息。气象资料很重要，但只是综合监测系统的一部分。必须监测其他物理指标(土壤湿度、径流、水库和地下水位等)，以反映干旱对农业、家庭、工业、能源生产、运输、娱乐和旅游及其他用水部门的影响。

还必须建立观测机构的网络，从受干旱影响的所有关键部门收集影响信息，并对这类信息进行归档，定量和定性信息都很重要，此信息的价值是双重的。首先，协助研究人员和管理人员确定各种干旱指数和指标的阈值与出现具体影响之间的联系或相关性，这是非常重要的。指数/指标和影响之间的这些相关性，可以用来启动多项减缓行动，作为备灾计划的关键组成部分。其次，建立干旱影响档案将说明一段时间内对具体行业的影响趋势。这些信息对于决策者来说至关重要，他们必须展示预先投入减缓措施的资金是如何通过减少脆弱性获得较长时期的回报，这可以通过减少对干旱援助的影响和政府援助方面的支出来衡量。

(5)确定主要用户对信息和决策支持工具的需求。开发新的或修改现有的数据收集系统最有效的方法是尽早咨询将使用数据的人员，以确定他们的特定需求或偏好，以及关键决策点的时间。征求对预期新产品/决策支持工具的投入或获得对现有产品的反馈对于确保产品满足主要用户的需求至关重要，从而用于决策中。培训如何在日常决策中使用产品也是必不可少的。

(6)开发和/或修改当前的资料和信息传递系统。一旦检测到干旱，就需要尽快向人们发出警告，但情况往往不是这样的。信息必须及时传达给人们，以便其使用这些信息来做出决策。在建立信息渠道时，监测委员会需要考虑人们何时需要什么样的信息。了解这些决策点将决定所提供的信息是被使用还是忽略。

4.4.5.2 风险评估委员会

风险是旱灾暴露度(发生概率)和社会脆弱性的产物，是经济、环境和社会因素的综合体现。因此，为了减少干旱的脆弱性，必须查明最重要的影响并评估其根本原因。干旱影响涉及多个行业也涉及政府机构的各个部门。

风险评估委员会成员应包括来自受干旱风险最高的经济部门、社会团体和生态系统的代表或技术专家。委员会主席应是干旱任务组的成员，以确保报告的无缝衔接。经验表明，在确定干旱的脆弱性和影响时，最有效的办法是在风险评估委员会的主持下设立一系列工作组。委员会和工作组的责任是评估风险最大的部门、群体、社区和生态系统，并确定适当和合理的缓解措施，以应对这些风险。

工作组将由代表上述领域的技术专家组成。每个工作组的主席作为风险评估委员会成员，将直接向委员会报告。按照这一模式，风险评估委员会的职责是指导每个工作组的活动。然后，这些工作组将就减缓行动问题向干旱问题任务组提出建议，以考虑纳入减缓计划。提前确定并实施缓解行动，以便在干旱发生时减少其影响。其中，一些行动是具有长期性质的，而其他操作可能是在干旱发生时才予以启动。这些措施在适当时间启动取决于监测委员会与风险评估委员会就与干旱有关的主要影响(脆弱性)而确定的触发因素(指标和指数)。

在风险评估委员会下设立的工作组,其数量在不同省份、州或是流域差距很大,以反映对于各自区域重要的主要影响行业以及各自区域对于干旱的脆弱性,主要是因为干旱暴露度的差异(频率和严重程度)以及最重要的经济、社会和环境部门。更复杂的经济体和社会体将需要更多的工作组来反映这些部门。工作组通常侧重于以下部门的一些组合:农业、娱乐和旅游、工业、商业、饮用水供应、能源、环境和生态系统健康、防火和卫健行业。

为协助抗旱准备和减灾进程,建议采用一种方法,通过审查这些影响的潜在环境、经济和社会原因,确定干旱影响并确定其优先次序,然后选择解决这些根本原因的行动。为什么这种方法与以往方法不同且比以前的方法更有帮助? 因为它解决了干旱影响背后的原因。以前,对干旱的反应在性质上是被动的,侧重于解决具体的影响,而这只是脆弱性的表现而已。了解具体影响发生的原因,通过确定和采取具体的缓解行动,解决这些脆弱性,从而为未来减少这些影响提供了机会。还有一些其他的脆弱性或风险评估方法,鼓励各国评估这些方法,以便在其具体环境中应用(Iglesias 等,2009;Sonmez 等,2005;Wilhelmi 和 Wilhite,2002)。

这里提出的方法分为6个具体任务。一旦风险评估委员会设立工作组,这些小组中的每一个将在风险评估过程中采用这种方法。

任务1:组建团队

必须召集适当的人员,向他们提供足够的数据,以便做出与干旱风险有关的公平、高效和知情的决定。每个工作组涉及的具体专题领域,为该小组的成员提供技术培训。同样重要的是,在处理干旱风险分析中的适当性、紧迫性、公平和文化意识等问题时,需要纳入公众的意见和考虑。可以保证公众参与每一步,但时间和金钱可能会限制他们参与风险分析和规划过程的关键阶段(公共审查与公众参与)。公众参与的数量由干旱任务组和规划小组的其他成员决定。公开讨论问题和备选办法的好处是,将更好地了解做出任何决定所使用的程序,并表明对参与性管理的承诺。至少,应公开记录决策和推理,以建立公众的信任和理解。

选择应对干旱影响内在原因的具体行动将取决于现有的经济资源和相关的社会价值。通常涉及成本和技术可行性、有效性、公平和文化的角度。这一进程有可能导致确定有效和适当的活动以减少干旱风险,减少长期干旱影响,而不是采取可能无法有效减少未来干旱影响的临时对策或未经测试的缓解行动。

任务2:干旱影响评估

影响评估审查的是特定事件或变化带来的后果。例如,干旱通常与直接或间接由缺水引起的后果有关。干旱影响评估首先确定干旱的直接后果,如作物减产、牲畜损失和水库水位下降。这些直接结果随后可追溯到次级后果(通常是社会影响),例如强迫出售家庭资产、粮食安全、能源生产减少、移位或身心压力。这一初步评估查明了干旱影响,但没有查明造成这些影响的根本原因。

干旱的影响可分为经济、环境或社会,尽管许多影响可能涉及多个方面。本章第一节提到的 IDMP 出版物中提供了可能影响区域或位置的详细影响清单。应扩大此清单，以包括可能对该区域造成的重要的其他影响。最近的干旱影响，特别是如果它们与严重的极端干旱有关，应当比历史干旱的影响（在大多数情况下）得到更大的重视，因为它们更能反映当前的脆弱性，这是这项工作的目的。还应注意由于最近或预计的社会变化或干旱发生率变化造成的新的脆弱性，因此还应重视预计将出现或量级提高后的具体影响。

目前，应根据干旱的严重程度对影响类型进行分类，并指出，今后随着脆弱性的增加，规模较小的干旱可能产生更严重的影响。希望现在采取的干预措施将在今后减少这些脆弱性。还必须确定每个区域的"创纪录的干旱"。干旱因强度、持续时间和空间范围而异。因此，根据所强调的标准（一个季节或 1 年的持续干旱与最严重的多年干旱对比）对干旱记录进行分类。这些分析将产生与干旱严重程度有关的一系列影响。此外，通过强调过去、当前和潜在影响，趋势可能会变得明显，这也可用于规划目的。这些影响突出了易受干旱影响的行业、群体或活动，当根据干旱发生的可能性进行评估时，它们有助于确定不同程度的干旱风险。

任务 3：对影响进行排名

每个工作组完成任务 2 中提到的清单后，可以从进一步审议中省略未检查的影响。这个新清单将包含每个地点或活动的相关干旱影响。在此列表中，工作组成员应对影响进行排名/优先级排序。为了有效和公平，排名应考虑减缓行动的成本、影响的实际程度、随时间变化的趋势、公众舆论和公平性等问题。请注意，社会影响和环境影响往往难以量化。建议每个工作组完成影响的初步排名。干旱特别工作组和其他工作组可以在初始排名迭代后参加对这些排名的全体会议讨论。建议构建一张表格（参见表 4-1 中的示例），以帮助对影响进行排名或确定影响优先级。根据这份优先影响清单，每个工作组应决定应处理哪些影响，哪些影响可以推迟到规划过程中的稍后时间或阶段。

表 4-1　干旱影响决策表

影响	成本	是否平均分配	是否增长	公共优先级	公平恢复	影响排名

任务 4：脆弱性评估

脆弱性评估为查明干旱影响的社会、经济和环境原因提供了一个框架。它通过将政策关注于脆弱性的内在原因而不是其结果（在干旱等触发事件之后产生的负面影响）来弥合影响评估与政策制定之间的差距。例如，降水不足的直接影响可能是作物产量下降。然而，造成这种脆弱性的根本原因可能是，一些农民没有使用耐旱型种子或其他管理做法，因为他们担心种子的有效性或成本高，或对文化的信仰。另一个例子可能与社区供水的脆弱性有关。其供水系统的脆弱性可能主要是由于供水系统没有扩展，无法跟上人口增长、基础设施老化或两者兼而有之。减少脆弱性的办法是开发新的供应来源或更换基础设施。因此，对于表 4-1 中确定的每个影响，工作组成员应询问这些影响发生的原因。

必须认识到,多种因素的组合可能产生特定的影响。以树图的某种形式来可视化这些因果关系可能是有益的。图4-4和图4-5中显示了两个示例。图4-4演示了一个典型的农业示例,图4-5展示了一个潜在的城市情景。根据分析级别,此过程可能会很快变得有些复杂。因此,有必要让每个工作组由具有技术专长的适当人员组成。

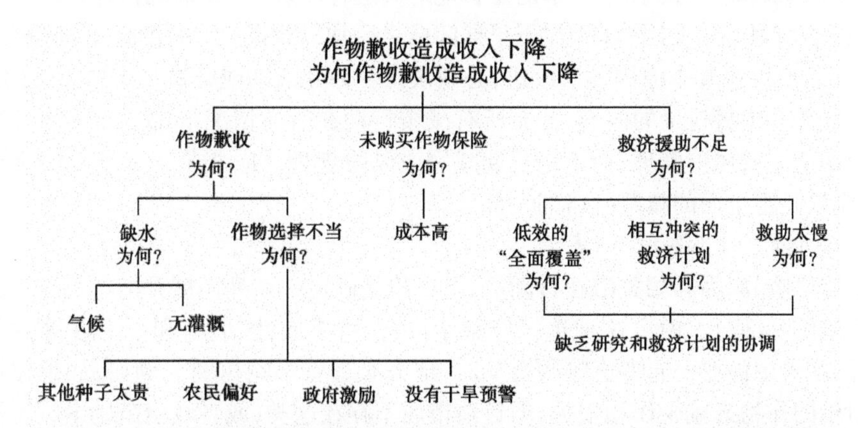

图4-4 一个简化的农业影响树图示例(摘自FAO和NDMC,《近东干旱规划手册:干旱缓解和备灾规划指南》,FAO,罗马,2008)

树图说明了理解干旱影响的复杂性。提供的两个示例并不全面也不表示实际方案。基本上,它们的主要目的是证明必须从多个角度审查影响,以揭示其真正的根本原因。对于此评估,最低原因(树图上的粗体项)将称为基本原因。这些基本原因是有可能采取行动以减少相关影响的项目。当然,由于各种原因(在任务5中讨论),其中一些影响原因不应或无法采取行动。

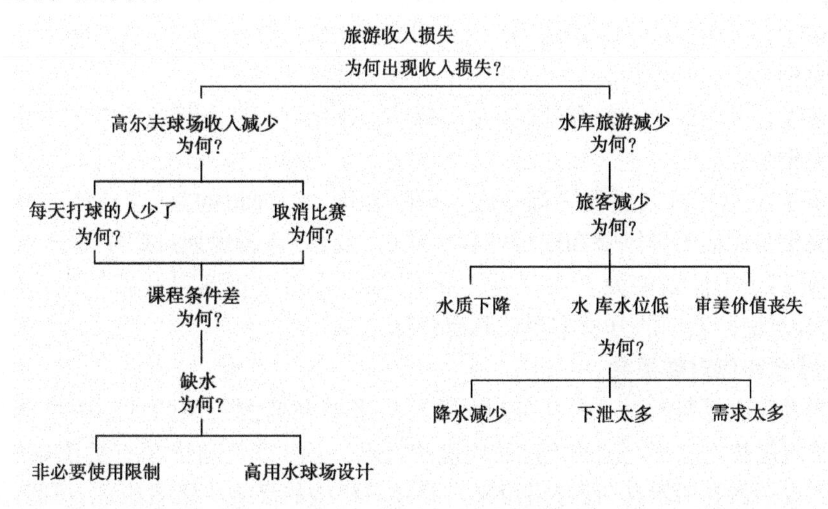

图4-5 简化的城市影响树图示例(由内布拉斯加州大学林肯分校NDMC提供)

任务5:确定行动

减缓措施的定义是,在干旱的前期或早期阶段采取的行动,以减少事件的影响。一旦确定了干旱影响优先事项，并暴露了脆弱性的相应潜在原因，就可以确定适合的行动以减少干旱风险。这些表格列出了影响以及产生影响的根本原因。从这一点出发，工作组应调查可以采取哪些行动来解决这些基本原因。以下一系列问题有助于确定可能采取的行动：

(1)能否缓解基本原因(在干旱前是否能对其进行改进)？如果能，如何进行？

(2)能否应对基本原因(能否在干旱期间或之后加以改进)？如果能，如何进行？

(3)是否有一些基本原因无法改进，必须被接受为此活动或区域与干旱相关的风险？

正如任务 6 中将讨论的内容，并非所有减缓行动在所有情况下都适用。许多行动更多的是短期应急或风险管理，而不是长期减缓或风险管理。应急是干旱规划的重要组成部分，但应只是更全面的减缓战略的一部分。

任务 6：制定“待办事项”列表

在确定影响、原因和相关潜在行动后，下一步是确定一系列需展开的行动作为减轻风险规划实施的一部分。做出这种选择应基于可行性、有效性、成本和公平性等方面来考虑。此外，在考虑需要一起考虑哪些行动时，请务必查看影响树图。例如，如果你想通过种植更耐旱的作物来减少作物损失，但目前市场不存在这类，或者政府鼓励继续种植当前作物，那么教育农民了解新作物的好处是无效的。政府政策通常可以不与减少脆弱性行动同步。

在选择适当的操作时，提出以下一些问题可能会有所帮助：

(1)所确定的行动的成本/收益比率是多少？

(2)公众认为哪些行动可行和适当？

(3)哪些行动对当地环境敏感(可持续做法)？

(4)这些行动是否解决了组合在一起的多种原因，以充分减轻相关的影响？

(5)这些行动是否应对好了短期的和长期的方案？

(6)哪些行动可以公平地代表受影响个人和群体的需要？

这一进程有可能确定有效和适当的减少干旱风险活动，这也将减少未来的干旱影响。

完成风险分析

根据任务 6，这时规划过程中就完成了风险分析。需谨记的是，这是规划过程，因此有必要定期重新评估干旱风险和确定的各种缓解行动。减缓规划过程中的第 10 步与评估、测试和修订干旱计划相关。在发生严重干旱之后，将是重新审视减缓行动的适当时机，以便结合对经验教训的分析来评估其有效性。

4.4.5.3 减缓和应对委员会

建议缓解和应对行动由干旱任务组负责。任务组与监测及风险评估委员会合作，拥有了解干旱减缓技术、风险分析(经济、环境和社会方面)以及与干旱有关决策过程的知识和经验。按照最初的定义，任务组由来自各政府机构的高级决策者组成，可能还有主要利益攸关方团体。因此，他们在建议或实施减缓行动、通过各种国家项目请求援助、或向立法机构或政治领导人提出政策建议方面处于有利地位。

作为干旱规划进程的一部分，国家干旱政策委员会应清点国家提供的所有援助方案，以减轻或应对干旱事件。每个省级干旱任务组应审查政府和非政府机构提供的这一方案清单,以确保其完整性,并反馈给委员会,以改进这些方案,解决短期问题、紧急情况以及长期缓解计划,这些方案可能有助于降低风险。在某些情况下,各个省或州可能会有其他计划以补充国家层面上的计划。应以一种非常广泛的方式定义援助,包括所有形式的技术、减缓计划和救灾计划。如前所述,国家干旱委员会应与国家计划开展类似的工作,并评估其在应对和减轻以往干旱影响方面的有效性。

4.4.5.4 制定减缓计划

干旱任务组将根据各委员会和工作组提供的资料并在专业写作专家的支持下,起草干旱减缓计划。工作草案完成后,建议在几个地点举行公开会议或听证会,解释该计划的目的、范围和业务特点,以及该计划将如何与国家干旱政策目标相联系。还必须讨论计划中建议的具体减缓行动和应对措施。干旱任务组有一位公共信息专家,可有助于规划听证会并准备新闻报道来介绍会议情况并提供该计划的概况。计划草案经州或省级审查后,应提交给国家干旱委员会审查,以确定计划是否符合委员会规定的要求。虽然每个州级计划将包含不同的要素和程序,但基本结构应符合国家干旱委员会在规划过程初期向各州提供的政策标准。

4.4.6 步骤6:确定研究需求并填补制度空白

国家干旱政策委员会应确定有助于更好地了解干旱及其影响、缓解替代办法和所需政策工具的具体研究需要,从而减少风险。这些需求可能是由州级干旱任务组提出的,干旱任务组的主要任务是制定减缓计划。而委员会的任务是将这些需求整合成一组优先重点,以便确定未来的行动和资助重点。

可以列举出许多潜在研究需求的例子。首先,更好地了解气候变化如何影响干旱事件的发生率及其严重性(特别是在区域尺度上的理解),将提供有助于减少风险措施的关键信息。随着气候变化科学的进步和计算机模式分辨率的提高,这些信息对政策制定者、管理者和其他决策者来说将非常宝贵。同样重要的是改进预警技术和传递系统,更好地了解指标和指数与影响之间的联系,为实施减缓行动提供关键决策点或阈值,以及为管理者开发决策支持工具。

在政策制定和备灾规划过程中,也很明显存在阻碍政策和规划进程的机构空白。例如,监测站网络可能存在严重差距,或现有的气象、水文和生态网络可能需要自动化和网络化,以便及时检索数据以支持预警系统。另一个重要的组成部分是归档这些干旱影响,以帮助确定和量化损失并辨别减少影响趋势的关键组成部分。预计步骤6将与政策和计划制定过程的步骤4和步骤5同时进行。

4.4.7 步骤7:整合干旱管理的科学和政策方面

政策和规划进程的一个重要方面是整合干旱管理的科学和政策方面。解决干旱相关问题涉及一些科学问题和技术限制,而决策者对这些问题的理解往往有限。同样,科学家和管理人员可能对应对干旱影响的现有政策限制缺乏了解。在许多情况下,如果要使规划进程取得成功,就必须加强科学界和政策界之间的沟通和理解。这是制定国家干旱政策的关键步骤。国家干旱政策委员会成员非常了解政策制定过程以及与拟议的公共政策改革有关的政治和财政限制。新的方法侧重于减轻干旱风险，是重大的改变，而让获得干旱应急援助一方采用这一新方式肯定会遇到困难，各方对此也有所认识。然而，那些纳入备灾规划进程的州或社区一级的人对这些制约因素不太了解，但对干旱管理行动、当地情况、受影响的关键部门及其业务需要有极好的了解。将政策进程与关键需求联系起来，需要国家干旱任务组和委员会之间建立良好的沟通渠道。

从本质上讲，这种沟通渠道是必要的，可将可行的方案从多种理想状态下的科学和政策方案中区分出来。在规划过程中将科学和政策结合起来，也将有助于确定研究优先事项和综合目前的理解。干旱任务组应考虑减少干旱风险的各种选择办法，并评估每种办法的可行性和潜在结果的利弊。

4.4.8 步骤 8：宣传国家干旱管理政策和备灾计划，树立公众意识并凝聚共识

如果在制定干旱政策和计划的整个过程中与公众进行良好的沟通，随着干旱政策的实施，可能已经对干旱政策的目标、政策执行的理由和干旱规划有了更好的认识。在这方面，让公众信息专家在委员会层面上和州层面上参与这一进程至关重要。在整个政策和规划制定过程中，地方和国家媒体必须有效地用于传播有关这一进程的信息。在干旱政策和规划过程中撰写新闻报道时要强调的主题包括：

（1）干旱政策和计划如何在短期和长期内减少干旱的影响。新闻报道可以侧重于干旱的社会层面，例如干旱如何影响地方经济和个别家庭；环境后果，如野生动物栖息地减少；人类健康；对地区和国民经济以及发展过程的影响。

（2）减少干旱影响所需的行为变化；国家抗旱计划的各个方面；与水资源分配相关的新政策以及不同干旱严重程度的水管理。

在今后几年中，在最易受干旱影响的季节开始前发布“干旱政策和规划更新”新闻稿可能是有益的，该新闻稿使人们了解供水的现状和关于水供应的预测。新闻稿还可以关注于干旱政策和计划的各个方面。关于在各部门或社区实施该计划的成功事例将有助于加强减缓计划和国家政策的目标。在出现限制用水量的情况之前帮助人们回顾这些信息是有用的。应根据监督委员会在地方和国家层面上举行定期会议的时间来决定，并查明不同区域或行业特别关注的方面。

在干旱期间，委员会和州级干旱任务组应与公共信息专业人员合作，让公众充分了解供水的现状，及时向公众发布信息，包括供水量的当前状况，条件是否接近要求人们自愿或强制性限制用水量的“触发点”，以及干旱受害者如何获得信息和援助。应创建网站并定期更新，以便公众和管理人员可以直接从任务组获取信息，而不必依赖大众媒体。需要提供产品或传播策略和工具，以便有效地向用户社区传达信息。

4.4.9 步骤 9：为各年龄段和群体开发教育计划

有必要开展一项以所有年龄组为重点的基础广泛的教育方案，以提高人们对干旱管理新战略、备灾和减少风险的重要性的认识、对短期和长期供水问题以及公众接受和执行干旱政策与备灾目标的先决条件的认识。这一教育计划将有助于确保人们知道如何在干

旱发生时管理干旱,并确保在非干旱年份进行抗旱准备。根据特定群体(如初等教育和中等教育、小企业、工业、水管理人员、农业生产者、房主和公用事业)的需要调整信息将是有益的。每个州或省的干旱任务组和参与机构应考虑针对一些事件(如水宣传周、社区对观察地球日和其他侧重于环境意识的活动、相关展会、专业研讨会和其他侧重于自然资源管护或管理的集会)编写一些演讲和教育材料。

4.4.10 步骤10:评估和修订国家干旱管理政策及辅助性备灾计划

国家干旱政策的原则以及作为政策执行工具的每一项备灾或减灾计划都需要定期评价和修订,以便纳入新技术、从近期的干旱事件中汲取的经验教训、脆弱性变化等。政策制定和备灾进程的最后一步是制定一套详细的程序,以确保充分评价各级政策和备灾计划的成功和失败。国家干旱委员会将监督评价进程,但需要特定的干旱任务组积极参与对干旱影响的州或省采取具体行动以及在实施过程中必须是动态的,否则这些政策和计划很快就会不合时宜。需要定期测试、评估和更新干旱政策,使该计划能够满足国家、州和关键部门的需要。为了最大限度地发挥该系统的效力,必须建立两种评价模式:持续评估和灾后评估。

4.4.10.1 持续评估

正在进行的或可操作的评估可以跟踪社会变化,如新技术、新研究、新法律和政治领导的变化如何影响干旱风险以及干旱政策和支持备灾计划的业务方面。应经常评估各行业(经济、社会和环境)与干旱有关的风险,但不需要对总体干旱政策和备灾计划进行频繁的评估。建议在实施干旱政策和州级计划之前,根据模拟的干旱条件(利用计算机模拟干旱事件)进行评估。必须记住,干旱政策和备灾规划过程是动态的,而不是独立的事件。

评价过程的另一个重要方面和干旱模拟的概念是与政府工作人员的变更相联系的,在大多数情况下,这种变化经常发生。如果没有定期审查国家干旱政策的目标和内容,也没有重新审查所有机构的责任,在干旱再次发生时,国家和州层面上的政府机构就不能充分认识到他们的作用和责任。培养和维持体制记录是干旱政策和备灾进程的一个重要方面。

4.4.10.2 旱灾后评价

旱灾后评估或审计是对政府、非政府组织及其他机构的评估和应对行动所作的记录和分析,并可作为一个机制来落实完善制度的建议。如果不开展地方级干旱政策和备灾计划的灾后评估,随着制度记录的丢失,就很难从过去的成功和错误中吸取教训。

旱灾后评估应包括对干旱的气候、社会和环境方面(其造成的经济、社会和环境后果)的分析;旱灾前规划在减轻影响、促进对受灾地区的救济或援助以及旱灾后恢复方面的有用程度,以及在政策和国家计划范围内造成的或未涵盖的任何其他弱点或问题方面。还必须注意抗旱机制发挥作用以及社会表现出抗灾能力的情况;评价不应只侧重于应对机制失灵的情况。对以往严重干旱的应对措施进行评价,也是一个很好的规划指导材料。这些评估为以后的比较建立了基准,因此可以记录抗灾能力的趋势。

为确保公正的评价,各国政府不妨将评估干旱政策和每项备灾计划的有效性的责任交由非政府组织,如大学或专业研究机构。

4.5 总结和结论

在大多数情况下,世界各地以前对干旱的反应都是被动的,反映了通常所说的危机管理办法。这种做法没有效果(即针对具体影响或人口群体目标不明确的援助)、协调不力和不合时宜,更重要的是,它在减少与干旱有关的风险方面几乎毫无作为。事实上,近几十年来,干旱对经济、社会和环境的影响大大增加。所有自然灾害都存在类似的趋势。

本书讨论的政策制定和规划进程的目的是提供一套通用的步骤或准则,各国可以利用这些步骤或准则来制定旨在减少风险的国家干旱政策的总体原则。这项政策将通过制定和执行按照国家干旱政策框架或原则的抗旱计划,在国家以下各级(省或州)执行。这些计划是执行基于减少风险原则的国家干旱政策的工具。遵循这些准则,一个国家可以通过采取适当的减缓行动,更加强调主动应对与干旱有关的风险,从而大大改变它们准备和应对干旱的方式。此处介绍的准则是通用的,目的是使政府能够选择最适合其情况的步骤和组成部分。这一进程所嵌入的风险评估方法旨在指导各国政府完成评估影响和确定影响优先次序的过程,并确定可用于减少未来干旱影响的减缓行动和工具。政策的制定过程和规划过程都必须被视为不断变化的暴露度和脆弱性,以及政府和利益攸关方如何合作降低风险。

参考文献

(略)

第5章　行动的益处和不作为的代价：抗旱减灾及备灾—文献综述[1]

5.1 引　言

作为一种主要的自然灾害,干旱具有广泛的经济、社会和环境影响。其复杂、缓慢、潜伏的性质,难以确定开始和结束时间、空间依赖性以及灾损扩散性(Below 等,2007),使得全面准确地估计干旱造成损失的工作变得极具挑战性。由于缺乏干旱及其影响的数据(Changnon,2003),尤其是在低收入国家,这些困难变得更加棘手。

干旱是所有自然灾害中最具危害性的(Bruce,1994;Obasi,1994;Cook 等,2007;Mishra 和 Singh,2010)。在全球范围内,约 1/5 的自然灾害损失可归因于干旱(Wilhite,2000),干旱损失估计每年约为 800 亿美元(Carolwicz,1996)。美国是少数拥有相对良好的数据可用性的国家之一,据统计,在 20 世纪 90 年代初,干旱带来的年度损失估计为 60 亿 ~ 80 亿美元(Wilhite,2000;引用 FEMA,1995)。在欧盟,干旱造成的损失估计约为每年 75 亿欧元(CEC,2007;EC,2007)。然而,这些估计可能相当保守,因为它们往往未能将所有影响考虑在内,特别是目前的干旱监测和报告系统很少适当地或系统地捕获间接干旱影响。例如,除影响水量外,干旱还会对水资源系统的质量产生负面影响。这些影响包括盐度的增加、分层增强导致的藻类生成和有毒蓝藻水华、浊度升高和脱氧(Webster 等,1996;Mosley,2015)。这些对水质影响而造成的损失尚未充分量化。

重要的是,干旱还可能产生深远的社会和经济影响——例如,导致冲突和内乱(Johnstone 和 Mazo,2011; von Uexkull,2014; Linke 等,2015)、移民(Gray 和 Mueller,2012)、性别差异(Fisher 和 Carr,2015)、水力发电的减少(Shadman 等,2016)、粮食安全和饥荒(IFRC,2006)、贫困(Pandey 等,2007)以及对健康的短期或长期的负面影响(Hoddinott 和 Kinsey,2001;Ebi 和 Bowen,2015;Lohmann 和 Lechtenfeld,2015)。Conway(2008)指出,在 1993 ~ 2003 年间,干旱引发的饥荒已经影响了非洲 1 100 万人。根据世界气象组织(WMO)的报告,1991 ~ 2000 年间全球干旱可能造成 28 万人死亡(Logar 和 van den Bergh,2011)。此外,在全球减灾和恢复基金(GFDRR)/世界银行及其他技术和捐助机构支持的国家灾后需求评估中提到了其他的间接影响,并将其扩展到社会(如获得教育)问题和环境(如生态系统服务的破坏)问题(参见 Kenya,2012,Djibouti 2011;Uganda,2010 ~ 2011 的报告,见 https://www.gfdrr.org/post-disaster-needs-assessments)。然而, 关于研究

[1] 经世界气象组织(WMO)和全球水伙伴关系(GWP)批准出版。最初发表于:N. Gerber and A. Mirzabaev. 2017. World Meteorological Organization (WMO) and Global Water Partnership (GWP). Benefits of action and costs of inaction: Drought mitigation and preparedness—a literature review. Integrated Drought Management Programme (IDMP) Working Paper 1, WMO, Geneva, Switzerland; GWP, Stockholm, Sweden。

间接影响经济损失的文献相对较少。此外,由于气候变化导致干旱的频率和严重程度不断增加,未来的间接损失可能会比直接损失增加得更多,尤其具有挑战性(Jenkins,2011)。

定义干旱带来的挑战使评估干旱造成的损失和影响的难度增大。Dought(干旱)有别于 aridity(干燥性),前者是一种暂时性的气候特征,而后者是永久性的气候特征(Wilhite,1992)。干旱有许多定义,它们可能是相互矛盾的。理想情况下应针对每个特定地点专门设定定义以考虑到该地点的特征(Wilhite 和 Glantz,1985)。

干旱是一种自然灾害,因此可以通过根据该地点的生物物理特征和气候特征附加概率来评估它在特定的时间和空间条件下的发生(Wilhite,2000)。然而,干旱影响受到受影响地区的社会经济特征强烈的调节作用,例如它们的脆弱性和对干旱的抵御能力,以及抗旱准备。社会经济因素在决定干旱影响方面的作用是复杂的、非线性的。例如,更高水平的社会经济发展和水资源服务基础设施可能减轻或加剧干旱的影响。

在基于风险的干旱方法(本研究中描述为干旱风险管理)中,我们指的是减轻干旱事件引发负面影响的风险,而不是降低干旱事件发生的可能性。从这个意义上说,干旱的脆弱性是指受干旱的负面影响的可能性(Adger,2006),反之亦然,恢复力即指成功应对并克服其影响的能力。脆弱性和恢复力受到缓解干旱和增加干旱准备的行动的影响(Wilhite 等,2014)。这些都反映了一个社区的适应能力程度(Engle,2013)。干旱准备涉及在干旱发生之前采取的行动,这将提升对干旱的业务与机构响应(Kampragou 等,2011)。

另外,干旱影响减缓行动包括在干旱发生之前开展的各种活动,这将最大限度地减少干旱对人类、经济和环境的影响。Wilhite 等(2005)将抗旱准备工作分为 10 个步骤。WMO 和 GWP(2014)对国家干旱管理政策进行了进一步完善。综合干旱管理方案(IDMP)及其伙伴根据国家干旱政策高级别会议(WMO 等,2013)采用了三大干旱管理支柱:

(1)干旱监测和早期预警系统。

(2)脆弱性和影响评估。

(3)抗旱准备、减灾和应对。

准确评估干旱造成损失的困难对分析投资的成本和效益以及针对干旱采取的政策行动提出了巨大挑战。与此同时,干旱不是天气或气候异常,而是几乎任何气候的周期性和正常特征(Kogan,1997),即便在水资源相对丰富的国家也是如此(Kampragou 等,2011)。NCDC(2002)表明,美国在任何时间都约有 10% 的领土受到干旱的影响。2000 ~ 2006 年间,欧盟 15% 的土地面积受到干旱的影响(Kampragou 等,2011),是 1976 ~ 1990 年(EC,2007)年均的两倍多。在过去的 50 年中,越南各地共计发生 40 次干旱(Lohmann 和 Lechtenfeld,2015)。Gan 等(2016)对非洲干旱易发地区的气候变化和变率进行了综述,并预测了其对各种干旱相关指标的严重负面影响。鉴于该问题的规模和气候变化下可能出现的干旱趋势,有必要制定明确的战略以减轻干旱的影响和加强抗旱准备。

但是,许多国家采用的默认行动方案是通过干旱救济(危机管理)应对干旱发生后的干旱影响,而不是通过适当的风险管理战略积极提高抵御能力(Wilhite,1996)。危机管理方法通常无法减少未来对干旱的脆弱性。相反,通过为易受干旱影响的活动提供干旱救济,实际上可能会激励这些活动长期继续。因此,持续的脆弱性使得危机管理对社会的成本高于事先通过增强抗灾能力来减轻干旱风险的事前投资。此外,由于我们目前缺乏对干旱的全部社会和环境损失的全面评估,因此持续脆弱性的最终代价可能高于目前的估计。此外,气候变化预计将增加干旱的频率和严重程度(Stahl 和 Demuth,1999;Andreadis 和 Lettenmaier,2006;Bates 等,2008)。气候变化还可能扩大干旱易发地区的地理范围(Mishra 和 Singh,2009;IPCC,2014),使危机管理方法比现在更难以负担。这就引出了一个问题:如果与被动的危机管理相比,主动的风险管理是社会最优的,那为什么从危机管理到风险管理的转变发生得如此缓慢?

本综述旨在通过评估当前的相关文献来阐明对这一问题的回答。更具体地说,我们试图总结有关被动式公共危机管理的成本和效益以及利弊的关键文献,以及政府为减少未来干旱影响而采取的投资缓解行动和抗旱准备的事前干旱风险管理政策。我们还确定了从危机管理向风险管理过渡所面临的障碍和机遇,展示了来自世界各地的国家经验。在这方面,调查结果强调,即使没有发生干旱,许多干旱风险管理行动和投资也能带来客观的利益和积极的社会回报。因此,它们可以作为可持续发展和建立对各种环境、经济和社会冲击的适应能力的低遗憾或无遗憾战略得到广泛推广。最后,本综述讨论了当前干旱相关文献和政策行动中存在的主要研究和知识的空白。

本综述的文献选择基于在 Google Scholar 和 Science Direct 平台中搜索“drought”一词以及结合搜索其他关键词如脆弱性、恢复力、早期预警和监测、影响、风险管理和危机管理。2016 年 9 月,IDMP 专家组会议的 IDMP 合作伙伴和参与者(参见致谢)也提供了重要参考资料。此外,本综述还对关键文件的内容进行了引用以确定其他相关出版物。该综述并没有涵盖研究干旱的文献的各个方面,而是侧重于与上述具体研究课题最相关的出版物。虽然包括了同行评审的论文、机构出版物以及未发表的资料来源,但我们在评估结论时更倾向于同行评审论文,而机构出版物则作为有价值的背景材料和进一步阅读的来源。

5.2 行动的益处与不作为的代价:概念和方法

本节是在图 5-1 所示的概念框架的指导下进行的。干旱事件导致大量经济、社会和环境损失,其大小受到社会和家庭脆弱性以及抗旱能力的影响。当干旱发生时,与采取旱前和旱后抗旱措施相比,不采取行动而承担的损失可能会增加因干旱造成的损害的总损失,即所谓不行为的代价。抗旱行动的成本可分为三类:①备灾成本;②降低干旱风险成本;③抗旱救灾成本。如果抗旱救灾成本充抵了危机管理的成本,备灾成本和主动降低干旱风险的成本弥补了风险管理的成本(见图 5-2)。风险管理还促使了干旱管理计划的拟定,其中确定了一系列防治干旱及其影响的旱前和旱后行动。

本书的假设是,采取行动成本通常低于不采取行动的损失,投资于旱前风险管理行动的收益高于投资旱后危机管理的回报,如图 5-2 所示。除有助于减轻不采取行动的损失外,包括做好抗旱准备和降低干旱风险的行动降低了最终的抗旱救灾的费用。例如,美国联邦紧急事务管理局(FEMA)估计,美国在干旱风险缓解方面每减少 1 美元,就可以节省至少 2 美元用于预防未来灾害损失(Logar 和 van den Bergh,2013)。根据 Engle(2013)的研究,应对干旱事件发生前后的设施相当于“适应能力”,降低其经济和社会成本取决于

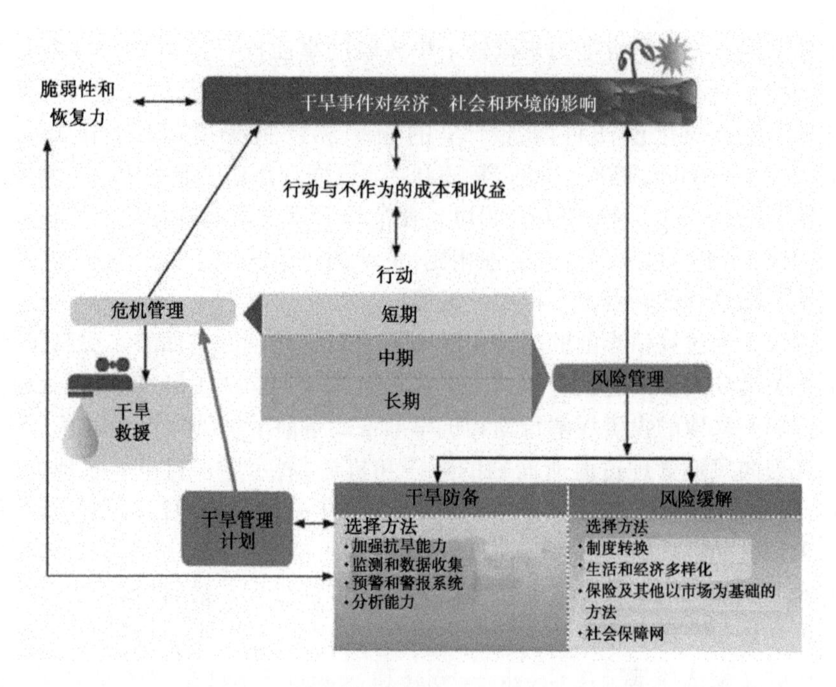

图 5-1　概念框架（转载自 WMO 和 GWP,2017）

许多因素，这些因素是针对具体情况的。Engle（2013）为美国确定了其中的一些因素，其中主要列出了监管的灵活性，即平衡国家法规和结构准备之间的权衡，以及当地社区层面的适应能力（特别是社区供水商）。

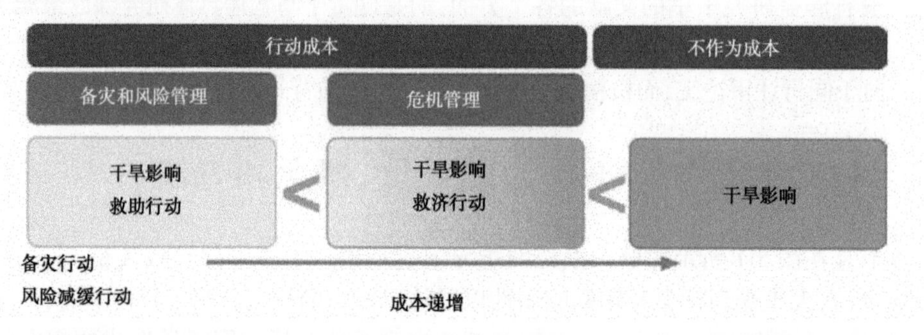

图 5-2　不同行动方案下的干旱成本概述（源自 WMO 和 GWP,2017）。注：该图表明，由于不采取行动导致的干旱成本高于通过危机管理方法处理干旱影响的成本（使用不平等符号“ < ”）。反过来，使用危机管理方法应对干旱的行动成本预计将高于使用风险管理方法的成本

5.2.1　干旱影响评估方法

干旱的影响特定于地点和时间，导致了多种不同的评估方法。方法的应用尺度（从家庭内部或作物对经济的特定影响）和因果渠道（直接或间接；见 Birthal 等，2015）各不相同。方法的选择从选择干旱指标开始（Bachmair 等，2016）。具体而言，计量经济模型用于估计干旱对作物损失的影响（例如，Quiroga 和 Iglesias，2009；Birthal 等，2015；Bastos，2016），有时也用于估计整个经济、区域或流域干旱成本（Gil 等，2013；Kirby 等，2014；Sadoff 等，2015）。

另外,部分均衡、可计算的一般均衡和投入产出模型被用于评估干旱造成的部门或经济损失(Booker 等,2005;Horridge 等,2005;Rose 和 Liao,2005;Berrittella 等,2007;Dudu 和 Chumi,2008;PérezyPérez 和 Barreiro-hurlé,2009;Dono 和 Mazzapicchio,2010;Peck 和 Adams,2010;Pauw 等,2011)或针对干旱的具体政策回应,例如水资源限制(González,2011)。所有这些论文都对评估干旱或水资源短缺的成本的方法学及其在模型应用方面的改进提供了深刻的见解。PérezyPérez 和 Barreiro-hurlé(2009)估计,2005 年西班牙埃布罗河流域的农业直接干旱成本为 4.82 亿欧元。与此同时,能源部门的间接损失为 3.77 亿欧元,这表明了间接损失的巨大规模。Gil 等(2011)将计量经济学和建模方法相结合,对西班牙潜在的干旱影响进行事前评估。Jenkins(2013)使用投入产出模型来显示间接干旱成本在 2050 年预测中的重要性。最后,Santos 等(2014)使用投入产出分析和事件决策树的混合方法来评估三种风险管理策略:降低供水中断水平、管理用水量和优先用水。

当然,所有这些评估技术在实施上都存在一些困难,或者在结果上存在一些缺陷。但更重要的是需要相互兼容的方法以便比较不同地点、不同时间之间干旱的成本及影响,甚至可以跨越到各种类型的自然灾害评估(Meyer 等,2013)。这将有助于以国际和国家抗灾投资为目标,或者更广泛地说,以减轻所有自然灾害投资为目标。它还将更准确地了解干旱的脆弱性和干旱的影响途径。同时,这些方法应充分考虑干旱在不同生物物理环境中发生的方式的内在差异。

干旱成本的估算包括干旱的直接影响(例如作物生产力下降)和间接影响(例如粮食不安全和贫困加剧)、即时成本和长期成本以及市场价格和非市场生态系统服务的损失(Ding 等,2011)。Meyer 等(2013)对自然灾害的成本进行了全面的审查和分类,其中一些成本是重叠的。因此,与评估生态系统服务的情况一样,必须避免重复计算(Balmford 等,2008)。事实上,Banerjee 等(2013)认为,可以使用生态系统服务方法来估计干旱造成的经济损失。基于生态系统服务的方法确实可以通过应用诸如避免和替代成本方法、条件评估、利益转移和其他生态系统服务评估方法等评估技术来包括干旱的非市场影响(Nkonya 等,2011)。Banerjee 等(2013)使用生态系统服务方法估计 1999 ~ 2011 年澳大利亚南部墨累 - 达令流域千年一遇干旱的损失约为 8.1 亿美元。

建立一系列案例研究,以使用一致且可以相互比较的方法评估采取行动成本与不采取干旱措施的成本,可以为更严格地了解干旱成本、影响途径、脆弱性以及为针对干旱的各种危机和风险管理方法的成本和收益提供依据。这最终将促使更明智的政策和制度行动(Ding 等,2011;Wilhite 等,2014)。如果不对不采取行动的成本进行更准确的估算,显然很难将其与干旱行动的成本和效益进行比较(Changnon,2003)。

5.2.2 全球和地方干旱成本评估

与此同时,现有的干旱成本评估虽然很有价值,但仍然是片面的,而且往往是相互矛盾。表 5-1 提供了文献中对干旱影响的一些广泛量化。对于农业而言,影响干旱成本的一个关键因素是用地下水资源替代地表水的可能性。地下水的使用与额外的抽水成本相关,部分原因是地下水位下降(Howitt 等,2014,2015),但这种地下水替代的未来成本似乎是未知的。在另一个例子中,2005 年西班牙和葡萄牙发生的严重干旱使欧洲谷物总产量减少了 10%（UNEP,2006）。EEA(2010)表明,欧盟的平均年度干旱成本在 1976～1990 年和 1991～2006 年期间翻了一番,2006 年之后达到了 62 亿欧元,尽管目前尚不清楚这种加倍是否是由频率和严重程度增加或由于欧盟地区的扩大引起的新的国家加入所致。

表 5-1　干旱成本的精选例子

每年干旱成本(亿美元)	时期	地理单元	来源
7.5	1900～2004 年	全球	Below 等 (2007)
60～80	20 世纪 90 年代早期	美国	FEMA (1995)
400	1988 年	美国	Riebsame 等 (1991)
22	2014 年	加利福尼亚州	Howitt 等 (2014)
27	2015 年	加利福尼亚州	Howitt 等 (2015)
25	2006 年	澳大利亚	Wong 等(2009)
62	2001～2006 年	欧盟	EEA (2010)

非洲的许多国家,特别是萨赫勒地区,长期以来一直易受严重干旱的影响,造成了巨大的社会经济损失(Mishra 和 Singh,2010),但对所有发展中国家来说,通常更难找到量化指标。在过去十年中,乌干达每年因干旱平均损失 2.37 亿美元(Taylor 等,2015)。Sadoff 等(2015)发现,干旱可能使马拉维和巴西的国内生产总值(GDP)分别减少 20% 和 7%。Sadoff 等(2015)认为,最容易因干旱而遭受国内生产总值损失的国家位于非洲东部和南部、南美洲以及南亚和东南亚。实际上,世界银行报告指出,印度的干旱频率一直在增加(World Bank,2003)。随着时间的推移,印度(World Bank,2003)和摩洛哥(MADRPM,2000)的干旱成本似乎也在增加,主要是由于易受干旱影响的资产价值的增加。这些评估的另一个问题是:它们并没有真正计入由于不采取行动而造成的干旱损失,而是含蓄地涵盖了救济或风险管理的各种措施的缓解效果。为了具有可比性和一致性,干旱成本的所有评估都应明确它们所涵盖的成本类别——从 Meyer 等(2013)所述的广泛类别。

需要通过干旱风险评估以了解采取行动和不采取行动的成本进行综合评价。这些将包括对干旱灾害、干旱脆弱性和干旱风险管理计划的分析(Hayes 等,2004)。对干旱灾害的分析很重要,因为如果不了解历史干旱模式以及气候变化下干旱发生和程度的演变概率,就不可能进行适当的风险评估(Mishra 和 Singh,2010)。这需要具有足够覆盖率的天气和干旱监测网络以及足够的人力来分析和将这些信息转化为干旱预防和风险缓解行动(Pozzi 等,2013; Wu 等,2015)。然而,到目前为止,特别是在发展中国家,对干旱的发生、严重程度和潜在影响进行提前几个月的预测还不是很普遍(Enenkel 等,2015)。Hallegatte(2012)指出,如发展中国家的水文气象能力和预警系统的发展水平达到发达国家类似水平,每年将产生 40 亿～360 亿美元的效益,效益成本比率在 4～35(Pulwarty 和 Sivakumar,2014)。Peck 和 Adams(2010)以美国俄勒冈河谷灌溉区为例,论证了较长的提前期天气预报对于应对干旱至关重要。例如,如果农业生产者缺乏第二次干旱将很快跟随第一次干旱的知识,他们可能会通过扩大早期的易受影响的活动错误地增加未来的干旱成本,以弥补过去的损失。在这方面,除物理气象基础设施外,现有信息和通信技术的更广泛创新应用(例如遥感卫星数据),在长期跟踪植被覆盖变化继而广泛的地理覆盖范围内的变化方面发挥了重要作用(Le 等,2016)。同样地,移动电话网络可以帮助追踪降雨模式,增加时间和规模分辨率,特别是在建立物理天气监测基础设施可能既耗时又昂贵的情况下(Dinku 等,2008;Hossain 和 Huffman,2008;Yin 等,2008;Zinevich 等,2008)。

尽管如上所述,关于干旱影响的文献相当广泛,但缺乏对不采取行动与采取全面行动的成本对比研究。例如,Salami 等(2009)追踪了 1999~2000 年伊朗干旱对经济的影响,发现其总损失相当于该国 GDP 的 4.4%。该研究还发现,采用节水技术将用水生产率提高 10%,将减少 17.5% 的损失(2.82 亿美元)。此外,根据干旱条件改变种植模式可使损失减少 5.97 亿美元。Taylor 等(2015)通过提高水资源利用效率、实施水资源综合管理和改善乌干达水资源基础设施,评估了政府干旱风险缓解战略的可行性。结果表明,投资回报率可达 10% 以上。Harou 等(2010)以加利福尼亚州为例,展示了水市场等减缓行动可以大幅度降低干旱影响的成本,而 Wheeler 等(2014)则展示了此类市场如何在澳大利亚墨累河流域发挥作用。这些干旱成本的例子大多数与农业有关,但干旱也会对城市地区产生影响(方框 5.1)。

方框 5.1　干旱对城市地区的影响和应对

尽管农业仍然是全球用水大户,城市地区也可能广泛遭受干旱的影响和损失。除了特定行业(如食品和饮料),干旱也使服务业(如旅游业)面临风险,并可能引发社会紧张。由于气候变化和城市化的不断扩大,城市干旱的成本在未来将继续增长,而与农业用水相比,城市的回报水平相对更高,这将使干旱成本进一步扩大。因此,城市地区的抗旱准备和缓解工作是重要的。

现提出了提高城市抗旱能力的几种方法。例如,减少干旱的总成本可能涉及在干旱期间将水从低价值的农业用途转移到高价值的城市用途。同样,通过从价值较低的农业用水中获取水资源,加利福尼亚州北部城市地区的干旱成本也可以大幅降低。

城市地区的抗旱准备和减灾计划包括制定适当的政策和建设基础设施以加强节约用水(见第 13 章)。节水措施包括非市场机制和市场机制。非市场机制通常包括节水教育和明确限制特定用水,而市场机制则包括在干旱期间提高水价。非市场机制可能与执行遵从性的巨大交易成本以及水务公司的收入损失有关。另外,在干旱时期提高水价,可能为社会公平获取水资源方面带来挑战。干旱除短期的直接影响外,还可能对城市经济和生计产生长期的间接影响。例如,节水措施和更高的水价可能鼓励向更节水的家用电器(如洗衣机、洗碗机、浴霸和厕所)过渡。

来源:Moncur, J. E., Water Resour. Res., 23(3), 393-398, 1987; Michelsen, A. M, and Young, R. A., Am. J. Agric. Econ., 75(4), 1010-1020, 1993; Dixon, L., et al., Drought Management Policies and Economic Effects in Urban Areas of California, 1987-1992, Rand Corporation, Santa Monica, CA, 1996; Rosegrant, M. W., et al., Annu. Rev. Environ. Resour., 34(1), 205, 2009; Harou, J. J., et al., Water Resour. Res., 46(5), 2010; Saurí, D., Annu. Rev. Environ. Resour., 38, 227-248, 2013; Güneralp, B., et al., Global Environ. Change, 31, 217-225, 2015.

5.3 应对干旱的行动:风险管理与危机管理

干旱风险管理包括以下内容:抗旱准备、减轻干旱风险、干旱预报和早期预警。干旱风险评估是抗旱准备和干旱风险缓解的基础(Hayes 等,2004)。这些将纳入干旱管理计划,并确定具体的事前和事后行动(Alexander,2002)。

干旱风险管理活动涉及在各种规模下减少对干旱的脆弱性,涉及家庭、社区和个体企业的微观层面的行动往往没有得到充分的重视,但可以说,这是干旱风险缓解的最重要因素。例如:

(1)更安全的土地使用权、更好的电力供应和农业拓展途径有助于孟加拉国农户采用减轻干旱风险的措施(Alam,2015)。同样,Kusunose 和 Lybbert(2014)发现,获得安全的土地保有权、市场和信贷在帮助摩洛哥农民应对干旱方面发挥了重要作用。

(2)Holden 和 Shiferaw(2004)发现,信贷渠道的改善有助于埃塞俄比亚的农户更好地应对干旱影响,因为他们不再需要剥离其生产性资产。此外,由于埃塞俄比亚的许多农村家庭倾向于将其储蓄用于牲畜,而这些牲畜可能在干旱期间死亡,因此开发金融服务和替代储蓄机制也有助于减轻干旱风险。

(3)土地利用的变化和种植模式的改变经常被认为是增强抗旱能力的途径(Lei 等,2014,中国;Deressa 等,2009,埃塞俄比亚;Huntjens 等,2010,欧洲;Willaume 等,2014,法国)。

(4)Dono 和 Mazzapicchio(2010)表明,意大利 Cuga 水文流域的农业生产者可以通过开发地下水资源来最大限度地减少未来干旱的影响。

(5)另一种常用的干旱风险缓解策略是通过采取非农活动来降低生活成本(Sun 和 Yang,2012,中国;Kochar,1999,印度;Kinsey 等,1998,津巴布韦)以及畜牧业资产的剥离(Kinsey 等,1998,津巴布韦;Reardon 和 Taylor,1996,布基纳法索)。

(6)最后,UNDP(2014)发现,强大的资产基础和多样化的风险管理方案是肯尼亚和乌干达抗旱家庭的关键特征。这些方面主要是由于家庭受过更好的教育,并且有更多应对各种危害采取行动的知识。这使他们能够使收入来源多样化。

在宏观层面,有助于减轻干旱风险的活动主要涉及体制和政策措施。Booker 等(2005)发现,建立区域间水资源市场可以将美国里奥格兰德河流域的干旱成本降低20%~30%。其他例子包括早期预警系统的开发(Pulwarty 和 Sivakumar,2014)、抗旱准备计划、通过投资基础设施增加供水(Zilberman 等,2011)、减少需求(例如,水资源保护计划)(Taylor 等,2015)以及农作物保险。

虽然干旱保险是一项有效的、积极主动的措施,但许多发展中国家的正式干旱保险机制的发展受到许多障碍的阻碍,包括交易成本高、信息不对称和逆向选择(OECD,2016)。与此同时,干旱的协变性降低了传统社区和基于社交网络的非正式风险分担的有效性(Kusunose 和 Lybbert,2014)。另外,保险实际上可以限制事前的干旱减缓行为。但是,这取决于所使用的保险类型。一般而言,使用两种类型的保险用于确保农业不受干旱损害。

基于赔偿的保险可以防止预定义的损失，而基于指数的保险可以防止预定的风险事件，如干旱（Barnett 等，2008；GlobalAgRisk，2012）。

具体而言，在基于赔偿的保险中，作物生产者在对干旱造成的损失程度进行正式评估后，通常与其先前存在的生产力水平相比较，补偿因干旱引起的损失（Meherette，2009）。因此，基于赔偿的保险计划的交易成本很高，它们更适合大规模的农业经营。

基于指数的保险计划利用降雨、温度或土壤含水量的不足（没有对损害程度进行正式的农场评估）来触发投保农民的赔偿。由于交易成本显著降低，基于指数的保险可能更适合小农（Barnett 等，2008；Meherette，2009）。然而，基于指数的保险需要一个功能良好且相对密集的天气监测站网设施。目前，缺乏此类基础设施对许多发展中国家更广泛地推行基于指数的保险计划造成了障碍。在基于指数的保险制度下，保险赔付与实际损失无关，而与天气参数的偏差有关。因此，投保农民将继续有动力采取措施限制干旱给他们造成的损失程度。此外，基于指数的方法允许为干旱的间接成本提供保险。例如，农业生产者可以购买基于指数的保险，并且他们可能会发现传统的基于赔偿的保险在干旱背景下不适用于他们（GlobalAgRisk，2012）。

基于指数的保险的局限在于适当地确定触发支付的风险事件阈值，即当同一指数覆盖的区域中实际的天气参数可能非常不一致时，最小化所谓的基准风险（Barnett 和 Mahul，2007）。如果阈值太高，则可能无法弥补部分损失。如果阈值太低，保险计划的长期可行性可能会受到损害。确定最佳支付触发阈值还需要有足够的历史数据来构建指数。当然，根据具体情况，可以使用基于指数和赔偿的混合保险方法。

除地方和国家层面外，干旱风险缓解和对干旱响应的国际协调在跨界河流流域同样重要（Cooley 等，2009）。在干旱期间对跨界水资源系统的管理不足可能会放大干旱的直接损失和间接损失，特别是在下游国家。现有的水资源分配跨境协议可能需要进行审查，使其能够灵活地对气候变化下日益频繁的水文干旱做出充分响应（Fischhendler，2004）。例如，跨界水资源分配方案是基于上游国家到下游国家预定义的最小流量还是基于百分比配额交付，在干旱期间可能产生截然不同的影响（Hamner 和 Wolf，1998）。区域干旱风险缓解工作将包括增加跨界水资源分配制度对干旱的灵活性（McCaffrey，2003）。这包括大型水库的运行，可能对上、下游水流机制产生相当大的影响（López-Moreno 等，2009）。跨界水资源管理机构可以在协调这些对干旱的响应方面发挥重要作用（Cooley 等，2009），需要努力以促进制定国家和跨界抗旱准备计划，确保它们在相互依存的情况下保持一致。

由于完全消除干旱脆弱性是不可能的，也没有经济效益，干旱将在一定程度上继续影响社会。因此，确定更有效的干旱响应非常重要。危机管理措施可包括影响评估、响应和重建，涉及诸如抗旱基金、低息贷款、牲畜和牲畜饲料的运输补贴、粮食供应、水运以及灌溉和公共供水钻井等工具（Wilhite，2000）。一些研究确定了提高干旱应对措施效率的方法。例如，在撒哈拉以南非洲区域的汇集资源被认为是加速干旱救济和降低成本的有效战略（Clarke 和 Hill，2013），尽管这可能不会减少未来的干旱脆弱性。埃塞俄比亚的经验表明，创造就业机会计划可以在立即援助方面发挥作用，并加强当地对未来干旱的抵御能力。这些计划支持受干旱影响的人群参与干旱减缓活动(例如,建设梯田和检查水坝),而不是直接提供粮食救济(IFRC,2003)。

由于难以评估干旱成本,因此比较主动风险管理与被动危机管理的成本和收益更具挑战性。缺乏关于干旱成本的全面数据也使评估抗旱投资的有效性变得困难(FEMA,1997)。此外,由于历史减缓投资的数量有限,因此对未来减缓行动的回报率的任何事前评估将取决于建模假设,这可能并不总是与投资的实际表现相一致。然而,一旦进行了抗旱投资,各国政府和捐助者就会想知道他们投资的回报。这将导致进行额外的影响评估,以及确定更有效的干旱风险缓解方案(Changnon,2003)。过去的大多数相关研究都调查了采用非常具体的干旱减缓方案的影响,其中获取了可用数据,可使假设的不确定性降低,例如节水技术(Ward,2014)或水资源交易等政策的影响(Booker 等,2005;Ward 等,2006)。有必要进行更多的此类型的案例研究。尽管干旱风险管理方法比危机管理措施更有效,但本书发现缺乏严格的经验证据来支持这一观点。

5.4 从危机管理到风险管理:障碍和机遇

5.4.1 干旱的事前与事后驱动因素

在过去的几十年里,我们经历了越来越频繁和严重的干旱(Changnon 等,2000),这与经济和社会成本的上升有关(Downing 和 Bakker,2000)。我们还发现,人们越来越认识到风险管理战略的效率更高(Wilhite,2005),且与频繁的干旱救济行动相比,他们对公共预算的负担更低。这些趋势导致许多国家(包括澳大利亚、印度、美国和欧盟国家)从干旱危机管理转向风险管理(EC,2008;Birthal 等,2015)。在这些因素中,抗旱成本的上升和政府预算负担的增加似乎在促进美国(Changnon,2003)、澳大利亚(Stone,2014)以及其他可能正在走上这条过渡道路的国家风险管理战略方面发挥了重要作用。方框 5.2 表明,即使对风险管理有最好的配置,政府有时也会受危机管理策略困扰,尤其是在特别长期和严重的干旱事件中。

尽管如此,路径依赖与缺乏风险管理和危机管理行动的成本和收益的信息是导致许多国家持续使用危机管理方法的主要原因。当缺乏有关抗旱行动的成本和效益的信息时,政府往往不愿意在抗旱方面进行代价高昂的投资(Ding 等,2011)。此外,在各种不确定性和缺乏干旱风险缓解行动效率是更有效的经验证据的情况下,只有在遭受冲击后才对干旱做出响应在经济上是具有合理性的(Zilberman 等,2011)。经济理论表明,在不确定的条件下,参与者可推迟不可逆投资,直到其净收益超过正临界值(McDonald 和 Siegel,1986)。同时,Zilberman 等(2011)指出,作为应对干旱的响应,制度和技术的重大变化很可能会在事后发生。例如,加利福尼亚州 1987 ~ 1991 年的干旱导致广泛采用节水技术(喷灌)、土地休耕、运河衬砌以减少水资源流失以及引入水资源水交易,尽管这些措施在干旱发生前很长一段时间就已经被推荐(Zilberman 等,2011)。

方框 5.2　巴西干旱：影响、成本和政策响应

由于全球气候变化，巴西干旱的频率和强度预计将增加，尤其是东北部地区。干旱和气候变化加上现有的淡水供应和水质压力可能导致新的和更多的水资源管理挑战。这些已经得到了巴西水资源协会的认可，包括资源管理者、用户、研究人员和决策者。

该国有几个半干旱地区，特别是东北部，那里经常发生干旱（另见第 21 章）。部分地区降雨量变化较大，2 ~5 月的雨季约占全年降雨量的 70%。因此，整个国家，特别是该区域，有长期的干旱管理历史。这可以追溯到 1886 年，从修建第一座水库开始，随后在整个 20 世纪建立了一系列应对干旱的机构，其中一些仍以修缮的形式存在。该国早在 1930 年就制定了一项水资源法规。根据巴西宪法："水是一种有限的自然资源，是属于联邦政府或州政府的不可剥夺的公共财产。"

然而，最近的 2010 ~2013 年连续多年的干旱事件已经相当严重。2012 年东北大部分地区的雨季降水被列为"干旱"至"极度干旱"，仅达到该季节历史平均水平的 50% 左右。可利用水资源的缺乏影响了农作物、牲畜、工业以及饮用水的水位。因此，尽管巴西有水资源管理机构的历史，但它正在努力应对新的、长期的和极端的干旱事件。

在这些事件之后，巴西已恢复紧急救济和响应行动。这些措施都在 Bastos (2016) 中列出，并包括这种旨在减轻水资源短缺对社区和农民造成的直接影响的措施（水运、蓄水池）或减少因农业生产而产生的间接影响的措施（紧急信贷额度、债务磋商——最昂贵的措施）。此外，基础设施建设，如钻井或新水坝已列入增长发展计划。但这些措施带来了高昂的成本；截至 2014 年，已向紧急救援和基础设施建设拨款 45 亿美元。这些成本是在 2010 ~2014 年期间农业总产值实际价值估计损失 13% 的基础上增加的。

这些费用的巨大程度显示了执行干旱前计划和行动以应付干旱的经济影响的困难。这在巴西是真实的，这个国家有着干旱管理、基础设施、可用指标、气象、气候和水文监测和预报方面的科学知识和专门知识的历史。Gutierrez 等（2014）指出，巴西在抗旱准备和政策方面存在的差距和机遇有助于改善该国和类似新兴经济体的情况。这些主要为了加强监测和预测社区之间以及国家和市政决策机构之间的一体化，保存国家档案以确定干旱（和其他灾害）的影响以及在气候变化的背景下进行的脆弱性评估。这些差距中有许多是组织性的，说明需要记录干旱及其影响。另一些人指出有必要分析干旱的脆弱性。这些行动应共同确保今后可以更快、更好地减轻和应对干旱。

来源：World Bank, Water Resources Planning and Adaptation to Climate Variability and Climate Change in Selected River Basins in Northeast Brazil: Final Report on a Non-Lending Technical Assistance Program (P123869), World Bank, Washington, DC, 2013; Gutiérrez, A. P. A., et al., Weather Clim. Extremes, 3, 95-106, 2014; Bastos, P., Drought Impacts and Cost Analysis for Northeast Brazil, in Drought in Brazil: Proactive Management and Policy, eds. E. De Nys, N. L. Engle, and A. R. Magalh? es, pp. 119-142, CRC Press, Boca Raton, FL, 2016.

Jaffee 和 Russell(2013)认为,当个体将不同的主观概率附加到干旱灾害时,事前行动并不总是优于事后行动,而干旱危害影响他们的投资决策。在这种情况下,他们建议最大限度地提高社会福利,最好是提供救灾,而不是事先采取行动。此外,对干旱的事先调整可以增加干旱情况下的恢复能力,但同时可能导致在非干旱时期回报较低(Kusunose 和 Lybbert,2014)。然而,这种分析需要比较事前和事后干预农民的生产和投资决策以及干旱对他们的影响(OECD,2016)。

抗旱准备计划需要包括实施后发生的各种变化轨迹。例如,在西班牙的塞古拉河流域,实行限制地表水供水的抗旱准备计划导致地下水的过度开采,而该计划未涵盖这一点。这导致了比没有实施该计划时更高的干旱风险(Gómez 和 Perez-Blanco,2012)。因此,抗旱准备计划与其他行动计划一样,需要不断评估和改进,以适应不断变化的背景,并包括从过去的错误中吸取教训(WMO 和 GWP,2014)。

虽然事后行动似乎发生得更频繁,但事前行动有其经济原因。干旱是一种商业风险,农业生产者将尽力避免其成本。因此,虽然他们有采取抗旱行动的动机,但他们面临的障碍是缺乏关于干旱发生的知识(预警系统)及其影响(推广和咨询服务),以及缺乏资金(获得信贷)(OECD,2016)。

同样,大量研究表明,人类和社会系统不断发展以适应不断变化的环境。Biazin 和 Sterk(2013)表明,埃塞俄比亚的牧民家庭正在转向更具弹性的混合农业系统以应对干旱,他们早先的涉及迁移到替代牧场的应对方案已不再可行。许多受干旱影响地区的家庭不断将风险管理策略作为其正常生活的一部分。此类风险管理策略通常用于对过去的干旱冲击做出响应,以期尽量减少未来干旱事件的影响,即从过去的经验中汲取教训。

在公共产品的背景下,经验在促进积极行为方面的作用减弱,缺乏干旱风险管理与干旱应对措施的影响的可见性需引起重视。然而,如果风险管理战略得到有关气候、干旱和干旱风险缓解措施的科学数据的支持,并且得到事前的政府政策的支持,那么这些战略可以更具有效性和前瞻性。Birthal 等(2015)表明,虽然农业家庭在干旱后采取应对措施,可以通过降低其对未来干旱的脆弱性作为风险管理战略,但由于受到过去干旱的影响,他们可能很少能够完全恢复其生产性资产的损失。事实上,许多发展中国家的干旱救济并不像一些发达国家那样全面,或者根本就不存在,因此受影响的家庭只能靠自己的办法。一方面,这可能会加速过渡到微观经济层面的风险管理方法;但另一方面,如果政府不需要节省抗旱成本(因为它们很少或没有,或者由外部捐助者承担),那么在宏观层面进行过渡并不是紧迫的。

5.4.2 干旱风险管理策略的共同利益

除减轻干旱风险外,风险管理策略还具有一个重要的吸引力,即它们具有重大的社会经济效益。许多干旱风险管理行动增强了应对干旱和其他社会经济及环境冲击的韧性。因此,抗旱风险管理的一些方法是低风险或无悔的选择(见图 5-3)。因此,作为一项预防措施,它们的应用是有意义的,以防止许多我们知之甚少的直接的和特别是间接的干旱造成损失的负面影响。图 5-3 强调采用风险管理方法的好处,包括降低干旱成本、降低干旱救济成本以及其具有的可观的社会经济效益。

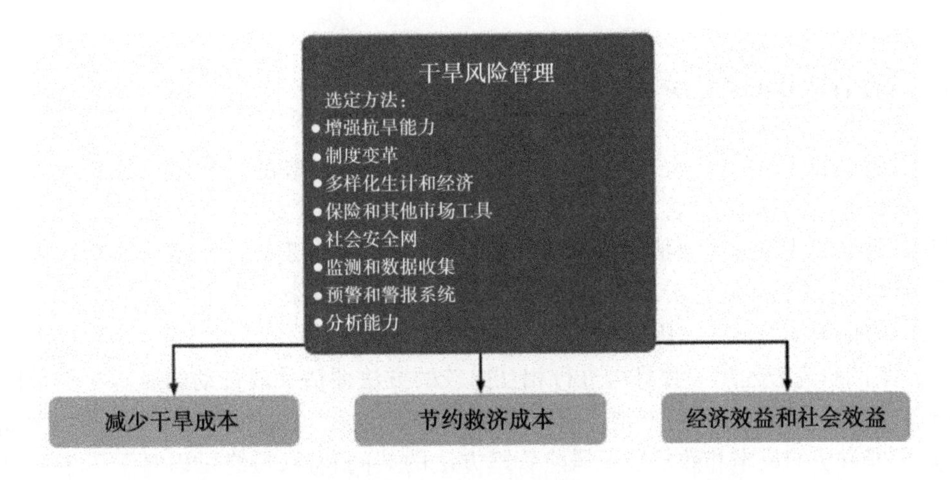

图 5-3　干旱风险管理方法及其效益(源自 WMO 和 GWP,2017)

例如,如前所述,更加安全的土地使用权、更易获得的电力和农业扩展、更易获取的信贷、多样化的生计选择(包括非农活动)以及更高的教育水平与更强的抗旱能力有关(Holden 和 Shiferaw,2004;Sun 和 Yang,2012;UNDP,2014;WMO 和 GWP,2014;Alam,2015)。同时,这些因素大大增加了应对气候变化的适应能力(Deressa 等,2009),有助于解决土地退化问题(Nkonya 等,2016)、促进减贫(Khandker,1998)、改善家庭粮食安全(Babatunde 和 Qaim,2010)并促进更广泛的可持续发展。

另一个例子——采用改良灌溉技术或替代水源(Hettiarachchi 和 Ardakanian,2016)——可以在正常条件以及干旱期间对农业收入、可持续水资源和土地利用产生积极影响。例如,哈萨克斯坦采用的保护性农业措施,包括免耕和覆盖,可以减少土壤侵蚀和整地燃料的使用,并帮助人们更好地应对 2010 年干旱的影响(Kienzler 等,2012)。这是由于保护性农业措施能够更好地保持土壤的可用水分,从而减少与以前的干旱相比的作物产量损失。虽然保护性农业的采用主要是由于节省燃料成本的愿望,但它最终还是成为了干旱风险管理战略(Kienzler 等,2012)。

因此,对干旱风险管理战略和具有重大共同利益的行动的投资可以成为减轻干旱风险的“容易获得的果实”——也就是说,它们最初是最容易实施的。尽管有关减贫/粮食安全与收入多样化、土地使用权保障以及获得拓展和信贷等因素之间联系的文献,但仍有必要开展更多研究,纳入促进这些和其他类似干旱风险缓解因素的策略,以作为干旱风险管理方法的一部分。在理想情况下,此类研究应包括量化这些因素对降低干旱成本及其共同利益程度的贡献。

应该指出,干旱风险管理战略,例如主动提高抗旱能力的家庭选择,并非没有权衡取舍,而且其影响可能具有高度针对性。例如,UNDP(2014)提供了一些例子,说明这些战略可能在家庭以外的层面对经济和社会产生负面影响。例如通过嫁妆增加资产基础的早婚,或者减少教育方面的投资转而从事低技能工作。在特定的农业气候系统中,畜牧业活动的收入专业化可以证明比收入多样化更适应于干旱。同样,性别和年龄差异的影响评估可能会对干旱事件和干旱风险管理战略的分布影响产生有趣的见解。这最终可能导致针对人口目标群体的不同的成本效益比和行动建议。

5.5 结论和后续步骤

这篇综述表明,尽管过去十年在了解干旱及其影响方面取得了重大进展,并且与传统的危机管理方法相比,风险管理方法优点更多,但仍然缺少重要的研究和政策。有必要采用相互兼容的方法来全面评估干旱成本和影响。目前,许多现有的干旱成本估算是片面的,且难以相互比较。缺乏干旱数据及其影响使问题更加复杂。此外,我们对间接和长期干旱影响的损失知之甚少。因此,可能采取的后续步骤包括:

(1)案例研究应使用一致且可进行相互比较的方法评估采取行动的成本与不采取干旱措施的成本,这样有助于更好地了解干旱成本、影响途径、脆弱性、针对干旱的各种危机和风险管理方法的成本和效益以及风险管理方法的共同利益,最终可以对干旱采取更明智的政策和机构行动。

(2)应对干旱采取行动和不采取行动的成本的综合评估需要通过干旱风险评估来获知。它们需要具有足够覆盖率的天气和干旱监测网络,以及足够的人力分析和将这些信息转化为抗旱准备和减灾行动。

(3)当满足前两点时,就可以更清楚地了解旱前行动的成本效益比(抗旱准备)和反应性行动(危机管理)的成本效益比。这是指导建立抗旱能力的政策和投资所必需的。

(4)由于消除干旱脆弱性是不切实际的,也不具经济效益,它们将在一定程度上继续影响社会。因此,还需要确定更有效的干旱响应。

(5)为了产生影响,研究和开发合作伙伴需要向政府证明未来继续实施救助抗旱将是无法承受的。它已经给政府预算带来了沉重的负担,因此需要在讨论和特定的资助行动中转向风险管理方法。在这方面,一个容易取得的成果是选择减轻除干旱风险管理外具有直接共同利益的行动,无论有无干旱,这些行动都是有益的。有必要进行更多研究以确定干旱风险管理战略和方法的社会经济效益,并在此问题上进行更多基于具体实践证据的宣传。

参考文献

(略)

第Ⅲ部分　干旱预测、早期预警、决策支持和管理工具的进展

第6章　提高干旱监测和预测能力的研究

6.1 引　言

干旱具有重大的经济和社会影响。美国国家综合干旱信息系统(NIDIS)致力于通过制定预防措施、提高干旱监测和预测能力以及建立从地方到联邦层面的信息系统网络,为人民、社区、企业和政府做好准备工作,以减轻干旱的影响。建立 NIDIS 干旱信息系统的一个关键环节就是研究:①加强对导致干旱发生、维持和恢复的物理机制的科学认识;②提高干旱预测技能;③提高当前的干旱监测能力;④通过纳入监测、预测技术的最新进展,与各种社会部门相关的客观指标及先进的信息传递平台,以改进干旱信息系统。

为解决上述研究问题,美国国家海洋和大气管理局(NOAA)气候计划办公室的建模分析及预测(MAPP)计划与 NIDIS 合作建立了干旱工作组(DTF)。作为美国全球变化研究计划和国际研究计划的一部分,DTF 为 NOAA 研究实验室、运作中心以及整个联邦政府的干旱研究发挥杠杆作用并做出贡献。本章概述了监测、预测及理解干旱的科学理论和实践情况,它强调了当前在这些领域的研究进展以及余下的挑战和机遇。更多技术细节可以在 MAPP/DTF 研究能力评估报告(Huang 等,2016)中找到,这是由 MAPP/DTF(Schubert 等,2015)组织的科学论文专集,特别是其中一篇 Wood 等(2015)撰写的综合论文。

6.2 提高干旱监测的研究

1999 年以来,美国干旱监测器(USDM)(Svoboda 等,2002)每周会对美国各地的干旱状况进行评估,其代表了美国目前干旱监测业务能力的最高水平。第 7 章将对 USDM 进行详细介绍。本节对旨在改善干旱监测能力的总体研究工作进行了重点介绍。干旱监测研究的目标是通过科学的方法、数据和理解,对干旱敏感的地球物理变量进行越来越准确、可靠、全面和高分辨率的表征。以下小节描述了两个方面的研究工作:①陆面模型(LSM)的实时操作利用,即利用可操作的、实时的气象输入数据和长期回溯的水文气候系统数据集定量地、重现地描述地表水文气象条件;②基于卫星遥感反演干旱相关参数的观测表面分析。基于 LSM 的干旱预测能力将在 6.3 节讨论。

6.2.1 地表建模和相应指标

北美陆面数据同化系统(NLDAS)的目标是构建从最佳可用观测和模型输出派生的质量受控的、空间上、时间上一致的 LSM 数据集。NLDAS 项目始于 1999 年,并通过 NOAA和 NASA 研究计划(Mitchell 等,2004)稳步增强。NLDAS 由 NOAA 国家环境预测中心(NCEP)的环境模拟中心(EMC)主办,以0.125°的空间分辨率(约12 km)和1小时时间步长在美国大陆运行4个LSMs。其观测到的气象强迫输入(例如降水、温度、湿度、风速和辐射)和地表模型输出(例如土壤湿度、雪水当量、蒸散发量和河流流量)代表了在客观的干旱监测方面取得的核心进展,也代表了为推进干旱预警系统所做努力的核心内容。例如,USDM产品目前使用NOAA气候预测中心(CPC)的土壤水分分析(Huang等,1996),但NLDAS建模工作在物理现实方面超过了CPC产品。因此,NLDAS数据产品现在可以支持更精细的分辨率和更高质量的USDM版本。

许多干旱产品和创新已出现在NLDAS的工作中,其中包括新推出的指数及整合指数和多种信息来源的新目标策略。应用现代LSM进行干旱量化和预测的实时系统的案例包括华盛顿大学的实验地表水监测器(Wood,2008),普林斯顿大学的非洲洪水和干旱监测器(Sheffield等,2014),以及全球干旱综合监测和预测系统(GIDMaPS)。这些系统支持了许多新的基于模型的指数的开发,例如NCEP目标混合NLDAS干旱指数(Xia等,2014),多变量干旱严重性指数(Hao和AghaKouchak,2013)以及标准化径流指数(Shukla和Wood,2008)等。与目前广泛整合干旱因子的USDM相比,基于LSM的干旱指数更倾向于描述特定的干旱变量(如单独的土壤含水量或土壤含水量和雪量的组合)。此外,基于LSM的系统可以吸收、掌握并利用遥感观测的土壤含水量数据、积雪数据和陆地水储量数据,以进一步改善对干旱条件的整体评估(例如Houborg等,2012;Kumar等,2014)。此外,这些LSM驱动的指数还提供客观的、定量的、可重复的回溯干旱分析,与USDM背后的解释方法形成对比。长期和一致的回溯干旱分析允许对干旱趋势和变异性进行科学评估并提供干旱监测信息,而目前的USDM无法为美国或全球生成此类信息。

6.2.2 遥感观测分析

除LSM衍生的干旱相关分析外,由各机构(包括NOAA)支持的研究还促进了利用卫星数据监测干旱(和洪水)的新战略的发展,这些战略可以提供独立于LSM分析的干旱特征评估。与目前大多数LSMs模型一样,NLDAS模型不包括动态植被成分,因此不能捕捉由干旱引起的植被变化(如作物受损或延迟)所导致的蒸发减少的现象。

该领域的一项关键成就是扩大了与干旱相关的近实时卫星分析,特别是那些描述植被和蒸散发的分析。例如,蒸发胁迫指数(*ESI*)(Otkin等,2013)提供了一个基于热红外卫星的指数来估算蒸散发亏缺,并可能为NLDAS系统提供补充信息。此外,这些产品增加了可用于表征作为USDM一部分的当前干旱的信息资源。例如,快速发生的干旱通常由热空气温度和低湿度及晴朗的天空驱动,并且通常伴随着能增强蒸发的强风和干燥的土壤。遥感*ESI*能够捕获到这些现象,并可以在某些情况下提供干旱对农业系统影响的早期预警,而由于某些成分分析中固有的滞后,综合多变量干旱监测系统在描述快速变化方面可能要比实际缓慢一些。

6.3 提高干旱预测能力

干旱预测研究的首要目标是提高我们对干旱的物理机制、可预测性来源以及不可预测变异性(即噪声)的性质和程度的理解。其他目标还包括通过充分利用可预测性来源和开发改进模型,以及初始化和验证模型所需的观测和数据同化系统来提高干旱预测的业务技能。具体而言,研究旨在更好地理解干旱的物理机制和提高预测干旱的各个方面的能力,包括干旱的发生、持续时间、严重程度和恢复情况。为了促进实现这些目标,MAPP DTF 开发了一个研究框架和干旱能力评估协议(Wood 等,2015),该协议提出了性能指标、测试用例和验证数据集,以指导研究人员根据可操作的或最先进的能力测试和评估他们的方法和想法。最初开发的框架侧重于分析北美四个主要的历史干旱事件以标准化特定参考期的评估。为了更全面地评估预测技能,DTF 还采用了北美多模式集合(NMME)季节性预测协议,用于评估标准 30 年(1981 ~2010 年)期间的能力(Kirtman 等,2014)。第 6.3.1 部分描述了当前的干旱预测能力和预测研究进展,第 6.3.2 部分强调了与干旱机制和可预测性相关的关键研究成果。

6.3.1 当前的业务和试验预测能力

美国气候预测中心(CPC)目前发布的美国季节干旱展望(SDO)工具依赖气象预报员的专业知识,将气候和天气预报(如 CPC 的官方温度和降水展望,NCEP 气候预报系统的长期预测,以及来自 NCEP 的全球预报系统和欧洲中期天气预报中心的短期预报)与 USDM描述的初始干旱状况结合起来。该预测整合过程从当前 USDM 情景生成了干旱严重性类别的预计变化图。利用经过验证的 USDM 地图对两个事件(分别是 2012 年的大平原上部的干旱和 2011 年的得克萨斯—墨西哥干旱)的 SDO 预测进行了比较,其表现明显不同:2012 年的预测未能预测到即将到来的中西部干旱的发展,而 2011 年的预测正确地预见到了得克萨斯州和墨西哥的持续干旱状况。

新开发的季节性 NMME 气候预报系统为在更多个耦合的全球模型中更广泛地分析美国主要干旱和进行干旱预测提供了可能,这将进一步加深我们对干旱预测业务能力的理解,并支持对其进行诊断评估。2011 年,由 NOAA 气候试验台(CTB)牵头,NMME 的发展得到了 NOAA 气候项目办公室 MAPP 计划、美国国家科学基金会、美国能源部、NASA 计划以及 NOAA/国家气象局的支持。NMME 在 2015 年过渡到了 NCEP 业务。NMME 利用大量支持耦合模型预测系统的研究和开发活动,这些研究活动是在北美各地的大学及各种研究实验室、研究中心进行的。公众可以获取 NMME 的回顾预报和实时预报,这为社区提供了一个提高干旱预测业务能力的良好机会。对 30 年间 NMME 回顾预报的分析表明,由于预测集合的规模和模型的多样性,NMME 在总体上提高了季节预报技能。

美国东南部的 NMME 降水预报能力在大多数季节和预见期通常等于或超过单个模型的预报能力(Kirtman 等,2014)。NMME 预报能力可随季节变化。例如,美国东南部在冬季显示出比夏季更多的技能,NMME 通常能够根据 30 年的回顾预报评估预测冬季变化。在美国东南部 2006 ~2007 年的干旱期间,NMME 在较极端的季节阶段显示出比较好的降水短期预报能力,但对降水的长期预报技能匮乏,特别是在一场干旱中最严重的阶段。NMME 气候预报的可用性还促进了直接从 NMME 输出的干旱相关预测产品的实施,例如基于 NMME 的标准化降水指数(*SPI*),该指数专门用于 CPC 干旱预测方面的应用。

过去十年中,另一项值得注意的研究工作是开发季节性水文预报系统,即将气候模式降水、温度预报和非耦合 LSM 模拟联系起来。以前和当前的一些准业务化 GCM-LSM 工作(例如 Sheffield 等,2014;Wood,2008;Wood 等,2005)已经证明:由于持续的陆地表面水分异常和嵌入气候信息的潜在好处,提前 1 ~6 个月时间对土壤含水量、积雪和径流进行预测取得较好的效果。利用这一系列工作的框架和进展,最近实现了将一个结合 CFSv2 气候预报与 VIC LSM(Yuan 等,2013)的系统通过 NOAA CTB 支持过渡到 NCEP 操作,增强了可供 NIDIS 干旱门户网站使用的连续的、实时的干旱信息产品。Yuan 等(2013)表明,该系统将当前 CFSv2 气候预测降尺度到 VIC 模型可用精度,使其季节性水文预报和气候预测效果优于使用气象数据驱动的 VIC 模型,尽管在超过 1 个月的时间段内,使用 CFSv2 降水作为 VIC LSM 的输入对流量的预测能力有限。此外,研究表明厄尔尼诺与南方涛动(ENSO)条件作用在一定程度上可提高 CFSv2-VIC 的预测能力,证实了在某些季节和地点可对未来 6 个月的土壤含水量进行预测的可行性。由气候模式输出驱动的这种离线 LSM 系统继承了跨部门 NLDAS 计算的优良传统,现在被视为水文干旱监测和预报能力无缝衔接的重要模板。

6.3.2 干旱机制和可预测性

DTF 研究项目长期致力于提高我们对各种水文过程及耦合过程(陆地、海洋和大气)的理解以及这些过程如何促进干旱的发展,特别是确定预测干旱的潜力。值得关注的是,美国对在 2010 ~2012 年发生的严重干旱的可能来源进行了大量的探索工作,这些工作有助于提高预报能力和了解可预测性极限(以 2012 年为例)。主要调查结果如下:

(1)在理解和量化海表温度对北美干旱形成方面的作用取得了实质性进展。Seager 等(2014)发现热带太平洋的拉尼娜现象引发了 2010 ~2011 年的得克萨斯—墨西哥干旱。通过比较 2011 年和 2012 年美国干旱中 SST 的作用,Wang 等(2014)通过对比海表温度在 2011 年和 2012 年美国干旱期间发挥的作用,发现其他海洋(印度洋和大西洋)可以在增强或抑制太平洋作用方面发挥重要作用。

(2)我们现在可以更好地认识到内部大气变异在造成一些最极端干旱方面所起的作用,因而限制了此类事件(例如 2012 年大平原干旱)在季节性和较长时间尺度上的可预测性。

(3)Hoerling 等(2014)也指出 2012 年大平原干旱事件可能与大平原地区夏季变暖变干有关,这是自然年代波动的一部分。

(4)相关研究提高了我们对干旱期间地表过程或地表反馈作用以及更高分辨率降水信息对流量预测的潜在好处的理解。Koster 等(2014)研究表明,高分辨率降水预报只能有效改善地表蒸发量有限地区的(大规模)径流预报。Dirmeyer 等(2014)发现,在全球大部分地区,干旱期间局部和偏远地区地表水分补给降水蒸发源的变化比湿润地区更显著。

6.4 迈向未来发展

在过去十年中,通过 NOAA/NIDIS 和其他国家的努力,与干旱相关的科学、技术和信息系统的投资明显增加,干旱产品的质量和范围明显提高和扩大,参与干旱有关活动的人数明显增多,以及我们对发生在美国的干旱现象的理解明显增强。本节将讨论未来在干旱监测、干旱的可预测性、干旱预报和理解干旱方面面临的机遇和挑战。

6.4.1 干旱监测

在干旱监测研究方面,过去十年取得的一项重大成就是基于 LSM 的 NLDAS 的开发及其在干旱监测中的应用;另一项成就是在干旱监测工作中扩大了遥感数据的使用,特别是在描述植被和蒸散发数据的使用方面。USDM 的作者历来以一种主观的方式使用研究产品,但现在有更多关于干旱不同方面(例如降水、土壤含水量和径流)的客观地球物理分析可供 USDM 官方产品考虑。一个重大的挑战是在不破坏与当前流行的 USDM 产品的一致性的情况下,客观地将这些大量的输入以可重复的方式集成到 USDM 中。此外,还迫切需要创建一个定量的、结构化的途径,以便在操作 USDM 过程中开发和测试与监测相关的新的研究产品,包括将其与当前操作版本进行基准测试。

6.4.2 干旱预测

NMME 季节性气候预报系统的开发是一项重大成功,它显示了业务和研究小组在开展预报及分析方面合作的潜力。但仍存亟待解决的关键问题,即如何最优地结合多模式集合的后报技术,或以主要的气候变化模式(如 ENSO、太平洋年代际振荡或北大西洋振荡)的遥相关模式相位为条件。在气候预测的混合动力及统计方法领域,有希望的新研究正在出现。例如,基于技能加权的统计组合得到的动态模型输出结果优于简单的集合平均值(Wanders 和 Wood,2016)。

自从业务界认识到重新预测(或"后报";Hamill 等,2005)的价值以来,已经出现了许多支持后处理、加权以及多模式的预测模型。新的多模式后报存档变得可用,并且正在进行对中期(1 ~15 d)和季到季(S2S)预报的测试以补充 NMME 工作(例如,作为 SubX 项目的一部分)。然而,又必须通过在一些关键领域的持续投资来改进有助于 NMME 等系统的各个动态预测模型系统,包括模型开发,数据同化,用于模型验证、同化和初始化的观测网络,可以在高分辨率下进行试验的高性能的计算基础设施,以及更复杂模型和更大集合的生成。最终达到加强对可预测现象和过程的理解和建模的目的,这是提高预报精度的基础。

提高美国干旱管理能力的重要目标包括实现干旱监测和预报的无缝系统,以及提高我们量化监测和预报产品不确定性的能力。为实现第一个目标,NOAA 可以在 NLDAS 和基于 LSM 的水文监测及预报系统取得成功的基础上继续努力,其中监测和预报干旱相关变量的方法是一致的、综合的。为实现第二个目标,NOAA 正在努力将四个 NLDAS LSM 和 NMME 季节性气候预测模型组合到一个可运行干旱信息系统当中。

整个系统将提供对当前地表水分状况和未来气候驱动因子更广泛的不确定性估计,并增强我们的干旱概率监测和预报能力。虽然该系统初始 LSM 集成规模较小,限制了对陆面模式不确定性的描述,但该框架可以扩展到利用统一的建模概念,从而实现更全面和更深思熟虑的 LSM 不确定性量化(例如,Clark 等,2015)。

6.4.3 理解干旱的可预测性

尽管已经取得了良好的进展，但我们对预测干旱的各个方面(包括干旱的发生、持续时间、严重程度和恢复)的理解和能力仍然存在较大的局限性。一个关键的需求是提高超过1个月预见期的降水预报精度，以提供超出初始大气和陆地条件主导的预测技能的提前的预报技能。改进对干旱全生命周期的预测需要更好地理解可预测的水和能量信号如何通过海洋—大气—陆地系统传播，进而应该阐明为推进干旱预报发展所需的模型改进，以及基本的可预测性施加在我们对干旱各个方面(包括降水、温度、土壤含水量、积雪以及径流)进行熟练预测的限制。

对于超过1个月的潜在可预测信号，关键的挑战包括分离海温信号的信息内容(空间上和时间上)，以确定海温的哪些方面驱动了北美上空的大气响应。作为可预测性的另一个关键来源，土地初始化状态在1～2个月的预见期内被广泛认为是有用的，但其可能对长期预报同样重要。将代表地下水的LSMs合并到NLDAS这样的系统中，可为探索潜在的更长预见期土壤初始化的影响提供途径。除改善气候模式中的陆气耦合外，陆地模型的敏感性也存在不确定性，包括预见期如何随LSM变化以及土壤含水量和径流预报技术如何依赖于模型的物理机制。超高分辨率全球气候模式方面取得的最新进展为应对这些挑战提供了新的解决方案。

参考文献

(略)

第7章　干旱监测与早期预警：21世纪的进步与挑战

7.1　引言:干旱早期预警的重要性

近期对750名世界顶尖经济学家的调查(2016年世界经济论坛)结果表明,水危机已被确定为未来10年社会面临的最大全球化风险。作为大多数气候条件下的正常的自然灾害,干旱将加剧这些危机,并在世界各地的缺水问题上发挥根本性的直接或间接作用,特别是考虑到气候变化导致的干旱频率和强度增加(Glotter和Elliott,2016)。水资源紧张问题在美国很普遍。例如,经济的不断增长和发展不仅使干旱的美国西部大城市供水持续紧张,对于相对湿润的东部大城市也是如此。跨国界共享水资源的问题也将持续增多,如美国与墨西哥之间的科罗拉多河及里约热内卢格兰德河流域,美国与加拿大之间的五大湖及哥伦比亚河流域。因此,考虑到干旱对水资源相关问题的严重影响,在美国及世界各地对未来干旱进行规划和有效应对是至关重要的。

干旱早期预警是干旱风险管理方法中的一个关键组成部分,它可以帮助规划人员和决策者打破不合理的水文循环(见第4章)。干旱监测包括对表征干旱严重程度和空间范围的自然指标的持续性评估,然而干旱预警是指利用所提供的信息继而产生适当的、及时的反馈(Hayes等,2012)。干旱早期预警系统集评估与决策响应于一体,通过为决策者提供准确的干旱预警信息,以实施有效的干旱政策及应对和修复计划。干旱早期预警系统的组成部分随地域变化,因而可以适用于任何地区。一般来说,这些组成部分包括一个可操作的干旱监测网络、及时数据获取途径、“增值”分析、信息综合及数据传播,然后可以使用这些数据并将其集成到决策支持工具、通信策略和教育工作中(Hayes等,2012)。决策者还受益于短期的和长期的干旱预测工具,这使他们能够更好地理解及自信地预测和应对干旱事件,这些预测工具应纳入干旱早期预警系统。

缺乏公认的干旱定义一直是限制有效干旱预警的一个因素。科学家和决策者必须承认寻找干旱的单一定义是不切实际的。干旱的定义必须针对特定的区域、应用或影响而言。干旱必须以许多不同的气候和供水指标为特征,而有效的干旱预警系统是建立在这些指标的基础上的(参见第10章)。干旱的影响是复杂的,并随时空尺度变化。在理想情况下,干旱监测指标应与能够帮助决策者在干旱事件发生前和发生期间做出及时和有效反应的触发因素直接挂钩。

近期在许多国家广泛发生的严重干旱对经济、社会和环境产生了严重影响,凸显了持续改进干旱早期预警系统的必要性。在美国,这些干旱促进了改进的干旱监测数据、决策支持工具和科学家之间合作的发展。本章讨论了其中一些新的发展以及美国干旱预测的现状。此外,本章还提供了一个机会来认识干旱预警的真正英雄之一——Kelly Redmond。Kelly Redmond 博士于 2016 年 11 月 3 日辞世，标志着其杰出的气候学学术生涯的终结。在干旱早期预警方面，Kelly Redmond 博士贡献了卓越的领导、指导和智慧。他以善于用简单而诙谐的语言描述复杂的问题而闻名，他最喜欢的一句话非常适用于干旱预警："一盎司的观察抵得上一磅的预报"（Kelly Redmond，2014）。正如这句话所指出的，Kelly Redmond 博士坚信干旱监测系统在早期预警方面的价值。

7.2 研究进展

自 2005 年第 1 版《干旱与水危机：科学、技术和管理问题》出版以来，干旱早期预警取得了巨大进展。当时，美国干旱监测（USDM）产品相对较新，且刚刚开始作为决策工具使用。饥荒早期预警系统网（FEWS NET）是旨在解决世界各地特定地区粮食安全问题的预警系统的另一个例子，干旱过去是，现在仍然是该系统的一个重要组成部分。目前正在开发更多的干旱指标和指数，但可供人们使用或获得的相对较少。正如本书第 8 章所示，现在有 50 多个指标和指数可供决策者使用。本章的这一部分回顾了自第 1 版以来在干旱监测和早期预警方面取得的一些最新研究进展。

7.2.1 美国干旱监测器

本书第 1 版强调的工具之一是 USDM（Svoboda 等，2002）。USDM 产品自 1999 年 8 月作为干旱状况评估工具投入使用以来，每周制作和发布（http://drought.unl.edu/dm）。该产品的一致性和可靠性使其成为美国干旱监测的"科学之州"；它是资源管理者和政策制定者的主要决策工具，是媒体的交流工具及为各级教育教学阶段教师提供资源。

USDM 过程开始时产生的一些基本特征在今天仍然适用，并有可能促进使该过程像现在这样成功。该地图的作者在内布拉斯加大学林肯分校的国家干旱减灾中心（NDMC）、美国农业部（USDA）和美国国家海洋和大气管理局（NOAA）之间轮换。在 NOAA内部，作者主要来自气候预测中心、国家环境信息中心和西部地区气候中心。此外，USDM 整合了来自全国大约 420 名科学家和当地专家的信息。2005 年，这一数字接近 150，突显出自整合以来合作意识的增长。USDM 继续寻求确证的监测和影响数据以及来自这一组参与者的信息，以便对从描述物理环境的纯定量信息中获得的信息进行初步评估以提供更多的信心。这种"基本事实"很重要，它广泛地增加了产品的可信度和用户对其的信任。

USDM 不是一个预测工具；相反，它的目的是作为一项全面的干旱评估工具，反映当前横跨整个国家的干旱情况（旱情）。由于可能同时存在多种物理条件，而且没有用于评估干旱的首选空间尺度，USDM 还依赖、纳入、权衡人类的专业知识和判断来评估相关影响。

USDM 产品的一个关键优势是它基于多个工业供应商。一项指标不足以充分反映整个地区干旱的复杂特征。因此，对 USDM 这样的产品来说，使用各种定量和定性指标是非常重要的。创建每周 USDM 地图的关键指标包括径流、近期降水、干旱指数、遥感产品和模拟的土壤湿度。根据地区和季节的不同，还需要使用一些辅助指示因子。例如，在美国西部,积雪量、水库蓄水指标、供水指数等对于评估当前和未来的可供水量都非常重要。这些指标潜在地包含了水文滞后效应的影响以及气候与地表或地下水系统之间在时空上的相关关系。

USDM 根据强度的增加定义了四类干旱严重程度(D1 ~ D4),第五类(D0)表示干旱区的异常情况(也许是干旱刚出现,或是正在从干旱中恢复但仍能见到其残余影响)。以该方式定义的干旱指数有中度(D1)、重度(D2)、极端(D3)和异常(D4)。它的另一个优点是五类划分是基于百分点位的,其中 D0 大约相当于第 30 的百分点位;D1 相当于第 20 的百分点位;D2 相当于第 10 的百分点位;D3 相当于第 5 的百分点位;D4 相当于第 2 的百分点位(Svoboda 等,2002)。

最近对 USDM 的改进主要集中在提供用于辅助决策的增值产品和工具。例如,USDM地图和不同地区、州、部落地区以及河流流域的每周统计数据现在都是可获取的。用户可以结合普查数据粗略估计出各区域受干旱影响的人数。公众也可以通过每周更改地图(与前一周比较)、动画(多周)以及所有与地图相关的形状文件,从而为研究人员和决策者提供根据他们的需要定制信息的机会。随着数据的可用性和科学技术的发展,类似的改进仍在继续。

作为一种决策工具,USDM 为科学如何激励决策提供了一个很好的例子。USDM 第一次被正式列入 2008 年美国农业法案是用于几项与牲畜有关的抗旱项目。2014 年的农业法案扩大了 USDM 对农业抗旱项目的使用,同时触发了美国农业部快速追踪干旱灾害名单。其他使用 USDM 进行决策的联邦机构包括内部审查机构、国家天气局、环境保护局、疾控中心以及土地管理局。多个国家和区域或地方组织也使用 USDM 来触发各种活动或将其作为信息源。

其他国家在借鉴美国干旱预警系统的经验的基础上,对其国内干旱预警系统进行了试验或调整。巴西、墨西哥和捷克共和国也有类似 USDM 的干旱预警业务工具。逐月的北美干旱监测器(NADM)持续由加拿大、墨西哥和美国的干旱科学家编制(http://www.ncdc.noaa.gov/oa/climate/monitoring/drought/nadm/)。NADM 的发展是体现多国合作、共同努力的一个重要步骤,旨在改善整个北美大陆对极端气候的监测和评估(Lawrimore 等,2002)。

7.2.2 NIDIS 区域干旱早期预警系统

当美国国会在 2006 年通过 NIDIS 法案(公法 118—36)时,国家综合干旱信息系统(NIDIS)的目标是使国家能够采取更积极主动的干旱风险管理方法。该法案有三个与干旱预警有关的主要目标:①提供有效的干旱早期预警系统,反映地方、区域和州之间的差异;②协调和整合联邦政府为支持干旱预警系统而进行的可应用于实际的研究;③建立在现有的预测和评估计划以及合作伙伴关系的基础上。为了实现这些目标,NIDIS 的任务是协调各方面的努力来改善干旱预警。NIDIS 由 NOAA 领导,但其治理结构及各种工作组包括其他联邦、州、部落、地方和区域机构的代表以及学术和私营实体的代表。

为了在全美建立干旱预警系统,NIDIS 开发了一个区域干旱早期预警系统网络(RDEWS)来重点关注该地区受干旱影响最大的区域问题、部门和利益攸关方。本书第

15 章重点介绍了现有 RDEWS,提供了关于密苏里河流域 RDEWS 的更多细节。

7.2.3 干旱指标和指数

近几十年在干旱监测方面取得的重大进展之一是能够通过各种干旱指标和干旱指数来衡量干旱的严重程度。正如第 8 章以及世界气象组织/全球水伙伴关系(2016)指标手册所强调的,干旱监测方法可以包含:①单一指标或指数,②综合多个指标或指数的方法,或③综合指标或指数的方法。干旱指标是一个变量或参数,用于测量和跟踪水文循环的各组成部分(如降水、温度、径流和土壤湿度)的变化,数据主要来自于基于单点的现场观测。然而,干旱指数是一种条件的算术表达,帕默尔干旱严重程度指数和标准化降水指数是两种更常用的干旱指数。综合指标综合多个指标和指数,USDM 是综合指标的一个很好的例子。

指标和指数往往反映特定学科的观点,如农业、水文或生态条件。然而,综合指标往往涵盖多学科的观点。正如第 8 章所述,没有一个指标或指数能够描述与干旱有关的一切。因此,决策者可能不得不寻找合适的选项(指标或指数)或可用的选项来提供最相关的信息。因此,WMO 和 GWP(2016)指南是决策者建立和维护早期预警系统的重要起点。决策者常常会被可用的各种指标和指数及其对应的特征搞糊涂,因此综合干旱指标的优点之一是它可以简化决策者的选择(Hayes 等,2012;Mizzell,2008)。

7.2.4 遥感

遥感应用为增加和/或改进干旱监测工作提供了独特的机会,以及作为传统使用的气候和水文干旱指标和指数的补充。卫星遥感资料在协助更大空间尺度的干旱监测方面发挥着巨大作用。卫星以一种整体的、系统的、客观的方式提供对空间连续信息的覆盖(Hayes 等,2012)。该信息可以利用现有的地基观测资料、丰富的观测网络或地基观测网络和监测数据稀疏的地区,以补充或模拟该地区的数据。

在过去的十年中,新的基于卫星的仪器以及计算、分析和模拟技术的重大进步促进了众多干旱监测应用遥感工具和产品的快速发展(Hayes 等,2012)。这些新工具和产品在本书第 10 章中有更详细的描述,其中涵盖了一组在干旱监测中有重要作用的环境变量,包括植被健康状况、降水、蒸散发、土壤含水量、陆地水资源和积雪量。如 Hayes 等(2012)所述,卫星遥感在干旱早期预警系统中提供的具体优势包括:

(1)提供地方尺度干旱监测和决策所需的空间尺度的资料,而这些资料不能充分地从传统的、以点为基础的数据来源(例如,行政地理单元的单一区域值或空间内插的气候指数网格)中获得。

(2)填补可进行现场观测地区和缺乏(或拥有非常稀疏的)地面观测网络的地区之间关于干旱情况的信息空白。

(3)与传统的气候指数相比,能够更早地检测干旱。

(4)提供一套工具和数据集,以满足与干旱有关的广泛决策支持活动的观测需求(例如,空间规模、更新频率和数据类型)。

7.2.5 干旱预报

2005 年版的《干旱与水危机:科学、技术和管理问题》中关于干旱监测的一章将干旱预报科学描述为处于初级阶段。自那时以来,决策者仍然需要有准确的干旱预报信息和工具来确定未来的情况,这可能与对当前干旱情况的评估、监测同样重要。要预报干旱,了解干旱的成因是非常重要的。干旱通常是由持续的高压造成的,空气的沉降、更多的阳光和蒸发以及带有降水的风暴的偏转,从而导致干燥。这通常是全球环流格局持续大规模破坏的一部分。科学家们一直在寻找可能造成这种大气阻塞模式的局部或远处影响。

最近的干旱预测或展望进展(在本书第 6 章有详细描述),当下关联的现象包括海温异常(例如,厄尔尼诺与南方涛动、太平洋年代际振荡和大西洋多代际振荡),全球范围内大气变化(例如,行星波、哈德莱环流圈和沃克环流),以及对干旱状况具有潜在影响的地区强迫和陆面反馈(例如,土壤含水量的变化、雪、灰尘、植被和低空急流)。当然,也有更多关于干旱如何终止的研究,比如通过现在被称为大气河流的事件。

目前正在进行多种努力以增进对干旱前景的了解,并与各利益攸关方就干旱前景进行交流。NIDIS 已经能够支持在国家环境预报中心的气候测试台内的研究,以及 NOAA 气候项目办公室从 2011 年开始建立模拟、分析、预测和预估(MAPP)计划。NIDIS 还资助或支持全国多个地区气候论坛,为利益相关方提供了与干旱监测和干旱预报社区互动的机会。

7.3 挑　战

尽管在干旱早期预警方面取得了一定的进展,但仍存在许多不足之处,尤其是在决策者如何使用监测和预警信息方面。例如,无论一个区域的数据是丰富的还是稀少的,用户经常要求在改进的时间和空间尺度上提供早期预警数据及相应的信息。因此,改进的决策分辨率是用户自定义的,鉴于各种空间需求规模,这是一项重大挑战。例如,农业生产者可能需要田间水平的信息和产品,而供水管理人员可能对流域数据和产品更感兴趣。此外,向用户提供的信息往往技术性太强或过于复杂,因此决策者和公众对其使用受到限制。另一个挑战是,在政府机构和各部之间以及国家和区域之间,数据和信息共享往往很差。本节将补充讨论在干旱监测和早期预警工作中仍然面临的几个挑战。

7.3.1 干旱影响

影响评估是干旱预警系统中的一个组成部分,但其范围往往有限或常常被遗忘。它是一个关键组成部分,因为了解干旱影响可将监测干旱严重程度与决策、适当的干旱相关响应(包括规划)联系起来。影响评估还为了解针对旨在减少未来影响的干旱缓解战略的关键脆弱性提供了重要线索。由于通常没有报告、分发或存档干旱影响数据的标准方法,监测影响一直是一项经常被忽略的挑战,因此缺乏有效干旱风险管理所需的质量影响数据。最后,一个全面的干旱早期预警和信息系统应将干旱影响汇总继而作为其关键组成部分之一,并将此类活动作为建立影响基准的一种方法。

2005 年,NDMC 启动了一个名为干旱影响报告器(DIR)的业务工具(http://drought-reporter.unl.edu)。该工具仍在继续建立干旱影响数据库或档案,其中包括一个交互式的、基于 web 的地图工具,用于显示从各种来源(如媒体、政府机构和公众)收集到的美国各地的影响信息。目前,该档案包含超过 42 000 份报告和 21 000 项影响。DIR 中的这种近乎实时的信息有助于决策者(政府决策人员和资源管理者)确定并量化影响的产生、严重程度和类型,以帮助他们理解干旱严重程度与干旱影响之间的联系(例如,风险和脆弱性)。如果他们能够预见到干旱严重程度在干旱事件期间增加和消失时可能需要处理的影响,那么管理行动就会更加有效和及时。例如,干旱影响往往会持续到气候指标恢复正常之后的很长一段时间,如果收集了这些影响信息,官员们就能意识到这些影响。

DIR 强调了在收集干旱影响方面的若干其他挑战。其中一项挑战是识别和鉴定信息来源,不论这些信息是来自媒体报道还是来自公众收集的用户输入信息。这些独特的来源可能需要额外的核查或审查,特别是在公开报告的情况下。另一个挑战与定性和定量信息的价值有关。大多数干旱影响信息是定性的。定性的信息是有价值的,但是我们应该鼓励获取定量信息,因为它提供了一个可以将干旱影响与当前干旱严重程度、与其他地点、与过去及未来的影响进行比较的机会(参阅本书第 5 章关于在干旱准备方面是否采取行动的成本分析)。另一个相关的挑战是如何处理与干旱有关的积极影响以及如何将这些积极影响分类到数据库中。重要的是要认识到:在干旱影响方面可能有赢家和输家,而这些影响可能因地区和季节而异。就像干旱一样,时机是决定一个特定地区可能发生的影响的一个关键因素。

7.3.2 干旱触发值

Steinemann、Hayes 和 Cavalcanti 在《干旱与水危机:科学、技术和管理问题》(第 1 版)中的一章中很好地涵盖了关于干旱触发值的主题,而这一章如今仍然是对可获取的触发值最好的描述之一。如第 8 章所定义,触发值是决策者基于现有的指南和计划做出的“一个判断干旱产生和终止的指标或指数的阈值”响应或管理行动。在干旱预警信息中,寻找触发值仍然是一个挑战,如前所述,干旱严重程度与干旱影响水平之间的联系仍然难以量化。随着更多关于干旱严重程度和干旱影响的信息的获得以及对两者之间的联系的探索,触发值的研究将变得不那么具有挑战性。干旱触发值必须与当地环境相适应并且随着当地特征变化;触发值也必须能够适应这些不断变化的脆弱性环境,无论好坏,因为减灾行动最终能够帮助减少未来干旱的风险。决策者正在慢慢地在管理行动中采用更多的触发因素。例如,美国农业部将 USDM 产品作为农业生产者的多个干旱救灾项目的触发因素。

7.3.3 干旱早期预警与干旱风险管理相结合

干旱监测与干旱管理往往是彼此孤立的,因此官员们面临的挑战之一是将干旱早期预警与干旱风险管理的其他方面联系起来(参见第 4 章,图 4-1)。就其本身而言,来自干旱早期预警系统的信息通常提供有限的好处,关键是将预警信息与风险管理相结合。如果整合成功,就会建立一个包括干旱早期预警和风险管理策略反馈回路。由于有了更好的干旱管理，就需要在更大的空间和时间尺度上改进干旱早期预警信息。同样，改进的干旱早期预警鼓励更有效的干旱管理，并将早期预警信息纳入管理行动(Hayes 等，2012)。同样，USDM 在干旱早期预警和风险管理方面提供了一个很好的例子。USDM 产品的改进导致了国家农业政策的转变，促进了可用的干旱监测工具和用于支持在地方范围内执行这些政策的信息的进一步改进。

7.3.4 气候变化和干旱影响

总体来说，大多数的预测指出气候变化将增加全球干旱的频率和严重程度(Kundzewicz 等，2007；Meehl 等，2007)。然而，由于以下原因，气候变化对区域和地方干旱的具体影响为干旱早期预警系统提出了另一个挑战(Hayes 等，2011)。首先，Milly 等(2008)强调了过去的气候可能并不代表未来最好的模拟。其次，最近的气候趋势不一定反映未来的预测。再次，未来的干旱预测将在一定程度上反映在对温度和降水的预测(参见第 11 章)。虽然温度预测具有一致性且易于理解，但降水预测却不那么统一，在时空尺度上都有较高的不确定性。

干旱早期预警系统最终必须能够考虑到气候变化将如何影响水循环的地方和区域特征。这将对易受干旱影响的部门产生重大影响，包括农业和供水及管理部门。旱作农业和灌溉农业都可能对生产造成影响，特别是由于夏季生长期的缺水增加，即使它们实际得到的降水比目前更多。当然，其原因可能是由于气温升高、蒸散发增加，以及降水事件之间的时间间隔增加。预计一般径流以及融雪和冰川径流的减少将减少发生地区农业部门的可用水量，从而使当地农业更容易受到干旱的影响(Backlund 等，2008；Kundzewicz 等，2007；Meehl 等，2007)。气候变化对农业的总体影响是非常可变的，并取决于当地环境和社会经济条件等因素(Eitzinger 等，2009)。

7.4 结　论

随着干旱早期预警信息系统在世界各地的发展，对一致的、高质量的观测点、数据集、决策工具、增值产品和信息的需求将持续增长，以支持各种空间尺度（地方、州、国家、区域和全球)。为了满足这一需求，传统的气候数据应与遥感工具等新技术结合起来，为决策者提供对当前干旱状况更全面和准确的描述。在美国，USDM 是改善干旱监测战略、纳入干旱影响信息、将干旱早期预警与干旱风险管理联系起来的重要催化剂。人们继续乐观地认为：尽管仍有许多挑战，但进展的速度表明干旱早期预警信息系统将在 21 世纪继续得到改善。

参考文献

（略）

第 8 章　干旱指标和指数手册[1]

8.1　引　言

为什么干旱监测很重要？干旱是气候的正常组成部分，它可以发生在世界上任何气候系统中，甚至是沙漠和热带雨林。干旱是每年代价较高的自然灾害之一，在任何时候都可能对经济部门和人民造成重大的广泛的影响。干旱的灾害足迹（受影响区域）通常比其他灾害的要大，因为其他灾害通常局限于洪泛区、沿海地区、风暴路径或断裂带。也许没有任何其他灾害比干旱更适合监测，因为干旱的缓慢出现特性使人们有时间观察一个地区降水、温度、地表水以及地下水供应的总状况的变化。干旱指标（或指数）通常被用来帮助跟踪干旱，这些工具可能因地区和季节而异。

与其他灾害一样，干旱可以根据其严重程度、位置、历时和发生时间来确定。干旱可由一系列水文气象过程引起，这些过程抑制降水和/或限制地表水或地下水的可用性，造成比正常情况干旱得多的条件，或在其他地方限制水分的可用性，使其具有潜在的破坏程度。本《干旱指标和指数手册》中讨论的指标和指数为确定干旱的严重程度、发生地点、历时和终止提供了选择。值得注意的是，干旱的影响可能与干旱的原因一样多种多样。干旱会对农业和粮食安全、水力发电以及工业、人类和动物健康、生计安全、个人安全（例如，妇女长途步行取水）和受教育机会（例如，由于取水时间增加而失学的女孩）产生不利影响。这种影响取决于干旱发生时的社会经济背景，即受干旱影响的人或物以及受干旱影响的实体的具体脆弱性。因此，在确定干旱指标的选择时，与特定干旱监测和干旱预警有关的影响类型往往是一个关键的考虑因素。

干旱影响是指在特定时间内由于干旱而造成的可观察到的损失或变化。干旱风险管理包括灾害、暴露度、脆弱性和影响评估、干旱早期预警系统（监测和预测，见方框 8.1）、准备和缓解（WMO 等，2013）。重要的是，干旱指标或指数必须准确地反映和代表干旱期间所经历的影响。随着干旱的演变，其影响可能因地区和季节而异。

监测水文循环的不同方面可能需要各种指标和指数。最好将这些以及对应描述与实地状况的影响以及由不同的个人、团体和组织做出的管理决策相结合。尽管 DEWS 最终与干旱影响有关，但在目前全球使用的诸多 DEWS 中，干旱影响评估存在很大差距。由于干旱的物理性质以外的社会经济因素影响与干旱暴露度和脆弱性有关的影响的程度及类型，干旱影响评估是复杂的。

---

[1] 经世界气象组织（WMO）和全球水伙伴关系（GWP）批准出版。M. Svoboda and B. A. Fuchs.（2016）. Handbook of Drought Indicators and Indices. Integrated Drought Management Programme（IDMP），Integrated Drought Management Tools and Guidelines Series 2. WMO：Geneva，Switzerland；GWP：Stockholm，Sweden。

方框 8.1　干旱早期预警系统

干旱早期预警系统通常旨在跟踪、评估和提供有关气候、水文、供水条件和趋势的相关信息。理想情况下,它们同时具有监测(包括影响)组件和预测组件。其目标是在干旱发生之前或期间提供及时的信息,以便在干旱风险管理计划内(通过触发值)促进行动,从而作为一种减少潜在影响的手段。一种用心的、综合的方法对监测这种缓慢发生的灾害至关重要。

了解干旱如何影响人们、社区、企业或经济部门是采取措施减轻未来干旱影响的关键。

在政府间气候变化专门委员会(IPCC,2012)关于极端事件的报告发表之后,诸如干旱等极端气候事件造成的损失和损害的量化问题已成为政策执行的重要问题,特别是关于《联合国气候变化框架条约》议程的问题。此外,由于相关灾害损失的规模巨大,改善干旱监测和管理将是实施《仙台 2015 ~ 2030 年减少灾害风险框架》和可持续发展目标的基础。对水文气象指标进行有效和准确的监测是风险识别、污水处理和管理部门影响的关键投入。鉴于此,2015 年 6 月召开的第 17 届世界气象大会通过了第 9 号决议:用于分类极端天气、水和气候事件的标识符。这开启了一个标准化的天气、水、气候、空间气象和其他相关环境危害和风险信息的进程,并优先发展了极端天气、水和气候事件的分类标识符。这本手册将对这些努力做出重要贡献。

本手册的目的是涵盖一些最常用的干旱指标/指数,这些指标在干旱易发区得到应用,其目标是促进监测、预警和信息传递系统以支持基于风险的干旱管理政策和备灾计划。这些概念和指标/指数概述在一份被认为是"活"的文件中,随着新的指标和指数为人所知及在未来得到应用,它将得到进一步发展和综合。该手册的对象是那些希望自己创造指标和指数的人以及那些只想获得和使用其他地方产生的产品的人。它的目的是供一般干旱从业人员(例如气象、水文服务和部门、资源管理人员以及其他各级决策者)使用,旨在作为一个起点,显示世界各地有哪些指标/指数可用并正在付诸实施。此外,手册的设计考虑到干旱风险管理过程。然而,本出版物并不打算推荐一套"最佳"指标和指数。指标/指数的选择是基于干旱的特定特征,这些特征与利益攸关方关注的影响最为密切相关。

本手册并不试图解决影响的全部复杂性以及整个社会经济干旱指标和指数范围。所包括的指标和指数能够描述干旱的水文气象特征,但不包括评估和预测干旱相关影响和结果可能需要的社会经济和环境因素。本手册旨在作为参考,提供其他资料来源的概览和指南。综合干旱管理方案(IDMP)正在建立一个关于综合干旱管理的补充帮助平台。

8.2　定义:指标和指数

确定干旱指标和指数的含义是重要的。

指标是用来描述干旱情况的变量或参数。例如降水、温度、径流、地下水和水库水位、土壤湿度和积雪。

指数通常是计算干旱严重程度的数值表示，使用气候或水文气象输入（包括上面列出的指标）进行评估。他们的目标是测量特定时期内干旱对景观的定性状态。指数也是技术指标。在不同的时间尺度上监测气候，可以确定长期干旱中的短期湿润期或长期湿润期中的短期干旱期。指数可以简化复杂的关系，并为不同的受众和用户（包括公众）提供有用的沟通工具。指数用于定量评估干旱事件的严重程度、发生位置、发生时间和历时。严重程度是指指数偏离正常的水平。可以设置严重程度阈值来确定干旱何时开始、何时结束以及受影响的地理区域。地理位置是指发生干旱的地理区域。发生时间和历时由开始和停止的日期估计。灾害事件与暴露度的要素（人、农业区、水库）之间的相互作用以及这些要素对干旱的脆弱性决定了干旱的影响。以前的干旱可能加剧了脆弱性，例如干旱可能引发生产资产的出售，以满足眼前的需求。在确定影响和结果方面，干旱发生的时间可能与其严重程度同样重要。如果发生在稳定作物的水分敏感期，则较短的、相对较低的严重的内部干旱对作物产量的破坏性影响要大于发生在农业周期中较不关键时期的较长、较严重的干旱。因此，干旱指数结合关于暴露资产及其脆弱性特征的额外信息，对于跟踪和预测与干旱有关的影响和结果至关重要。指数还可能发挥另一个关键作用，这取决于指数，因为它们可以为规划者或决策者提供历史参考。这为用户提供了不同严重程度干旱发生或复发的可能性。然而，重要的是，气候变化将开始改变历史模式。

从指标和指数得到的信息对规划和设计应用程序（如用于管理受干旱影响部门风险的风险评估、干旱早期预警和决策支持工具）是有用的，前提是该地区的气候制度和干旱气候学是已知的。此外，各种指标和指数可用于验证模拟的或遥感的干旱指标。

8.3 监测干旱及指导干旱预警和评估的方法

监测干旱及指导早期预警和评估的主要方法有以下三种：

（1）使用单个指标或指数。

（2）使用多个指标或指数。

（3）使用复合或混合指标。

在过去，决策者和科学家使用一个指标或指数，因为这是他们唯一可用的度量方法，或者他们只有有限的时间来获取数据和计算派生指数或其他可交付成果。在过去大约20年的时间里，全球对发展基于适用于不同应用及时空尺度的各种指标的新指数的兴趣十分浓厚。这些新工具为决策者和政策制定者提供了更多的选择，但现如今仍然缺乏一种将结果综合成一个可传达给公众简单信息的明确方法。地理信息系统的出现以及计算和显示能力的发展提高了覆盖、绘制和比较各种指标和指数的能力。有关绘制干旱指数和指标的更详细讨论，请参见标准化降水指数用户指南（WMO，2012）。

当试图确定要使用哪些指标或指数时，特别是如果这些指标与一项全面的干旱计划相联系并被用来作为干旱管理行动的触发因素时，可能会产生混淆。确定最适合任何给定位置、流域或区域的最佳方案需要时间和一个可进行反复试验的系统。在过去10年左右的时间里，一种新型的综合指标（有时被称为混合指标）出现了，它是一种融合不同指标和指数的方法,可以加权或不加权,也可以建模。其理念是利用各种输入的优势,同时为决策者、政策制定者或公众提供单一的、简单的信息来源。鉴于干旱严重程度最好是根据与某一地区或区域的水资源可用性有关的多种指标来评价的,因此复合或混合方法可以在评价过程中纳入更多的因素。

虽然本手册的目的并不是要确切说明在干旱管理指导方面应纳入或应用哪些指标或指数,但重要的是要注意指标和指数在整个干旱风险管理战略中的作用。他们提供了有用的触发值,以帮助直接决策者和政策制定者实施积极的风险管理。

干旱指标触发值是一个指标或指数的一系列阈值,它们启动和/或终止干旱计划的每个级别以及相关的缓解和紧急管理响应。换句话说,它们触发了行动,并允许对谁在做什么以及什么时候需要做负责任。这最终应该与全面干旱管理计划或政策相结合(WMO和GWP,2014)。必须有一个指标或指数的触发值的完整清单,这也应与指导各机构或各部协调行动的行动计划相一致。如果没有这种协调,在一个地区或区域发生干旱时,很可能会有相当大的行动延迟。

8.4 指标和指数选择

正如对干旱没有"一刀切"的定义一样,也没有单一的指数或指标可以解释并适用于所有类型的干旱、气候机制和受干旱影响的部门。本手册不打算通过告诉读者哪些指标和指数是最好的和应在什么情况下使用。事实上,许多因素决定了对于特定的需求或应用程序应使用哪种指标、指数或触发值(或它们的组合)是最好的。下列问题可帮助使用者决定哪些指标和指数最适合他们目前的情况:

(1)这些指标/指数是否能够及时发现干旱,以触发适当的、协调的干旱响应或缓解行动?

(2)指标/指数是否对气候、空间和时间敏感,以确定干旱的开始和结束?

(3)指标/指数和各种严重程度水平是否对特定地点或地区的地面影响有反应和反映?

(4)对干旱演进和结束期,选择的指标、指数和触发值是相同的还是不同的?把这两种情况都考虑进去是至关重要的。

(5)是否使用复合(混合)指标以考虑更多因素和输入?

(6)数据和结果指数/指标是否可用且稳定?换句话说,是否有数据源的长期记录可以为规划者和决策者提供强有力的历史和统计标记?

(7)指标/指数是否易于执行?用户是否有资源(时间和人力)来致力于这项工作?当他们不在干旱地区时,他们是否会努力维护这项工作?如果建立这样一个系统来监测水文或气候循环的所有方面而不仅仅是干旱,就可以更好地证明这一点。

使用最简单的指标/指数通常是已经免费提供的可操作的指标/指数,但这并不一样意味着它是最好的或最适用的。

最终,选择必须由区域、国家或地方级别的用户决定。首选和推荐的方法是:用户在综合干旱减缓计划的范围内采用多重或复合/混合指标/指数方法作为DEWS的一部分。

理想情况下，需要通过全面的分析和研究方法来确定哪些指标在特定气候机制、地区、流域和地点中最有效。此外，还需要进行确定哪些季节的指标与实地发生的影响最为相关方面的研究，以确定指标与哪些季节最相关。一旦确定了指标/指数，就可以在 DEWS 中实施，作为与干旱计划内的应急响应或缓解行动相关的潜在触发值。

8.5 指标和指数汇总

如前所述，考虑到受影响部门的数量和种类，没有单一的指标或指数可以用来确定对所有类型干旱采取的适当行动。首选的方法是使用不同的阈值和不同的输入组合。理想情况下，这将涉及事先研究，以确定哪些指标/指数最适合于气候和干旱的时间、地区和类型。这需要时间，因为它需要反复试验。基于定量指数值的决策对于适当和准确地评估干旱严重程度至关重要，而且可以作为可操作的 DEWS 或全面干旱计划的投入。

表 8-1 中列出的指标和指数来自 IDMP 和合作伙伴文献以及在线搜索。它们按类型和易用性几类，并分为以下分类：①气象，②土壤含水量，③水文，④遥感，以及⑤复合或模拟。尽管这些指标和指数是通过“易用性”列出的，但是根据用户知识、需求、数据可用性和可用于实现它们的计算机资源，可能指示符中的任何一个、全部或没有一个能适合于特定应用。资源需求从绿色增加到黄色再到红色，如下所述。同样，最简单的指数/指标不一定是最好的。

表 8-1　本手册中列出的指标和指数

指标和指数	页数	易用性	输入参数	补充信息
气象 干燥距平指数(*AAI*)	11	绿色	*P*,*T*,*PET*,*ET*	可用于印度地区
十分位数	11	绿色	*P*	易于计算；拥有澳大利亚地区的有效案例
Keetch-Byram 干旱指数(*KBDI*)	12	绿色	*P*,*T*	基于所关注地区的气候计算
降水距平百分比指数	12	绿色	*P*	易于计算
标准化降水指数(*SPI*)	13	绿色	*P*	世界气象组织强调将其作为气象干旱监测的起点
加权标准化降水距平(*WASP*)	15	绿色	*P*,*T*	使用网格数据监测热带地区的干旱情况
干燥指数(*AI*)	15	黄色	*P*,*T*	可被用于气候分区
中国 *Z* 指数(*CZI*)	16	黄色	*P*	旨在改进 *SPI* 数据
作物水分指数(*CMI*)	16	黄色	*P*,*T*	需提供周观测值

续表 8-1

指标和指数	页数	易用性	输入参数	补充信息
干旱面积指数(*DAI*)	17	黄色	*P*	显示季风季节表现的指标
干旱侦测指数(*DRI*)	17	黄色	*P*,*T*	需提供每月气温及降水量
有效干旱指数(*EDI*)	18	黄色	*P*	可提供与开发者直接联系的项目
Selyaninov 水热系数(*HTC*)	19	黄色	*P*,*T*	易于计算,有若干俄罗斯联邦案例
NOAA 干旱指数(*NDI*)	19	黄色	*P*	最适用于农业方面的应用
帕默尔干旱严重程度指数(*PDSI*)	20	黄色	*P*,*T*,*AWC*	鉴于计算的复杂性和对连续完整数据的需求,因此其易用性分类不是绿色
帕默尔 *Z* 指数	20	黄色	*P*,*T*,*AWC*	*PDSI* 计算的众多输出之一
降雨异常指数(*RAI*)	21	黄色	*P*	需要完整系列数据
自校准帕默尔干旱严重程度指数(*sc-PDSI*)	22	黄色	*P*,*T*,*AWC*	鉴于计算的复杂性和所需的连续完整数据,因此其易用性分类不是绿色
标准化距平指数(*SAI*)	22	黄色	*P*	用点数据描述区域条件
标准化降水蒸散发指数(*SPEI*)	23	黄色	*P*,*T*	需要完整系列数据;输出类似于 *SPI* 但具有温度分量
农业干旱基准指数(*ARID*)	23	红色	*P*,*T*,*Mod*	源于美国东南部,未在该地区以外广泛测试
作物具体干旱指数(*CSDI*)	24	红色	*P*,*T*,*Td*,*W*,*Rad*,*AWC*,*Mod*,*CD*	需要大量变量的质量数据,因此难以使用
复垦干旱指数(*RDI*)	25	红色	*P*,*T*,*S*,*RD*,*SF*	类似于地表水供应指数,但包含温度成分
土壤含水量土壤水分距平(*SMA*)	25	黄色	*P*,*T*,*AWC*	旨在改善 *PDSI* 的水量平衡
蒸散发亏缺指数(*ETDI*)	26	红色	*Mod*	需要进行多输入的复杂计算
土壤水分亏缺指数(*SMDI*)	26	红色	*Mod*	不同土壤深度的周计算值;计算过程复杂
土壤储水量(*SWS*)	27	红色	*AWC*,*RD*,*ST*,*SWD*	由于土壤和作物类型的变化,大面积的插值具有挑战性

续表 8-1

指标和指数	页数	易用性	输入参数	补充信息
水文 帕默尔水文干旱指数(*PHDI*)	27	黄色	*P*,*T*,*AWC*	需要完整系列数据
标准化水库供水指数(*SRSI*)	28	黄色	*RD*	使用水库数据进行与 *SPI* 类似的计算
标准化流量指数(*SSFI*)	29	黄色	*SF*	使用 *SPI* 程序和流量数据
标准化水位指数(*SWI*)	29	黄色	*GW*	与 *SPI* 的计算类似,但使用地下水或井水位数据而不是降水数据
径流干旱指数(*SDI*)	30	黄色	*SF*	与 *SPI* 的计算类似,但使用流量数据而不是降水数据
地表水供水指数(*SWSI*)	30	黄色	*P*,*RD*,*SF*,*S*	可以使用许多方法及相应衍生产品,基于所选定方法进行流域应用的比较
聚合干燥指数(*ADI*)	31	红色	*P*,*ET*,*SF*,*RD*,*AWC*,*S*	没有代码,但在文献中有相应数学解释
标准化融雪和降水指数(*SMRI*)	32	红色	*P*,*T*,*SF*,*Mod*	可以选择是否使用积雪信息
遥感 增强植被指数(*EVI*)	32	绿色	*Sat*	没有将干旱胁迫与其他胁迫分离
蒸发胁迫指数(*ESI*)	33	绿色	*Sat*,*PET*	投入使用的时间不长
归一化植被指数(*NDVI*)	33	绿色	*Sat*	适用于绝大多数地点的计算
温度状态指数(*TCI*)	34	绿色	*Sat*	通常与 *NDVI* 一并使用
植被状态指数(*VCI*)	34	绿色	*Sat*	通常与 *NDVI* 一并使用
植被干旱响应指数(*VegDRI*)	35	绿色	*Sat*,*P*,*T*,*AWC*,*LC*,*ER*	设置了多个变量来实现干旱胁迫与其他胁迫的分离计算
植被健康指数(*VHI*)	35	绿色	*Sat*	使用遥感数据监测干旱的首次尝试之一
需水满意度指数(*WRSI*)和地理空间 *WRSI*	36	绿色	*Sat*,*Mod*,*CC*	适用于绝大多数地点的计算

续表 8-1

指标和指数	页数	易用性分类	输入参数	补充信息
归一化差分水指数(*NDWI*)和地表水体指数(*LSWI*)	37	绿色	*Sat*	使用中分辨率成像分光辐射计资料进行业务制作
土壤调整植被指数(*SAVI*)	37	红色	*Sat*	未业务化制作
综合干旱指标(*CDI*)	38	绿色	*Mod*,*P*,*Sat*	使用地表和遥感数据
全球综合干旱监测和预测系统(*GIDMaPS*)	38	绿色	*Multiple*,*Mod*	基于三种干旱指数[*SPI*、标准化土壤湿度指数(*SSI*)和多元标准化干旱指数(*MSDI*)]全球输出的业务产品
全球陆地数据同化系统(*GLDAS*)	39	绿色	*Multiple*,*Mod*,*Sat*	可用于全球范围内的资料匮乏地区
多元标准化干旱指数(*MSDI*)	40	绿色	*Multiple*,*Mod*	可使用,但需要加以判读
美国干旱监测(*USDM*)	41	绿色	*Multiple*	可使用,但需要加以判读

注意:指标和指数按“易用性”排序,然后每个“易用性”类别中按字母顺序排序。

AWC,可用含水量;*CC*,作物系数;*CD*,作物数据;*ER*,生态区;*ET*,蒸散发;*GW*,地下水;*LC*,土地覆盖;*Mod*,模拟的;*Multiple*,多个指标;*P*,降水;*PET*,潜在蒸散发;*Rad*,太阳辐射;*RD*,水库;*S*,积雪;*Sat*,卫星;*SF*,径流;*ST*,土壤类型;*SWD*,土壤水分亏缺;*T*,温度;*Td*,露点温度;*W*,风数据。

采用交通灯方法为每个指标/指数进行易用性分类,如下:

(1)绿色。如符合下列其中一项或多项准则,指数即被视为绿色:

①运行指数的代码或程序已经可以免费获取。

②不需要每日数据。

③允许缺失数据。

④该指数的输出已经业务化生产,并可在网上获得。

注意:虽然绿色易用性分类可能意味着指标/指数是最容易获得或使用的,但并不意味着它对任何特定区域或地区都是最佳的。关于使用哪些指标/指数的决定必须由用户确定并取决于给定的应用。

(2)黄色。如符合下列其中一项或多项准则,指数即被视为黄色:

①计算需要多个变量或输入。

②在公共域中不提供运行指数的代码或程序。

③只需要一个输入或变量,但没有可用的代码。

④生成指数所需的计算复杂性很小。

(3)红色。如符合下列其中一项或多项准则,则指数被视为红色:

①需要根据文献中给出的方法开发一个代码来计算指数。

②指数或衍生产品不易获得。

③指数是一个模糊的且并未广泛使用,但可能是适用的。

④指数包含模拟的输入或是计算的一部分。

8.6 指数和指标资源

关于当今世界各地正在应用的许多指数和指标,有几个信息来源。美国内布拉斯加大学林肯分校的国家干旱减灾中心(NDMC)记录并解释了一些较为常见的指数,该中心主要拥有一个专门的干旱指数资源部分,http://drought.unl.edu/Planning/Monitoring/HandbookofDroughtIndices.aspx。

世界气象组织(WMO)/NDMC 关于干旱指数和预警系统的区域间研讨会于 2009 年在内布拉斯加大学林肯分校举行。其中一项成果是通过林肯干旱指数宣言认定标准化降水指数(*SPI*)作为确定气象干旱存在的标准(Hayes 等,2011)。WMO 制定了 *SPI* 用户指南,详见 http://www.droughtmanagement.info/literature/WMO_standardized_precipitation_index_user_guide_en_2012.pdf。

作为后续行动,WMO 和联合国减少灾害风险办公室与赛古拉水文联合会和西班牙 Agencia Estatal de Meteorología(国家气象局)合作,于 2010 年在西班牙穆尔西亚组织了一次关于农业干旱指数的专家组会议(Sivakumar 等,2011)。来自世界各地的一组科学家代表 WMO 区域成员,审查了用于评估干旱对农业影响的 34 个指数,强调了它们的优势和劣势。其会议记录"农业干旱指数:专家会议记录"以 17 篇论文的形式记录,可在 http://www.wamis.org/agm/pubs/agm11/agm11.pdf 中找到。

另可参见 Heim(2002),Keyantash 和 Dracup(2002),以及 Zargar 等(2011),他们回顾了当前和过去使用的干旱指数。有关指标和指数的选择、解释和应用的其他帮助,请通过 http://www.droughtmanagement 联系 IDMP,或发送电子邮件至 idmp@wmo.int 查询。

8.7 指标和指数

8.7.1 气象学

指数名称:干燥距平指数(*AAI*)。

易用性:绿色。

起源:由印度气象局开发。

特征:一种考虑水量平衡的实时干旱指数。干燥指数(*AI*)每周或每两周计算一次。对于每个周期,将该周期的实际干燥度与该周期的正常干燥度进行比较。负值表示水分过剩,而正值表示水分胁迫。

输入参数:实际蒸散量和计算的潜在蒸散发量,需要提供温度、风速和太阳辐射值。

应用:研究干旱对农业的影响,特别是在热带地区,定义的雨季和旱季是气候状况的一部分。可以使用这种方法对冬夏两季进行评估。

优点:特定于农业,计算简单,干旱(轻度、中度或严重)的描述基于相对正常水平的偏离程度。对每周时间步长响应快速。

缺点:不适用于长期或多季节时间。

资源:http://imdpune.gov.in/hydrology/methodology.html。

参考文献:http://www.wamis.org/agm/gamp/GAMP_Chap06.pdf。

指数名称:十分位数。

易用性:绿色。

起源:Gibbs 和 Maher 于 1967 年通过他们与澳大利亚气象局合作描述的一种简单的数学方法。

特征:利用一个地点的降水数据的整个周期,对降水的频率和分布进行排序。第一个十分位数为降水序列中降水量最低的 10%,第五个十分位数是中位数。湿尺度同样可用。日、周、月、季和年值都可以使用此方法,因此该方法可以灵活地将当前数据与任意给定时期的历史记录进行比较。

输入参数:仅限降水,灵活运用与不同时间尺度。

应用:能够查看不同的时间尺度和时间步长,十分位数可用于气象、农业和水文干旱情况。

优点:考虑单一变量使得该方法在许多情况下都是简单且灵活的。使用明确定义的阈值,将当前数据置于历史背景中并且可以识别干旱状态。在潮湿和干燥的情况下都很有用。

缺点:与其他只使用降水的指标一样,在干旱发展期间中没有考虑温度和其他变量的影响。一个较长的记录期能够提供最佳结果,因为其分布中包含了许多干湿期。

资源:没有特定的软件代码,一些在线工具可以提供输出。因此,阐明其基本方法很重要,因为有许多统计方法可以根据气象数据计算十分位数; http://drinc.ewra.net/。

参考文献:Gibbs 和 Maher(1967)。

指数名称:Keetch-Byram 干旱指数(*KBDI*)。

易用性:绿色。

起源:美国农业部森林管理处 Keetch 和 Byram 在 20 世纪 60 年代末完成的部分工作。它主要是一个火险指数。

特征:根据该地区的气候条件采用统一的方法来识别早期干旱。这是蒸散发和降水在土壤上层造成水分缺乏的净效应,也标示出土壤饱和和消除干旱胁迫需要多少降水。

输入参数:日最高气温、日降水量。根据当地气候计算 *KBDI* 与各种降水状况之间的关系。

应用:因为土壤湿度的测量直接与作物遭受的干旱胁迫有关,因此 *KBDI* 可作为一种在农业环境中监测干旱引起火灾危险的有用方法。

优点:表示一个地区的水分不足,可按比例显示每个特定位置的特征。计算简单,方法简便。

缺点:假定有一定的可用水分和必要的气候条件来发展干旱,对每个地方不一定都是正确的。

资源:该方法和计算方法在文献中有很好的描述。许多地点的地图可以在网上找到,网址是 http:// www. wfas. net/index. php/keetch-byram-index-hydro-dr49。

参考文献:Keetch and Byram(1968)。

指数名称:正常降水百分比。

易用性:绿色。

起源:任何数量的百分比都是一个简单的统计公式。描述降水距平的确切来源或何时首次使用尚不清楚。

特征:一种简单的计算,可用于比较任何地点的任何时间段。它可以按日、周、月、季和年尺度计算,将满足许多用户的需求。计算方法为实际降水量除以相应时间段的正常降水量,并乘以 100。

输入参数:适合计算时间尺度的降水值。对于正常周期的计算,最理想的是拥有至少 30 年的数据。

应用:可用于识别和监测干旱的各种影响。

优点:一种流行的方法,使用基础数学快速简便地计算。

缺点:确定某个地区的正常值是一种计算方法,一些用户可能会将其与平均降水量(算术平均值)混淆,很难将不同的气候状况相互比较,特别是那些有明确的雨季和旱季的气候状况。

参考文献:Hayes(2006)。

指数名称:标准化降水指数(*SPI*)。

易用性:绿色。

起源:1992 年,McKee 等在美国科罗拉多州立大学完成的研究和工作的成果。他们的工作成果首次在 1993 年 1 月举行的第八届应用气候学会议上提出。该指数的基础是它建立在干旱与频率、持续时间和时间尺度的关系之上。

2009 年,WMO 建议将 *SPI* 作为各国应用于监测和跟踪干旱条件的主要气象干旱指数(Hayes 等,2011)。通过将 *SPI* 确定为广泛使用的指标,WMO 为试图建立干旱预警水平的国家提供了指导。

特征:使用任何地点的历史降水记录来计算降水概率,该概率可以在任意时间尺度上计算(1 ~48 个月或更长)。与其他气候指标一样,用于计算 *SPI* 的时间序列数据不需要具有特定的长度。Guttman(1998,1999)指出,如果在长时间序列中存在额外的数据,由于包括了更多的极端潮湿和极端干旱事件的样本,则概率分布的结果将更加稳健。*SPI* 可以在短至 20 年的数据量上计算,但理想情况下,时间序列应至少具有 30 年的数据,即使在考虑缺失数据时也是如此。

SPI 具有强度标度,其中需要计算正值和负值,其与干湿事件直接相关。对于干旱,

人们对降水分布的“尾部”非常感兴趣，特别是在极端干旱事件中，根据被调查地区的气候，这些事件被认为是罕见的。

当 *SPI* 的结果（无论哪个时间尺度）连续变为负值并且达到 -1 时，指示干旱事件。在 *SPI* 达到 0 值之前，干旱事件被认为是持续的。McKee 等（1993）指出：干旱始于 *SPI* 为 -1 或更低，但没有标准，因为一些研究人员会选择一个小于 0 但不是 -1 的阈值，而其他研究人员将在初始值小于 -1 时对干旱进行分类。

由于 *SPI* 的实用性和灵活性，它可使用一个地点包含缺失数据的记录数据进行计算。理想情况下，时间序列应尽可能完整，但如果没有足够的数据来计算值，*SPI* 计算将提供空值，*SPI* 将在数据可用时再次开始计算输出。*SPI* 通常按照长达 24 个月的时间尺度计算，指数的灵活性允许多个应用程序处理影响农业、水资源和其他部门的事件。

输入参数：降水。大多数用户使用月数据集来应用 *SPI*，但计算机程序在使用日数据和周数据时可以灵活地生成结果。*SPI* 的方法不会因使用每日、每周或每月数据而发生变化。

应用：*SPI* 在不同时间尺度下计算的能力允许多种应用程序。根据所讨论的干旱影响，3 个月或更短的 *SPI* 值可用于基本干旱监测，6 个月或以下的 *SPI* 值可用于农业影响监测，12 个月或更长时间的 *SPI* 值可用于水文影响监测。*SPI* 还可以在网格化降水数据集上计算，这比那些只处理基于站点的数据的方法的用户范围更广。

优点：仅使用降水数据是 *SPI* 的最大优势，使其易于使用和计算。*SPI* 适用于所有气候条件，可以比较不同气候下的 *SPI* 值。在包含缺失数据的短期记录中计算 *SPI* 的能力对于那些可能数据较差或缺乏长期内聚数据集的区域也很有价值。用于计算 *SPI* 的程序易于使用和获得。NDMC 提供了一个用于个人电脑的程序，该程序已经分发给全世界 200 多个国家。能够在多个时间尺度上计算的能力也使 *SPI* 具有广泛的应用范围。许多与 *SPI* 相关的文章都可以在科学文献中找到，为新手用户提供了大量可依赖的资源。

缺点：由于降水是唯一的输入，*SPI* 在计算温度分量时存在不足，而温度分量对区域的整体水量平衡和水资源利用具有重要意义。这个缺点会使比较具有相似 *SPI* 值但具有不同温度场景的事件变得更加困难。在短时间记录或包含许多缺失值的数据上计算 *SPI* 的灵活性也可能导致输出的误用，因为程序将为所提供的任何输入提供输出。*SPI* 假设先验分布，这可能不适用于所有环境，特别是在研究短期事件或干旱的开始和结束时。*SPI* 有很多版本可用，除了 NDMC 分发的源代码，可在各种计算软件包中实现。检查这些算法的完整性以及输出与已发布版本的一致性非常重要。

资源：SPI 程序可以在基于 Windows 的个人计算机上运行：http://drought.unl.edu/MonitoringTools/DownloadableSPIProgram.aspx。

参考文献：Guttman（1998，1999）；Hayes 等（2011）；McKee 等（1993）；World Meteorological Organization（2012）；Wu 等（2005）。

指数名称：加权距平标准化降水指数（*WASP*）。

易用性：绿色。

起源：由 Lyon 开发，用于监测赤道 30°范围内热带地区的降水。

特征:采用网格化月降水量数据,分辨率为 0.5°×0.5°,并基于 12 个月加权、标准化的月降水距平叠加总和。

输入参数:月降水量和年降水量值。

应用:主要用于潮湿的热带地区以监测干旱的发展,同时考虑气候状况中确定的干湿期。可用于监测影响农业和其他部门的干旱。

优点:使用降水作为单一输入可以实现更简单的计算。

缺点:在沙漠地区不能发挥很好的效果。网格化降水数据在实际应用中可能是一个挑战。

资源:方法和计算在以下文献中提供和解释,http://iridl.ldeo.columbia.edu/maproom/Global/Precipitation/WASP_Indices.html。

参考文献:Lyon (2004)。

指数名称:干燥指数(*AI*)。

易用性:黄色。

起源:1925 年,De Martonne 完成了该指数的开发工作;干燥度的定义是降水量与平均温度的比值。

特征:可用于对不同地区的气候进行分类,因为降水与温度的比值提供了确定一个地区气候状况的方法。*AI* 的月度计算可用于确定干旱的开始时间,因为该指数综合考虑了温度及降水的影响。

输入参数:月平均温度和降水量。用于气候分类时应用年度值。

应用:主要用于确定较短时间尺度的干旱发展,有助于识别和监测农业和气象影响。

优点:只需两个输入即可轻松计算,可灵活地对各种时间尺度进行分析。

缺点:没有考虑每年干燥的延续效应。在某些气候条件下反应可能会很慢。

参考文献:Baltas (2007);De Martonne (1925)。

指数名称:中国 *Z* 指数(*CZI*)。

易用性:黄色。

起源:在中国开发,*CZI* 建立在 *SPI* 提供的易于计算的基础上,并通过改进使用户能够更容易地进行计算。统计 *Z* 评分可用于识别和监测干旱期。该指数于 1995 年由中国国家气候中心首次使用和开发。

特征:*CZI* 类似于 *SPI*,降水用于确定干湿周期,假设降水服从 Pearson-Ⅲ型分布。它使用 1~72 个月的时间步长,使其能够识别不同持续时间的干旱。

输入参数:每月降水量。

应用:类似于 *SPI*,可在多个时间尺度上监控干湿事件。

优点:计算简单,可以计算几个时间步长。可用于干湿两种事件。类似于 *SPI*,允许缺失数据。

缺点:*Z* 评分数据不需要通过将它们拟合到伽玛或 Pearson-Ⅱ型分布来进行调整,因此可以推测,其与 SPI 相比在较短的时间尺度效果不佳。

资源:*CZI* 的所有计算和解释都可以在 http:// onlinelibrary. wiley. com/doi/10. 1002/joc. 658/pdf 找到。

参考文献:Edwards and McKee (1997);Wu 等 (2001)。

指数名称:作物水分指数(*CMI*)。

易用性:黄色。

起源:作为帕默尔在 20 世纪 60 年代早期所做的原创工作的一部分,*CMI* 通常每周计算一次,并将帕默尔干旱严重程度指数(*PDSI*)产量作为考虑农业影响的短期干旱成分。

特征:随着与 *PDSI* 相关的一些缺点变得明显,Palmer 通过开发 *CMI* 对它们做出了回应。其目的是成为一个适合于研究干旱对农业的影响的指数,因为它可以对快速变化的条件做出快速反应。通过减去潜在蒸散量和水分之间的差异来计算,以确定任何亏缺。

输入参数:周降水量、周平均温度和前一周的 *CMI* 值。

应用:用于监测干旱,其中对农业的影响是主要关注内容。

优点:输出是加权的,因此可以比较不同的气候状况。快速响应快速变化的条件。

缺点:由于 *CMI* 是专门针对美国粮食生产地区开发的,因此可能表现出一种从长期干旱事件中复苏的错觉,因为短期内的改善可能不足以抵消长期问题。

资源:https://www. drought. gov/drought/content/products-current-dattle-and-monitoring-drought-indicators / crop-moisture-index。

参考文献:Palmer(1968)。

指数名称:干旱面积指数(*DAI*)。

易用性:黄色。

起源:20 世纪 70 年代末,由印度热带气象研究所的 Bhalme 和 Mooley 开发。

特征:作为一种提高对印度季风降雨的理解的方法而开发,使用月降水量确定洪水和干旱期。通过比较临界季风期间的月降水量,可以获得雨季和旱季的强度,并且可以根据每个月降水对季风总季节的贡献得出分析干旱的重要性。

输入参数:季风季节的月降水量。

应用:用于确定季风季节何时充足或干燥,或有可能发生洪水。干旱预测是对饥荒发展潜力的良好预警。

优点:非常关注热带地区的印度季风季节。

缺点:缺乏对其他地区或气候状况的适用性。

资源:该指数的数学计算和相关解释见原始论文 http://moeseprints. incois. gov. in/1351/1/large%20scale. pdf。

参考文献:Bhalme 和 Mooley (1980)。

指数名称:干旱侦测指数(*DRI*)。

易用性:黄色。

起源:这项工作是由希腊雅典国立技术大学的 Tsakiris 和 Vangelis 发起的。

特征：由一个干旱指数组成，该指数包含一个考虑降水和潜在蒸散的简化水平衡方程。它有三个输出：初始值、归一化值和标准化值。标准化 *DRI* 值在性质上与 *SPI* 类似，可以直接与其进行比较。然而，*DRI* 比 *SPI* 更具代表性，因为它考虑的是全水量平衡，而不仅仅是降水。

输入参数：月温度值和降水值。

应用：主要关注对农业或对水资源的影响的情况。

优点：潜在蒸散量的使用相比于 *SPI* 能够更好地代表该区域的全水分平衡，这将更好地指示干旱的严重程度。与 *SPI* 一样，可以计算许多时间步长。所有必需的数学计算都可以在文献中找到。

缺点：当仅使用温度来创建估算时，潜在的蒸散量计算可能会产生误差。每月的时间尺度可能不足以对迅速发展的干旱做出足够快的反应。

资源：DRI 软件可从 http://drinc.ewra.net/获得。

参考文献：Tsakiris 和 Vangelis(2005)。

指数名称：有效干旱指数(*EDI*)。

易用性：黄色。

起源：由 Byun 和 Wilhite 以及 NDMC 的工作人员完成的开发。

特征：利用日降水量数据来开发和计算：有效降水量(*EP*)、日平均降水量(*EP*)、降水偏差(*DEP*)、*DEP* 标准化值等几个参数。这些参数可以识别缺水期的开始和结束。使用输入参数可以对世界上任意地点进行 *EDI* 计算，以便对结果进行标准化比较，从而对干旱的开始、结束和持续时间给出清晰的定义。在 *EDI* 发展的时候，大多数干旱指标都是使用月数据计算的，因此切换到每日数据是独特的，对指数的效用很重要。

输入参数：每日降水量。

应用：计算结果每日更新，是一个用于监测气象和农业干旱情况的良好的指标。

优点：通过计算所需的单个输入，可以计算记录降水的任何位置的 *EDI*。程序提供了解释过程的支持文档。*EDI* 是标准化的，因此可以比较来自所有气候状况的输出。它有效地确定干旱事件的开始、结束和持续时间。

缺点：仅考虑降水量、温度对干旱情况的影响并未直接整合。使用日常数据可能会使 *EDI* 在业务环境中难以使用，因为可能无法对输入数据进行每日更新。

资源：作者声明代码可通过直接联系他们获得。计算结果可在下面引用的原始英文中找到并描述。*EDI* 计算是空间和时间序列信息建模(SPATSIM)软件包计算的一套指数的一部分，http://www.preventionweb.net/files/1869_VL102136.pdf。

参考文献：Byun 和 Wilhite(1996)。

指数名称：Selyaninov 的水热系数(*HTC*)。

易用性：黄色。

起源：由 Selyaninov 在俄罗斯联邦基于俄罗斯的气候开发的。

特征：使用温度和降水值，并对特定于所监测的气候状况的干燥条件敏感。它非常灵活，可同时用于月度和年度应用程序。

输入参数：每月温度和降水值。

应用：用于监测农业干旱状况，也用于气候分类。

优点：计算简单，可用于农业生长季节。

缺点：计算没有考虑土壤湿度。

资源：信息可以在俄罗斯国家农业气象研究所的网站上找到，http://cxm. obninsk. ru/index. php? id = 154，以及俄罗斯和周边国家互动农业生态地图集的网站，http://www. agroatlas. ru/en/content/Climatic_maps/GTK/GTK/index. html。

参考文献：Selyaninov（1928）。

指数名称：NOAA 干旱指数（*NDI*）。

易用性：黄色。

起源：该指数是20世纪80年代初在联合农业气象中心开发的，是美国农业部试图利用天气和气候数据估算全球农作物产量的一部分。

特征：一种基于降水的指数，将实际测量的降水量与生长期间的正常值进行比较。计算每周的平均降水量，并对实测平均降水量连续8周的平均值进行求和比较。如果8周内的实际降水量大于正常降水量的60%，则假定当前一周的水分胁迫很小或没有。如果检测到缺水压力，它将一直保持到实际降水量达到或超过正常降水量的60%。

输入参数：月降水量转换为周降水量值。

应用：作为影响农业的干旱条件的指标。

优点：唯一的输入是降水，以月为时间步长。计算和使用说明很简单。

缺点：需要至少30年的数据来计算用于计算周值的标准化月值。它具有与农业、作物生长和发展相关的非常具体的应用。

参考文献：Strommen 和 Motha（1987）。

指数名称：帕默尔干旱严重程度指数（*PDSI*）。

易用性：黄色。

起源：在20世纪60年代开发，作为首次使用降水数据识别干旱的尝试之一。Palmer的任务是开发一种方法，将温度和降水数据与水量平衡信息结合起来，以确定美国农作物产区的干旱情况。多年来，*PDSI* 是唯一的业务化干旱指数，并且它在全世界仍然非常受欢迎。

特征：使用月气温、降水数据以及土壤持水能力的信息计算。它考虑了接收的水分（降水）以及存储在土壤中的水分，考虑到由于温度影响可能造成的水分损失。

输入参数：月温度和降水数据。可以使用有关土壤持水能力的信息，但也可以使用缺省值。需要连续完整的温度和降水记录。

应用：主要是作为一种识别影响农业的干旱的方法开发的，它也被用于识别和监测与其他类型影响相关的干旱。由于 *PDSI* 的使用寿命很长，多年来有很多使用它的例子。

优点：在世界各地使用，代码和输出广泛可用。科学文献包含许多与 *PDSI* 相关的论文。土壤数据的使用和总水量平衡方法使其在识别干旱方面具有相当的稳健性。

缺点:对连续完整数据的需求可能会导致问题。*PDSI* 的时间尺度约为 9 个月,这导致在根据计算中土壤湿度成分的简化确定干旱条件方面存在滞后。这种滞后可能长达几个月,这在尝试识别快速出现的干旱情况时是一个缺点。由于 *PDSI* 不能很好地处理冻雨或冻土,因此也存在季节性问题。

资源:http://hydrology. princeton. edu/data. pdsi. php。

参考文献:Alley(1984);Palmer(1965)。

指数名称:帕默尔 *Z* 指数。

易用性:黄色。

起源:相比于 *PDSI*,帕默尔 *Z* 指数能更好地响应短期情况,而且通常计算的时间尺度要短得多,使其能够识别快速发展的干旱条件。作为 Palmer 在 20 世纪 60 年代早期完成的原始工作的一部分,帕默尔 *Z* 指数通常按月计算,同时将 *PDSI* 的输出作为水分距平。

特征:有时被称为水分距平指数,并且与该位置的整个记录相比,导出值可为该地区相对距平提供干燥和湿润的可比方法。

输入参数:帕默尔 *Z* 指数是 *PDSI* 的衍生物,*Z* 值是 *PDSI* 输出的一部分。

应用:用于将当前时期与其他已知干旱时期进行比较。当它用于确定需要多少水分才能达到 Palmer 定义的接近正常的类别时,它也可用于确定干旱期的结束。

优点:与 *PDSI* 相同,科学文献包含许多相关论文。利用土壤数据和总水分平衡方法的使用使得帕默尔 *Z* 指数在识别干旱方面非常稳健。

缺点:与 *PDSI* 相同,需要连续完整的数据可能导致问题。它具有大约 9 个月的时间尺度,这导致基于计算中的土壤湿度分量的简化来识别干旱条件的滞后。这种滞后可能长达几个月,这在尝试识别快速出现的干旱情况时是一个缺点。由于帕默尔 *Z* 指数不能很好地处理冻结降水或冻土,因此也存在季节性问题。

资源:联系 NDMC 以访问 Palmer 套件的代码,http:// drought. unl. edu/。

参考文献:Palmer(1965)。

指数名称:降雨异常指数(*RAI*)。

易用性:黄色。

起源:van Rooy 在 20 世纪 60 年代初开发。

特征:使用基于特定位置的站点历史的标准化降水值。与当前时期相比,产出具有历史意义。

输入参数:降水。

应用:解决影响农业、水资源和其他部门的干旱问题,因为 *RAI* 具有灵活性,可以在不同的时间尺度进行分析。

优点:易于计算,单个输入(降水)可以按月、季和年的时间尺度进行分析。

缺点:需要一个连续完整的数据集,其中包含缺失数据的估计值。与年际变化相比,年内变化相对较小。

资源:没有资源可用。

参考文献:Kraus(1977);van Rooy(1965)。

指数名称:自校准帕默尔干旱严重程度指数(*sc-PDSI*)。

易用性:黄色。

起源:21 世纪初,Wells 等在内布拉斯加大学林肯分校进行了初步工作。

特征:该指数考虑到 *PDSI* 中包含的所有常数,并包括一种方法,根据每个站点位置的特征动态计算常数。sc-*PDSI* 的自校准性质是针对每个站点开发的,并且基于该位置的气候状态而变化。它具有干湿两种尺度。

输入参数:月温度和降水量。可以使用有关土壤持水能力的信息,但也可以使用默认值。需要连续完整的温度和降水数据记录。

应用:可应用于气象、农业和水文干旱情况。由于结果与站点位置直接相关,极端事件很少发生,因为它们与该站的信息直接相关,而不是常数。

优点:通过每个位置的 sc-*PDSI* 计算,该指数反映了每个站点的情况,并允许区域之间进行更准确的比较。可以计算不同的时间步长。

缺点:由于该方法与 *PDSI* 没有显著差异,因此在时间滞后、冷冻降水和冻土方面存在同样的问题。

资源:代码可以从 http://drought. unl. edu/和 https://cl imatedataguide. ucar. edu/climate-data/cru-sc-pdsi-self-calibrating-pdsi-over-europe-获得。

参考文献:Wells 等(2004)。

指数名称:标准化距平指数(*SAI*)。

易用性:黄色。

起源:在 20 世纪 70 年代中期由 Kraus 引入,并在 80 年代初期由美国国家大气研究中心 Katz 和 Glantz 仔细研究。*SAI* 是基于 *RAI* 开发的,*RAI* 是 *SAI* 的一个组成部分。它们很相似,但都是独一无二的。

特征:基于 *RAI* 的结果,旨在帮助识别易感地区的干旱,如西非萨赫勒和巴西东北部。*RAI* 解释了一个地区的基于站点的降水量并使年降水量标准化。然后对该区域中的所有站点的偏差进行平均,以获得单个 *SAI* 值。

输入参数:月、季或年降水量。

应用:识别干旱事件,特别是在干旱经常出现的地区。

优点:单个输入,可以在任何定义的周期内计算。

缺点:仅使用降水,计算取决于数据质量。

资源:文献中提供了计算公式。

参考文献:Katz 和 Glantz(1986);Kraus(1977)。

指数名称:标准化降水蒸散发指数(*SPEI*)。

易用性:黄色。

起源:由 Vicente-Serrano 等在西班牙萨拉戈萨的 Pirenaico de Ecologia 研究所开发。

特征:*SPEI* 是一个相对较新的干旱指数,它在 *SPI* 的基础上加入温度分量,通过基本水平衡计算考虑温度对干旱发展的影响。*SPEI* 具有一个强度标度,其中正值和负值都被计算出来以识别干湿事件。它可以计算 1 ~48 个月或更长的时间步长。每月更新允许它在业务中使用,数据的时间序列越长,结果就越稳健。

输入参数:月降水量和气温数据。需要连续完整的数据记录,没有遗漏月份。

应用:*SPEI* 具有与 *SPI* 相同的多功能性,可用于识别和监测与各种干旱影响相关的情况。

优点:包含温度和降水数据,使 *SPEI* 能够解释温度对干旱情况的影响。该输出适用于所有气候条件,由于它们是标准化的,结果具有可比性。通过使用温度数据,在考虑气候变化对各种未来情景下的模型输出的影响时,*SPEI* 是一个理想的指标。

缺点:由于可用数据不足,对温度和降水的连续完整数据集的需求可能会限制其使用。作为月指数,可能无法快速确定快速发展的干旱情况。

资源:SPEI 代码免费提供,计算结果见文献:http://sac.csic.es/spei/。

参考文献:Vicente-Serrano 等(2010)。

指数名称:农业干旱基准指数(*ARID*)。

易用性:红色。

起源:基于密西西比州立大学 Woli 和佛罗里达大学 Jones 等 2011 年在美国东南部进行的研究。

特征:预测土壤中水分可用性的状况。它使用水分胁迫近似和作物模型的组合以确定水分胁迫对特定作物的植物生长、发育和产量的影响。

输入参数:日气温和降水数据。使用 CERES-Maize 模型,但也可以使用其他作物模拟模型。

应用:用于在农业影响是主要关注的背景下识别和预测干旱。

优点:作物模型和水平衡方法被证明可用于预测土壤水分和随后对作物的胁迫。可以每天计算,因此干旱的反应时间会很快。

缺点:针对美国东南部少数几种种植系统而进行的设计和测试,不容易推广。

资源:使用的公式和方法在下面引用的文章中解释。没有公开的源代码。

参考文献:Woli 等(2012)。

指数名称:作物具体干旱指数(*CSDI*)。

易用性:红色。

起源:20 世纪 90 年代初,Meyer 等在内布拉斯加大学林肯分校研究干旱对实际作物产量的影响而开发的。

特征:通过计算基本土壤水分平衡,考虑干旱的影响,但确定了干旱胁迫何时发生在作物的发育过程中以及对最终产量的总体影响。*PDSI* 和 *CMI* 可以识别影响作物的干旱条件,但不表明可能对产量的影响。

输入参数:气候输入包括日最高温度、日最低温度、降水量、露点温度、风速和全球太阳辐射。模型建立还需要土壤剖面的特征。产量和物候数据是必须的,以适当的相关的生长期、作物进展和最终产量。

应用:主要用于帮助确定干旱对美国粮食生产地区作物产量的影响,并且具体到所监测的作物类型。

优点:特定于指定作物并且基于植物的发育。该模型考虑了植物生长期间干旱胁迫发生的时间,并估算了对产量的总体影响。

缺点:输入非常复杂,许多地方缺乏正确评估条件所需的必要工具或记录期。

资源:方法和计算都在文献中详细描述,请参阅下面的参考文献。

参考文献:Meyer 等(1993a,1993b)。

指数名称:复垦干旱指数(*RDI*)。

易用性:红色。

起源:美国垦务局在 20 世纪 90 年代中期制定了这一干旱指数,作为一种触发与公共土地相关的干旱紧急救济资金的一种方法。

特征:用于定义干旱严重程度和持续时间,也可用于预测干旱期的开始和结束。它既有干湿尺度,又有流域尺度,计算方法与地表水供水指数(*SWSI*)类似。*RDI* 具有水的需求和温度的组成部分,这使得蒸发包含在指数中。

输入参数:月降水量、积雪、水库水位、流量和温度。

应用:主要用于监测河流流域的供水。

优点:特定于每个流域。与 *SWSI* 不同,它解释了温度对气候的影响。干湿两种尺度可以监测潮湿和干燥的条件。

缺点:计算个别流域,因此难以进行比较。将所有输入置于业务设置中可能会导致数据生成的延迟。

资源:其特征和数学公式在下面的参考中提供。

参考文献:Weghorst(1996)。

8.7.2 土壤含水量

指数名称:土壤水分距平(*SMA*)。

易用性:黄色。

起源:20 世纪 80 年代中期由 Bergman 等在美国国家气象局开发,作为评估全球干旱状况的一种方式。

特征:可以在简单的水平衡方程中使用周或月降水量和潜在蒸散量值。它旨在反映土壤与正常条件相比的干燥程度或饱和度,并显示土壤水分胁迫如何影响全世界的作物生产。

输入参数:周或月温度和降水数据,包括它们对应的日期和纬度。尽管包括默认值,但可以使用土壤持水量和场地特定数据的值。

应用:在监测全球农业和作物生产对干旱的影响方面广泛使用。

优点:考虑温度和降水的影响,使 *PDSI* 如此受欢迎的水平衡方面也包括了能够利用特定地点数据更改常数的能力。由于考虑了土壤不同层的含水量,它比 *PDSI* 更适应不同的位置。

缺点:数据要求使计算具有挑战性。潜在的蒸散量估计值可能因地区而异。

资源:输入和计算在文献中进行了详细描述,目前没有提供计算程序。

参考文献:Bergman 等(1988)。

指数名称:蒸散发亏缺指数(*ETDI*)。

易用性:红色。

起源:2004 年由 Narasimhan 和 Srinivasan 在美国得克萨斯农业实验站的研究开发而来。

特征:一种有助于识别作物水分胁迫的每周一次的产品。*ETDI* 与土壤水分亏缺指数(*SMDI*)一起计算,其中水分胁迫比是通过将实际蒸散量与参考作物蒸散发量进行比较得出的,然后将水分胁迫比与计算得到的长期中值进行比较。

输入参数:使用 SWAT(Soil and Water Assessment Tool)模型对水文模型进行建模,初步计算根区每周的土壤水分。

应用:用于识别和监测影响农业的短期干旱。

优点:分析实际和潜在的蒸散,可识别干湿期。

缺点:计算基于 SWAT 模型的输出,但如果有适当的输入,则可以计算。ETDI 的空间变异能力在夏季蒸散量最大、降水量变化较大的月份增加。

资源:在下文的参考文献中提供了对计算结果的详细解释,并与其他干旱指数进行了相关性研究。有关 SWAT 模型的信息请访问:http://swat.tamu.edu/software/swat-executables/。

参考文献:Narasimhan 和 Srinivasan(2005)。

指数名称:土壤水分亏缺指数(*SMDI*)。

易用性:红色。

起源:2004 年由 Narasimhan 和 Srinivasan 在美国得克萨斯农业实验站的研究开发而来。

特征:计算四种不同土壤深度(包括总土柱)的每周土壤含水量,分别为 0.61 m、1.23 m、1.83 m,可以将其作为短期干旱的指标,特别是利用 0.61 m 土壤层的结果。

输入参数:采用 SWAT 模型建立水文模型,初步计算每周根区的土壤水分。

应用:用于识别和监测影响农业的干旱。

优点:考虑到完整的廓线以及不同的深度,这使其适应不同的作物类型。

缺点:计算 SMDI 所需的信息是基于 SWAT 模型的输出。当使用所有深度数据时存在自相关问题。

资源:在下面的参考文献中提供并详细解释了计算过程。有关 SWAT 模型的信息,请访问 http://swat.tamu.edu/software/swat-executables/。

参考文献:Narasimhan 和 Srinivasan(2005)。

指数名称:土壤储水量(*SWS*)。

易用性:红色。

起源:未知。从农业开始发展以来,生产者一直在努力寻求准确地测量土壤湿度的方法。

特征:确定植物根区内可用水分的量,这取决于植物的类型和土壤的类型。降水和灌溉都会影响结果。

输入参数:根系深度、土壤类型的可用蓄水量和最大土壤水分亏缺。

应用:主要用于监测农业环境中的干旱,也可作为影响水资源可用性的干旱条件的一个组成部分。

优点:易于计算,即使是在使用缺省值的情况下。许多土壤和作物都可以用该方法进行分析。

缺点:在土壤不均匀的地区,短距离可能会发生很大变化。

资源:在下面的参考中提供了计算和示例。

参考文献:British Columbia Ministry of Agriculture(2015)。

8.7.3 水文学

指数名称:帕默尔水文干旱指数(*PHDI*)。

易用性:黄色。

起源:在 20 世纪 60 年代,Palmer 与美国气象局共同开发的指数套件的一部分。

特征:在原始 *PDSI* 的基础上进行改进,用于评价长期土壤湿度异常对蓄水量、径流、地下水的影响。*PHDI* 根据观测的土壤含水量占需求含水量的比率来定义干旱结束点。干旱分为四种类型:接近正常,占 28% ~50% 的频率;轻度至中度干旱,占 11% ~27% 的频率;严重干旱,占 5% ~10% 的频率;极端干旱,大约占 4% 的频率。

输入参数:月气温和降水量。可以使用有关土壤持水能力的信息,但也可以使用缺省值。需要连续完整的温度和降水数据记录。

应用:在考虑较长时间尺度的干旱对水资源的影响时最有用。

优点:它的水量平衡方法可以考虑整个水系统。

缺点:频率会因地区和时间而异,在一年中的某些月份,极端干旱可能并不罕见。计算中不考虑人为因素的影响,例如管理决策和灌溉。

资源:代码可参考 Palmer 的原始文章,http://onlinelibrary. wiley. com/doi/10. 1002/wrcr. 20342/pdf。

参考文献:Palmer(1965)。

指数名称:标准化水库供水指数(*SRSI*)。

易用性:黄色。

起源:由 Gusyev 等在日本开发的一种分析干旱条件下水库数据的系统方法。

特点：与 *SPI* 类似，利用月数据计算水库蓄水数据的概率分布函数，为 -3（极干）~+3（极湿）范围内的区域或流域提供供水信息。

输入参数：月入库量和平均库容。

应用：考虑与任何特定水库系统相关的总流入量和总库容，并为市政供水管理者和当地灌溉供应商提供信息。

优点：易于计算，使用标准 gamma 分布概率分布函数来模拟 *SPI*。

缺点：未考虑水库管理的变化和由于蒸发而造成的损失。

资源：国际水灾害和风险管理中心已将 *SRSI* 方法应用于若干亚洲河流流域，http://www.icharm.pwri.go.jp/。

参考文献：Gusyev 等（2015）。

指数名称：标准化流量指数（*SSFI*）。

易用性：黄色。

起源：Modarres 在 2007 年引入了 *SSFI*，并由 Telesca 等进一步研究。在原文中，Modarres描述了 *SSFI* 与 *SPI* 类似的相似之处，因为 *SSFI* 在给定时期内被定义为流量从平均值到标准差的差异。

特征：使用月流量值和与 *SPI* 相关的归一化方法进行开发。可以对观测数据和预测数据进行计算，为与干旱和洪水相关的高流量和低流量时段提供了一个视角。

输入参数：日或月尺度的流量数据。

应用：在多个时间尺度监测水文条件。

优点：可使用 *SPI* 程序，易于计算。允许丢失数据的单个变量输入使其易于使用。

缺点：它只考虑了干旱监测背景下的流量，没有调查其他影响。

资源：文献中对此进行了详细描述，并提供了数学推导和案例研究。*SPI* 程序可从 http://drought.unl.edu/MonitoringTools/DownloadableSPIProgram.aspx 获得。

参考文献：Modarres（2007）；Telesca 等（2012）。

指数名称：标准化水位指数（*SWI*）。

易用性：黄色。

起源：由印度理工学院的 Bhuiyan 开发，作为评估地下水补给亏缺的一种方法。

特征：作为一种基于水文的干旱指标，它利用水井的数据研究干旱对地下水补给的影响。结果可以在点之间进行插值。

输入参数：地下水位。

应用：适用于主要河流和溪流季节性低流量频繁的地区。

优点：干旱对地下水的影响是农业和市政供水的关键组成部分。

缺点：只考虑地下水，点之间的插值可能无法代表地区或气候状况。

参考文献：Bhuiyan（2004）。

指数名称：径流干旱指数（*SDI*）。

易用性：黄色。

起源：由 Nalbantis 和 Tsakiris 开发，使用 *SPI* 的方法和计算作为基础。

特征：利用月流量值和与 *SPI* 相关的标准化方法，建立基于流量数据的干旱指数。使用类似于 *SPI* 的输出，可以研究干湿期以及这些现象的严重程度。

输入参数：月流量值和流量站的历史时间序列。

应用：参照特定的站点监测和识别干旱事件，不一定可以代表更大的流域。

优点：该程序应用广泛，易于使用。允许丢失数据，流量记录越长，结果越准确。与 *SPI* 一样，可以检查各种时间尺度。

缺点：单个输入（流量）不考虑管理决策，无流量时段可能会导致结果偏差。

资源：文献中提供了数学示例。*SPI* 代码可从 http://drought.unl.edu/MonitoringTools/DownloadableSPIProgram.aspx 获得。有关 *SDI* 的信息，请参见 http://drinc.ewra.net/。

参考文献：Nalbantis 和 Tsakiris（2008）。

指数名称：地表水供水指数（*SWSI*）。

易用性：黄色。

起源：由 Shafer 和 Dezman 于 1982 年开发，旨在直接解决 *PDSI* 中存在的一些不足。

特征：在 Palmer 基于 *PDSI* 所做的工作的基础上增加了额外的信息，包括供水数据（积雪量、融雪量、径流量、降水以及水库蓄水量），并基于流域尺度计算。*SWSI* 确定了轻度干旱发生的近似频率为 26% ~50%，中度干旱发生频率为 14% ~26%，严重干旱发生频率为 2% ~14%。极端干旱发生的频率不到 2%。

输入参数：水库蓄水量、流量、积雪量和降水。

应用：用于识别与水文波动相关的干旱条件。

优点：考虑到一个流域的全部水资源，可以很好地显示特定流域或地区的整体水文健康状况。

缺点：随着数据源的变化或包括了其他数据，整个指数必须经过重新计算才能考虑到输入的这些变化，这使得构建均匀时间序列变得困难。因为 *SWSI* 指数对于每一个流域而言是唯一的，所以不同流域或者不同区域之间的 *SWSI* 指数没有可比性。

资源：以下参考文献中提供了计算方法和方法说明。

参考文献：Doesken 和 Garen（1991）；Doesken 等（1991）；Shafer 和 Dezman（1982）。

指数名称：聚合干燥指数（*ADI*）。

易用性：红色。

起源：2003 年，美国加利福尼亚州立大学的 Keyantash 和美国加州大学伯克利分校的 Dracup 完成的研究成果。

特征：一种多变量区域干旱指数，涵盖多个时间尺度及其影响的所有水资源。它被开发用于统一的气候条件。

输入参数：降水、蒸散发、流量、库容、土壤含水量和雪含水量。只有当计算 *ADI* 的区域包含变量时，才使用输入。

应用:可用于多种类型的干旱影响。观察气候状况中的总水量可以更好地了解水资源的可用性。

优点:考虑到储存的水以及降水产生的水分。

缺点:未考虑温度或地下水,这些在 ADI 描述中有所说明。

资源:文献中解释了方法论和数学公式,并提供了示例。没有找到该指数的代码。

参考文献:Keyantash 和 Dracup(2004)。

指数名称:标准化融雪和降水指数(*SMRI*)。

易用性:红色。

起源:开发用于解释冻结降水以及它如何作为融雪而流入河流。这项工作由 Staudinger 等进行,并在几个瑞士的流域上进行了测试。

特征:采用与 *SPI* 相似的方法,*SMRI* 考虑了雨雪亏缺及其对径流的影响,包括作为积雪存储的降水。它被广泛用作 *SPI* 的补充。

输入参数:流量数据、日降水量、日气温数据。在 *SMRI* 的初步研究中使用了网格数据。

应用:重点研究冻结降水及这种储存水对未来河流流量的影响。该指数与干旱情况的监测有关。

优点:考虑到积雪及其未来对径流的贡献,它捕获了流域的所有输入。由于能够使用温度和降水来模拟积雪,因此不需要实际的积雪量。

缺点:使用网格数据,其数据只能追溯到 1971 年,这在使用点数据和较长的记录时间来调查性能时是一个缺点。不使用实际积雪深度和相关的雪水当量值可导致径流预测误差。

资源:文献中提供了方法和计算的背景资料。

参考文献:Staudinger 等(2014)。

8.7.4 遥感

指数名称:增强植被指数(*EVI*)。

易用性:绿色。

起源: Huete 和来自巴西和美国亚利桑那大学的团队所做的工作,他们开发了一种用于评估植被条件的中分辨率成像光谱仪(MODIS)工具。

特点:使用先进的 TC 超高分辨率辐射计(AVHRR)从卫星平台进行植被监测,以计算归一化差异植被指数(*NDVI*)是非常有用的。*EVI* 使用一些与 *NDVI* 相同的技术,但使用来自基于 MODIS 的卫星的输入数据。使用 MODIS 平台计算 *EVI* 和 *NDVI*,并与 AVHRR 平台相比的计算结果进行比较分析。*EVI* 对冠层变化、冠层类型、冠层结构以及植物地貌的响应更敏感。*EVI* 可能与干旱有关的胁迫有关。

输入参数:基于 MODIS 的卫星信息。

应用:用于识别与干旱有关的不同环境的胁迫。主要与影响农业的干旱的发展有关。

优点:高分辨率和覆盖所有地形的良好的空间覆盖范围。

缺点：植物冠层的胁迫可能是由干旱以外的影响引起的，仅用 *EVI* 难以识别。卫星数据的记录周期短，气候研究困难。

资源：文献中提供了方法和计算，产品的在线资源如下：http://www.star.nesdis.noaa.gov/smcd/emb/vci/VH/vh_browse.php。

参考文献：Huete 等(2002)。

指数名称：蒸发胁迫指数(*ESI*)。

易用性：绿色。

起源：由 Anderson 领导的研究团队开发，利用遥感数据计算美国的蒸散发量。该团队由美国农业部、阿拉巴马大学亨茨维尔分校和内布拉斯加大学林肯分校的科学家组成。

特征：建立了一种新的干旱指数，将蒸散发量与使用地球同步卫星的潜在蒸散发量进行了比较。分析表明它的表现类似于基于短期降水的指数，但可以在无需降水数据的情况下，以更高的分辨率生成。

输入参数：遥感潜在蒸散发量。

应用：特别适用于识别和监测具有多重影响的干旱。

优点：高分辨率，可覆盖任何空间区域。

缺点：云层可能会污染并影响结果。没有长期的气候学研究记录。

资源：指数的计算方法见文献：http:// hrsl.arsusda.gov/drought/。

参考文献：Anderson 等(2011)。

指数名称：归一化植被指数(*NDVI*)。

易用性：绿色。

起源：由美国国家海洋和大气管理局(NOAA)Tarpley 等人和 Kogan 合作开发。

特征：采用全球植被指数数据，是通过绘制 4 km 每日辐射度生成的。在可见光和近红外两个通道测量的幅射值被用来计算 NDVI。它可以测量 7 d 内植被的绿度和活力，作为减少云污染的一种方法，可以识别与植被有关的干旱胁迫。

输入参数：NOAA/AVHRR 卫星数据。

应用：用于识别和监测影响农业的干旱。

优点：创新地利用卫星数据监测与干旱有关的植被健康状况。分辨率高，空间覆盖范围大。

缺点：数据处理对 *NDVI* 至关重要，此步骤需要一个完善的系统。卫星数据的历史记录不长。

资源：以下文献描述了其方法和计算。*NDVI* 产品可在线获取：http://www.star.nesdis.noaa.gov/smcd/emb/vci/VH/vh_browse.php。

参考文献：Kogan(1995a)；Tarpley 等(1984)。

指数名称：温度状态指数(*TCI*)。

易用性：绿色。

起源:Kogan 与美国 NOAA 共同研发的研究成果。

特征:利用 AVHRR 热谱带,*TCI* 用于测定温度和湿度过大对植被的胁迫。根据最高温度和最低温度估算条件,并进行修正以反映不同植被对温度的响应。

输入参数:AVHRR 卫星数据。

应用:与 *NDVI* 和植被状态指数(*VCI*)结合使用,在主要关注农业影响的情况下,对植被进行干旱评估。

优点:高分辨率和良好的空间覆盖。

缺点:潜在的云污染及短记录周期的卫星数据。

资源:以下文献中提供了方法和计算,产品的在线资源如下:http://www.star.nesdis.noaa.gov/smcd/emb/vci/VH/vh_browse.php。

参考文献:Kogan(1995b)。

指数名称:植被状态指数(*VCI*)。

易用性:绿色。

起源:Kogan 与美国 NOAA 共同研发的研究成果。

特征:利用 AVHRR 热谱带,*VCI* 被用于识别干旱情况并确定干旱发生,特别是在干旱发生的区域和定义不明确的地区。它着重于干旱对植被的影响,并通过记录植被变化将其与历史值进行比较,提供有关干旱发生、持续时间和严重程度的信息。

输入参数:AVHRR 卫星数据。

应用:与 *NDVI* 和 *TCI* 结合使用,用于评估干旱情况下影响农业的植被。

优点:高分辨率和良好的空间覆盖。

缺点:潜在的云污染及短记录周期的卫星数据。

资源:以下文献中提供了方法和计算,产品的在线资源如下:http://www.star.nesdis.noaa.gov/smcd/emb/vci/VH/vh_browse.php。

参考文献:Kogan(1995b);Liu 和 Kogan(1996)。

指数名称:植被干旱响应指数(*VegDRI*)。

易用性:绿色。

起源:由 NDMC、美国地质调查局地球资源观测和科学中心以及美国地质调查局弗拉格斯塔夫野外中心的科学家共同开发。

特征:一种旨在融合遥感、气候干旱指标、其他生物物理信息和土地利用数据监测干旱引起的植被胁迫的干旱指数。

输入参数:*SPI*、*PDSI*、年度季节性绿色百分比、季节距平开始时间、土地覆盖、土壤有效含水量、农业灌溉、生态区划。由于某些输入是派生变量,因此需要额外的输入。

应用:主要用作农业应用的短期干旱指标。

优点:一种利用地面和遥感数据以及数据挖掘方面的技术进步的创新的集成技术。

缺点:由于遥感数据记录时间短,因此在淡季、少植或无植的时期是无法使用的。

资源:使用的方法和计算的描述可以在下述参考文献中找到。另见 http://vegdri.

unl. edu/。

参考文献:Brown 等(2008)

指数名称:植被健康指数(*VHI*)。

易用性:绿色。

起源:Kogan 与美国 NOAA 共同研发的研究成果。

特点:利用遥感数据监测和识别与干旱有关的农业影响的最初尝试之一。利用可见光、红外和近红外通道中的 AVHRR 数据,对干旱下的植被胁迫进行识别和分类。

输入参数:AVHRR 卫星数据。

应用:用于识别和监测影响世界各地农业的干旱。

优点:以高分辨率覆盖整个地球。

缺点:卫星数据的记录周期短。

资源:文献中给出了计算结果和案例研究。*VHI* 地图可在 http://www. star. nesdis. noaa. gov/smcd/emb/vci/VH/vh_browse. php 上找到。

参考文献:Kogan(1990,1997,2001)。

指数名称:需水满意度指数(*WRSI*)和地理空间 *WRSI*。

易用性:绿色。

起源:由联合国粮农组织(UNFAO)开发,用于监测和调查世界饥荒易发地区的作物生产。饥荒预警系统网络也做了额外的工作。

特征:用于监测生长期间作物的状况,并根据作物的可用水量进行监测。它是实际与潜在蒸散量的比值。这些比值具有作物特异性,基于作物发育、产量与干旱胁迫之间已知的关系。

输入参数:作物生长模式、作物系数和卫星数据。

应用:用于监测作物发展进程和与农业相关的胁迫。

优点:高分辨率和覆盖所有地形的良好的空间覆盖范围。

缺点:与可用水以外的因素相关的胁迫会影响结果。基于卫星的降水估计在一定程度上存在误差,这将影响所用作物模型的结果和蒸散发平衡。

资源:http://chg. geog. ucsb. edu/tools/geowrsi/index. html。

http:// iridl. ldeo. columbia. edu/documentation/usgs/adds/wrsi/WRSI_readme. pdf。

参考文献:Verdin 和 Klaver(2002)。

指数名称:归一化差分水指数(*NDWI*)和地表水体指数(*LSWI*)。

易用性:绿色。

起源:20 世纪 90 年代中期,由在美国国家航空航天局(NASA)戈达德航天中心的高智晟开发。

特征:与 *NDVI* 方法非常相似,但使用近红外通道监测植被冠层的含水量。植被冠层的变化用于识别干旱胁迫的时期。

输入参数：近红外光谱各个通道中的卫星信息。

应用：作为一种胁迫监测的方法，用于监测影响农业的干旱。

优点：高分辨率和覆盖所有地形的良好的空间覆盖范围。与 *NDVI* 不同，因为两个指数侧重的信号不同。

缺点：除干旱外，其他因素也会对植物冠层造成胁迫，仅使用 *NDWI* 很难辨别。卫星数据的记录周期短，气候研究很困难。

资源：文献中描述的方法是基于所使用的 MODIS 数据计算的：http://www.eomf.ou.edu/modis/visualization/。

参考文献：Chandrasekar(2010)；Gao(1996)。

注意：*NDWI* 概念和计算方法与陆地地表水指数(*LSWI*)非常相似。

指数名称：土壤调整植被指数(*SAVI*)。

易用性：红色。

起源：由美国亚利桑那大学的 Huete 在 20 世纪 80 年代末开发。他们的想法是建立一个从遥感数据监测土壤和植被的全球模型。

特征：与 *NDVI* 相似，可以通过土壤变化归一化并且不影响植被冠层测量的方式校准光谱指数。由于 *SAVI* 可以解释土壤的变化，有助于 *NDVI* 相应的功能增强。

输入参数：遥感数据，然后与各种植被的已知地表图进行比较。

应用：适用于土壤和植被的监测。

优点：与遥感数据相关的高分辨率和高密度数据可实现非常好的空间覆盖。

缺点：计算很复杂，获取运行数据也是如此。与卫星数据相关的短期记录可能会妨碍气候分析。

资源：方法和相关计算在文献中有很好的解释。

参考文献：Huete(1988)。

8.7.5 综合或模拟

指数名称：综合干旱指标(*CDI*)。

易用性：绿色。

起源：由欧洲干旱观测站的 Sepulcre-Canto 等人开发，作为欧洲的干旱指数，其中结合了 *SPI*、*SMA* 和植物吸收性光合有效辐射分量(*fAPAR*)函数作为影响农业的干旱的指标。

特征：整合三个干旱指标，*SPI*、土壤含水量和遥感植被数据，组成的三个警告级别(监视、预警和警报)。当降水不足时会进行监视，当降水短缺转化为土壤水分短缺时会出现预警，当降水和土壤缺水转化为对植被的影响时会发出警报。

输入参数：根据欧洲各地基于站点的降水数据计算 *SPI*；在本例中使用了 3 个月的 *SPI*。土壤含水量数据使用 LISFLOOD 模型获得，*fAPAR* 来自欧洲航天局。

应用：评估农业干旱的指标。

优点：使用遥感和地表数据组合，空间覆盖良好且分辨率高。

缺点：使用单个 *SPI* 值可能不是所有情况下的最佳选择，并不代表可能随季节而变化的条件。难以复制，目前不适用于欧洲以外的地区。

资源：在欧盟委员会联合研究中心的欧洲干旱观测站进行安装和维护：http://edo.jrc.ec.europa.eu/edov2/php/index.php? id = 1000。

参考文献：Sepulcre-Canto 等(2012)。

指数名称：全球综合干旱监测和预测系统(*GIDMaPS*)。

易用性：绿色。

起源：作为一个监测和预测全球干旱的系统，由 Hao 等在美国加利福尼亚大学欧文分校所做的工作发展而来。

特征：为 *SPI*、标准化土壤湿度指数(*SSI*)和多源标准化干旱指数(*MSDI*)提供干旱信息。GIDMaPS 结合使用卫星数据与数据同化工具。在近乎实时的网格化基础上生成输出，并将监测和预测结合起来作为监测、评估和预测具有多重影响的干旱的方式。

输入参数：使用遥感数据与全球土地数据同化系统(GLDAS)指数相结合的算法，生成三个干旱指数和季节预测的输出。

应用：通过生成 *SPI*、*MSDI* 和标准化土壤湿度指数的值来进行监测和预测。可用于农业和其他部门。

优点：网格化和全局数据很好地代表所有领域。无论干湿，GIDMaPS 都可以用来监测。对于那些缺乏良好地表观测和长期记录的地区而言，它是极好的选择。它的使用相对容易，因为它是在不需要用户输入的情况下计算的。

缺点：网格大小可能并不代表所有区域和气候状况。考虑到气候应用，只有可以追溯到 1980 年的短期数据记录。若要修改它，需要获取代码和输入。

资源：文献很好地解释了这个过程，在线资源和地图易获得：http://drought.eng.uci.edu/。

参考文献：Hao 等(2014)。

指数名称：全球陆地数据同化系统(*GLDAS*)。

易用性：绿色。

起源：Rodell 领导了这项工作，其中涉及美国国家航空航天局及美国国家海洋和大气管理局的科学家。

特征：利用地面和遥感数据系统并结合地表模型和数据同化技术，提供有关地面条件的数据。输出包括土壤含水量特征，这是一个很好的干旱指标。

输入参数：陆地表面模型、基于地表的气象观测、植被分类和卫星数据。

应用：适用于根据当前条件确定河流和径流预测以及径流成分；适合监测具有多重影响的干旱。

优点：由于它具有全球性，并且具有高分辨率，因此可以代表大多数领域。有助于监测数据贫乏地区的干旱发展。

缺点：网格大小对岛国来说不够精细。只有缺乏近实时地表观测的地区才能通过数据同化过程来表示。

资源:文献中对方法和输入进行了很好的描述。输出可在线获得。https://climatedataguide. ucar. edu/climate-data/nldas-north-american-land-data-assimilation-system-monthly-climatologies http://ldas. gsfc. nasa. gov/nldas/; http://disc. sci. gsfc. nasa. gov/services/grads-gds/gldas。

参考文献:Mitchell 等(2004);Rodell 等(2004);Xia 等(2012)。

指数名称:多元标准化干旱指数(*MSDI*)。

易用性:绿色。

起源:由美国加州大学欧文分校的 Hao 和 AghaKouchak 共同开发。

特征:利用降水和土壤含水量信息,通过调查降水和土壤水分亏缺来识别和分类干旱事件。它有助于确定基于降水或基于土壤含水量的指标不能表明干旱存在的干旱事件。

输入参数:月降水量和土壤含水量数据需要从现代回顾性分析(MERRA) - 土地系统中获取。自 1980 年以来,MERRA-land 数据由 0.66° ×0.50°网格生成。

应用:在降水和土壤含水量对影响有重要贡献的情况下,有助于识别和监测干旱。

优点:网格化和全球数据很好地代表所有领域。将干湿比例尺结合起来,不仅仅可以用来监测干旱。对于缺乏良好地面观察和长期记录的区域而言,它是极好的选择。使用相对容易,因为它是在不需要用户输入的情况下进行计算的。单个指标可以从 *MSDI* 输出中得到。

缺点:网格尺寸可能并不代表所有区域和气候状况。数据记录只能追溯到 1980 年,在考虑气候应用方面的记录非常短。若要进行修改,需要获取代码和输入。

并非所有时间尺度都是针对 *SPI* 和标准化土壤含水量指数输出而生成的。

资源:文献很好地解释了这个过程,在线资源和地图易获得:http://drought. eng. uci. edu/。

参考文献:Hao 和 AghaKouchak(2013)。

指数名称:美国干旱监测(*USDM*)。

易用性:绿色。

起源:由 Svoboda 等在 20 世纪 90 年代后期开发的一种使用多种指标和输入结果,并基于将当前数据与历史条件进行比较的分析干旱条件的工具。这项工作是美国首个业务"综合"方法。

特征:采用百分位排名方法,对不同记录期的指数和指标进行等效比较。它具有五个强度等级,从 3 ~5 年发生一次的异常干旱到约 50 年发生一次的极端干旱。它具有灵活性,可以使用任何数量的输入,并且具有一定的主观性,允许在分析中包含干旱相关的影响。

输入参数:灵活,没有固定的指标数量。最初只使用了少量输入;目前,USDM 的建设涉及 40 ~50 个输入的分析。干旱指数、土壤含水量、水文变量输入、气候输入、模拟输入以及遥感输入都包含在其分析中。如果开发了新的指标,*USDM* 具有足够的灵活性来包含它们。

应用:适用于监测干旱,特别是在所有气候条件下、所有季节都会对农业和水资源产生诸多影响的干旱。它是每周产品,但也适用于每月分析。

优点:使用多种指数和指标,使最终结果更加稳健。它可以灵活地满足各种用户的需求。它在识别干旱和分类强度方面具有创新性,并且能够使用百分位排序方法分析来自不同时间尺度的数据。

缺点:需要业务数据,因为大多数当前输入将在分析完成后提供最佳结果。如果只有少数输入可用,*USDM* 分析就会变弱,但它仍然适用。

资源:该方法在文献和在线 http://droughtmonitor. unl. edu/中得到了很好的解释。

参考文献:Svoboda 等(2002)。

参考文献

(略)

参考书目

(略)

第9章 触发器在干旱管理中的应用——以科罗拉多州为例

9.1 引 言

本章介绍州级层面对干旱的看法,并解释科罗拉多州如何使用气候数据和监测工具来创建和使用各种干旱指数追踪供水情况以及触发行动,所有这些都是为了指导减灾活动。

科罗拉多州位于内陆,这意味其海洋水汽来源遥远,而其大气水供应也不可靠,故导致该地区基本为半干旱气候,每年有无风暴决定了这一年水量是充足亦或短缺。科罗拉多州位于中纬度地区,海拔高,山脉高,这意味着雪水在其供水中至关重要,每年高山积雪周期为6~8个月。对于某些用户,如该州冬季娱乐产业,积雪与融化的时机至关重要。但是对于其他用户,如农业和市政供水机构,相较于降雪时间,春末之时山上积雪储存的水量充足与否更显重要。从4月底到7月初的几个星期内,高山积雪迅速融化,提供全年大部分水量供应。低海拔春雨、夏季雷雨和秋季偶尔的大范围透雨都可以弥补冬季积雪偶尔的短缺或极度短缺问题(这与加州形成鲜明对比,加州只有一个雨季)。但并非科罗拉多州所有地区都能被融雪滋润。对于许多低海拔草原和森林,如果缺少春雨和夏季雷雨,极端干旱会迅速发展。

这些因素导致在科罗拉多州的某些地区,一年有九成时间处于中度或更大程度干旱(McKee,2000)。以上是开始本次案例研究的气候背景。

也许该地区干旱最复杂之处在于,它是在数周、数月甚至数年内缓慢发展。干旱通常持续很长时间,短则数季,多则数年。即使是从事追踪干旱工作的专业人员也经常是直到它发展到相当程度才发现其已开始,直到结束后一段时间才发现其已终结。对于其他自然灾害(包括洪水、地震、飓风、滑坡和暴风雪),人们已经明确界定起点和终点,并要求相关部门做出具体响应。这种情况不适用于干旱,因为干旱可能会以长期晴朗的天气掩盖自己。因此,灾害影响检测有时是干旱发生的第一个指示。由于干旱导致的是即时响应,而不是分阶段的渐进式响应,所以这具有一定挑战性。此外,即时响应完全集中在危机管理上,并不是通过执行风险管理来减少长期影响,这会给个人、社会和环境带来巨大成本。证据表明,在灾害中期进行处理往往比积极预防代价更大,而且无法达到理想效果(减灾理事会,2005)。因此,努力促进对干旱的早期监测和早期响应意义重大。

1981年,科罗拉多州5年内发生的第二次极端冬雪干旱期间(两次分别为1976~1977年和1980~1981年),正式通过第一个"干旱响应计划"。这两次干旱均发生在州长理查德(迪克)·兰姆执政期间,此时也正是科罗拉多州人口和滑雪业迅速增长的时期。一开始,科罗拉多州试图采用将气候与供水监测结合的定量方法,以触发干旱行动和响应。据此，科罗拉多州着手改进方法，促进测量与指数发展，并制定了一项更为全面的干旱减灾计划（科罗拉多州水资源保护委员会，2013），该计划不仅纳入多阶段响应框架，而且还详细介绍监测方法、缓解行动和脆弱性。该方法是由几十年经验演变而来，其目的是通过具体监测指数和预先确定的行动触发点，使人们能够更早响应干旱，减少干旱影响与损失。

9.2 建立触发器

选定水文气候变量，如降水、积雪、径流、水库水位和蒸发速率，在干旱期与非干旱期均持续监测，获取基本数据，以帮助人们在受损失之前发现干旱。

使用干旱指数来确定行动的触发器或阈值，可在事件开始时为决策者提供指导。由于不同干旱事件之间差异明显，所以这些应被看作经验指导方针，而非严格准则。有些干旱持续时间长，但并不强烈；而有些虽短暂，但是损害严重且广泛。所以在一个事件中适宜的响应或触发行动并不一定适用于下一事件。

9.2.1 选择指数

目前存在许多干旱指数，每个指数均以特定类型的信息为目标。有的提供关于单一变量的信息，如定期水库水位或积雪量。有的指数综合多个变量，向用户提供附加信息，例如在科罗拉多州干旱响应中使用的帕默尔干旱严重程度指数（*PDSI*），它将区域温度与降水综合到一个指数中。哪些指数（以及多少个）最适合用于监测，完全取决于气候、用户、脆弱性和预期结果。

选择最适指标需要针对具体情况而定，这不仅取决于区域气候特征，而且取决于干旱规划过程中确定的社会脆弱性和生态脆弱性，以及预期受损。理想情况下，可使用多个干旱指标[例如标准化降水指数（*SPI*）和 *PDSI*]，因为不同指标可以反映同一干旱事件的不同层面。这一规则的一个例外是水管理人员，他们将主要依靠关键水库的蓄水位来触发干旱响应行动，例如科罗拉多州最大的市政供水商丹佛水库（丹佛水库，2016）。

9.2.2 确定阈值

选择正确的指标只是干旱响应过程的一部分。为每个指标建立适当和合理的触发值对于干旱期间指导和精简行动至关重要。触发行动的阈值既是定性的，也可以是定量的，因为两者各具价值；如果仅具备一方面会降低有效性，触发点或者较为主观且难以定义，或者提前触发响应。

例如，一项干旱计划可能指出，当 3 个月 *SPI* 值降至 -1.0 以下时，部门公共信息官员需共同努力，建立协调的媒体宣传和信息传递。在庄稼遭难、火灾易起的酷暑季节有很大的意义；但如果这种情况发生在冬季，影响较小，水库水位仍然很高时，该如何处理？当没有必要时，实施消息传递活动可能会引起警报。通过将定量数据与定性信息结合起来，可以在适当时间和规模上启动响应行动。

由于干旱发展缓慢，持续多年，甚至几十年，多级反应也很重要。多个阶段中每个指标的多个触发点，使缓解和响应动作能够逐步展开和停止。这种结构还提供了一种在事件中引导决策者通过遵循计划做出客观决策的机制。

9.2.3　激活触发器响应

与每个触发点相关联的动作应该预先制定，并且具有多层次或多阶段。实际情况下，除了明了谁、什么、如何在干旱危机开始发展时提前知晓以及提供及时而循序渐进的行动，常常会出现意想不到的需要解决的问题。当职员调动时，它有助于识别关键行动者；由于各次干旱之间时间间隔较长，某人在其任期内可能不需要应对干旱，甚或是不知道这种应对属于他的职权范围。

与这些触发器相关的预触发器和预响应可有助于决策的非政治化，因为明确的、分阶段的、数据驱动的行动框架可以解决所有潜在影响和分工。审查干旱每个阶段可能采取的行动和行动领导者，可以消除决策者犹疑不决的滞后时间，还可以减少由于信息不明而做出的并不是最优资源分配的仓促决定。简而言之，准备规划工作可以缩短干旱事件响应时间，减小损失。

9.3　开发协作过程

监测干旱、建立触发器以及制定响应与缓解计划，需要多个行业专家的参与和协作，其中重要的一点是，需要管理与提供数据的科学家与研究人员等参与协作，因为他们了解数据和指数，并且在持续监测干旱状况工作中最具权威。除数据提供者外，干旱数据与指数的用户也必须在场，他们往往正在经历和应对干旱影响。最后，那些起草政策的管理者也至关重要，他们通过设置触发行动建立起前述两者之间的桥梁。让三方均参与指数选择和触发值设置，方便在干旱事件开始时互相协作，因为各方对数据有一定了解，并且就如何使用数据已达成协议。

9.3.1　理解适用性

气候数据相当繁杂，尤其是当有多个数据源测量众多元素时，这些本来用于提供帮助的数据往往会造成决策者和管理者之间的混淆。关于气候信息应用的研究发现气候信息有效利用存在持续性障碍；决策者可能误解和滥用他们不熟悉的数据，或者可能因发现新数据不符合预期而不予采用。

为消除误解，决策者和研究人员最有效的做法是合作，并不断改进直接反馈规划进程的工具。用户表达自己的需求，然后研究人员针对这些需求开发工具，这一模式被称为气候信息与服务的联合生产。这要求研究人员与干旱和水专业人员接触，以确保能够了解用户，同时使这些用户更好地了解数据中存在的固有不确定性，最终有助于确保数据使用恰当。这一联合生产模式表明，克服数据使用障碍和扩大气候信息应用需要反复磨合。此外，使用这一方法有更进一步的价值，即有助于传达新信息的可行性与优点，以及突出潜在数据源和分析方法。

除与科学家和决策者合作确保数据得到恰当有效的利用外，至关重要的是，一旦拟定了每个指数的触发值,利益攸关方均有机会对其进行审查评判。虽然这在规划过程中耗时较长,但建立信任和信誉不可或缺,便于达到阈值时迅速行动。对于分阶段系统性响应,将每个触发值与行动联系起来至关重要,没有这一点,设置触发值即失去效用。让利益攸关方也参与制定阈值和相关行动,使得每方都了解并支持各个阶段将采取的应对措施,有助于在事件发生时消除争议。

9.3.2 方案评估与更新

一个计划往往由许多要素构成,这些要素需要定期重估,以确保纳入新的知识和信息后仍然适用。干旱指标和触发器也是如此。新产品一般会比旧产品提供更多的用途,或者弥补其他产品存在的缺点。同时,可能需要调整阈值,以便更准确地反映干旱期间的实际情况;可能需要调整每个阈值对应的触发行动,以反映更强适应能力或当前政策。

重新评估没有特殊时间要求,但应该定期进行,并保证一定频率,以便及时将所得经验教训应用到实践中,例如,联邦应急管理机构要求州和地方政府每 5 年更新一次减灾计划。

9.4 行动中触发器实例

艾森豪威尔总统说:"计划本身并不重要,但计划过程重于一切。"他接着解释说,紧急情况往往不会按照计划方式出现。干旱即是如此;但是,全面的事前综合干旱规划和备灾可以帮助各州更好地在干旱事件发生时做出响应。如科罗拉多州所示,积极的监测、预先的缓解、定性定量的脆弱性评估以及分阶段响应框架的结合可减少事件的负面影响。此外,干旱规划可结合水资源总体规划工作,这有助于确保易缺水地区未来的水资源安全。

9.4.1 科罗拉多州的干旱减灾和响应计划

科罗拉多州设置大量触发值,以指导分阶段干旱响应计划的启动。触发值是通过分析观测到的气候数据并将这些信息与过去的影响重叠起来而制定的,它提供了某些影响可能开始出现的定量阈值。预定决策点的存在有助于使进程激活和严重受灾地区的及时救援脱离政治化。缺少长期观测的气候记录则无法准确设定阈值。

该计划自最初制定起已有大致的行动触发器,但经过科罗拉多州有记录以来最干燥的 2002 年干旱之后,它们得以改进,然后在 2008 年被进一步完善。2012 年国家面临着又一场严重广泛的旱灾,这是有记录以来第二严重的干旱,但通过使用行动触发器,国家提前做出应对,避免状况如 2002 年干旱那般严重。由于 2002 年干旱之后触发器的改进,2012 年科罗拉多州的总体干旱响应比 2002 年更加协调,其中市政供水机构等组织比以前更快实施应对措施,旅游业和娱乐业通过丰富活动形式以抵消收入损失。

科罗拉多州正式使用若干指数来指导全州的决策,包括美国干旱监测器(USDM)、科罗拉多州改良的帕默尔干旱指数(*CMPDI*)、地表水供应指数(*SWSI*)和 *SPI*。本书第 8 章详细描述了除 *CMPDI* 外的所有这些指标。*CMPDI* 是一个表征土壤湿度的指标,类似于帕默尔干旱程度指数(*PDSI*),需要每周或每月的降水和温度数据作为输入。*PDSI* 最初是针对降水量较多、气候特征相似的地区开发的,因此科罗拉多州将该州划分为 25 个气候相似的区域,并对该指数进行调整。近年来,科罗拉多州气候中心增加了第 26 区——桑格雷·德克里斯托山脉,此前该地区缺少足够观测数据。科罗拉多州改进的帕默尔干旱指数划分为 4 ~ -4 的等级,正常以 0 表示,干旱以负数表示,例如, -2 为中度干旱, -3为严重干旱, -4 为极端干旱(科罗拉多州水资源保护委员会,2013)。

9.4.2 防旱工作组

因为需要随时了解当前情况,所以持续监测在触发器应用中必不可少。在科罗拉多州,无论干旱情况如何,州供水工作组始终保持活跃,以负责持续监测。而所有其他工作组只有在条件达到干旱减灾与响应计划中的预定阈值时才启动,其中激活条件可以根据受灾最广泛地区和特定部门来调整。例如,2011 年启动农业部门全面修订计划,以应对科罗拉多州东南部和中南部极端和异常干旱状况。2012 年,由于状况持续恶化,该项目扩大到整个州,市政水影响工作组也被启动。

一旦达到行动触发条件,分阶段干旱响应就会立即开始,包括启动干旱工作队(DTF),该工作队由科罗拉多州农业、地方事务、自然资源和公共安全等部门的成员组成。在工作期间,这些成员每月举行会议,以协调响应工作,解决出现的跨机构问题。他们还可直接与州长联系,以简化沟通,提高反应速度。这一小组至关重要,它为决策提供必要背景,同时指导这一进程的大量数据处理过程。

9.4.3 案例研究——科罗拉多州 2011 ~2013 年干旱

2011 年 5 月,干旱已经开始在科罗拉多州中南部和东南部发展,这些地区的农业很可能会遭受严重侵袭,因此,州长启动该地区农业部门第二阶段干旱响应计划,从而引发一系列如表 9-1 中的行动。

表 9-1　干旱响应计划概要

严重程度指标与影响	干旱各阶段响应	预定行动
所有流域或修正 Palmer 气候区划 *CMPDI* ≥ -1 6 个月 *SPI*≥ -0.5 D0 异常干燥 D0 变化范围: *CMPDI* 或 *SWSI*: -1.0 ~ -1.9 *SPI*: -0.5 ~ -0.7 指标混合百分化:21 ~30 影响: 短期干燥; 减缓种植; 作物或草场生长缓慢	状况正常,常规监测	

续表 9-1

严重程度指标与影响	干旱各阶段响应	预定行动
所有流域或修正 Palmer 气候区划 *CMPDI*：-1.0 ~ -2.0 6 个月 *SPI*：-0.6 ~ -1.0 D1 中等干旱 D1 变化范围： *CMPDI* 或 *SWSI*：-2.0 ~ -2.9 *SPI*：-0.8 ~ -1.2 指标混合百分化:11 ~ 20 影响： 对作物、畜牧造成一些伤害； 河流、水库、井水水位降低，可能出现水资源短缺	第一阶段 密切监测干旱状况；官方尚未宣布干旱	CWCB/WATF 每月监测情况，与相关人员讨论趋势； 审查干旱数据，并在州干旱情况报告中总结； 实施《干旱减灾计划》长期缓解行动； ITF 主席每年举行两次会议，以监测长期缓解干旱的进展情况，根据以往干旱经验审查应对计划； ITF 主席提醒潜在行动和潜在影响监测； 根据时间、位置和干旱状况、现有供水以及 WATF 建议，评估是否需要正式启动 ITF 和 DTF； DTF 领导机构（CDA/ DOLA/DNR）通知潜在激活需求
所有流域或修正 Palmer 气候区划 *CMPDI* < -2.0 6 个月 *SPI* < -1.0 D2 严重干旱 D2 变化范围： *CMPDI* 或 *SWSI*：-3.0 ~ -3.9 *SPI*：-1.3 ~ -15 指标混合百分化:6 ~ 10 影响： 对作物、畜牧造成损失； 缺水； 水资源受限	第二阶段 启动干旱工作队和影响工作队；政府宣布旱情紧急	DTF 主席根据 WATF 的建议，准备州潜在干旱紧急情况应对； 启动干旱工作队和救灾工作队； 农业部适当启动灾难应对； DTF 主席和 CWCB 激活影响工作组，商讨第 2 阶段行动； 启动的 ITFs 进行初始损害或影响评估（物理和经济）； ITTFs 建议减少或限制潜在影响； ITF 主席定期向 DTF 主席提交报告； ITF 主席指定部门新闻干事与媒体联系，公布信息； 相关国家机构利用现有资源，按方案开展减灾行动； DTF 进行差距分析，确定未满足需求

续表 9-1

严重程度指标与影响	干旱各阶段响应	预定行动
所有流域或修正 Palmer 气候区划 *CMPDI*：-2.0 ~ -3.9 6 个月 *SPI*：-1.0 ~ -1.99 D3 极度干旱： *CMPDI* 或 *SWSI*：-3.0 ~ -4.9 *SPI*：-1.3 ~ -1.9 指标混合百分化:3 ~ 5 影响： 作物、畜牧损失严重； 大范围缺水 D4 极端范围： *CMPDI* 或 *SWSI*≤ -5.0 *SPI*≤ -2.0 指标混合百分化:0 ~ 2 影响： 作物、畜牧损失广泛严重； 水库、河流、井水资源匮乏	第三阶段 政府发布紧急干旱警告	随时准备增加救灾工作队； DTF 主席准备发布紧急干旱警告； 政府启动 GDEC； DTF 简述 GDEC； ITFs 继续评估、报告、提出应对和缓解措施； 报告 DTF 未满足需求； DTF 重新分配现有资源来满足需求，仍未满足的需求与建议提交给 GDEC； GDEC 汇集数据提供给州长，以支持总统干旱声明； 政府请求总统声明； 获批后，联邦与州协议设立科罗拉多州应急管理司司长作为州协调官员； 开始长期恢复工作
所有流域或修正 Palmer 气候区划 *CMPDI* > -1.6	返回第二阶段	DTF 主席和 GDEC 决定是否满足了所有援助需求
6 个月 *SPI*：-0.8 D1 中等干旱 D1 变化范围： 从干旱中逐渐恢复； 某些地区仍显缺水； 畜牧和作物尚未完全恢复	返回第一阶段	GDEC 向政府做简报，并准备宣布结束干旱紧急状态； 继续长期恢复工作； ITFs 继续评估； ITFs 发布最终报告并结束例会； DTF 发出最终报告并被停止
流域指数≥ -1.0 6 个月 *SPI*：-0.5	恢复到正常状况	CWCB/WATF 恢复正常监测

资料来源：改编自科罗拉多州水资源保护委员会，2013 年科罗拉多减灾计划，http://cwcbweblink.state.co.us/WebLink/0/doc/173111/Electronic.aspx?searchid=45a1d11c-9ccf-474b-bed4-2bccb2988870.

这些行动能够加快干旱应对措施的执行，更好地协调地方、州和联邦机构的援助，且更及时地传递数据和信息，还可为受灾地区提供有限的农业干旱紧急救助资金。

图9-1展示科罗拉多州东南部一个受灾最严重的县(奥特罗)的旱情演变过程,该县2011～2013年降水量少于自1890年有记录以来任意连续三年的降水量。展示的这组*SPI*值时间尺度为1～24个月,与奥特罗县基于*USDM*指标的干旱分布描述类似。短期*SPI*值表明早在2010年秋季干旱即已开始。干旱于2011年春夏季节恶化蔓延,于冬季略有缓解,然后于2012年夏季逐渐达到极端干旱。*USDM*较*SPI*延迟几周,但最终表现出相近严重程度。

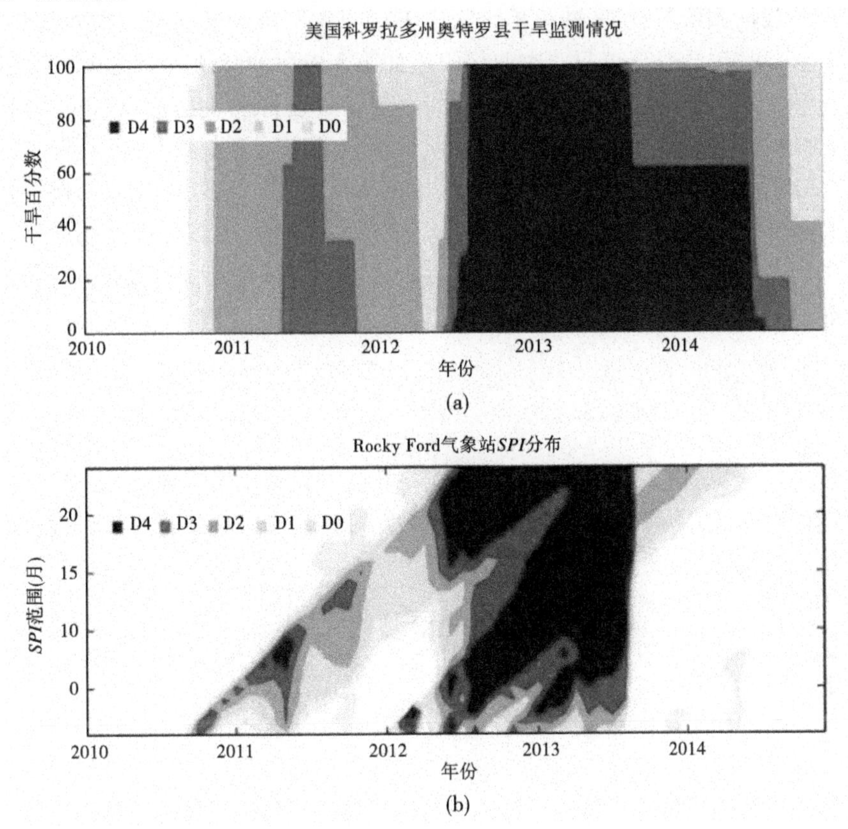

图9-1　科罗拉多州奥特罗县各级干旱分布与*SPI*分布

到2012年5月,干旱情况恶化,且在全州范围内扩大,并在整个灌溉季节继续恶化。当时的情况概述如下:

(1)据美国农业部判断,整个科罗拉多州(100%)正在经历严重干旱、或极端干旱、或异常干旱,其中69%的区域正在经历极端干旱,2%的区域正在经历异常干旱。

(2)改良的帕默尔干旱严重程度指数介于-1.01～-5.3,多数在-3～-4,代表严重干旱到极端干旱。

(3)该州大部分地区6个月*SPI*为-2(极端干燥),少数为-1(中度干燥)。

(4)科罗拉多州的西部大部分地区6月份降水量为正常降水量的0%,而其他地区6月份的降水量则占6月份平均降水量的0～70%。

(5)过去3个月的气温远高于科罗拉多州大部分地区的平均气温,6月份的气温比平均气温高出4～8 ℃。在全州范围内,2012年6月是有记录以来最温暖的6月(1895～2012年)。

(6)在过去几个月里,科罗拉多州几乎所有主要水库的蓄水量都有所下降。

(7)正在上报放弃灌溉。

(8)64个县中有62个县获得了农作物灾害的秘书灾害申报,其余两个县有资格作为毗邻县。

根据这一数据和资料,DTF建议扩大国家干旱减灾措施和农业部门应对计划实施范围,以涵盖整个国家,并且建议只对农业部门增加第3阶段的行动——在该计划内可能达到的最高行动水平。这些建议有助于执行国家干旱减灾计划,支持应急管理司继续提供秘书申报,并密切关注整个科罗拉多州干旱状况。管理者同意扩大行动范围。2013年6月,在首次启动干旱减灾计划2年后,该地区增加市政部门。这就是干旱的蝴蝶效应,缓慢地扩大到更多区域和部门。值得庆幸的是,该年后期,科罗拉多开始史无前例的降雨,并延续到下一年,从而计划完全停止。虽然无法避免干旱影响,但该州的总体反应被称赞为主动、及时和负责。

9.5 结 语

触发器的建立勾勒出应对干旱的明确指南,有助于减轻干旱开始时、干旱期间以及对未来的影响。此外,通过创建数据驱动的、递增的、逻辑的响应框架,这些触发器为数据提供方、用户和决策者之间的协作提供了基础。

参考文献

(略)

第 10 章　卫星遥感监测干旱进展

10.1　引　言

干旱是一种复杂气候现象，影响着包括农业、经济、能源、卫生等众多社会部门和水等自然资源。在世界许多地区，干旱事件是一种会对经济、社会、环境产生严重损害，常见的、反复发生的自然现象。例如，美国每年干旱损失估计为 60 亿～80 亿美元(NCDC，2014)，其中干旱对发展中国家的影响更为深远，可能导致饥荒、营养不良、死亡以及社会冲突和政治冲突。气候变化和干旱等极端气候的预期增加(Dai，2012)，加上对有限供水和粮食生产能力需求的增加，制定有效的干旱早期预警和减灾战略显得愈发重要。

干旱监测是抗旱战略的关键组成之一，它提供关于目前状况的重要信息，可用来触发减灾行动，减轻干旱影响。然而，干旱监测既复杂又具有挑战性，由于缺乏统一的定义，因此很难检测和评估严重程度、地理范围和持续时间等关键特征。Wilhite 和 Glantz 为区分和描述不同类型的干旱，从具有实际操作意义的三个方面进行定义：气象的、农业的和水文的。干旱引发和恢复所需的时间长度以及具体环境影响因子(例如降雨不足、植物健康、水库水位)是区分不同类型干旱的主要因素。一般来说，随着从气象干旱到水文干旱的发展，干旱显现或停止的周期也会增加。因此，一段时间的干燥可能导致出现某一种类型的干旱，而非其他类型的干旱，而在更长时间内或更严重的干旱事件中，可能同时发生几种类型的干旱。因此，专家制定了与降水、土壤湿度、植被状况以及地表水和地下水均有关的干旱指标，以描述特定类型的干旱，如美国干旱监测器(USDM)，以更全面地描述干旱情况。

10.2　传统干旱监测工具

对气象(例如降水和温度)和水文(例如土壤含水量、流量、地下水位和水库水位)参数的现场观测可以为大多数用于干旱监测的传统指标提供依据，其中最重要的指标为基于气候的帕默尔干旱程度指数(*PDSI*)，标准化降水指数(*SPI*)，以及水文站观测流量、水库水位和土壤湿度的异常。大多数指标会使用历史观测的扩展记录来计算一项“异常”指标，以确定目前状况下的干旱严重程度与历史平均条件相比如何。现场观测是基于点的，是对离散地理位置的状况测量。

为了描述测量地点之间的情况，可将传统的空间插值技术应用于原位数据和干旱指标，或者将指定地理单位内的所有原位数据以面积为权重的加权平均值来表示整个空间单元。在这两种情况下，对干旱状况变化的掌握均受到观测点数量和空间分布的限制，而观测点的数量和空间分布可能因区域不同而有很大差异；同时，不同环境观测对象（例如降雨与土壤湿度的测量)，其观测点数量和空间分布也不一样。例如美国，测量降水与温度的国家气象局自动气象站的空间密度地区差别很大，东部地区较西部地区高。对于土壤湿度等水文变量，美国的地面测量比气象观测更加有限，世界上许多国家几乎没有土壤湿度观测。

实地数据记录的时间长度值得商榷，因为干旱监测需要长时间观测记录，以计算可用于探测和测量干旱事件的异常节点。测量特定环境参数(如温度)的不同观测站之间的记录周期不尽相同，在将数据转化为干旱指标之前，必须考虑和调节这些长度不同的数据系列。数据记录长度也会因环境参数不同而有很大差异，例如，许多测量降水和温度的气象站有几十年的数据记录，而土壤水分探测点的数据记录往往不超过 10 ~ 15 年。

数据质量和一致性是影响干旱监测中实测数据适用性的其他因素。具有长期观测历史的数据集，如降水，经常存在某段时间观测数据缺漏的情况，从几天、几个星期到几个月不等。这种情况须采用时间插值方法，以填补数据空白，并可能产生代表或不代表这一时期状况的估计数。数据一致性也与实地测量站点相关。使用不同类型的仪器、方法以及不同的数据协议来收集数据，也会导致不同观测网组合时数据的不一致。例如，美国各地的土壤湿度观测是由美国农业部(USDA)、土壤气候分析网络(SCAN)和各州共同完成，目的是为干旱监测提供信息，但它们的数据收集方法(例如土壤水分探头类型和土壤深度)和记录格式往往不一致，从而导致数据有效性和适用性方面的差异。

10.3 干旱监测的传统遥感方法

卫星遥感提供了干旱观测的独特视角，其获取的空间分布信息，与传统的现场测量结合使用，能够更全面地了解整个区域的干旱状况。卫星地球观测时代始于 1960 年，当时美国航空航天局(NASA)发射电视红外观测卫星(TIROS)，旨在确定卫星图像在地球研究中的用途。虽然 TIROS 是为气候气象观测而设计的，但这一创举实现了基于卫星的地球环境观测，为随后几十年开发基于卫星的陆地观测遥感仪器奠定了基础。

卫星遥感图像提供了关于地球陆地、水面和大气层的空间格局和状况的“大图片”，有效解决了前一节所述现场观测的问题。此外，卫星图像提供辽阔地理区域一系列空间连续的光谱测量数据，这些数据以栅格像素形式获取。地面面积测量图像的像素随卫星传感器不同而变化，从几米到几千米不等。卫星图像的空间全覆盖可以弥补现场观测网络内部和之间的空白空间，并为没有或缺少此类网络的地区提供信息。另一个好处是，以客观和定量的方式收集的卫星图像，提供了干旱探测和严重程度评估等环境监测活动所需的空间和时间一致性数据集。大多数卫星传感器记录光谱区域从可见光、红外到微波波长的电磁辐射(EMR)的反射或发射信号。不同光谱区域的电磁辐射对应不同的环境参数，可用于估算和评估不同的干旱相关环境状况，如植物胁迫和土壤水分含量。因此，卫星评估环境状况为干旱监测所需的精确异常检测提供了内部一致的历史数据源。

从历史上看，卫星遥感在实际干旱监测中的应用主要涉及归一化差异植被指数(*NDVI*)的使用，该数据通过国家海洋和大气管理局(NOAA)先进的超高分辨率辐射计(AVHRR)获取。*NDVI*，20 世纪 70 年代初由 Rouse 等开发，是大多数卫星传感器上识别的两个光谱波段——可见红和近红外(*NIR*)之间一个简单的数学转换。可见光区域对植物叶绿素含量变化很敏感,而近红外区域则对植物叶片海绵状叶肉层的细胞间隙的变化有所反应。基于这些相互作用,*NDVI* 作为反映植被覆盖度和生长状态的通用指示因子,其数值随绿色光合有效植被的数量而增加。大量研究表明,*NDVI* 与植被的几种生理化特征(如绿叶面积和生物量)有很大关系,且指数的时间变化与年际气候变化高度相关。因此,与同一时期的长期历史平均 *NDVI* 值相比,生长期 *NDVI* 值的负偏差表明植被生长受干旱等灾害抑制。这一理论为世界各地许多基于 *NDVI* 的干旱监测工作奠定基础,这些工作主要依赖卫星 AVHRR 传感器收集的历史 *NDVI* 时间数据序列进行分析。自 20 世纪 80 年代以来,AVHRR 几乎每天反馈 8 km 网格精度的全球范围 *NDVI* 结果(注:1 km 美国陆地 AVHRR *NDVI* 数据自 1989 年获得)。AVHRR *NDVI* 几十年数据序列已被证明对干旱监测很有价值,因为根据这一数据计算的 *NDVI* 异常测度反映了"当前"植被条件与同一时期的多年平均 *NDVI* 值的偏离程度。将 AVHRR *NDVI* 应用于干旱监测可追溯到二十余年前,Hutchinson (1991)、Tucker(1986)、Kogan(1990)、Burgan (1996)以及 Unganai 和 Kogan(1998)等,均已将其应用于工作中。目前使用 AVHRR *NDVI* 异常产品进行干旱监测的主要例子有美国国际开发署(美援署)、饥荒预警系统(FEWS)和联合国粮食及农业组织(粮农组织),以及农业全球信息和预警系统(GIEWS)。

基于 *NDVI* 概念的植被健康指数(*VHI*),采用遥感热红外(*TIR*)数据纳入温度分量,是另一用于干旱监测的传统遥感指标。*VHI* 将两个指标集成到一起:基于 *NDVI* 的植被状况指数(*VCI*)和 *TIR* 温度指数(*TCI*)。*VCI* 指数假设 *NDVI* 历史最大值和最小值分别代表特定位置(图像像素内的区域)植被的上限和下限,一般低 *NDVI* 值表示存在植被应力;类似地,互补的 *TCI* 基于 *TIR* 历史最大值和最小值分别代表特定位置植被热响应的上限和下限的概念。*TCI* 中高 *TIR* 异常应与植被干旱胁迫相对应,因为可以从植被和土壤中汲取和蒸发的水分较少,更多能量被划分为感热通量而不是潜热通量。Kogan 将 *VCI* 和 *TCI* 统一到 *VHI* 中,建立一个既可以反映植被 *NDVI* 又可以反映植被热响应的遥感指数。自 2005 年以来,*VHI* 以 AVHRR *NDVI* 和 *TIR* 数据为输入,已经拥有全球 8-km 和 16-km 空间分辨率的数据集。

10.4　遥感最新进展

NDVI 和 *VHI* 虽然对干旱监测相当有用,但只提供了植被健康和农业干旱方面的干旱情况。*NDVI* 高值饱和效应、低值背景污染以及 *VHI* 中 *NDVI-TIR* 组合的经验性质进一步限制了它们在不同的地表环境和干旱条件下的适用性。干旱是一种复杂的自然灾害,会受到水文循环若干环节的影响,因此需要提供关于其他水文参数的补充资料,例如蒸散发、土壤含水量、地下水和降水,以便更全面地了解干旱情况。历史上,卫星遥感干旱监测对这类水文变量的评估能力有限,因为当时的卫星传感器没有获取这类信息所需的观测仪器,或者卫星观测历史记录长度不够,不足以计算出干旱异常。然而,自 21 世纪初以来,大量装载新型传感器的卫星发射,提供高时间频率(在某些情况下,有 1 ~ 2 d 的重访时间)获取的新型地球观测数据,以及更广泛的光谱范围,从而扩大遥感工具在监测水文

循环不同环节的功能适用性。

例如，中分辨率成像光谱辐射计（MODIS）基于NASA的Terra和Aqua平台，几乎每天观测收集全球1 km分辨率的可见光区和近红外区的光谱，扩展全球的*NDVI*数据记录的时间序列。MODIS光谱观测还扩展到中红外区域，可用于评估植物含水量，也可扩展到远红外区域，用于开发基于热感应的蒸散发估算工具。微波传感器，如地球观测系统的高级微波辐射扫描计和快速散射计，收集可用于估算土壤湿度的关键数据。美国航天局重力恢复和气候试验项目的重力场观测（GRACE）也提供包括土壤含水量和地下水的水循环变量的新见解。综合来看，这套新的遥感观测数据集已经有十多年的有效数据，加上环境模型和算法以及计算能力的进步，促进许多监测水文循环不同环节的新型遥感工具迅速出现。

本章将讨论为干旱监测和早期预警而开发的几种卫星遥感工具，且将举例说明水文循环中与干旱有关的各个部分，包括植被生长状态和健康状况、蒸散发、土壤含水量、地下水和降水。本章所强调的工具要么目前正在运作，要么很可能在不久的将来投入使用。同时，本章将概述可提供干旱早期预警信息的遥感预测工具，还将简要讨论即将进行的承载进一步提升干旱监测能力的卫星任务，以及这一领域今后的研究方向。

10.5 植被状况

过往以来，卫星干旱监测工具的开发重点在于通过分析植被指数（*VIs*）（如*NDVI*和*VHI*）来评估植被总体健康状况。虽然已证明这些植被指数在某些应用中很有价值，但它们在描述植被干旱胁迫时仍然存在若干问题。基于植被指数的方法往往是将该年某一时期的*VI*值与历史平均*VI*值相比较，以*VI*负距平值表示干旱胁迫。因此，必须建立一个植被指数阈值，以标记在负植被指数异常值范围内的植被干旱胁迫信号，此外，还必须确定几个划分干旱程度的阈值。例如，25%的负*VI*异常值是否足以区分干旱和非干旱情况，如果是的话，如何划分代表不同的干旱严重程度的负*VI*阈值（例如，25%～35%＝中度，35%～50%＝严重，>50%＝极端）？阈值的选择往往是任意的，会因植被类型、地理区域和季节的不同而有所变化，故具有相当的挑战性。此外，其他环境因素，如洪水、火灾、霜冻、虫害、植物病毒和土地利用或土地覆盖变化，也会导致模拟干旱信号的植被指数的负异常。因此，如果孤立地分析，普通的*VI*异常结果可能会被误解为干旱。最近，遥感界将重点放在制定综合干旱指标（*CDI*），将各类信息，包括多种植被指数，纳入一个指标，以其代表特定干旱的植被条件。

其中一个主要例子是干旱植被响应指数（*VegDRI*），它整合植被状况卫星观测结果、干旱气候指标和其他环境信息，描述干旱对植被的胁迫。*VegDRI*是以传统植被指数计算方法为基础，以*NDVI*异常值作为植被健康状况的一般指标，并与同期反映干旱状况（*SPI*）的气候指标一起进行分析。在*VegDRI*的数据输入中，干旱胁迫表现为低于平均*NDVI*状态和异常干旱状态，随着干旱加剧，*NDVI*异常状态减弱，气候干燥状态加剧。*VegDRI*还结合了多个区域环境因子特征值（土地利用/土地覆盖面积、土壤、地形和生态环境），这些因子往往会影响特定地点的气候－植被相互作用。一般采用经验回归分析方法,对卫星、气候和环境长系列数据进行分析,建立 VegDRI 模型。VegDRI 使用 PDSI 分级体系的改进版本,描述植被受干旱胁迫的严重程度。更多关于 VegDRI 方法的详细叙述可见于 Brown 和 Wardlow 等的研究成果。

2012 年 6 月 11 日美国落基山脉部分地区和美国西部经历着大范围极度干旱的侵袭。*VegDRI* 有三个干旱等级——中度、重度和极度,以及一个反映潜在干旱爆发地区的预估干旱胁迫等级。自 2008 年以来,*VegDRI* 地图均在美国本土制作,其 1 km 空间地图的时间序列可以追溯到 1989 年。*VegDRI* 信息经常被 USDM 作者、美国土地管理局(BLM)牧场评估项目、NWS 干旱公报和美国西部的几个州干旱工作队使用。*VegDRI* 概念也引起国际的兴趣,加拿大正在为北美干旱监测(NADM)开发类似的 *VegDRI* 工具,中国、捷克共和国和印度也在开发该工具的改进版。*VegDRI* 在农业干旱监测应用中颇具成效,可以很好地反映作物几个月的长期季节性状况。

干旱迅速反应指数(*QuickDRI*)是另一个新兴的综合干旱指标,用来描述大约几周到一个月的短期干旱变化。*QuickDRI* 采用与 *VegDRI* 类似的建模方法,整合数个新扩展的遥感时间序列数据集和对影响干旱胁迫的环境条件短期变化相当敏感的气候指标。这些变量包括代表水文循环蒸散发环节的蒸发热胁迫指数(*ESI*),被用以模拟北美土地数据同化系统 - 2(NLDAS - 2)中代表地下水分条件的根部土壤湿度数据,以及基于气候的表示降水、气温状况的标准化降水蒸散发指数(*SPEI*)和 *SPI*。其他输入变量包括由 *NDVI* 时间序列推导出的表示植被健康状况的标准化植被指数(*SVI*),以及 *VegDRI* 中使用的同一组环境变量。

QuickDRI 模型每月采用同样的回归分析方法,来分析 *ESI* 异常值、土壤含水量和气候状况值。因此,QuickDRI 模型旨在监测一个月以上时段内的干旱演变,可作为干旱迅速发展的“警报”指标,这是长期指标 *VegDRI* 所无法实现的。例如,美国玉米带地区出现快速增强的干旱信号,这是由 QuickDRI 捕捉到的快速增强干旱信号,发生在初夏。相比之下,中长期的季节性 QuickDRI 显示大部分地区处于正常或预干旱状态,直到 7 月中下旬才逐渐出现严重到极度的干旱状况。已于 2017 年夏季完成 QuickDRI 工具在国家信息系统的业务化。

干旱综合指标是为整个欧洲的监测业务而开发的,它结合了气候指标异常值、模拟土壤含水量以及中分辨率成像光谱仪观测的遥感植被状况。该指数的分析建立在降水缺乏与土壤含水量、光合吸收有效辐射分数(*fAPAR*)之间的关系以及变量间固有滞时关系上。根据综合干旱指标,将干旱划分为一个观察警告类别和两个警报类别。欧洲干旱观测站(EDO)实践工程每 10 天产生一个 0.25°空间分辨率的综合干旱指示图。

10.6 蒸散发

除用标准化植被指数(*SVI*)表示的绿色生物量外,植被健康的另一个指标是植物水量消耗和运输速率。当根区的有效土壤水含量耗尽至凋萎系数时,植物就会减少其蒸腾速率,以保存剩余水分。叶表减少蒸发冷却,于是空间站使用热红外传感器可探测到冠层温度升高的热信号。此时,裸露的土壤表面通常相当干燥,其温度也会升高,这进一步增强了干旱的综合热特征。因此,地表温度(*LST*)对遥感诊断干旱状况及干旱对植被健康的影响具有重要价值。这在第10.5节所描述的经验植被健康指数(*VHI*)中得到利用,*VHI*是*VI*与相反符号的*LST*异常值的线性组合,负*VI*值和正*LST*距平值被视为干旱胁迫的信号。然而,*Karnieli*等证明,在能量有限的情况下(例如在高纬度和高海拔地区),正*LST*距平值可能是利于植物生长的标志,因此,*LST*异常是否可归因于胁迫需要一个物理意义的解释。

一种方法是利用遥感*LST*,通过地表能量平衡物理模型计算蒸发通量。这些模型在域值规定的辐射条件(太阳辐射和大气辐射)下,评估保持地表温度所需的蒸发冷却作用。由此得出的蒸散发量(*ET*)包括土壤蒸发、植物蒸腾以及其他表面蒸发,因此蒸散发量对衡量土壤含水量和植被健康状况十分有价值。

*ESI*即是基于蒸散发量的干旱指标的一个例子,它用大气-陆地逆交换(ALEXI)能量平衡模型描述实际蒸散发与潜在蒸散发(*fPET* = *ET*/*PET*)比值的标准化异常。ALEXI利用卫星获得的地表温度时间变化来估计白天感热和潜热通量的时间积分。Anderson等表明,*ESI*与标准干旱降水指标的时空模式和USDM大体相吻合,但可以通过用*LST*代替降雨信息,生成更高空间分辨率的成果。最近的研究表明,陆地卫星*ESI*可以用于区分不同土地覆盖类型(如农作物、森林和地表水体)的湿度响应,从而更好地捕捉农业干旱对各种陆面的影响。Otkin等表示,*ESI*的*LST*输入可传递突发干旱事件期间胁迫快速发展的早期预警,在从太空监测到*VI*显著变化前几周,作物即已表现出上升的热信号。

2012年影响美国玉米带的突发干旱期间,使用GOES-E和WTIR图像开发的ESI的时间演变,分辨率为4 km。此外,*ESI*的时间变化图(ΔESI)提供了干旱加剧和缓解期间植被和土壤水分条件恶化和恢复的速度信息。5月底至6月初,在*ESI*和ΔESI中可以看到明显干旱加剧的早期信号,早在7月中旬该地区USDM记录到极度干旱之前。作为NOAA的GOES ET和干旱信息系统的一部分,*ESI*每天生成8 km分辨率的实时产品。目前正在努力将根据MODIS或VIIRS昼夜地表温差生成的5 km全球*ESI*产品原型转换为运行状态。

饥荒早期预警系统网络(FEWSNET)还生产一种由简化地面能量平衡(SSEB-op)建模系统生成的*ET*异常产品,这是一种专门为业务应用而设计的基于*LST*的简化*ET*反演方法。主要遥感输入包括时间合成的MODIS *LST*(8天)和*NDVI*(16天)产品,以及航天飞机雷达地形任务(SRTM)的地形信息。SSEB-op异常产品在几个气候敏感的国际区域例行生成,以支持区域作物歉收和粮食安全威胁的早期探测。SSEB-op的产品被用于USGS的美国未来水资源储蓄与管理(WaterSMART)计划,用于核算区域的水资源利用和可利用情况。

与利用水量平衡原理的地表或水文预测模型得出的估计相比,根据能量平衡对*ET*进行遥感*LST*检验,提供了独立的补充信息。Hain等研究表明,基于*LST*的蒸散发量(*ET*)除能反映局部降雨外,还能内在地反映其他水分来源,包括灌溉用水或植被从潜水层汲取的水分。这些水分来源可能有助于减轻当地的干旱影响,但如果没有对整个水文系统的广泛先验知识,则很难在水平衡模型中捕捉到。Senay等将SSEB框架与*ET*图的水量平衡方法(由降水数据驱动)进行比较,认为两者具有相似的优点;然而,他们指出,在某些水文应用中，需要土壤含水量和径流的时间变异性的详细信息，故后者可能更有用。

遥感获取的实际蒸散发量也是对基于潜在蒸散发的干旱指数的补充，如蒸发需求干旱指数（*EDDI*），该指数描述了局部大气条件的干燥能力。高蒸发需求往往是快速干旱发生的一个有效的早期指标，尽管因可能受到辅助水源的补充，它并不总是在地面上产生实际的干旱影响。综合起来，通过比较从能量平衡和水量平衡得到的实际蒸散发异常和从气象条件推导出的潜在蒸散发异常，可以了解到生态系统的复原能力和干旱敏感性。多指数预警系统可用于跟踪大气干旱前兆是否/如何演变为植物胁迫，对作物产量或牧场放牧产生负面影响。对这一内容的深入讨论请参阅第 11 章。

10.7 降　水

虽然干旱类型多种多样，但它们都是因为不同时期降水不足而产生或加剧。地面降水测量被广泛用于监测和掌握干旱。大量国际规范的降水量产品已被开发用于干旱监测；然而，它们有一些使用限制，主要包括时间不一致、空间不均匀以及偏远和不发达地区观测受限。此外，地面观测数据往往是使用不同类型的仪器收集的，当需要长期历史记录来计算干旱降水指标时，可能难以建立空间和时间均一致的干旱信息。

遥感降水监测为全球干旱监测提供了一种独特的途径，它可长期提供全球降水的空间分布估计。现已根据同步地球轨道（GEO）和近地球轨道（LEO）中的多个卫星传感器，开发出数种反演降水的算法，例如，可以利用卫星热红外和可见光范围的辐射数据所提供的云顶温度信息来估计降水量。通过测量来自地球和大气的微波能量，被动微波传感器可以用来估算瞬时降水量。

相对于降水微波估测，GEO 红外降水估测提供更频繁（每 15 ~ 30 分钟）的观测和更大的空间覆盖范围。然而，微波估算比红外降水估计更准确，主要是因为微波辐射渗透到云层中，并提供云层含水量的物理估算。一些研究利用来自红外和微波传感器的遥感图像数据来改进降水估计。目前，有一些多传感器降水产品，包括：

（1）热带降水测量工作（TRMM）多卫星降水分析（TMPA）。

（2）气候预测中心变化预测技术。

（3）利用人工神经网络算法从遥感信息中估算降水量。

（4）全球降水气候学项目。

（5）综合多卫星反演全球降水工作（IMERG）。

（6）利用遥感气候数据的人工神经网络算法估算降水量（PERSIAN-CDR）。

（7）气候灾害组结合观测站的红外降水估测（CHIRPS）。

其中，一些数据记录基于微波获得（如 TMPA、CMORPH），而另一些则主要基于红外获得（例如 PERSIANN）。但是，每个直接使用或用于校准调整的记录都结合了多个传感器数据，而且已根据地面观测结果对卫星降水估测进行广泛评估。虽然降水的卫星观测产品存在不确定性，但它们另辟蹊径——从太空探索干旱，包括数据驱动的干旱监测模型。大多数卫星降水数据记录的主要限制是其长度相对较短（15 ~ 20 年）。为了解决这个问题，PERSIAN-CDR 和 CHIRPS 将基于红外的长期估计和地面观测结合起来，为干旱监测和评估创造长期气候学背景(30 年)。GPCP 还通过卫星观测和地面测量相结合，提供长期降水数据集。这些适用于干旱监测的长期降水数据集的空间分辨率在 0.05°(CHIRPS)~2.5°(GPCP)。

卫星观测和地面测量相结合提供了更可靠的降水估算；然而，它们无法提供实时结果，这限制了它们在实际干旱预警系统中的作用。为解决这一限制，人们提出一些算法，将近实时卫星观测结果(如 PERSIANN、TMPA 和 IMERG)与长期经规范修正的记录结合起来。

卫星降水信息已被纳入不同的干旱监测和预报系统，如非洲干旱监测系统和全球干旱综合监测和预报系统。降水数据被用于计算干旱指标，如 *SPI* 和正常降水百分比(*PNP*)。或者，降水信息可以用来模拟与干旱相关的水文条件。

最近开发的 GPM IMERG 结合了 TMPA、CMORPH 和 PERSIANN 算法。初步评估表明，GPM IMERG 通过集成多个算法改进了多传感器降水估测。多算法组合可以融合红外观测(更频繁的采样)和微波观测(更精确和基于物理的)的优点。目前，GPM IMERG 数据的记录长度太短，无法进行干旱监测，但开发人员计划为 TRMM 时代生成 IMERG，扩展历史记录，以支持干旱应用。

10.8 陆地水储量

10.8.1 土壤含水量

土壤含水量是干旱监测的一个关键参数，因为当接近凋萎系数时，土壤含水量是植被干旱胁迫的主要驱动因素。由于植物与土壤含水量关系紧密，且通过平衡水分供应和蒸发需求来调节其水分消耗，所以土壤含水量可代表早期植被干旱胁迫的一个指标。正如前面所讨论的，土壤含水量的实地测量在美国有限，在世界许多地方缺乏或不存在。由于土壤的微波发射率受到土壤含水量的强烈影响，所以微波遥感对土壤含水量估计相当有效。这一灵敏度已被利用发展成技术，通过卫星观测的微波光谱推断表层土壤水分容量。20 多年的野外战役和飞行研究表明，微波 L 波段(接近 1.4 GHz)是这种反演的首选波段。土壤含水量遥感进入一个新时代，发射专门为反演土壤含水量的前两个 L 波段卫星任务：2009 年欧洲空间局的土壤含水量海洋盐度任务(SMOS)和 2015 年美国航天局的土壤含水量主动/被动任务(SMAP)。

自 2010 年以来，SMOS 工作组生产出全球 45 km 分辨率的土壤含水量产品，并进行 2~3 d 的复查。尤其是，SMOS 3 级土壤含水量反演在网址 http://www.catds.fr/Products/Products-access 公开，Kerr 等对其进行了有效验证。SMOS 工作完全基于主动微波辐射测量。相比之下，NASA SMAP 任务的目的是将被动辐射测量和主动雷达观测同时获得的土壤含水量信息合并起来。SMAP 雷达在 2015 年 7 月失效，但是辐射计仍然运行良好，产出高质量的土壤水分产品。SMAP 得益于先进的射频干扰(RFI)抑制策略的应用，该策略是针对在 SMOS 工作早期发现的 L 波段无线电射频干扰而开发的。目前网址

https://nsidc.org/data/smap/smap-data.html 上公布有 36 km 分辨率的土壤含水量产品(延迟时间为 24 h,更新周期为 2 ~ 3 d)。Chan 等对这些产品做了地面验证。

不管其来源如何,基于微波的地表土壤含水量反演主要存在三个缺点:①空间分辨率低于标准 VI 数据集(通常大于 30 km);②垂直取样深度有限;③植被密集处数据精度低。目前,正在将空间降尺度战略应用于 SMOS 和 SMAP 土壤含水量产品,2017 年年中,SMAP 工作将利用欧洲航空局 Sentinel-1 卫星的后向散射观测,根据 SMAP 辐射计的降尺度观测,开始生产 9 km 的土壤含水量产品。这些产品的相对浅层垂直土壤渗透深度(2 ~ 5 cm)在农业干旱监测中显露出局限性,因为土壤含水量信息不能反映影响植物胁迫的整个根区的状况。然而,最近在发展陆地数据同化系统方面取得新的进展,该系统可垂向推断植被根区的土壤含水量。此外,遥感地表土壤含水量时间序列的多指数滤波也为有效恢复深层根区土壤含水量观测中所包含的农业干旱信息提供了可能。最后,利用较长的微波波长观测,减少植被冠层的吸收,使土壤信号的衰减降到最低,植被对长波的散射和吸收作用相对短波较小。因此,L 波段 SMOS 和 SMAP 土壤含水量产品的植被冠层相对透明性大于用于早期土壤含水量遥感产品的高频 X 波段和 C 波段传感器。

10.8.2 地下水

相对仅限垂直土柱顶层几厘米的微波反演而言,重力遥感提供了陆地总蓄水量(*TWS*)变化的综合测量,包括浅层和根带土壤含水量和地下水储存的变化。重力测量可以探测到陆地总质量的变化,包括那些由于长期水文变化而产生的各种 *TWS* 成分变化。GRACE 重力观测被纳入土地数据同化模型,如估计土壤含水量和地下水状况的流域陆面模型(CLSM)。Houborg 等从 GRACE 数据同化结果中发展出土壤湿度和地下水异常指标,用于对美国本土进行实际干旱监测。这些指标包括每周为美国本土生产的浅层土壤湿度、根带土壤含水量和地下水的百分数产品(网址 http:/drght.unl.edu/monitoringtools/nasagracedataasation.aspx 上可获得 GRACE 干旱产品)。GRACE 百分数产品使用 CLSM 的开环模拟,从产生逾 60 年的土壤含水量和地下水长期气候学中产生。2012 年 6 月 12 日,因为严重的干旱条件开始影响美国玉米带。根带土壤湿度图中的低百分位数的条带横跨堪萨斯州北部至印第安纳州北部,反映 2012 年初夏干旱的紧急状况。浅层地下水百分位数图在这一地区遵循类似的模式,但由于对深层水资源的影响与其上方的土壤湿度相比滞后,其低百分位数的分布范围较小。目前正在向全球推广美国本土生产的 GRACE 干旱产品。最近的研究还侧重于分离每月 TWS 信号中的地下水成分,并在跟踪长期水文干旱(和/或大规模灌溉的发展)对地下水储存的大规模影响方面取得重大进展。

10.8.3 数据同化

除 GRACE TWS 产品外,数据同化技术还被应用于其他新兴干旱监测工具,特别是将从微波遥感中提取的地表土壤含水量反演数据同化到地表模型的水量平衡分量中。数据同化是指将时间与空间上的稀疏观测集成到更连续的动态模型中的数学技术。相较于观测数据的独立使用,数据同化分析主要有三个优点:①产生的估计值在时间和空间上更连续;②提供观测结果和模型的最佳组合,使两者的独立误差影响最小;③允许在观测到的和未观测到的地表状态之间进行有效的信息外推。第三个优点与微波土壤湿度同化特别相关,因为微波土壤湿度反演的支持仅限于土柱纵深的前几厘米,因此,土地数据同化系统通常用于受到地表土壤湿度观测时间序列限制的根带土壤湿度预测。

近年来,这些数据同化系统已投入运行,产生土壤湿度信息,为干旱监测提供了新的技术手段。总而言之,这些系统目前提供了根区土壤水分有效性的全球连续变量的最有效代表。一个主要例子是 9 km 长的 SMAP 地表和根带土壤湿度产品,该产品是将 SMAP 辐射计亮度温度同化整合到 NASA 全球模拟和同化服务处流域模型中。此外,近实时的 SMOS 反演目前正在被应用到美国农业部(USDA)的二层 Palmer 模型中,以产生一个全球 0.25°分辨率的根区土壤湿度分析结果,用于美国农业部农产品外销局的大规模作物状况评估。该根区图像定期发布在 http://www.pecad.fas.usda.gov/cropexplorer.上。

10.8.4 预报与预测

本章前几节中介绍的遥感工具和产品描述了适合于干旱监测的当前的各种干旱条件,但对于需要未来状况信息以使决策者有时间实施干旱减灾行动的预警应用而言,这些工具和产品作用有限。本章总结了大量过去已出现的卫星遥感工具,证明卫星遥感对实时干旱监测相当有效。然而,直至现今,遥感干旱预报和预测辅助工具的开发还非常有限,均是在先前几个监测工具工作的基础上进行改进,以提供对未来干旱状况的预测。植被展望(VegOut)是 Tadesse 等为美国本土试验开发的植被状况预测工具,目前正被应用于埃塞俄比亚和非洲好望角区域。VegOut 建立在 VegDRI 模型方法的基础上,将回归树分析技术应用于获取卫星 *VI* 观测结果、气候干旱指数、生物物理信息(例如土地利用/土地覆盖、土壤和海拔)以及若干海洋指标。经验 VegOut 模型是基于对 *VI* 表征的植被条件、*SPI* 代表的气候条件和几个海洋指标的遥相关信号[例如太平洋年代际振荡(PDO)和大西洋数十年振荡(AMO)指标]之间的历史关系分析,同时考虑到陆地覆盖和海拔等位置的生物物理特征。VegOut 的基本原理是植被响应与先前气候和海洋状况之间存在的时间滞后关系。使用回归树数据挖掘方法对这些具有 20 年以上数据系列的变量进行历史分析,以揭示其中的历史相互作用,开发模型,预测未来多个时间段(如未来 1 ~ 3 个月)的植被状况。VegOut 估计的特定植被状况测量结果是标准化 *NDVI*(*SDNDVI*),它是根据 *NDVI* 数据的历史时间序列计算出的标准化 *NDVI* 值,它使用 *z* 评分法,表示与同期的历史平均植被覆盖度相比的生长季节内某一特定时期的植被覆盖度。Tadesse 等为美国中部和东非所做的工作展示,VegOut 对预测未来 1 ~ 3 个月植被状况具有合理的准确度。工作发现,在美国中部和埃塞俄比亚,在较短的预见期内,预测结果与观测结果之间的相关系数一般大于 0.70;在较长的 3 个月展望期内,相关系数大于 0.60。目前正在为非洲好望角区域开发一种每 10 天一更新的预见期为 1 个月、2 个月和 3 个月的植被覆盖图 VegOut 绘图工具。

Otkin 等开发了另一种以遥感数据作为输入的干旱预测方法,即本章前述的 *ESI* 导出的快速变化指数(*RCI*)数据。*RCI* 旨在检测 *ESI* 异乎寻常的快速下降,而 *ESI* 可表明快速发生的干旱事件或干旱严重程度的变化。Otkin 等通过使用 *RCI* 和 *USDM* 干旱程度等级之间的线性回归来计算基于当前 *RCI* 值的干旱强化概率,从而将 *RCI* 概念扩展到干旱预测应用上。*RCI* 初步预报结果表明,当 *RCI* 为负值时,季节性干旱发生或加剧的概率高于正常值。2002 年 6 月 3 日,在南达科他州的大部分地区,干旱加剧的可能性很大,在接下来的 4 周里,干旱的严重程度增加了三级。到 7 月 1 日,从南达科他州西南部到堪萨斯州东部,已经形成长长的高概率发生带。如夏季早期情况一样,在干旱迅速加剧的几周前,概率增高,一些地区在 7 月底前干旱严重程度增加两级。此外,本例还说明了 *ESI* 快速下降的区域与作物状况迅速恶化之间的强烈对应关系。同时表明,将遥感数据集中的干旱预警信号与其他变量信息相结合的统计回归方法可以得到干旱发展的概率预测结果。

由于遥感陆地表面通过数据同化技术改进了初始地表状态的特征,因此需要改进干旱加剧或恢复的短期预报。虽然干旱界主要将目光集中在与大规模环流模式(例如厄尔尼诺与南方涛动)的预测有关的季节性预报上,但 1 ~ 3 周的预测可以提供可操作的信息,尤其是对于这段时间要做出决定的农业部门。通过结合先进的地面数据同化方法和基于集合的数值天气预报模式,就有可能进行干旱缓解或恢复的概率预报。实际数值天气预报(NWP)系统目前每天产生数百个 10 ~ 15 d 的预报,这可以用来驱动陆地表面模型集合起来改进干旱预报。这样系统将通过陆面模拟框架中的数据同化吸收所有可用的陆面遥感输入,然后利用所有可用的偏差修正的 NWP 集成预报来驱动。这个陆面模型集合可用于对与干旱加剧或恢复密切相关的土壤水分变化等变量进行概率预测。

10.9 结论与展望

在过去的十年中,随着新工具的开发,卫星遥感在干旱监测和预警中的应用迅速发展。这一进步可归于几种原因:2000 年以来发射的各种空间传感器获取的新型地球观测数据的可用性;观测数据的扩展时间序列的发展,其中许多时间序列长度逾 15 年;计算能力的提高和分析方法的发展,足以分析这些遥感数据并将其集成到新的干旱指标中。总体来说,这些进步使水文循环的不同组成部分和与干旱有关的生物物理特性得以评估和监测,从而能够通过卫星遥感获得更完整的干旱图。

目前,遥感界正在或计划做出若干努力,继续发展卫星观测工具,以用于干旱计划。其中一个新兴领域是植被的太阳诱导叶绿素荧光(*SIF*),它代表植物叶绿素的辐射,是植物光合作用的副产品。*SIF* 可以作为胁迫的早期指标,前提是,当植物受到干旱胁迫时,其光合能力(生产力)会降低,吸收太阳辐射发出荧光辐射的比例降低。*SIF* 已被证明是光合能力变化的直接标志,对干旱等事件造成的植物胁迫的早期阶段做出反应,Sun 等为 2011 年和 2012 年美国中南部和美国玉米带干旱所做的工作证明了这一点。工作重点是从欧洲全球臭氧监测仪器 2(GOME-2)和日本温室气体观测卫星(GOSAT)获取的遥感数据中反演 *SIF* 信息。虽然这两种传感器都是为测量大气状况而设计的,但它们的光谱带位于可见光的红光区域,*SIF* 会在其中被称为 Fraunhofer 的非常窄的波长范围内影响吸收特性。GOME-2 的卫星 *SIF* 数据记录长度自 2007 年到现在,GOSAT 数据为 2009 ~ 2015 年,最近的 NASA 轨道第 2 碳观测站数据(OCO-2)自 2014 年至今。2018 年,将在国际空间站(ISS)上部署一个后续 OCO-3 传感器,提供一系列白天取样数据。在与 OCO-3 相似的时间框架内,计划在空间站上共同部署生态系统空间热辐射计(ECOSTRESS),这将为

研究植物胁迫的 *SIF-TIR* 信号的协同作用提供机会。

卫星遥感干旱监测的另一个新兴领域是开发一种反映水汽压差（*VPD*）的指标，该指标可显示大气实际含水量与饱和空气含水量之间的差异。随着气候干燥，*VPD* 增加（湿度水平降低），这往往是干旱爆发或干旱恶化的前兆。Behrangi 等的最新工作证明，利用 NASA 大气红外测深仪（AIR）的遥感近地表温度和相对湿度观测资料，结合实地观测的露点温度和相对湿度数据，可以计算大范围 *VPD*。Behrangi 等发现，高温和低大气湿度的同时发生是美国中南部和玉米带地区 2011 年和 2012 年干旱发展和恶化的一个重要因素。就这两种情况而言，*VPD* 在干旱形成和迅速加剧期间都显著增加，表明遥感 *VPD* 具有很大应用潜力，可以为干旱预警和评估提供新的大气观察视角，补充了本章介绍的其他工具提供的地面信息。

自 21 世纪初，卫星遥感在实际干旱监测和预警方面应用广泛，技术成熟，已产生一套描述干旱数个水文特征的工具。鉴于若干遥感干旱指标已具有相对长期（20～30 年）的历史记录，关于评估其表征干旱模式与条件方面的时空准确性的研究是将这一新信息有效纳入干旱决策活动的下一个关键步骤。评估干旱需要比较各个干旱指标对卫星观测记录中的历史干旱事件相关影响的反应（例如作物产量降低、水库水位下降、土壤含水量亏损、经济损失以及生态系统服务减少）。由于各种原因，干旱影响文件有限，所以干旱影响与遥感指标的比较具有相当的挑战性；这些影响可能是直接的，也可能是间接的，并且通常报告的影响是在次优的空间（例如，实际县或地区报告与卫星产品的单个像素）和时间（例如，年度影响报告与卫星产品的每周更新）条件下收集的。如美国干旱影响报告所示，在将遥感干旱指标与可观测影响进行比较上，已做出一些初步努力，在为系统收集干旱影响上，做出的努力更多。根据这些指标确定触发值，让决策者可利用这些指标实施具体的缓解干旱行动，尚需在这一领域投入更多工作。另一个关键工作是对这些遥感指标今后的长期维护。随着遥感工具和产品正式纳入实际运作的干旱监测和预警系统，维持必要的卫星观测以保证干旱指标的计算将十分关键，因为决策活动将依赖于这些信息。这对遥感界相当具有挑战，因为随着时间的推移，将需要一系列卫星传感器来取代老化退化的仪器。这将需要对传感器之间的遥感观测结果进行相互校准，以确保在计算干旱指标时使用相同类型的数据输入，从而产生一致的长期数据记录。

鉴于干旱的多方面性质，显然单一的指数不太可能说明干旱演变的全部情况，因此也提出了指数间协同作用的问题。理想情况下，我们将部署一套遥感诊断工具，使我们能够观察农业干旱演化的各个阶段——从大气需求到蒸发损失加强，再到土壤含水量亏损，再到林冠胁迫和退化，最后到效益损失和相关影响。这种多指标筛查，就像在医学领域中使用的一样，有助于我们及早发现干旱开始的迹象，并追踪干旱发展引起的越来越严重的后果，从而使我们能够更有效主动地适应不断变化的条件。

参考文献

（略）

第 11 章　蒸散发、蒸发需求与干旱

11.1　背景与动机

在处理蒸散发（ET）、蒸发需求（E_0）和考虑气候变化中温度对干旱的影响方面，干旱监测与预测正在发生范式转变。以前，物理参数化有缺陷，对干旱分析中核心水文变量的估计产生不利影响，参数估计效果很差。然而最近，我们对 ET 和 E_0 及其在干旱事件中相互关系的理解有了长足的进步；此外，随着再分析、遥感数据和预报产品的准确性、分辨率和时间范围的提高，数据可用性不再是其限制因素。这些研究进展为开发具有物理基础和准确代表干旱动态的 ET 和 E_0 相关干旱产品提供了有利条件。然而，相较于在监测与预报的实践过程中，这一范式转变在干旱科学中更为明显。

从根本上讲，本章中描述的 ET 和 E_0 的强化处理，使得我们能够更全面地理解干旱：一种基于水量平衡的方法。作为一种水文现象，广义的干旱可以定义为陆地－大气界面的持续、大规模的水分供需不平衡。降水（$Prcp$）提供供给通量，ET 属于需求通量。这可以用一定时期内的水平衡方程来表示，具体如下：

$$\Delta S = Prcp - ET - Runoff \tag{11-1}$$

式中：ΔS 为地表和地下的水量变化；$Runoff$ 为径流；ET 为植被蒸腾作用、土壤蒸发和水体蒸发（包括冰和雪的升华）之和。

ET 受到陆地－大气界面的供水效率（θ）或 E_0 定义的大气水分需求的限制，E_0 是衡量大气缺水状况的理想通量。因此，对 ET 的研究也需要说明 E_0 的概念。

E_0 表示 ET 的最大速率，即充分供水条件下的蒸发速率（$\theta = 1$）。可以使用各种技术来估计或观察 E_0，使用蒸发能力方程（EP）或参考蒸散发（ET_0），或使用蒸发皿蒸发观测值，以及根据仅基于空气温度的完全物理到简单方程的各种变量概念化。理想状态下，E_0 被视为热辐射和大气动力的完全物理函数：

$$E_0 = f(T, q, R_n, U_z, P_a) \tag{11-2}$$

式中：T 为距离地面 2 m 的气温；q 为湿度的量度，如相对湿度、露点或比湿；R_n 为净辐射，即地表净短波辐射和净长波辐射之和；U_z 为地面上方 z 米处的风速，z 通常取 2 m，所以使用 U_2；P_a 为地表大气压。

最常用的完全物理估计方程均基于 Penman 方程，例如 Penman-Monteith ET_0 方程。

11.1.1　干旱中 ET 与 E_0 的现行处理

关于 ET 和 E_0，传统实践与当前实践都存在基本的概念问题。首先，我们认识到处理 ET 比处理 E_0 困难更大。ET 是一个难以从遥感（RS）中反演的量：一般来说，必须将各种遥感数据集和气象学数据集结合在一个物理框架内来估算 ET，通常是间接利用感热

通量(H)和 LST 的关系来估算 ET 。此外,由于 ET 并非可以轻易得到观测结果,所以难以验证,即使得到,也仅为小区域代表。ET 观测结果与 RS 反演结果的比较更加复杂,因为 EC 发射塔足迹(如来自涡度相关 EC 塔测平台)和 EC 观测时的能量不完全封闭。应该注意的是,对于干旱应用,可以通过将 ET 反演转化为异常空间将一些问题最小化;然而,确定背景平均状态需要遥感衍生 ET 的长期序列,这是一个更深层次的复杂问题。

这些复杂的情况解释了为什么许多传统的和当前的干旱监测作业使用陆地表面模型(LSM)间接估计和评估 E_0 。LSM 通过土壤湿度的某个度量来约束 E_0 的估计,或者:

$$ET = f(E_0, \theta) \tag{11-3}$$

式中,θ 通常可以在 LSM 中进行参数化(如萨克门托土壤水分核算模型)。许多现有或历史遗留的水文和干旱产品使用 E_0 的简化参数化,这往往深藏在 LSMs,忽略式(11-2)中所示的各种动力条件,而仅仅依赖于 T 或 T、q 与入射太阳辐射(R_d)的组合。这种处理最多只检查干旱关于 $Prcp$ 和 T 的函数。这些并不能充分反映 ET 和 E_0 的物理性质或它们在干旱中的相互关系,而且这对估计干旱以及长期气候趋势的短期可变性存在严重影响。对此类 E_0 处理的最合理解读是,它们仍将干旱视为供给($Prcp$)与需求的不平衡,其中 T 被作为 E_0 和需求的代表。这种对干旱驱动因素的简短处理是当前最先进监测和预测的核心问题(例如 NOAA 气候预测中心的月度和季节性干旱预测)。

11.1.2 本章目标

本章目的是支持改进干旱蒸发方面的处理。我们的主要目标是描述当前定义、估算使用 ET 和 E_0 在干旱业务监测与预报中的各种问题,概述当前科学现状,并提出解决这些问题的方法,突出使用 ET 或 E_0 的优点。我们将证明 ET 和 E_0 在干旱动态变化中的重要性,它们准确而全面的物理表征为改进监测与预测提供了契机。这就需要证明,E_0 为干旱铺下前路——如农业干旱潜在植被胁迫,而 ET 则显示实际胁迫的开始,ET 和 E_0 的具体相互关系则在干旱预警、发现突发性干旱爆发和监测干旱进展方面发挥作用。此外,我们还将表明,可根据 E_0 来预测干旱胁迫,从而部分实现长期寻求的干旱预测目标。关于干旱和气候变化,我们须谨慎,必须正确估算 E_0 ,必须了解 ET 和 E_0 的趋势对变化气候下的干旱脆弱性意味着什么。

11.2 E_0 、ET 及其与干旱的物理联系

E_0 与 ET 之间的关系对于干旱监测与预报尤为重要。每项单独估算都对了解干旱发展做出特有贡献;一起使用时,可提供大气与地面耦合作用的特征。理论上看,E_0 的增加先于可观测的陆面响应(如 SM 的减小),而且增加的 E_0 与地表变化联系更加密切。虽然异常 E_0 可被认为是干旱发展的先验指标(潜在胁迫),但通过对 ET(实际胁迫)的估算能观察实际植被胁迫开始与否,这需要恰当地描述大气需求与地表响应演化之间的耦合作用。

11.2.1 蒸发需求 E_0

如前所述,E_0 被定义为,充分供水条件下 ET 的最大速率。这一速率仅受空气干燥程

度、蒸发所需能量以及蒸发能力的限制。E_0 是一个总称，用来表示各种在表面假设或度量上存在差异的不同概念。E_0 可以估计为 E_{pan} 的物理观测（通常每天从美国 A 级蒸散皿获得），也可以估计为 ET_0（充分供水、指定参照物条件下获取的 ET）。更常见的情况是，E_0 是根据辐射与气象驱动的 E_p 或 ET_0 综合而来的，两者之间的主要差异在于其条件假设：E_p 宽泛地定义为地表充足供水条件下的 ET 速率；ET_0 是指充分供水条件下，包括特定作物覆盖的特定理想表面的 ET 速率。

这些通量的估计量在数据要求、物理特性以及质量上都有变化。物理方法综合了式(11-2)中所有物理驱动因素的影响：这些是基于 Penman 的方法，如 Penman-Monteith 方法或 Penman 方法。然而，当严格的数据和完全物理参数化的计算要求使 E_p 无法在有效尺度上进行估计时，E_p 概念开始进一步发展。大约在同一时间发展起来的 E_0 简化方法变得流行起来，如基于 T 和 R_n 的方法（例如，Priestley-Taylor 方程用于部分平衡蒸发，或大面积湿面蒸发）。大多数方法完全基于温度 T，最著名的有 Thornthwaite 方程，它是作为推导气候分类的工具而开发的，因此涉及平均状况，而非干旱分析中的偏离平均值。其他流行的基于温度 T 的算法包括 Hamon 方程、Blaney-Criddle 方程和 Hargreaves-Samani 方程。

干旱分析中，E_0 的物理参数化至关重要。例如，根据每个驱动因素的权重严格分解每日 E_0 变化率，表明在干旱分析的最合适时间尺度上驱动因素的日变化因地区和季节不同而有所不同。与基于温度 T 的 E_0 方法的基本假设相反，T 并不是不同季节不同州区的主要驱动因素：夏季，U_z 主导着西南沙漠的变化，R_d 主导东南地区；冬季，q 主导着东海岸地区的变化。Roderick 等在解析澳大利亚各地 E_0 的趋势时也得出类似结论：U_z 在各站的平均趋势变化中占主导地位，而 T 几乎不起作用。这些研究表明在干旱分析中，无论是短期动态变化，还是长期气候尺度，使用基于 T 的 E_0 都相当危险。

根除 E_0 的不良参数化必须首先克服实际干旱监测中的重大范式惰性。这种惰性体现在，即使我们对 E_0 和干旱的动态变化已逐步加深了解，且早已获得评估纯理论上的 E_0 的有效数据，人们仍在开发 E_0 基于 T 的新参数化，或在新的干旱度量中仍将其作为 E_0 的度量。我们正寻求方法克服这种惰性。

11.2.2 蒸散发 ET

准确了解 ET 是监测全球水循环、气候多变性、农业生产、洪水与干旱的重要环节。全球陆地 ET 的模型估计值为 $(58\sim85)\times10^3\,km^3/a$，确切的量级和空间分布仍有疑问。热红外（TIR）遥感已被证明是模拟蒸散发通量空间分布的绝佳手段。大多数预测 *LSMS* 根据水平衡原理确定 ET，依赖于从粗分辨率测量网络插值的 *Prcp* 的空间分布估计，或使用卫星技术进行映射，这两种技术目前都无法提供足够干旱监测的数据精度。尽管如此，过去几十年中，发展了大量遥感诊断方法来估算 ET，主要是将 ET 作为地表能量平衡的一个残差来估计：

$$ET = R_n - H - G \tag{11-4}$$

式中：R_n 和 H 含义同前，G 为土壤热通量。

红外遥感诊断 ET 的方法无须考虑前一时段 *Prcp* 或 *SM* 储水能力，当前的地表水量分布可直接从遥感衍生的温度信号推导。自然界中，干燥的土壤或受胁迫的植被比潮湿的土壤或良好的植被升温更快。红外遥感数据源提供多尺度信息,可用于连接观测尺度(~100 m)和全球模型像素尺度(10 ~ 100 km),便于直接进行模型精度评估。诊断 *ET* 方法的例子包括地表能量平衡算法模型(SEBAL)、高分辨率内部校准蒸散发模型(METRIC)、地表能量平衡模型简化(SSEB)、大气陆地交换逆模型(ALEXI)和地表能量平衡简化实践模型(SSEBop)。有些方法(SEBAL、METRIC、SEBS 和 SSEBop)侧重于使用单一的遥感探测器对红外 *LST* 进行观测,并提供"热"像素($ET=0$)和"冷"像素($ET=E_0$)之间的比例,当可以精确表示"热/冷"像素时,即可得到 *ET* 估计值。这些方法很少被用于干旱监测,因为它们大多将重点放在高分辨率实地估计水量耗散上(实际 *ET*)。然而,如 ALEXI 此类方法,早中午使用 *LST* 的时间积分度量,而这段时间 *LST* 和 *SM* 高度相关。红外 *LST* 评估当前 *SM* 状态和植被胁迫对 *ET* 影响的能力为当前的干旱监测提供了一个独特的思路,该方法评估的实际可用水量可与 E_0 估计量结合使用,以估计用水异常或植被胁迫状况。

11.2.3 干旱中 *ET* 与 E_0 之间的联系

从地表向大气输送水分的 *ET* 实际通量和 E_0 理想化通量横跨地表 - 大气界面紧密联系,尤其在干旱中。在此,我们将讨论如何利用这些联系监测和预测干旱。

长期平均水平衡成分与供水和能量极限之间的关系可以用图 11-1 所示水文气候光谱中的 Budyko 方程加以说明。这一结构也有助于理解将各区域推向水量极限的干旱或瞬发异常干燥之间的关系。*ET* 和 E_0 对干旱或异常干燥的响应取决于区域平均状况或干旱爆发时区域水文气候状态。对于气候上或瞬时异常的能量受限地区,E_0 定义了 *ET* 的能量上限,因此 E_0 随 *ET* 变化而变化(直到 *ET* 受到可供水量的限制,动态改变)。直到这一点,*ET* 和 E_0 方才一起变化[见图 11-1(b)],胁迫是从 E_0 到 *ET*,而两者均随着能量利用率或平流作用的增加而增加。这是一种平行关系,在干旱恶化时增加,在干旱缓解时减少。在能量有限的初始条件下,这种动态在突发干旱中占主导地位。

另外,在有限水量状况下(或当对 *ET* 的能量限制让位于更严格的水量限制时)*ET* 受到可用水量的限制:可用水量的进一步减少导致 *ET* 减少,以潜热形式消耗的地表有效能量随之减少,因此为 *H* 留下更多有效能量。*H* 通量的增加使经过的空气温度升高,增加了空气饱和水蒸气压差,从而增加了 E_0。因此,随着 *ET* 的减少,E_0 增加,这就是所谓的互补关系[见图 11-1(c)];它最初由 Bouchet 提出,霍布斯等在 CONUS 中观察到。这种互补性在较大的空间和时间尺度上依然相当明显:低蒸散发导致云量较少,同时地表能量和感热通量(*H*)增加,这再次导致 E_0 升高。在这种情况下,胁迫是从 *ET* 到 E_0,通量在干燥(干旱恶化)和湿润(干旱缓解)下的变化相反。这种动态在持续干旱中占主导地位。

总之,我们观察到,持续性干旱中 *ET* 和 E_0 是互补关系,而在突发干旱爆发时两者则是平行关系。关键是 E_0 在两种类型的干旱中均会增加,而 *ET* 在突发干旱发生时增加,之后减少,而在持续性干旱中则会被抑制。这意味着可以将 E_0 视为两种干旱发生的有力前兆。应该指出的是,高 E_0 事件往往发生在实际胁迫开始之前,但并非所有的高 E_0 事件都会发展成干旱,因为气象与辐射因素也持续控制着高 E_0 /低 *Prcp* 规则。尽管如此,可以将高 E_0 概念化,作为水分亏缺或植被胁迫的定位器,而 *ET* 被抑制则标志植被胁迫的开

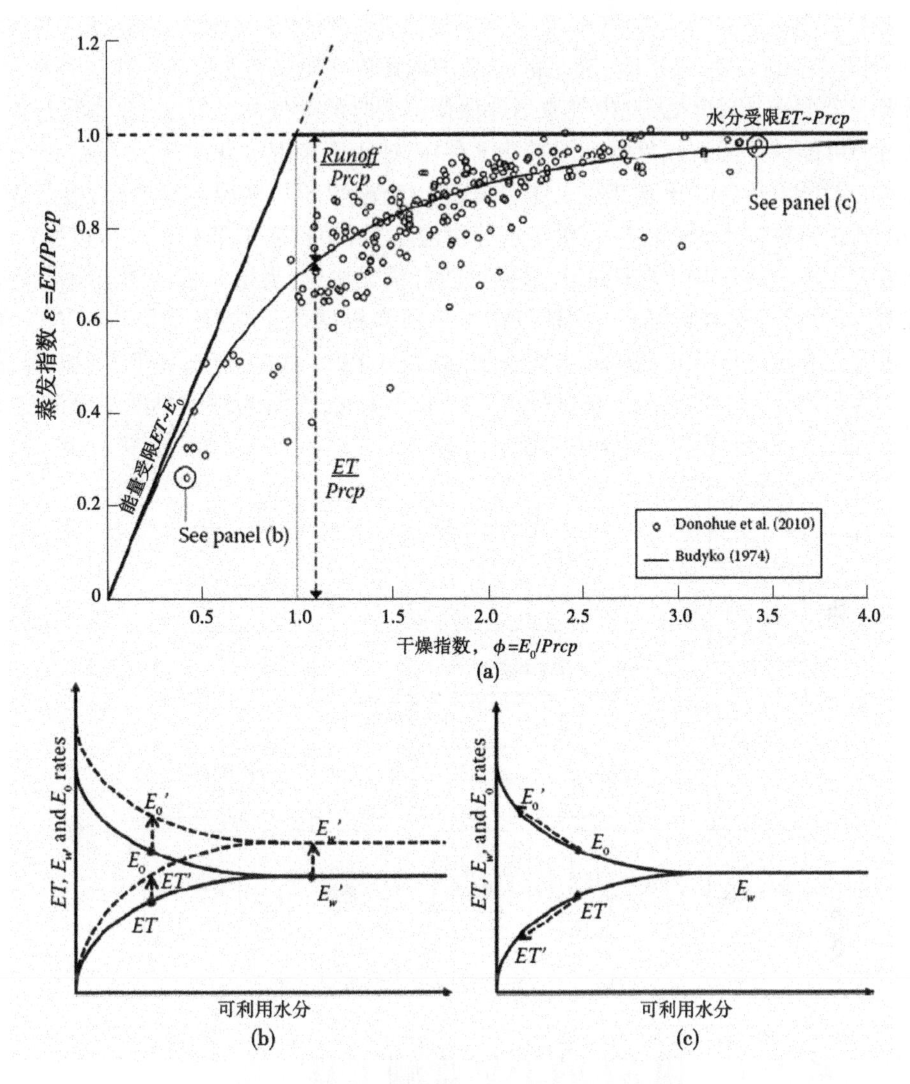

图 11-1　Budyko 结构中 ET 与 E_0 的相互联系

始。图 11-2 概述了 ET、E_0 与有效能量和可用水量之间的相互作用。

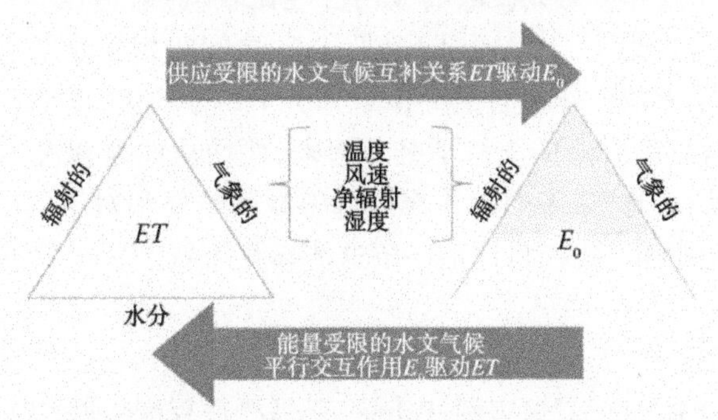

图 11-2　干旱中 ET 与 E_0 的相互关系

图 11-3 显示农业干旱和气象干旱的假设演变。当气象系统中 *Prcp* 低于正常值，而 *ET* 大气需求高于平均水平时，充足的土壤供水条件主导 *ET* 的变化。在这种情况下，我们需要一个度量，以评估大规模气象条件保持不变时的大气需求异常，以显示土壤干旱胁迫发展的可能性。随着气象驱动因素持续存在，地表土壤湿度状况开始恶化，该状况可由有源和无源微波传感器遥感获得。随着表面土壤湿度（*SM*）状况继续恶化，根区 *SM* 状况也将降到正常值以下，与此同时，由于水分供应不足，植被胁迫开始。这可以通过卫星观测红外 *LST* 的计算结果 *ET* 来确定。最后，随着状况恶化，表层与根区的土壤湿度远低于正常值，对植被健康引起损害。植被健康异常通常根据低正常"绿色"来确定，一般通过基于可见光和近红外波长的植被指数观察到，如 *NDVI*。总之，引入基于 E_0 和 *ET* 的干旱监测工具为当前的干旱监测系统进行必要的手段扩充，尤其为理解早期干旱演变提供了方法，有助于进一步完善干旱预警系统。

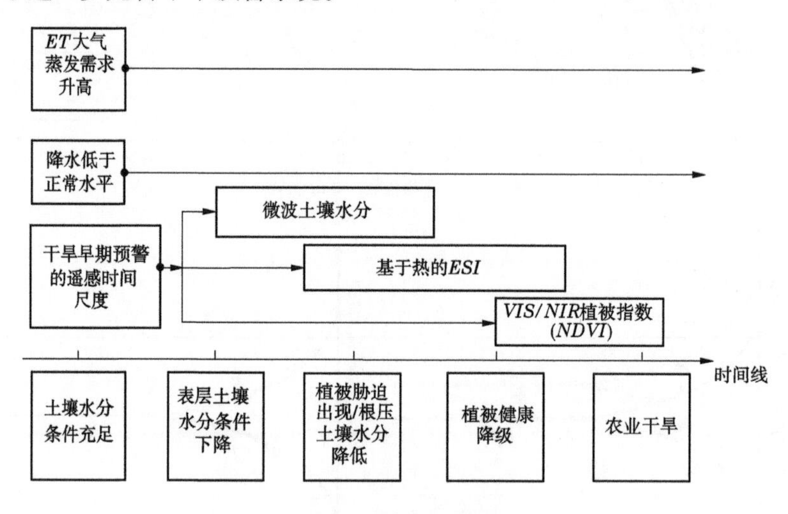

图 11-3 农业与气象干旱演变过程

11.3 基于 E_0 和 *ET* 的干旱监测工具

遥感数据在热波段和可见光波段的应用已经比较成熟，这也是在大数据背景下对气候学重分析所必须的。此外，干旱情况下 *ET* 和 E_0 之间的相互作用越来越明晰，人们越来越意识到，将 E_0 简单参数化作为自身终值或作为 *ET* 的驱动因素相当危险。这使得干旱与 *ET* 开始在干旱监测新方法的支持下结合起来，评估从地表到大气的水分通量，大气为地表水平衡的需求侧。此外，人们正在根据遥感观测结果和对干旱中 *ET* 与 E_0 关系的了解开发新的工具。在这里，我们将评估一下这些新兴工具。

11.3.1 已存在工具

作为已运用多年的现有工具实例，Palmer 干旱严重程度指数（*PDSI*）在美国长期用于监测，一般时间尺度为 1 周或 1 个月。由于该指数的计算仅需 *Prcp* 和 *T*，数据需求小，于是迅速流行起来。在美国，它是美国干旱监测委员会（USDM）评估干旱状况工具的核心，也被 NOAA 使用。PDSI 利用简单双层土柱水文模型得出水平衡方程,其中降水扣除径流与蒸散发所得的差值为水分异常,可用其推导出无量纲的干旱指数。模型中,最大可能 *ET* 为土柱可供水量和 E_0 两者的最小值。

尽管应用时间长且广泛,但 *PDSI* 却难以解决干旱的蒸散发问题,因为它使用基于温度的 E_0 ,Palmer 最初从 Thornthwaite 方程中估计,然后使用另一个与观察到 E_0—*T* 关系无关的温度模型计算。虽然基于 *T* 的 E_0 与次年尺度上的湿度和净辐射有很好的相关性,但由 E_0 观测值得出的干旱异常通常不仅与温度有关,还受其他因素影响,特别是在 CONUS。*PDSI* 并不是适合于所有情况,特别是在较干旱地区或高纬度地区,或在寒冷季节。此外,仅有表征美国中西部地区的气候和干旱时间的经验参数进行了校准。这些影响到 *PDSI* 在时间和空间上广泛使用的问题,对于那些寻求最小数据要求的现成索引的普通用户来说,可能无关紧要。事实上,*PDSI* 经常用于世界范围的长期干旱分析,效果尚存疑(见第 11.4 节)。

11.3.2 新兴工具

McKee 等第一次意识到在多时间尺度上评价干旱的价值,并在现在流行的标准化降水指数(*SPI*)中运用了这一概念。*SPI* 的提出是干旱监测的一个重大突破,它使用户能够看到干旱短期内发生的可能性(如 1 ~3 个月降水亏缺),即使长期状况是湿润的(例如 24 ~48个月的降水富余)。*SPI* 的主要限制是它只考虑 *Prcp*,而忽略了其他的干旱大气驱动因素。为了改善 *SPI*,人们提出标准化降水蒸散发指数(*SPEI*),它的最初目标是建立一个能解释气候变暖的多标量干旱指数。为了实现这一点,作为累积变量,*SPEI* 使用一个简单的水平衡($Prcp - E_0$)。最初使用的是基于 *T* 的 Thornthwaite E_0 方法,但与 *PDSI* 一样,在使用任何基于 *T* 的 E_0 时必须谨慎。Beguería 等测试了多种计算全球 *SPEI* 的 E_0 方法,推荐在数据足够的情况下使用完全物理的 Penman-Monteith 模型。

如第 11.2.3 部分所述, E_0 有一个特征信号——在由限制能量和供水的水文气候条件的干旱和跨时间尺度干旱(持续性干旱和闪电干旱)中增加。这个明显的信号是蒸发需求干旱指数(*EDDI*)的核心——一个紧急干旱监测与预警工具。*EDDI* 的工作方式是在一定时间尺度上,相对于气候学上同一时期深度,对 E_0 深度排序。比中位数高(低)表明该周期比正常情况更干燥(更潮湿)。序列先转换为标准化正态分布的百分位数,然后分类和映射。它具有多标量的时间特性,能够以 E_0 计算因子的空间分辨率工作。用户报告称,需要验证方法在多个时间尺度上的收敛性,因为干燥对区域内各部门影响的特有动力因素作用在不同时间尺度上。*EDDI* 为水文干旱早期预警带来希望,可对旱地农业和畜牧业中的农业干旱进行连续监测。目前正在进行的研究将揭示森林生理与 E_0 之间的强烈关系是否允许该指数用于火灾天气风险预测。由于 *EDDI* 完全依赖于 E_0 的辐射条件和气象动力条件及其对地表状态的反馈,因此不需要 *SM*、*Prcp* 或地表数据,这使 *EDDI* 能够应用于无资料地区。虽然 *EDDI* 很容易估计,但必须使用完全物理的 E_0 来正确地反映 *ET*—E_0 之间的相互关系和地表干燥异常。幸运的是,目前已拥有美国以及全球的所有因子数据[式(11-2)]。

尽管 E_0 的使用侧重于将大气需求与干旱发展情况(如 *EDDI*)联系起来,并突出潜在植被胁迫,但仍需要其他指标来估计地表对干旱的直接响应和实际植被胁迫的开始。这促使蒸发胁迫指数(*ESI*)的提出,*ESI* 基于 *ET* 的遥感估计值,利用 *LST* 观测结果,通过能量平衡原理反演得到。*ESI* 代表 *ET* 与 E_0 之比的标准化异常,而标准化 E_0 则有助于减小由于有效能量和植被覆盖的季节变化而引起的 *ET* 变异性,进一步细化 *SM* 与 *ET* 之间的关系。作为一个实际蒸散发指标,*ESI* 不需要降水与土壤水蓄量信息。这一特征内在地解释了植物有效水分的降水相关与降水无关的来源与去处,这可修正植被对降水异常的响应。当某地极端大气异常持续较长时间(例如几周),植被胁迫和水分胁迫就会随之迅速出现。因此,人们根据 *ESI* 的周变化提出 *ESI* 快速变化指数(*ESI RCI*),现已被应用于美国各州的评估。*ESI* 快速变化指数旨在捕捉整个快速变化事件持续时间内发生的水分胁迫变化的累积速率。随着地球同步环境卫星蒸散发和干旱产品系统的发展,*ESI* 在干旱监测的应用更加广泛。该系统以 8 km 的空间分辨率获取整个北美地区的每日 *ESI* 数据集。第 10 章提供了 *ESI* 和 *ESI* 快速变化指数的其他背景信息。

11.3.3 预警

从蒸发角度检测干旱的一个显著优点是可以提供预警。由于将大气动力和地表信号联结的物理过程的时序性(见第 11.2 节)、监测该物理进程和植被土壤胁迫状态能力的提升,我们发现其中许多工具在构成干旱监测组合产品之前已经提供了关于干燥异常或潜在干旱的信息。例如,2012 年美国中西部地区闪电干旱的发展情况,有 *USDM*、两周 *EDDI*、两周 *ESI* 和两周 *ESI RCI* 定期监测结果。根据 *USDM* 观测结果,两周 *EDDI* 在 *USDM*观测到干旱爆发的数周之前就已观测大气干燥。6 月初,*EDDI*、*ESI* 和 *ESI RCI* 显示美国中部大部分地区状况在迅速恶化,而 *USDM* 只显示大多地区处于 D0 和 D1 干旱级别(分别为异常干燥和中度干旱)。直到 7 月中旬至下旬,*USDM* 才显示该地区进入 D3 和 D4 干旱级别(分别为极端干旱和异常干旱)。此案例研究突出了 *EDDI*、*ESI* 和 *ESI RCI* 等指标在快速干旱事件预警方面的潜力。

11.3.4 分布

使用纯物理方法获取 E_0 的优点之一是,E_0 中导致或反映干燥异常的变化可明确归因于因子的相对强度。简单来说,在特定时间尺度上,多因子变化影响的综合产生 E_0 的变化(ΔE_0),如式(11-5):

$$\Delta E_0 = \frac{\partial E_0}{\partial T}\Delta T + \frac{\partial E_0}{\partial R_d}\Delta R_d + \frac{\partial E_0}{\partial q}\Delta q + \frac{\partial E_0}{\partial U_2}\Delta U_2 \tag{11-5}$$

其中,右侧每项表示因子变化对 E_0 的影响,其中因子异常(如 ΔU_2)来自相关时间尺度观测,灵敏度由 Penman-Monteith ET_0 估计所得的 E_0 推导出来(如 $\partial E_0 / \partial U_2$)。

这一多因子影响综合技术如图 11-4 所示,在干旱加剧期间追踪 E_0 异常变化,并分解成每个因子的贡献。这幅图显示 E_0 4 个因子 12 周异常值(与同期气候平均值的偏差),最上面的图显示每个因子异常对 12 周 E_0 总体变化的影响。有趣的是,有些因子贡献是负面的(促进湿润),有些则是正面的(促进干燥),而有些影响整个周期变化。在这个例子中,干旱加剧(E_0 增加)是由 2 ~3 月 q 低异常值、R_d 高异常值和 T 低异常值综合形成的。在4月，q 恢复正常，而 T 变得异常高，再加上 R_d 持续高异常，使得 E_0 在6月和7月达到峰值。这一事件中 U_2 的影响微乎其微。该分析表明，在某一特定事件中，要确定哪一因子占主导作用，需充分考虑其气候学背景，这有助于了解该区域的干旱主要影响因子。值得注意的是，上述每一个因子都可以预测即将出现的异常对干旱的影响，因此也可以预测干旱。

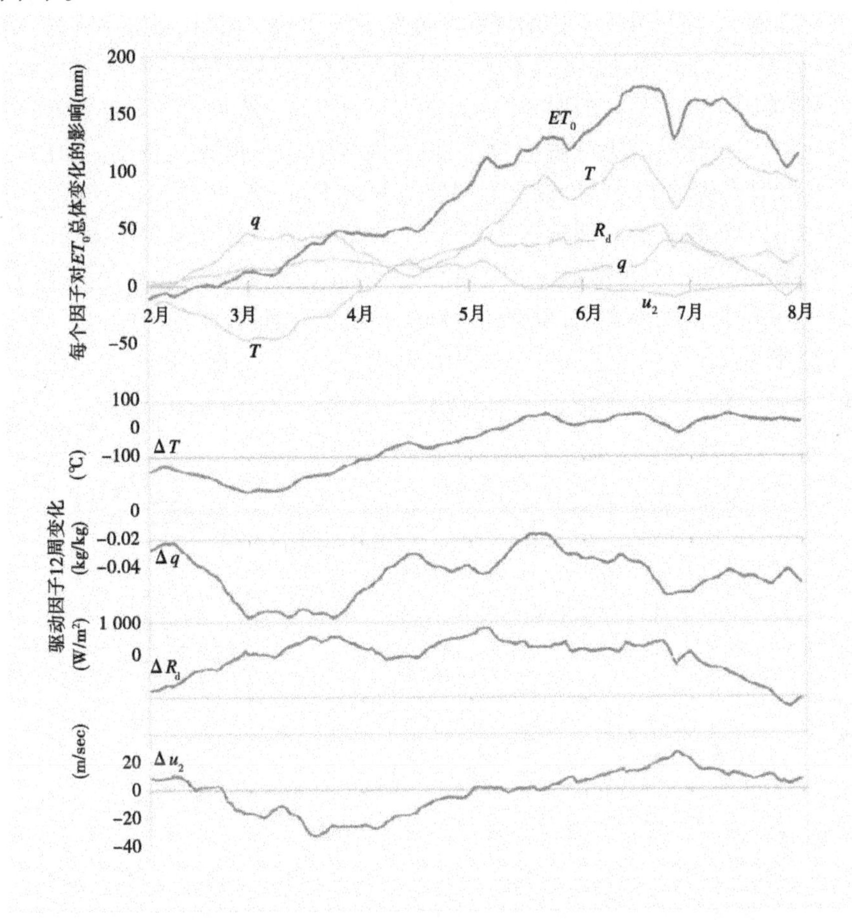

图 11-4　2014 年 2～7 月 E_0 表征 Sacramento 河流域的干旱加剧，上面的图显示了 ET_0 12 周的变化及由每个驱动因子引起的组分变化，下面的图显示了驱动因子的 12 周异常值

11.3.5　预报 E_0

农业部门、水资源管理部门等利益相关者和管理者希望从每日到每季的各个时间尺度上对 E_0 进行预测，主要是因为最近 E_0 在干旱监测中的价值日益凸显。然而，目前很少有这样的 E_0 预测工具存在。

对于农业生产者来说，E_0 的天气预报(2周预见期)有助于灌溉调度。动态天气预报模型，如美国国家气象局模型，输出所有必要变量，作为后处理步骤计算 E_0；然后可以使用作物系数得出 ET 估计值。用户需要知道，原始动态模型输出往往包含偏差，并且模型空间分辨率可能相当低。Ishak 和 Silva 针对偏差修正和降尺度方法进行研究，以改进原始 E_0 预测。其他改进包括使用回顾性预测相似值和集合预测，以提高单一确定性预测运行技术。唯一的 E_0 天气预报产品是由美国国家气象局（NMS）开发的预报参照蒸散发（*FRET*），该产品在 CONUS 上对 1 ~7 d 的 E_0 值和 E_0 异常进行预报，而 E_0 7 d 累积异常对生长期闪电干旱早期预警相当有帮助。

次季节与季节 E_0 预测可用于长期规划。截至目前，只有少数几项研究测试了季节性 E_0 预测技术与应用。Tian 等使用第 2 版气候预报系统（CFSv2）——一种全球海洋动态预报模型，以评估美国东南部地区的误差修正值和 E_0 缩小量。人们已经发现冬季的中等尺度预报技术，但由于全球模型无法解决对流过程，故少有生长期预报技术。CONUS 广泛分析检查了 CFSv2 产生的 E_0 异常预测干旱技术，发现 E_0 预测干旱技术比 *Prcp* 预测更娴熟，尤其是在美国中东部主要农业地区的生长期，技术更加完善。图 11-5 显示，E_0 预报技术优于降水预报。图中中东部地区 E_0 预报和 *Prcp* 预报结果差异很大，尤其在生长期，E_0 预报值比 *Prcp* 预报值大很多；而东南地区则显示出 E_0 预报技术的薄弱，其预报结果往往与 *Prcp* 预报相似。

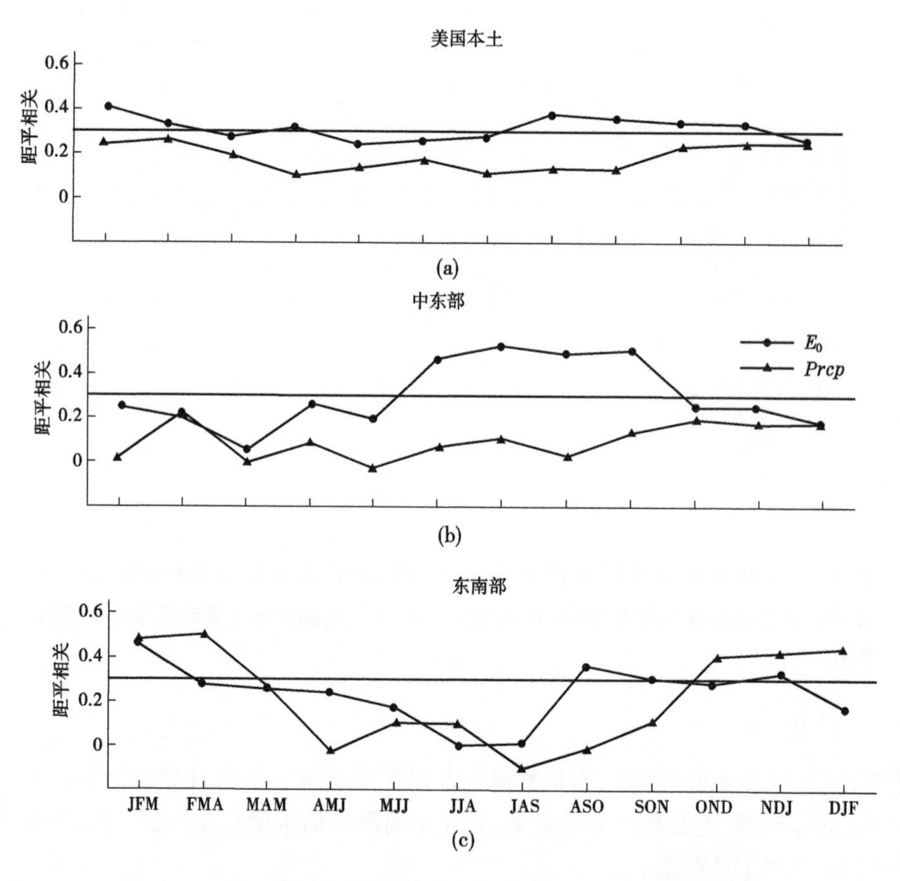

图 11-5　中东部地区与东南地区的 E_0 预报与 *Prcp* 预报结果对比

问题是：为何 E_0 预测通常比 *Prcp* 预测更准确？总体来说，温度比降水更有预见性，一些研究已经将数十年变暖趋势与季节预测模型中的改进温度预测联系起来。CFSv2 实

时修正大气 CO_2 预测，与正常温度预报更加一致，这在过去几十年中已实现。然而，温度并不是 E_0 的唯一驱动因素，其他因素也可能有助于提高 *Prcp* 预报精度。土壤湿度（*SM*）是与季节预报有关的主要陆面变量［厄尔尼诺与南方涛动（ENSO）是主要海洋变量］。Dirmeyer 和 Halder 使用 CFSv2，发现温度、湿度、地表热通量和白天边界层的发展都对 *SM* 变化做出反应，而 *Prcp* 则无反应。所以与地面的强烈联系而非自由大气使 E_0 季节预报技术准确度更高。

E_0 季节性预报的主要障碍是其驱动因素的有效性。当前，CFSv2 是北美多模型集（NMME）中提供公众 E_0 驱动因子预测值实时访问权的唯一模型。

11.4　E_0、*ET* 和干旱气候尺度

本节中，我们并不试图预测干旱在气候变化下将如何演变，而是总结了 *ET* 和 E_0 在气候尺度干旱分析和胁迫中的作用。

11.4.1　总体展望

在受人类活动影响的气候变化下，热量正被添加到气候动力中，我们的普遍预期是，E_0 的增加是由于温度 *T* 的上升以及在有水地区 *ET* 的增加。一般来说，气候模型预测，亚热带干旱地区随着纬度增加，湿润地区将更加湿润，干燥地区更加干燥；还预测了中纬度风暴路径的极向移动和降水季节变化。

11.4.2　“暖化即干化”信息

科学界尚未就这些预期动态对干旱的影响达成一致意见。最近一篇论文举例说明了 *ET* 和 E_0 在气候尺度干旱分析中估算与应用的主要问题。首先，我们从一篇最具影响力的论文开始分析——戴等的论文，他于 1870～2002 年期间以 2.5°的分辨率将 *PDSI* 模型应用于全球，报告称，自 20 世纪 70 年代以来，干旱地区 *PDSI* 翻了一番，20 世纪 80 年代潮湿地区 *PDSI* 减少，这两个极端区域 *PDSI* 加起来几乎翻了一番。他们的结论是，干旱风险随着全球变暖而增加，这很可能是由于气候变暖导致空气持水能力提高，于是 E_0 增加，从而 *ET* 也增加。这一“暖化即干化”信息在学界内引起热烈反响，甚至政府间气候变化专门委员会在 2007 年第四次评估报告（AR4）特别提出，然而 2012 年政府间气候变化专门委员会关于极端问题的特别报告又重审这一问题。

然而，Dai 等使用蒸发驱动的 *PDSI* 水文模型对 E_0 进行简单参数化，该方法应用至今主要有两个问题：它不包括 E_0 其他非 *T* 驱动因素的变化（如 R_n、U_z、湿度），且不能反映植物吸收碳时的变化，该变化决定了大气二氧化碳充足时蒸腾作用的速率。

为突出前一个问题，2008 年霍宾斯等基于 1975～2004 年澳大利亚和新西兰 35 个站点的观测数据，对比基于温度的 E_0 与观测 E_0 对 *PDSI* 水平衡分量趋势的影响，发现前者几乎在所有地方都有所增加（与 *T* 增加一致）。事实上，尤其在能源有限的地区，这些趋势与观测 E_0 的变化趋势相反，E_0 变化趋势是由 U_z 引起的，而非温度 *T*。当应用于 *PDSI* 时，根据基于 *T* 的 E_0 和观察 E_0 趋势所得的两种 *SM* 趋势彼此之间没有任何关系。同样，

比较两者应用于全球 *PDSI* 变化计算的结果，Sheffield 等发现，与政府间气候变化专门委员会第四次报告预警相反，1950 ~ 2008 年的全球长期干旱趋势几乎没有变化：代入物理意义 E_0 计算的 *PDSI* 结果显示全球只有 58% 的地区处于干燥状况；而代入另一 E_0 计算所得 *PDSI* 结果显示，全球绝大多数地区均出现干燥现象。在能量受限地区，E_0 趋势方向的差异转化为两种 E_0 类型在湿润和干燥方面的差异。这些研究证明在气候尺度干旱分析中正确选择 E_0 参数化方法的重要性。

E_0 对 T 的依赖也对古气候干旱记录的重建产生不利影响。一般将重叠期年轮数据缩放到 *PDSI*。然而，这种关系不仅假定树木生长仅与 T 有关，与大气中二氧化碳无关，而且假定其在高海拔和高纬度地区会失效，尤其是在近几十年快速变暖期间。这些假设导致对过去变化的高估，从而导致对最近变化的低估。显然，*PDSI* 中基于 T 的 E_0 参数化将状态变量(T)代替通量(*ET*)短期内可能有用，但却不能用于对过去、未来的干旱或干旱相关通量的长期分析。

这并非说“暖化即干化”信息的唯一来源是由使用基于 T 的 E_0 参数化而产生的误解。Dai 尝试利用根据 Penman-Monteith E_p 自动率定的 *PDSI* 来协调 20 世纪末观测与模拟的干燥趋势。他的结论是，虽然全球气候变化模型能够捕捉到厄尔尼诺与南方涛动对干旱的影响及其最近的趋势，但模拟与观测的变化差异是因为全球气候变化中心没有捕捉到自然海温变化，而且在未来几十年中，由于 *Prcp* 降低或 *ET* 增加，许多陆地地区预计会发生更广泛和更严重的干旱。这一研究表明，对于减轻干旱脆弱性的基础设施规划决策十分重要的区域模式并未被全球气候变化中心所捕捉。此外，Cook 等采用 17 个全球气候模型预测 2050 ~ 2099 年的 6 ~ 8 月期间的 E_p 和 *Prcp* 值，由此得到 *PDSI*，认为美国中部和西南部很可能会发生比中世纪气候异常更严重的干旱灾难，可能是特大干旱或数十年干旱。

未来会越来越干燥还是越来越湿润，这个问题相当微妙。《IPCC 关于极端问题的特别报告》注意可能对干旱过于高估，对 *PDSI* 预测结果过度依赖，要提出解决方案尚需更多区域分析。

11.4.3　在气候尺度分析中处理碳—植物关系

要充分反映气候的干旱或干燥/湿润趋势，需要掌握的不仅仅是物理意义的 E_0 测量：在这些时间尺度上，植物—碳(P—C)关系将发生变化，并带来重大的水文后果。问题核心是，使用完全物理的 E_0 公式可固定 P—C 关系：这类公式锁定了植被对当前气候的响应，而风函数和气孔导度需率定。这样做忽略了气候尺度的植被生理变化对二氧化碳增加的影响：增加水分利用效率(*WUE*)会导致碳的吸收和光合作用，从而降低植物的蒸腾损失。Roderick 等调查了过去分析中相互矛盾的说法和假设，对在气候尺度分析中使用具有固定 P—C 关系的 E_0 公式发出严峻警告。

Feng 和 Fu 举例说明了假设固定 P—C 关系的危险，他们发现，相对于 1970 ~ 1999 年，在 2070 ~ 2099 年，在耦合模型对比项目第 3 阶段，Penman-Monteith ET_0 导致 ET_0 显著增加。与低 *Prcp* 增加组合，固定 P—C 关系导致大部分陆地地表干旱指数($Prcp/E_0$)减小，全球尺度干燥程度增加。温度上升，陆地蒸汽压力亏缺增加(7% ~9%)K，从而导致

ET_0 增加,而驱动因子处于不稳定状态。但是,Roderick 等认为此类分析是前述“暖化即干化”信息的来源。与此相反,他们利用干旱指数审查气候尺度下地表干燥度,指出,尽管区域干燥度或增长或减少,但自 1948 年以来全球干燥度几乎没有变化。他们对气候温暖导致陆地干燥的观点提出质疑,并且声称已经通过与地质记录拟合解决了观测和模拟之间的不匹配。在这样做的过程中,他们的研究突出 CMIP3 GCMs 建模中一个隐藏问题:固定气孔导度。

Roderick 等建议采用从农业、生态和林业科学中吸取的新方法评估气候尺度上农业生态干旱或干旱趋势。他们建议使用不依赖固定气孔导度或风函数的 GCMs 植被数据来估计 E_0 。干旱指数是基于总初级生产力(GPP)与水分利用效率(WUE)的比率。在这样做时,他们注意到,CMIP 3 模型和 CMIP 5 模型表明,全球平均而言,气候变暖对气象干旱(低 $Prcp$)和水文干旱(低径流)影响不大,他们认为,当 GPP 随大气 CO_2增加而增加时,全球农业/生态干旱将减少。该结果解决了利用遥感观测和地质记录的 GCM 建模问题(解决了全球干旱悖论)。但仍存在问题,见第 11.5 节。

11.4.4 气候尺度问题分析总结

在气候尺度干旱分析评估中,Trenderth 等强调以下可能导致相互矛盾结论的问题:输入驱动因素的不确定性(特别是 $Prcp$ 和 U_z),以及长期 ET 估计中的不确定性,其中全球和区域评估差异显著;以及捕捉自然变量作用方面的困难。进一步地,没有足以捕获自然变量的基本周期,数十年趋势评估是不可靠的,尤其是核算 ENSO、太平洋年代际振荡和年代际太平洋涛动效应。虽然 Trenberth 等陈述了基于 T 的 E_0 简单参数化可能具有一些优点,但我们认为这可能是仅于水文和农业科学的折衷。的确,我们看到了生态科学界和水资源管理员及其决策利益攸关方等团体从现成模型中得出结论,并未对其数据与建模的细微差别进行评价。我们不推荐使用 $PDSI$ 进行长期气候分析,此外,使用基于 T 的 E_0 进行长期分析的研究应当忽略。实际上,E_0 所有驱动因素的长期数据并不能应用于所有的时间尺度。

11.5 研究方向

本节中,我们将重点介绍一些问题和指导未来 ET、E_0 研究的方向,以及它们在干旱监测与预报中的作用。

11.5.1 经营产品

和往常一样,科学家及其产品用户要求改进驱动模型中数据的空间和时间分辨率以及由此产生的信息。这与农业和干旱监测中提出的增加卫星运行频率的呼吁是一致的,也许未来还会有更多的陆地卫星飞行任务。目前正在努力改进湖泊和水库蒸散发量估算方法,这对水资源规划和应对水文干旱具有重大意义,特别是在美国西部。立足基于 ET 和 E_0 干旱监测的最新发展,下一步将是开发实时预测产品。这将以 FRET 产品为基础,扩大到次季节和季节性预报时间尺度。

11.5.2 农业领域异常预测指标 *ESI*

人们使用由 GOES 和中等分辨率成像光谱辐射计导出的 *LST* 时间差，于美国、巴西、突尼斯和欧洲几个案例研究中，评估 *ESI* 在监测作物胁迫和预测农业干旱影响方面的效用。2012 年美国中部闪电干旱期间，*ESI* 的预报潜力得以凸显——*ESI* 与 *ESI RCI* 在 *USDM*或 *VegDRI*(与 *NDVI* 异常有关)昭示严重干旱出现之前的季节早期就已确定玉米带受影响最严重的区域。而且 *ESI* 还与美国农业部国家农业统计局收集的观察数据一致，该数据记录了生长季节表层土壤湿度和作物凋萎的情况。根据以上研究，年度产量数据被用于农业干旱影响的替代指标，可评估与多干旱指标相关的相对时间和强度。*ESI* 和 *ESI RCI* 预测结果将与全球降水和植被干旱指数进行比较，以便更好地了解 *ESI* 作为作物胁迫发展早期指标在预测干旱状况和范围方面的独特价值。

11.5.3 预报 E_0

历史上，季节性干旱预报是通过 *T* 和 *Prcp* 以及对变量与 ENSO 等大规模海洋 - 大气过程之间关系的了解而实现的。为使 E_0 预报超越动态模式输出后处理，我们应该努力实现从物理角度理解 E_0 与可预见性来源之间的关系。这包括 ENSO 季节性预报，但其他指数不包括马登 - 朱利安振荡的次季节预报。利用现代高分辨率数据集，在过去工作基础上，建立 E_0 与大规模气候模式中 *T* 和 *Prcp* 关系，这和单个驱动因素均是改善 E_0 预报的必要步骤。这种 E_0 季节性实时预报产品目前正在开发中。

11.5.4 气候尺度分析

对于气候尺度干旱脆弱性和需进行蒸发估算的生态评估，我们必须制定一个强有力的气候尺度指标 E_0 或类似的干旱度量，它必须囊括所有物理驱动因素，包括大气二氧化碳增加引起的植物效应，以及向用户传播的不确定性。此外，决定合适的时间尺度尚需更多区域分析支持。

这些进步将帮助我们解决更具体的问题。厄尔尼诺与南方涛动、太平洋十年涛动和年代际太平洋涛动在多大程度上受到气候变化的影响？它们对长期 *ET* 和 E_0 有什么影响？大气 CO_2对 *GPP* 营养循环有抑制作用吗？Roderick 等的研究结果是否适用于GCMs？他们得出的全球结论将如何区域化或季节化？

11.5.5 研究到实践/应用弧和实践到研究弧

如图 11-3 所示，可以用若干不同的指标来观测与农业或气象干旱演变过程。这些指标反映干旱发展过程中的各种时间特征或各种物理反应，需要对用户进行教育，这些利益攸关方与干旱、农业和水资源界的接触将有利于指标核查。国家干旱综合信息系统正努力促成此事。NIDIS 的一项研究表明，基于 E_0 和 *ET* 的指标可以实现更大效益，在这些指标中，此类产品的用户认识评估通常得分较低，甚至对农业地区的用户也是如此。为使这些产品得到广泛接受，将基于 *ET* 的监测与预报产品整合到业务决策支持系统中，应该策划完善的培训方案以教授利害关系方如何使用新干旱指标。

11.6 结　语

从滞后监测转向实时监测、观测到干旱初期状况发出的警告以及干旱预报将提供更完整的干旱蒸发前景。这种改进观点不仅更接近物理水平衡原理，而且使干旱监测更接近于干旱预警信息系统。将重点从针对目前干旱状况反应性评估（如 *NDVI* 异常）的干旱指标转向基于 E_0 和 ET 的干旱指标（例如 *EDDI* 和 *ESI*），可以为主动干旱监测提供机会，并为土地与水资源管理人员、决策者提供工具。然而，应特别注意与利益攸关方的合作，探讨如何将这些数据集及附属信息和不确定性纳入决策过程，以便充分发挥其潜力。本章目标即是希望为此有所贡献。

参考文献

（略）

第12章 径流预报在干旱及其他水危机风险管理中的作用

12.1 概 述

气候变化是影响农业生产决策的重要因素。从澳大利亚的历史来看,农民和政府投入巨资减少这种变化对农业生产的影响。该投资包括在全国主要河流系统修建主要用于灌溉的大坝以及地下水资源的分配和开发。该开发政策给生态系统带来了不必要的压力,并大大改变了河流系统。1994年,澳大利亚政府理事会开始了一段水管理的改革时期,进入了水资源管理的新阶段。这些改革包括对含水层持续产水量的评估,发现产水量经常低于目前的资源配置数甚至小于抽水量以及分配一部分给环境用水。在许多流域,改革不仅减少了灌溉取水而且认为气候变化作用的增大,决策者更依赖于从变化的河流流量中抽水。

比世界其他地方更多变的澳大利亚径流,增加了水资源管理和分配的压力。气候温和的澳大利亚(以及南非),其年径流变化大约是世界其他地方河流的两倍(见图12-1;Peel等,2001)。这意味着气候温和的澳大利亚比其他国家更容易遭遇干旱或洪水。在这种困难的环境中极需要能改善决策的预报工具,以便有效地利用水资源以减小风险。开发和利用这样的工具是政府和业界大量研究和推广活动的重点。

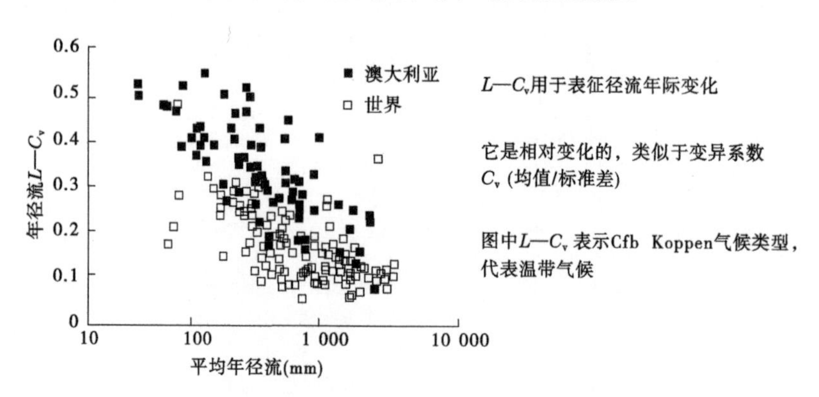

图12-1 澳大利亚与世界其他地方径流年际变化的比较

12.1.1 季度预报和气候的变化

已有文献证实了海温和气候的关系。澳大利亚的水文气候和厄尔尼诺与南方振荡(ENSO)之间的关系是世界上最牢固的(Chiew 和 McMahon,2002)。厄尔尼诺现象描述了热带太平洋自然发生的海面温度振荡的暖期。南方振荡是指澳大利亚达尔文岛和南太平洋 Tahiti 岛地表气压的摆动。从这个关系中得出几个指数，特别是南方振荡指数(SOI)，该指数描述了 Tahiti 岛处的气压减去达尔文海平面压力，通常用作恩索(ENSO)的指数，气候、径流和 ENSO 构成了在澳大利亚各地和澳大利亚的其他地方开发预测工具的科学基础。在澳大利亚，气象局定期提供季节性气候展望(例如，未来 3 个月总降水量超过中值的概率)，以及大力推广计算机软件，如 Rainman 河川径流预报(Clewtt 等，2003)。通过气象局与英联邦科学工业和研究组织(CSIRO)之间的发展联盟(WIRADA)在过去十年的研究及将研究成果付诸实践，以及能够定期在网上提供径流预报(http://www.bom.gov.au/water/ssf/)。

12.1.2 采用预报工具的制约条件

对于决策支持工具的设计者来说，一个主要问题是使用者乐意采用的程度，季度预报工具也是这样的。农业界历来是保守的，因此尤其不愿采用这种工具。在使用者决定采用这些工具并相信工具提供的信息时，有很多因素在起作用。

通过使用这些工具，人们对结果的了解、认识和理解各不相同。尤其是当工具要替代已经熟练及适应的行为时，人们对结果常常缺乏信心。这些做法可能看起来已经足以支持决策，因此用户不会认为需要新技术。

与这些工具所使用的技术相关的以往经验也将是一个因素。可能是第一手资料，或者纯粹是业内的传言。当地舆论经常比“外来的”信息更有力。当然，如果过去经验产生了负面的影响，那么采用新技术将会更困难。因此，对新结束的信心和对技术提供者的信任似乎更具影响力。事实上，“人的因素”往往比技术本身更具不确定性。

12.2 可能性估计

大多数对预测工具的调查都将它们的预报结果与“一无所知”做比较。本节描述在一定的条件下将预报模型耦合到模拟一系列水资源管理行为的模型中去。灌溉者采用气候预报作为他们决策过程的一部分，其净利润收入的量化有力地度量了这些预报的收益。潜在市场分析后表明，可靠性及适宜性需要极大的改进，然后才可以考虑广泛采用。

12.2.1 实例研究背景

为了考虑季度预报对农业生产的潜在利益，我们调查了它们在灌溉种植系统中对农场级决策和回报的可能影响。我们认为在农业系统中，季度预报的潜在利益可能最大，但存在很大的不确定性。因此，决策模型中所代表的农业系统是个灌溉型棉花种植园，运作于未调节的河流水系，在生长季节里依靠抽取变化的河流流量来灌溉。这种农场在默累－达令流域北部的 Namoi 流域，特别是 Cox's Creek 地区，非常典型。为了分析，建模时应该考虑呈现一个理论的或典型的农场而不是某一个特定的农场，采用新南威尔士东部许多不同流域水系的预报值及流量。在此农场验证预报值，以检验成果的灵敏度并针对河系的水文和气候提出建议。

假设模型农场是从河流中抽水灌溉的，那么农场的生产及水量将受到从河流中抽水的天数限制。为了模拟这些未调节水系流量规律的类型以及检验预报结果对这些规则的敏感性,考虑了两个抽水阈值,即流量的第 20 个百分点和第 50 个百分点(时间超过 20% 或 50% 的流量)。

每年提供的预报为超过这些抽水阈值的天数(允许抽水的天数)。该模型农场主将根据该预报和每天允许抽取的总水量进行种植决策。

采用三种预报方法为 7 个流域简历了 86 年的流量预报和两个抽水阈值。将这三种预报方法仿真农场主的决策,并对三种决策进行比较。本节描述了分析中考虑的流域以及各流域的流量预测结果。然后,在给出结果之前,描述了用于分析这些预测的决策模型。这些结果是澳大利亚东部季度预报潜在收益的预示,仅作为初步分析,不同胜场系统的复杂性和许多实际生活中的决策影响因素尚未被考虑。然而该分析确实对预报方法的潜力提供了有趣的简介,这可以帮助农场主规避气候可变性的影响。

12.2.2 季度预报模型

采用径流与 ENSO 的关系和径流的序列相关性来提前几个月预报径流。Chiew 和 McMahon(2003)清楚地论述了这些关系,这些关系显示了全澳大利亚各流域 3 个月径流量(10 ~ 12 月和 1 ~ 3 月)与前 3 个月的 *SOI* 值之间有统计意义的线性滞后相关关系。利用这个关系,我们可以从春季的 ENSO 指数预报澳大利亚东部大部分流域的夏季径流量。预报径流时,必须同时考虑径流的序列相关性,因为它一般比径流与 ENSO 的关系更密切,并且全年是一致的。

做风险管理决策时,我们必须以超过概率表达预报值(如至少 10 个抽水日的概率)。本研究中,为默累 - 达令流域的 7 个支流求得超过概率预报值。预报值的推导基于分类法,然后对径流分布和它们的先决条件进行非参数建模(如离散 *SOI* 类)(Sharma,2000;Piechota 等,2001)。所选的流域近似于 Namoi 流域(都在新南威尔士默累 - 达令流域内),反映一系列降雨—径流条件及预报能力。选择接近 Namoi 流域是为了与已有的决策模型良好配合,该模型是由 Letcher(2002)在 Namoi 流域水资源管理调度框架内开发的,它模拟典型的农场主行为。

1912 ~ 1997 年间的日径流数据被采用。数据包括利用了概念性日降雨—径流模型展延的径流估计值(Chiew 等,2002)。流域位置和长期平均降雨—径流特性汇于表 12-1。预报了 10 月至次年 2 月日流量超过两个抽水阈值的天数。阈值仅根据日流量超过 0. 1 mm 的历时计算。将 10 月至次年 2 月日流量超过某阈值的天数与 9 月底某变量相关,推导得到预报值。采用的变量为 8 ~ 9 月 *SOI* 的平均值和 8 ~ 9 月总径流量。我们采用 Piechota等(2001)描述的非参数季预报模型来推导预报值并以超过概率表达。这样的预报非常近似于低风险决策行为,可以用来直接输入决策模型。

采用的三种预报模型如下:

(1)流量:由 8 ~ 9 月的流量推导预报值。

(2)*SOL*:由 8 ~ 9 月的 *SOL* 值推导预报值。

(3)流量 + *SOL*:由 8 ~ 9 月的流量和 *SOL* 值推导预报值。

表 12-1　分析中应用的流域特性汇总

流域	流域降水—径流特性								
	Lat.	Long.	面积（km^2）	降雨（mm）	径流（mm）	径流系数(%)	>0.1 mm 日径流系数(%)	Precentile Flows（mm）	
								20%	50%
410033 Murrumbidgee River	36.17	149.09	1 891	882	134	10～15	71	0.55	0.28
410047 Tarcutta Creek	35.15	147.66	1 660	818	110	10～15	50	0.68	0.31
410061 Adelong Creek	35.33	148.07	155	1 138	256	>20	89	0.97	0.44
412080 Flyers Creek	33.50	149.04	98	915	106	10～15	50	0.65	0.29
412082 Phils Creek	34.23	149.55	106	821	124	10～15	62	0.58	0.27
418025 Halls Creek	29.91	150.58	156	755	44	6	24	0.22	0.14
421036 Duckmaloi River	33.77	149.94	112	967	244	>20	80	0.95	0.40

12.2.3　预报模型结果

所有模型具有的预报能力均汇总在表 12-2 中。采用了两个预报能力指标——Nash-Sutcliffe *E* 和 *LEPS* 评分。

表 12-2　分析中不同流域的预报能力汇总

Catchment	Case	Forecast Skill					
		FLOW		*SOI*		FLOW + *SOI*	
		E	*LEPS*	*E*	*LEPS*	*E*	*LEPS*
410033 Murrumbidgee River	Days > 20%	0.35	27.1	0.23	11.6	0.58	41.7
	Days > 50%	0.36	23.1	0.19	12.2	0.60	39.7
410047 Tarcutta Creek	Days > 20%	0.41	32.8	0.23	17.6	0.57	46.4
	Days > 50%	0.39	26.2	0.18	11.2	0.50	36.0
410061 Adelong Creek	Days > 10%	0.54	41.4	0.16	12.0	0.65	49.5
	Days > 20%	0.63	42.0	0.17	11.1	0.71	50.4
412080 Flyers Creek	Days > 20%	0.34	25.8	0.22	10.2	0.54	37.6
	Days > 50%	0.42	28.8	0.22	10.9	0.56	40.0
412082 Phils Creek	Days > 20%	0.40	19.2	0.22	12.3	0.59	32.1
	Days > 50%	0.54	30.0	0.22	12.2	0.64	39.7
418025 Halls Creek	Days > 20%	0.13	12.4	0.16	11.7	0.29	26.3
	Days > 50%	0.26	15.3	0.16	13.0	0.44	31.5
421036 Duckmaloi River	Days > 20%	0.16	12.3	0.24	13.5	0.45	28.1
	Days > 50%	0.24	16.7	0.27	17.7	0.51	34.0

Nash-Sutcliffe *E* 值(Nash 和 Sutcliffe,1970)提供了“平均”预报值(接近 50% 超过概率

的预报值)与10月至次年2月日流量超过阈值的实际天数之间的一致性度量。较高的 *E* 值表示预测值与实际值之间的一致性较好,*E* 值为1.0表示所有年份的所有平均值与实际值完全相同。

LEPS 评分(Piechota 等,2001 年)尝试将预报值分布(各种超越概率的预测)与10月至次年2月日流量超过阈值的天数进行比较。*LEPS* 评分为10%,通常表明预报能力具有统计学意义。仅基于气候学的预测(每年根据历史数据进行相同的预测)*LEPS* 评分为0。

所有预测模型中的 *LEPS* 得分均大于10%,表明预报能力显著。*SOI* 模型在7个流域具有相似的能力,*E* 值约为0.2,*LEPS* 得分为10%~15%。在5个流域(410033、410047、410061、412080、412082;*E* 通常大于0.35,*LEPS* 通常大于25%)中,流量模型明显优于 *SOI* 模型,而在其他两个流域(418025、421036)的测流站,流量模型和 *SOI* 模型具有相似能力。在所有7个流域中,流量+*SOI* 模型比单独的流量模型或 *SOI* 模型具有更高的技能。在5个流域中,流量模型比 *SOI* 模型具有更高的技能,流量+*SOI* 模型的 *E* 和 *LEP* 通常分别大于0.5%和40%(对应流量模型中的0.35%和25%)。在流量模型和 *SOI* 模型能力相似的两个流域中,流量+*SOI* 模型的 *E* 和 *LEP* 通常大于0.3%和25%(对应仅流量或 *SOI* 模型的 *E* 和 *LEP* 小于0.25%和20%)。

12.2.4 决策模型

所有的决策都是使用一个简单的农场模型来模拟的,该模型假设农民每年都会采取行动,以最大限度地提高毛利率,同时考虑到他们在这一年可获得的土地和水的限制。该模型是 Letcher(2002)开发的 Cox's Creek 流域决策模型的改进版本,Letcher 等(2004)也报道了该模型。使用四种可能的决策方法,对所有流域、抽水阈值和预测方法的农场总毛利率进行分析:

(1)季度预报决策。本决策假设抽水天数的第20个和第50个百分点的超概率预报是准确的(使用 *SOI* 模型、流量模型、*SOI*+流量模型)。

(2)Naive 决策。本决策假设今年抽水天数等同于去年实际抽水天数。

(3)平均气候决策。本决策假设每年可能抽水的天数相同,且与1986年内允许抽水天数的平均值相等。

(4)完全知晓决策。在完全知道每年可能抽水的实际天数情况下做出决策。它基本上用来对结果进行标准化,因为它是对特定水资源限制情况下可能的最大毛利值的度量。

同样简单的农场模型用于所有情况。该模型允许农场在三种耕作体系中选择灌溉地棉花与冬小麦轮种、旱地高粱与冬小麦轮种、旱地棉花与冬小麦轮种。种植农作物有生产成本,已耕种的土地全年没有足够的水则会造成损失。对这样的收成,则假设灌溉地减少,其余已耕种的土地获得旱地收成。

12.2.5 模拟结果

假设以抽水阈值、预报和决策方法的各种组合,为每个流域1986年全年运行模型。各种决策模型和预报方法的整个模拟年段农场总毛利值,以第20个百分点抽水阈值绘于

图 12-2 和以第 50 个百分点抽水阈值绘于图 12-3。每幅图中横轴为每个流域的标识码，纵轴为以澳元为单位的总毛利值。这些数字表现了几个一致的规律：

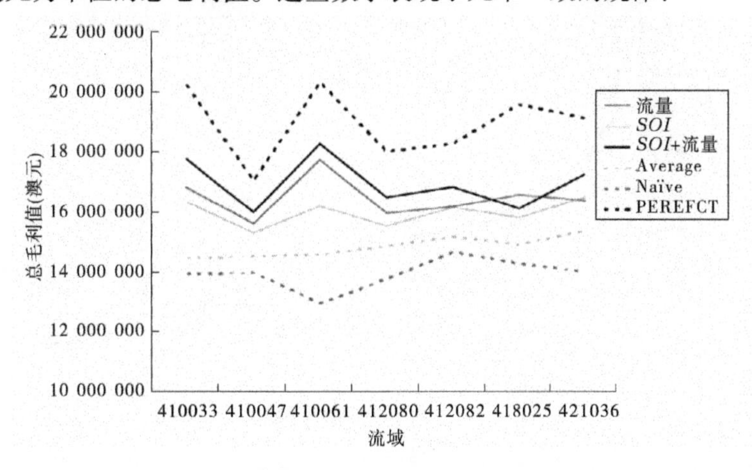

图 12-2　以流量的第 20 个百分点为抽水阈值，86 个模拟年采用不用决策方法的全部利润（年毛利值）

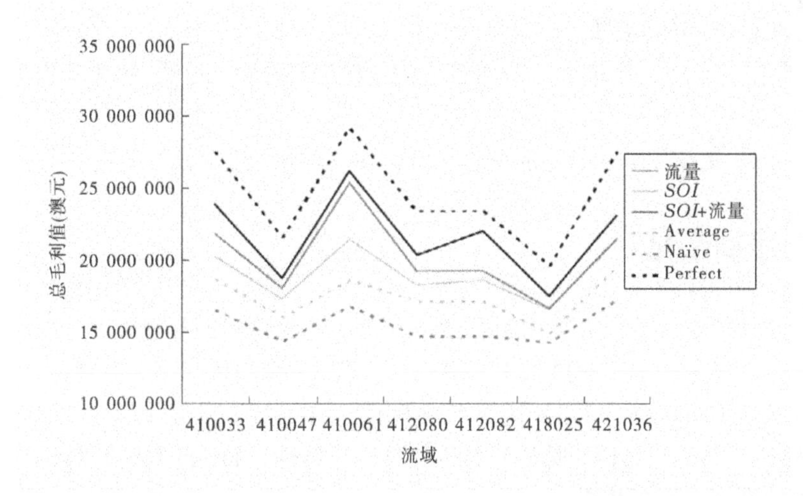

图 12-3　以流量的第 50 个百分点为抽水阈值，86 个模拟年采用不用决策方法的全部利润（年毛利值）

（1）使用这三种预测方法中的任何一种比 Naïve 决策方法得出的毛利值要大。

（2）一般而言，*SOI* + 流量模型给出了三种预测模型中最大的毛利率，而 *SOI* 模型通常提供最低的毛利率。

（3）各种情况下，相应于全部可获毛利（通过完全知晓决策模型得出），各种预测方法都提供了实际的毛利率回报（平均为 55% 的可能最大值）。

为了研究预报技巧的一致性，指导了每种决策模型和预报方法在模拟期间超过不同收入水平的时间百分比，单个流域（410033）和第 20 百分位抽水阈值的结果，如图 12-4 所示。

可以得到关于预报一致性的几点看法：

（1）对于大多数年份（ >7% ）平均和 Naïve 决策方法的负毛利（损失）时间比任何一

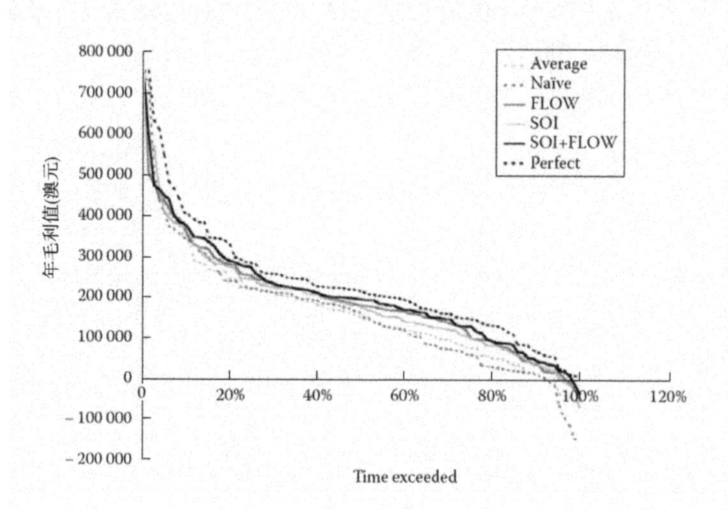

图 12-4　以流量的第 20 个百分点为抽水阈值，一个流域(410033)年毛利的超过概率

种季预报方法(<3.5%)要大。

(2)几乎在所有超过概率下平均和 Naïve 决策方法的收入较低，而那些收入较高的地区其差别很小。

(3)Naïve 决策方法在概率非常高的年份(2.4% 时间)给出较高的毛利值。

12.3　实际情况

本研究开发的综合建模方案说明季度预报与水资源管理的常规配合，可以产生效益。

为了检验农场主对采用季度预报工具的接受程度，我们举行了一系列 10 人非正式座谈会。座谈者是 Namoi 河(默累－达令流域上游)没有调节的灌溉用水者，因此非常依赖河流的天然流量。由于用于灌溉农作物供水的不确定性，可以想象他们对于季度预报比有调节河流的灌溉者们更积极。

有了小量的样本，将收集到的数据与其他人在默累－达令流域南部(澳大利亚 URS，2001)组织的类似研究比较。他们的研究包括 29 次会见，随后是 6 人的讨论会。两个研究的发现相似，因此对这些局限的座谈结果提供了信心。

关于季度预报术语和形式的知识和了解相当不同，从十分了解到知道很少，甚至误解。参加者似乎不了解预报类型和预报源之间的区别。然而，对自然预兆的支持比对使用技术的支持要大得多，例如：

一些最好的干旱预兆是房屋四周的蚂蚁窝——如果许多蚂蚁搬家，一般很快要下雨了。有许多自然信号比我们提供的科学信息更有用。

人们理解概率的程度，或者认为对他们有用的程度，也是不同的。许多人怀疑将过去的数据延伸至现在来推算可能性，还用过去的经验来质疑其有用性。例如：

上次会议我们被告知:“我们将有 50% 的机会得到超过平均的降水，50% 的机会得到低于平均的降水。”其实这什么也没告诉我们。

这些农场主将季度预报信息结合到他们决策中去的程度也是不同的。虽然没人经常使用,但有些人说他们有时使用,有些人考虑了但很少使用,有些人从未使用。

那些声称使用过的人指出,它会造成播种期、喷水时间、种植比例、种植作物类型、蓄水购买等计划的改变。但他们强调,季度预报仅是采用信息的一部分,要与自然预兆和过去使用的信息源结合在一起。决定还是很保守的。

如果它们说将是干燥的年份,我就不买更多的家畜;如果将是湿润的年份,我就买更多的家畜。

那些在决策时不使用季度预报的人不采用的原因是他们有过去的经验,或者听从有经验的人。其他原因还有缺乏了解或者得到的信息有限。他们似乎对短期预报比对季度预报更关注。不良短期预报不会造成季度预报错误那样严重的后果。

事实上,如果你的本能感觉告诉你将要干燥,有可能;如果它告诉你将要湿润,也有可能。

我是个守法农民,我感觉你会得到你该得到的。

我不太相信信息,它一般只有50%的准确性,如同猜硬币。

降水概率被认为是季度预报可以提供的最有用的信息,然而决策时仍然相当保守。

如果它们告诉我有75%的机会将是干旱,我会注意。然而如果它们告诉我有25%的机会低于平均降水,有75%的机会高于平均降水,我会注意低于平均降水的预报。

问到农场主们,比起低确定性的经常性降水预报,他们是否更愿意采用仅预报极端事件但比一般可靠性高的工具?总的来说,他们是更愿意的,但是有相当多的批评意见指出,就其用途来说它们应该获得足够的可靠性。

他们确实意识到预报的难度,特别是澳大利亚天气记录的历史有限。然而预报有误时,给科学家的宽容似乎太少。可靠性非常重要,在可达到的可靠性可帮助农场主决策以前,技术的采用将是有限的。记忆是长远的。

Indigo Jones不久前被认为是个非常出色的长期预报员。1974年他预报将有湿润年份,我们遇到了几次历史上最大的洪水。然而1975年他预报将仍是湿润年份,我们却遭受了历史上最严重的干旱。以后我对长期预报失去了信心。

显然,农业界季度预报工具的潜在市场将限于短期。必须了解技术开发可能的使用者以及他们相信预报工具确实能帮其做什么样的决定。

12.4 总 结

径流年际变化大的地区给其水资源系统使用的风险管理造成困难。可靠的径流季度预报为该风险管理提供了机会。知道了径流量将高于还是低于平均径流,就有可能影响农场主的决策和环境水资源的分配,或者在危急情况下抽取地下水。长期预报则可改善农业生产活动的生命力,在维持所需的环境水流的同时提高水资源利用率。前面阐述的综合建模方案的能力,提供了与其他探索性预报技术的比较,显示了其较其他技术的实用性优势。在绝大多数基于季度预报的水资源管理及其种植决策中,企业将在水资源利用率及利润收益上有较好的回报。然而采用过程很慢,可能反映了农民普遍的保守天性,至少在澳大利亚,在考虑将这些工具用到他们决策中之前,农民需要看到持续实在的利益。

社会分析确认,关于季度预报术语和形式的知识与了解相当不同。似乎在预报类型和预报来源之间的区别上有误解。然而,对自然预兆的支持比对使用技术的支持要大得多。人们理解概率的程度,或者认为对他们有用的程度,也是不同的许多人怀疑将过去的数据延伸至现在来推算可能性且还用过去的经验来质疑其有用性。

基于对水资源有限性的认识和对环境作为水资源的一个合法使用者的确认,一项积极的水资源管理改革议程推动了研究和开发一些关于水资源分配的可以精确调整的紧急决策工具。

12.5 未来方向

尽管最佳有所改进,像季度预报这样的气候变化管理工具的应用在农业界仍很慢。农场主对预报工具的可靠性及收益表现消极。

可以证明,许多农场主,特别是大灌溉企业主,由于建造了大型农场蓄水池和安装了更有效的水网系统,已经降低了与及时取水有关的风险,即他们已投资(相当大的成本)以克服不确定性,季度预报工具正对此努力进行补偿。所以,是否需要考虑采用诸如季度预报的技术,与风险的公开程度和风险管理的方式直接相关。

因为不再保证能及时从河流取水和加强了农场对蓄水的管理,当前水资源管理改革的一个结果是增加了风险的公开程度。这会强迫使用者投资于能提供收益的工具。为了确认这些收益以及可能的不同利润水平,预报工具需适应市场要求,它的需求决策方式、目前的阻力等必须清楚表达,这些在合适的市场中必须被识别。本实例给出了一些有力的引导,例如灌溉对旱地,高权益对抵押参与者。气候风险管理的研究及开发所带来的明显利益只有当它所产生的工具符合使用者的需要和期望并能应用到他们的决策和风险管理过程中时才有可能实现。

致 谢

通过负责澳大利亚土地及水资源研究和开发的政府机构,澳大利亚土地及水资源气候变化管理计划的 8 个月的研究资助,得以有机会建立一个有凝聚力的,由水文学、气候学、季度预报、综合评估和社会分析领域一流的澳大利亚专家组成的研究小组。这样的结合表明,采用跨学科的方案开发实用的工具来支持有效的环境管理可以产生收益。

参考文献

(略)

第Ⅳ部分　综合干旱和水资源管理的案例研究：科学、技术、管理和政策的作用

第 13 章　缓解干旱:短期和永久的节水工具

13.1　概述:新的缺水期还是原先的水资源浪费的过失?

1882 年,在得克萨斯州布拉夫顿市的布坎南大坝下,一个躺了 129 年的孩子的墓碑,在 2011 年一场严重的干旱后重新出现。有人说旱灾使这个古老的鬼城又回来了,另一些人则表示,水资源管理者和政治家采取的减少用水需求的行动太少且太晚了。如果官员们早点采取行动,更积极地实施强制性的草坪浇水限制和其他有效的节水策略,在干旱期间,水库的水将被保存在埋在地下的石头结构上。

在过去的 20 年中,在用水效率、技术和水资源保护方面取得了巨大的进步,使许多城市用水和农业用水需求减少了至少 1/3。尽管如此,大规模节水战略的潜力仍待充分发挥。人类需要多长时间才能以最容易获得、最具成本效益和环境友好的方案来满足我们当前的水资源需求,又需要多久才能确保未来水资源安全?

Sandra Postel 是国际水资源政策专家、作者、位于新墨西哥州洛斯卢纳斯的全球水资源政策项目的主管(Postel,2016),她表示"如果需要一个警钟来集中全球对水安全的关注,它已经响了"。在淡水供应量不断下降的情况下,即使在不艰难的时期,21 世纪不断增长的人口对水的需求将如何得到满足,也是一个艰巨的挑战。水资源紧张的迹象令人望而生畏:全球 70 多亿人口中有一半生活在城市环境中,到 2050 年,全球人口预计将增长 25%(United Nations World Water Assessment Programme,2016,3)。然而,世界上近一半的大城市和 71% 的全球灌溉区域已经处于周期性缺水或更严重的状态(Brauman 等,2016)。美国 80% 的州政府报告表明,到 20 世纪 20 年代初,他们预计即使不在干旱条件下也会出现水资源短缺(US General Accountability Office,2014)。大自然给了我们一个固定的淡水预算;要么我们生活在其限制范围内,要么我们为其较小的替代品付出高昂的代价。

虽然许多人现在把目光投向广阔的海洋和海水淡化,以解决世界上的供水问题,但其巨大的成本猛烈地撞击这个梦想。将海水和微咸水转化为饮用水和可用水的过程比淡水开发成本高出 10~20 倍。与环境负担相比,海水淡化的财务成本可能会降低。尽管海水资源丰富,但海水脱盐却不是免费的:将海水抽真空进入脱盐工厂会破坏海洋生物群,产生大量过滤后的固体废物,需要大量的化学物质进一步处理,这些化学物质会成为有害废物,并且比传统的海水脱盐需要更多的能量。位于加州圣迭戈的备受争议的卡尔斯巴德海水淡化厂,建造成本超过 10 亿美元(高于其最初的预算),每年还要支付 5 000 万美元的电费,仅用于运行该厂,所有这些费用都将使圣迭戈居民的水费比他们附近的南加州增加一倍以上。在投产的第一年里,卡尔斯巴德工厂因其流入海洋的化学废物的"慢性毒药"引起十几起环境污染。尽管成本高昂,卡尔斯巴德工厂也只能满足圣地亚哥地区约

10%的用水需求，几乎不足以满足半干旱地区的灌溉绿色草坪的需求，而这些灌溉绿色草坪的服务区域尚未最大化其水资源保护的潜力(GOR,2016)。

经过一个多世纪的水供应的发展和对自然生态系统的开发，满足人类对水的日益剧增的需求仍和以往一样难以实现。全球干旱和长期供水问题继续恶化且治理成本渐增，同时地下水和地表水供应也在下降。然而，在每一个面临干旱或长期缺水的大陆和几乎每一个水系统中，存在一种明显但长期被忽视的、已经存在了一个多世纪、对症和有效的方法：最大限度地减少水的浪费。

1900年：很明显，许多城市都浪费了大量的水。我们的许多大城市正在花费数百万美元来增加供应，以至于其中2/3可能被浪费。这种浪费不是有意的，就是粗心的，或者无知的(Folwell,1900,41)。

今天：据估计，全球约30%的取水量因渗漏而流失(联合国世界水评估方案，2016年12月)。

"修复漏洞"是自来水公司对公众最基本也是最常重复的告诫，但自来水公司本身却不遵守。美国给水工程协会对11家自来水公司的实际(泄漏和其他物理)损失进行的一项研究发现，2015年，他们的平均值为83 gal/(人·d)，高于2011年报告的平均值70 gal/(人·d)(Sayers等，2016)。考虑到美国的住宅平均每天人均使用量约为88 gal(Maupin等，2014)，这11个系统因泄漏而损失的水量几乎相当于其服务区域内额外一人的需水量。

从被忽视的地下水管的泄漏到沙漠绿洲，以及早期的水淹方法种植粮食作物，水资源浪费是如此普遍，以至于这些其实是可避免的现象，通常被认为是正常的。但是，它是否还应该继续作为一个合理的前提来指导今天的干旱响应和水资源管理？可以肯定的是，所有的水系统都会有一些泄漏，人类需要水的功能价值以及它的审美和灵感特性，有益的再利用是一些灌溉损失的一个组成部分。但是，我如何根据"水资源要求、需求和奢求"来定义我们的真实水资源需求？

防渗系统和渗漏系统之间的对比非常明显，尤其是在水库排水和其他供水限制的情况下。新加坡和里斯本等城市的失水率低于10%，伦敦和挪威的失水率分别为25%和32%(联合国世界水评估计划，2016，25%)。对老化和漏水的配水管和干管进行持续的维护和维修，其中许多管道和干管在需要完全更换之前的使用寿命约为100年，通常供水设施是可避免的系统损失的主要来源。但供应商往往忽视对水基础设施的基本维护。例如，Suez Water(以前称为United Water)，一家为纽约罗克兰县30多万居民提供服务的私营水务公司，多年来的报告表明其基础设施泄漏和其他损失超过20%。尽管该公司多年来未能实施积极的失水恢复计划(与纽约州监管机构合作，这些监管机构多年来一直无视其自身的失水标准的执行)，以增加现有水源的可用供应，但几年来，该公司一直声称"需要"在哈德逊河上建造一个昂贵的海水淡化厂。但由于纳税者和地方官员质疑苏伊士的提议，以及公司的推广不佳，罗克兰居民和企业用水需求基本持平，并处于该系统的2000年的安全收益率。几乎没有条件证明为昂贵的新供水而招致公共债务是合理的(*Our Town News*,2015,6)。

尽管美国的人均用水量在下降(人均约88 gal/d,很大程度上是由于1992年《美国能源政策法》首次确立的全国管道的安装和使用的节水标准以及近年来由美国环境保护局的水情和“能源之星”项目制定的最新标准。并非所有的美国人的用水都处于全国平均水平)。在无数美国社区,过多的室外水用于草坪灌溉,其中大部分效率低下,而且常常导致景观径流和草坪疾病,这仍然是一个令人烦恼的问题,这些社区的平均室内冬季需求是室内的2倍、3倍甚至4倍。亚利桑那州斯科茨代尔市的居民是否真的需要比新墨西哥州圣达菲市的居民多用3倍的水?这两个沙漠地区的年平均降水量都不到15 in。美国西部缺水的城市,如亨德森(内华达州)、丹佛和柯林斯堡(科罗拉多州)以及圣巴巴拉(加利福尼亚州),怎么能严重抱怨水资源短缺,并考虑在海水淡化和废水回收设施超过50%时提高公共债务?独立家庭的用水是季节性的,大部分用于草坪灌溉(见图13-1)。

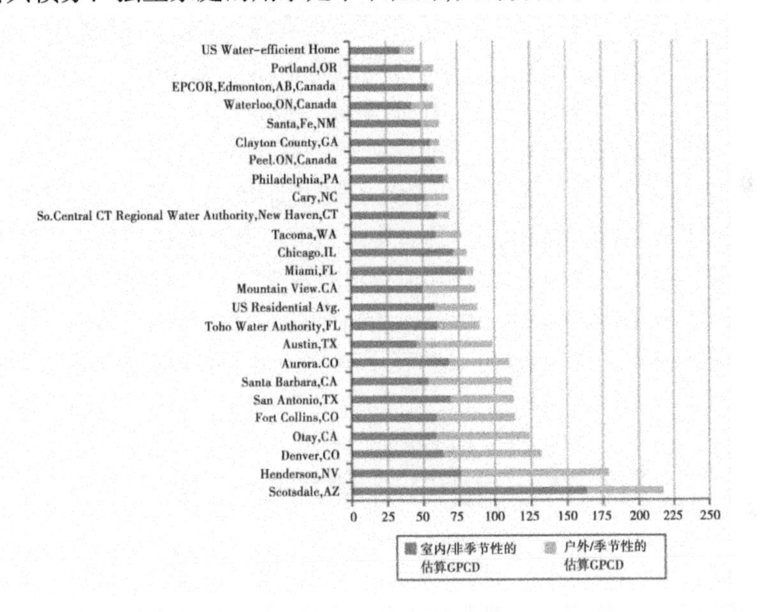

图13-1 2001年美国西南部及西部城市单个家庭用水加上输水系统损失的人均指标(“西部资源倡导者”,2003)

许多人以美国西部和西南部地区为例说明过度用水的例子,例如大量的水(许多地方夏季需求的50%以上)用于加利福尼亚州、内华达州、亚利桑那州、科罗拉多州及得克萨斯州城市和郊区(见图13-1)的住宅草坪浇水。不幸的是,这种做法越来越普遍,包括在降水量丰富的新英格兰等地区。即使在正常降水期,这些需求也会对水库、河流和蓄水层的生态平衡产生影响,而在干旱期,它们会产生更严重的影响。

尽管有人认为提高水价和给出水资源价值的明确信号会遏制水资源的滥用,但有些人,尤其是富人,在想要一个完美的绿色草坪时是不会在乎价格的。正如Postel和Richter(2003)十多年前在《生命之河:为人类和自然管理水资源》一书中指出的那样,“巨额的水费可能不够:当河流流量低于生态阈值时,直接禁止草坪浇水可能是必要的”,以保持水流和鱼群的健康。

公共官员和水资源管理者通常顽固地抵制在干旱期间强制禁止草坪浇水的要求,他们选择了其他不太有效的自愿性方法,这些方法可能只会改变需求,但不会减少需求,即使在供水低到危险程度的条件下也是如此。他们也不愿承认他们反对限制浇水的原因：过度的草坪灌溉可能会耗尽城镇水库的水，但它会给城镇的金库带来收入，特别是在炎热和干燥的天气。

未能及早采取适当的抗旱行动，特别是实施强制性的削减和禁止草坪浇水，往往会导致野生动物受害和死亡。官方和媒体对与干旱有关的损害和死亡的报道通常扭曲了干旱造成的损失，忽视了官员在限制非必要用水需求方面是多么得过少或过晚。例如，2016年最严重的旱灾袭击了新英格兰和马萨诸塞州东部的伊普斯维奇河地区，这条河的水位在2016年夏天达到历史最低点，停止了流动。在完全干涸之前，这条河微弱的水流向北雷丁和威尔明顿镇的水井倒流，大部分被吞没，最后一滴伊普斯维奇河水洒在附近的郊区草坪上。当伊普斯维奇河遭遇严重干旱时，数千条鱼开始死亡，当地伊普斯维奇河流域协会宣布这是一条"危机中的河流"，并呼吁官员采取积极的保护措施来拯救河流（伊普斯维奇河流域协会，2016）。然而，在从伊普斯维奇取水的城镇中，大多数水资源管理者一直等到河流完全干涸，在夏末以及鱼类、海龟和其他野生动物死亡后，才开始限制室外用水。当地一家媒体的头条新闻是"干旱杀死伊普斯维奇河野生动物，迫使整个地区实行水限制"（麦克尼尔，2016）。干旱是否杀死了野生动物，或者是因为水资源管理者和政府官员没有及早实施灌溉限制来保持河流，使野生动物得以生存？

在用水的范围上，可避免的无效和浪费项有多少？当我们计算一个简单的方程式，将"总水资源需求"减去"实际水资源需求"所得到的结果——水资源浪费和无效——揭示了一个广阔的新淡水源，它不仅可以减轻干旱的冲击，还有助于弥补长期缺水的不利影响。

13.2 水资源保护：大量的未利用的供水

水资源保护是一种功能强大但未充分利用的缓解干旱的手段，可以避免严重的水资源短缺、财政损失和在历史上一直被认为是干旱造成的不可避免的公众安全风险。已有数百种硬件技术和行为措施可用于提高水资源的利用效率，它们可降低短期和长期的水资源需求（Vickers，2001，2014）。

对于在供水系统、家庭、景观、工业、商业和农场中发现的每一种水资源浪费和无效的例子，几乎都有水资源保护的设备、技术或方法来节水（见表13-1）（Aiqueous 和 Amy Vickers&Associates，Inc.，2016；美国水工程协会，2016年；美国环境保护局，2016；Vickers，2001，2011，2014）。硬件措施，如泄漏维修、低容量马桶以及更高效的冷却系统和加热系统，可以减少长期需求，通常只需要一次行动（安装或维修）即可实现持续节水。行为方面的措施，如刷牙时关闭水龙头，以及其他涉及人类决策的行为通常在短期内实现节约，但不是长期的。这就是为什么以硬件和技术为基础的效率措施受到水资源保护管理者的青睐，他们的目标是永久的、长期的节水（Vickers，2001）。在每个主要用水部门中，对由于各个最终用户实施的提高用水效率的措施的实例研究证明，它们不仅减少了水资源浪费，还节省了费用以及带来其他好处（见表13-2）（美国景观设计师协会，2016；Donnelly，2015；Austin Water，2016；Dupré，2016；Florendo 和 Wuelfing，2016；Postel，2014；

Purington,2016;南内华达州水务局,2016;The Economist,2016;Vickers,2016)。

表 13-1　水资源保护激励机制、措施及节水潜力一览表

最终用户类	水资源保护激励机制及措施范例	潜在的节水程度(%)
系统(供水单位)	系统耗水(最高为全部用水的 10%); 系统用水合计; 当前的渗漏检测、修理、供水损失控制以及修复; 测量和表计维护(例如,正确的计量、校准和定时替换); 压力调节	变化
住宅(室内)	节水方面的收费率、折扣以及激励政策和措施; 马桶和便池(例如,低容量、非冲水、堆积型、更新设备); 莲蓬头和水龙头(例如,低容量、充气型、更新设备); 洗衣机和洗碗机(例如,高效满负荷); 即热型热水器(例如,对较高热水器损失的家庭); 渗漏修理和维护(例如,漏水的马桶、滴水的水龙头)	10 ~ 15
草坪及园艺灌溉	节水方面的收费率、折扣以及激励政策和措施; 节水型园艺设计(例如,仅涉及功能性草皮区); 本地的和/或耐旱型草皮和植物(仅采用非入侵性的); 少浇或不浇水的草皮和园艺区(除了移植植物时); 有效灌溉系统和设备(例如,自动关闭器、园艺滴水胶管); 极少或无肥料和化学药品(例如,控制疯长和"水浸"); 雨水收集(例如,仅供基本使用和有效灌溉); 渗漏的修理和维护(例如,漏水的洒水装置和软管)	15 ~ 100
商业、工业及公共机构	节水方面的收费率、折扣以及激励政策和措施; 分表计量; 有效的冷却和加热系统(例如,再循环、即热型、绿色屋顶); 有效的夹具、器具和设备; 即热型热水器(例如,对较高热水损失的场合); 渗漏的修理和维护(例如,软管修理、清扫和其他清洁方法)	15 ~ 50
农业	节水方面的收费率、折扣以及激励政策和措施; 农场用水的计量(例如,补偿阀、微灌、滴灌、LEPA、激光水准测量、犁沟筑堤、尾水再利用、灌渠及渡槽系统的加衬层和管理有效的灌溉计划(例如,客户化、考虑土壤湿度、联系当地气象网); 土地保护法方法(例如,保护性的耕耘、有机施肥、综合有害物管理)	10 ~ 50

表 13-2　保护性节水实例

最终用户类	措施	节水效果
系统(供水单位)	减少供水损失和泄漏(新加坡);通过积极的泄漏检测和修理、管道更新和 100% 计量(包括消防部分)来减少供水系统损失(UFW)。积极更换商业、工业和居民水表,保证精确计费,使供水系统损失达到最小。推行工业使用非饮用水,非法接入将获最高罚款 50 000 美元或 3 年监禁	系统输水损失从 1989 年的 11% 减少到 2003 年的 5%,在避免重要设施扩充上节省了 2 600 多万美元
住宅(室内)	住宅建筑(英格兰"趣味之家"):24 家安装了集雨系统、地下水储存、双冲水马桶、充气莲蓬头和太阳能热水器	平均每年每户减少 50 m^3(50%)
草坪及园艺灌溉	本地植物和自然园艺(CNA 合作、Bloomfield,CT):GINA 合作社 120 hm^2 传统的公共草坪,由草地、野花圃和步行区组成(Bloomfield,CT)。 城市干旱期禁止草坪浇水(美国科罗拉多州 8 个城市供水部门):监控室外浇水以比较实施节水后的效果(将 2002 干旱年用水与 2002/2001 年的平均用水对比)取得下列成果:	在减少用水、肥料、杀虫剂和设备上每年节省几十万美元,减少的维护需求,估计的换算成本是 63 000 美元
	最多每周浇水一次的强制性草坪浇水禁令(Lafayette,CO);	净节水 53%(平均)
	最多每周浇水两次的强制性草坪浇水禁令(Boulder, CO; Fort Collins, CO; Louisville, CO);	净节水 30%(平均)
	最多每 3 天浇水一次的强制性草坪浇水禁令(Aurora,CO;Denver Water, CO;Westerminster,CO);	净节水 14%(平均)
	自愿的草坪浇水计划(Boulder,CO;Thornton,CO)	净节水 0(平均)
商业、工业及公共机构	超市(美国南加利福尼亚州 6 个超市点):先进的水处理系统减少了冷却系统的淡水需求。其他推荐的提高节水效率的措施有:在洗手池及洒水台安装高效喷嘴、充气器和限流器;废弃垃圾粉碎机,改为食物废料堆放;肉类部门安装高压喷枪来替代低压水管	每个超市平均每年节水 2 700 m^3
	监狱(美国乔治亚州 Reidsvijile 城乔治亚改造营):蔬菜制罐生产(豆、胡萝卜、蔬菜、豌豆、土豆和南瓜),改造了水表、流量计算器和控制阀来监控用水。为了减少淡水需求,安装了对流漂洗系统来替代蔬菜清洗的一道漂洗工序。交变冷却系统取消了单通冷却水。对地板及某些设备采用了干洗方法以取代水洗方法	每年平均节水 94 600 m^3(大约占日用水峰值的 57%);措施的花费为 3 800 美元,估计节省 102 700 美元;回收期小于 1 年
农业	牛奶场(英格兰联合牛奶公司):安装了反渗膜(RO)系统来恢复和处理牛奶浓缩物,以便在全厂再利用,其结果是实现零用水	每年平均节水 657 000 m^3;每年节省 405 000美元
	生产(英格兰 Nigro 公司):无杀虫剂的新鲜水果、蔬菜及药草的生产商,在封闭式人控气候设施中采用精确灌溉和雨水收集,每单位作物收益的需水比传统灌溉小 30%	每年平均节水 9 000 ~ 18 000 m^3(50%);每年节省 7 400 美元

在干旱期间实行用水限制可以节约多少水？很多，可能比我们知道的要多。康涅狄格州费尔菲尔德县的几个城镇在严重干旱期间，在 2016 年实现了 35% ~50% 的需水量减少，这说明了强制供水限制的实施是必要的和高效的，尤其是与自愿要求保护相比。尽管康涅狄格州几个干旱城镇的许多居民和企业从 2016 年 7 月开始就配合当地官员提出自愿限制供水的初步要求，但至少有一个城镇，格林威治(一个室外需水量较高的富裕社区)，在很大程度上无视这些要求。由于干旱持续，水库水位下降，到了夏末，开始发布紧急声明并禁止室外浇水(Borsuk 和 Oliveira，2016)。草坪浇水禁令很快导致了需求的减少，格林威治的用水量下降了 50% 以上，从禁令前的 18×10^6 gal/d 下降到 1 个月后的 8×10^6 gal/d 以下(Aquarion Water Company，2017)。尽管草坪浇水禁令不被视为永久性的保护措施，但其结果至少揭示了通过采取永久性强制性限制(最多两次或每周浇水一次)可能实现的一些潜在节约。

为应对干旱，特别是长期缺水，实施了大规模的节水计划，结果表明节水措施在缓解供水不足方面发挥了深远的作用。作为暂时的干旱响应，在某些情况下，由多年水资源保护规划形成的水资源需求的缩减已经用来减少或者取消供水及废水基础设施的扩充计划和相应原长期资本债务。例如，马萨诸塞州水资源管理署(MWRA)服务的波士顿都市区人口约 250 万，2016 年平均 2.09 亿 gal/d 的需求量比 1987 年的 3.34 亿 gal/d(当时仅提供 2 个)高出 37%，且当时只有 210 万的人口(马萨诸塞州水资源署，2017)。尽管在这段时间内服务区人口增加了 40 万，但水资源管理局不断减少的用水需求很大程度上是实施永久性“硬件”节水措施的结果。这归功于积极的渗漏修复(20 世纪 80 年代波士顿市不可能占到其用水的 50%)，工业用水资源利用效率的革新，以及节水马桶和管道夹具更新设备的安装。马萨诸塞州还实现了对水资源管理局和马萨诸塞州其他水系统的显著节水，因为该州是美国第一个需要低容量、最高 1.6 gal/次马桶的州，这是当时美国最节水的标准(Vickers，1989)。MWRA 的节约不仅改变了该系统的供应状态，从短缺到富足，还避免了在 Connecticut 河上修建一个有争议的大坝项目，该项目预计将招致 5 亿美元(1987 年美元)以上的债务(Amy Vickers&AssociateS，Inc.，1996)。如果水资源管理署需要进一步减少需求(例如，应对干旱、向新用户供水或满足紧急水资源需求)，则可以实施大量额外的节水措施，以便在已经实现 37% 节水基础上进一步节省用水。

13.3 结 论

减少我们的用水需求和浪费应该是对干旱的一个明显的反应：在缺水的时候减少使用，在自然丰饶的时期享受更多。水资源保护不应仅仅是对干旱的紧急反应，而应是管理和减轻世界有限水供应压力的长期方法，以便当干旱发生时，水系统在干旱面前更有弹性。

节水是一种强有力的短期干旱缓解工具，也是一种有效管理长期水资源需求的可靠的方法。具有节约意识的供水系统已经证明，在干旱期间有效管理公共用水、工业用水和农业用水，对于控制和减少降水对供水的不利影响至关重要。如果我们了解在何处使用水以及使用多少水，并采取适当的效率做法和措施减少水的浪费，我们就能更容易地承受经济、环境和政治上的干旱以及预计的水资源短缺。有效的干旱管理战略（早期实施全面的保护措施，通常需要限制使用）的经验表明，水资源保护也可以用来帮助克服目前和预计在非干旱时期出现的供应短缺。实施减少水资源浪费和提高效率的措施可以减少过度用水对自然水系（河流、含水层和湖泊）及其所依赖的生态资源的不利影响。节水型城市和供水系统的实现显著减少了供水需求，证明了水资源保护不仅可以在应对干旱方面发挥重要作用，而且可以通过保持供水能力克服供应限制和增强抗旱性。像任何精明的投资者一样，注重效率的政府官员和水资源管理人员，他们将系统水资源损失降至最低，并投资于客户的水资源保护计划，将为水库和蓄水层提供“新”水资源，保护其免受未来短缺和水资源短缺的影响。人类活动在我们的干旱经历中起着关键作用。今后是富水还是贫水，很大程度上取决于我们今天的水资源浪费和用水效率。

参考文献

（略）

第14章　雨水收集和补充性灌溉在干旱地区应对缺水和干旱中的作用

14.1　概　述

水资源匮乏及干旱是农业发展最主要的障碍，也是干旱地区环境的主要威胁。干旱地区的农业用水量占总用水量的75%以上。随着水资源需求的迅速增长，越来越多的农业用水和环境用水被重新分配走。

尽管匮乏，水资源却仍然被滥用。如今开采地下水成了惯例，该方法既危及水的储量，又危及水质。土地退化是干旱地区的另一个挑战，与干旱造成的水资源缺乏密切相关。气候变化主要是人类活动的结果，导致植被覆盖率降低和生物物理及经济生产力的损失。土壤表面的裸露，造成风蚀、水蚀、流沙、土地盐碱化和涝渍。尽管这些都是全球性的问题，但在干旱地区尤其严重。

干旱地区主要有两种环境。第一种是湿润的雨养农业区，那里的降水量足以支持经济型旱作农业。然而，由于降水量分布不理想，在作物生长的一个或多个阶段发生干旱，导致作物产量极低。年际降水量及其分布的变化会导致产量的大幅波动，这种情况会造成不稳定的和负面的社会经济影响。第二种是较干旱的环境（大草原），其特点是年降水量不足以支持经济型旱作农业，大部分干旱地区都位于此。这些地区的小而分散的暴雨落在缺乏植被的退化土地上，降水量虽然很低，但从坡面堆积的径流可汇集成大量的季节性水资源，然而其大部分却通过直接蒸发或盐碱地而流失了。

由于水资源稀缺，必须以最高的效率使用可用水。许多技术可用于提高水生产力和稀缺水资源的管理。最有前途的技术是：①雨养农业区的补充性灌溉（SI）；②较干旱地区的雨水收集（WH）（Oweis 和 Hachum，2003）。然而，提高稀缺水生产力不仅需要利用水资源管理，还需要利用其他投入和耕作方法。本章讨论了补充性灌溉和雨水收集的概念，及其在提高水生产力和应对干旱地区日益严重的水资源匮乏和干旱及气候变化的作用。

14.2　补充性灌溉

雨养农业区降水量少，且分布不理想，年际波动较大。在地中海气候中，降水主要发生在冬季。春季作物的迅速成长，必须依靠储存的土壤水分。湿润季节里储存的水分充足，在该季节开始播种的植物处于早期生长阶段，根部吸水率有限。在此期间通常很少或不会发生水分不足（见图14-1）。然而在春季，植物生长迅速，土壤水分蒸发和蒸腾损失率很高，较高的蒸发量导致土壤水分迅速流失。因此水分不足的阶段从春天开始，一直持续到季节结束。结果导致作物生长不良，产量低。干旱地区靠雨水灌溉的小麦平均产量约为 1 t/hm²,远低于小麦潜在的常量(5 ~ 6 t/hm² 以上)。

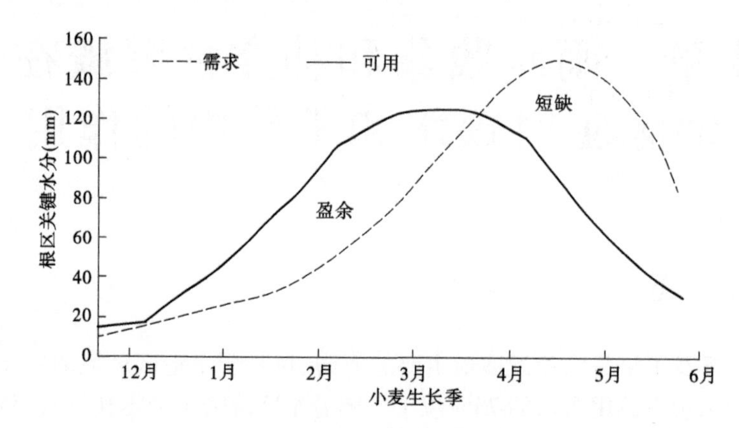

图 14-1 地中海型小麦整个生长期的典型土壤含水量模式(来源:Oweis,1997)

补充性灌溉的目的是克服干旱期因为土壤水分不足导致的作物生长和发展的受限。有限的水量,如果仅在急需时补充,会使产量和水资源效率大幅增加。

国际干旱地区农业研究中心(ICARDA)和其他组织的研究结果以及农场的收成表明,使用较少的水量的灌溉实现了可观的作物产量增加。表 14-1 显示了叙利亚北部少雨、中雨、多雨情况下,应用少量补充性灌溉的小麦粮食产量。根据定义,降水是作物生长和生产的主要水源,因此补充性灌溉本身不能支持经济作物的生产。除提高产量外,补充性灌溉还稳定了年内的小麦产量(降低年际产量的变异性)。

表 14-1 叙利亚北部在干燥、平均、湿润季节的雨水加补充性灌溉情况下的产量及水资源生产(WP)

季节/年降水(mm)	雨养农业作物产量(t/hm^2)	雨水生产力(kg/m^3)	灌溉水量(mm)	总产量(t/hm^2)	由于补充性灌溉增加产量(t/hm^2)	灌溉水生产力(kg/m^3)
干燥(234)	0.74	0.32	212	3.38	3.10	1.46
平均(316)	2.30	0.73	150	5.60	3.30	2.20
湿润(504)	5.00	0.90	75	6.44	1.44	1.92

来源:Oweis(1997)。

补充性灌溉的影响不仅仅使产量增加,而且大大提高了水生产力。当灌溉用水与雨水结合使用时,水资源的生产力得到了提高(oweis 等,1998,2000)。小麦的平均雨水生产力在 0.35 ~ 1.0 kg/m³。研究发现,在适当时间施用 1 m³的补充性灌溉水,可生产 2.0 kg 以上的小麦。

研究发现,在雨水后接续地采用灌溉水,其每单位水产出的小麦比忽视雨水而单纯灌溉产出的小麦更多。单纯灌溉地区的小麦灌溉水生产力为 0.5 ~ 0.75 kg/m³,是补充性灌溉产量的 1/3。这种差异表明,有限水资源的分配应该转向更有效的方法上(Oweis 和 Hachum,2012)。在产量增加和水资源生产力提高上,补充性灌溉对食用豆类的作用相似,而食用豆类在提高低收入人群廉价蛋白和改良土壤生产力方面却很重要。

北半球半干燥地区的高地带，其霜期从12月到次年3月，这时田间作物处于休眠状态。在大多数年份足以促使种子发芽的第一次降水来得晚，造成作物进入休眠时的状况不好。如果作物在休眠前获得良好的早期生长，雨水耕作的产量将会大大增加。采用少量的补充性灌溉提早播种便可实现。在土耳其 Anatolia 高原中部进行的4年期的试验表明，采用50 mm 补充性灌溉提前播种小麦，增加粮食产量60%以上，比3.2 t/hm^2 的平均雨水耕作产量多了2 t/hm^2(ICARDA,2003)，所耗水资源的生产力达到5.25 kg/m^3，平均为4.4 kg/m^3。相对于灌溉耕作的小麦，其水资源生产力是极其出色的。

14.2.1 补充性灌溉的优化

雨养农业区补充性灌溉的优化基于下列3个条件：

(1)补充性灌溉的作物在没有灌溉的情况下一般也有收成。

(2)因为雨水是雨养农业作物的主要水源，仅当雨水不足以提供基本的水分时才采用补充性灌溉来改善和稳定生产。

(3)补充性灌水量及时间的计划是用来确保在作物生长的关键阶段以实现最佳而不是最大产量提供所需的最小水量，不是在全生长期提供无水份短缺的状况(Oweis,1997)。

14.2.1.1 缺额补充性灌溉

缺额补充性灌溉是优化生产的策略。作物可以适当地承受一定程度的缺水及减产(English 和 Raja,1996)。采取缺额补充性灌溉意味着正确地了解作物用水以对应水资源短缺，包括作物关键生长期的界定和减产策略的经济影响。在地中海气候区，当仅采用作物充足需水的1/3时，雨水生产力从0.84 kg/m^{3}增加到1.53 kg/m^3(见图14-2)。当采用需水的2/3时，进一步增到2.14 kg/m^3，而充分灌溉为1.06 kg/m^3。结果表明缺额补充性灌溉的水资源生产力比充足灌溉高。在分析灌溉系统节水和管理方法中，以及在比较不同灌溉系统中，水资源生产力是个在谷类作物缺额灌溉条件下灌溉管理性能的合适指标(Zhang 和 Oweis,1999)

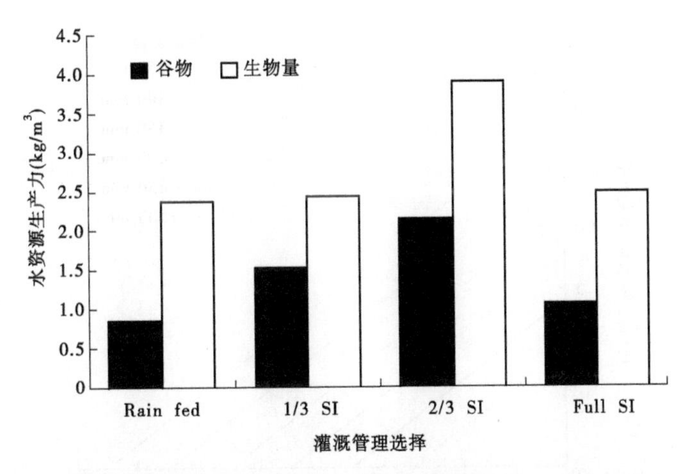

图14-2 小麦在雨水灌溉、缺额补充性灌溉、完全补充性灌溉情况下的水资源生产力(Oweis,1997)

有几种管理缺额补充性灌溉的方法。可以减少灌溉深度，仅补充部分根部土壤的水量;或者采用延长两次灌溉的间隙来降低灌溉频次。在表面灌溉中,交替性犁沟放水或者拉宽犁沟间距是实施缺额补充性灌溉的一种方法。然而缺额补充性灌溉并非对所有作物的作用都是正面的。应该对当地条件、不同的供水水平和质量进行测试。

14.2.1.2 净利润最大化

单位土地面积或者单位水资源作物产量的增加,并不一定提高农场的利润,因为投入与作物产量不是线性关系。决定雨水灌溉与补充性灌溉的函数是优化经济分析的基础。将总的水资源生产函数减去雨水生产函数可以为每个降水带求得小麦的补充性灌溉生产力函数(见图 14-3)。其目的是求出能为农场主产生最大净利润的最佳补充灌溉水量,因为降水量是不可控制的。知道了灌溉用水的成本和期望的单位产量的价格,若水资源的边际产量等于用水与产量的价格比,即可得到最大利润。图 14-4 显示了在不同降雨带的补充性灌溉水量与价格比的关系,用以求得地中海气候区补充性灌溉小麦生产的净利润最大化。

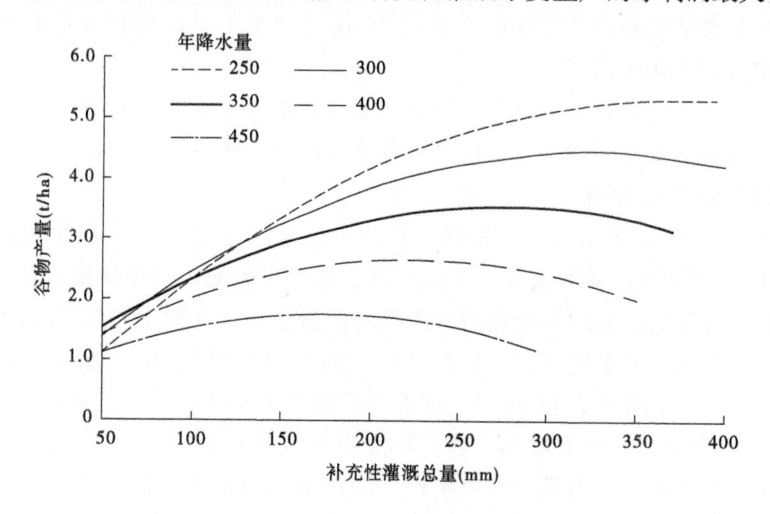

图 14-3 叙利亚不同降水带的小麦补充性灌溉生产力函数(Oweis,1997)

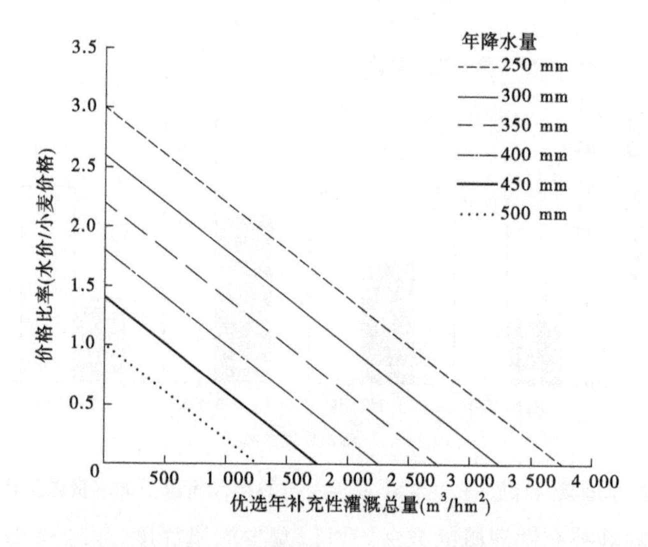

图 14-4 叙利亚不同降水带的最经济的年补充性灌溉水量(Oweis,1997)

14.2.1.3 种植模式和耕作方法

提高农业系统生产效率的管理因素包括适当的作物品种、轮作方法、播种期作物密度、土壤肥力管理、野草控制、害虫及疾病的控制以及水资源保护措施。补充性灌溉的作物品种要能适应或者适合用水量变化。一个合适的品种表现在对有限用水的顽强适应性和能保持一定程度的耐干旱度。另外,补充性灌溉一般还要求该品种能响应较高的化肥施用率。

由于许多干旱地区土壤贫瘠,适宜地施用肥料特别重要。在叙利亚北部,50 kg/hm^{2}的氮肥在雨水耕作情况下已足够。然而,在补充性灌溉情况下,作物响应的氮肥高至 100 kg/hm^2,再高则不会有任何益处。高的氮吸收率大大改善了水资源生产力。土壤中还必须有足够的磷,以免抑制对氮肥和灌溉的吸收。

为了获得单位水资源投入的最佳作物产出,单作物水资源生产力应扩展成多作物水资源生产力。多作物系统的水资源生产力一般用经济术语来表达,如农业利润或单位用水量的回报率。虽然经济考虑是重要的,但它们却不足以作为可持续性、环境恶化和自然资源保护的指标。

14.2.2 水资源生产力与土地生产力的对比

土地生产力(产量)和水资源生产力(*WP*)是评估补充性灌溉性能的指标,高水资源生产力与高产量相关联。然而产量与水资源生产力并行的增长并非一直是线性的。在一定的水平以上时,小麦的水资源生产力开始下降(见图 14-5)。

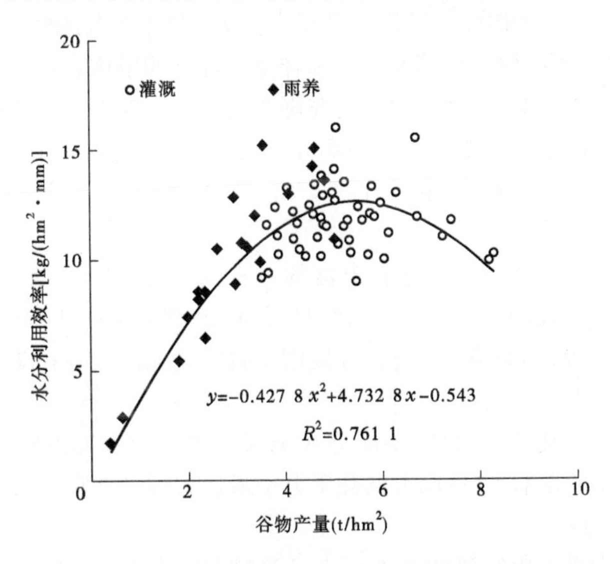

图 14-5 补充性灌溉情况下,叙利亚硬质小麦的作物水资源生产力与粮食产量的关系(Zhang 和 Oweis,1999)

显然,5 t/hm^{2}生产水平以上的产量增加所需水量明显地比在低产量水平时高得多。每公顷仅用较少的水生产 5 t 粮食比用过量的水来获得最高产量要有效得多。节省的水如果用到其他土地上去,其用水效率则更高。当然此时仅指水而不是土地为有限资源,即没有足够的水来灌溉全部土地。

为在水资源匮乏地区实现水资源的有效利用,将高水资源生产力与高产量关联在一起对作物管理具有重要的意义(Oweis 等,1998)。只有当作物产量的增长不被其他投入造成的成本增长所抵消时,利用提高水资源生产力来提高产量才是经济的。*WP*—产量曲线反映了获得相对高的产量对有效利用水资源的重要性。在水资源匮乏的情况下,在实施产量最大化政策前应仔细考虑。在正常供水条件下推荐的灌溉规划准则应用于水资源匮乏地区时可能需要做修改。

14.3 雨水收集

14.3.1 系统的概念和组成

在较干旱的环境,或被阿拉伯世界称为 AI Badia 的"大草原",以放牧为主的弱势群体一般生活在那里。这些地区的自然资源脆弱,且正在恶化。由于恶劣的自然条件和干旱的发生,人们不断从这些地区迁移到城市地区,提高了高昂的社会成本和环境成本。

较干旱环境下的降水一般低于作物需水。它在作物生长期的分布不理想,且常来得迅猛。它通常是零星的,不可预测的暴雨,大部分是以蒸发和径流的形式消失掉,留下频繁的干旱期。降水的一部分在降落后通过蒸发直接从土壤表面返回大气,另一部分则作为地表径流流走,通常汇入溪流并流入盐碱地,改变了水质并蒸发。小部分雨水渗入地下水。总体结果是,干旱环境中的大部分雨水都会流失,没有产生任何效益或生产力。因此,这种环境下的降水不能像在雨养农业区那样支持经济的旱作农业(Oweis 等,2001)。

雨水收集可以改善情况,并大幅增加有益降水的部分。在农业生产中,雨水收集是基于剥夺一部分土地的雨水份额增加到另一部分土地的份额。这使得目标区域的可用水量接近作物需水量,从而实现经济性农业生产。雨水收集可定义为"通过径流汇集降水并将其储存以供有益利用的过程"。

雨水收集是一种古老的方法,有着丰富的乡土知识支持。诸如突尼斯的 Jessor 和 Meskat,利比亚的 Tabia,北埃及的 Cisterns,约旦、叙利亚和苏丹的 Hafare 以及许多其他仍在使用的技术(Oweis 等,2004 年)。可以开发雨水收集设施供人类和动物使用、室内外以及植物生产等需水。集水系统有三个组成部分:

(1)集水区:它是土地的一部分,将部分或全部雨水贡献给其边界以外的其他区域。流域面积可以小到几平方米,也可以大到几平方千米。它可以是农田、岩石,或边缘土地,甚至屋顶或铺砌的道路。

(2)存储设施:它是汇集径流的地方。水可储存在地表水库、地下水库(如蓄水池)、土壤剖面(如土壤湿度)或地下水含水层中。

(3)目标区域:它是应用所收集到的水的地方。在农业生产中,它提供植物或动物需水,而在室内,则为家庭用水或企业用水。

14.3.2 雨水收集技术

根据集水区的规模(见图14-6),雨水收集技术可以归入两个主要类型:小集水系统和大集水系统(Oweis等,2001)。

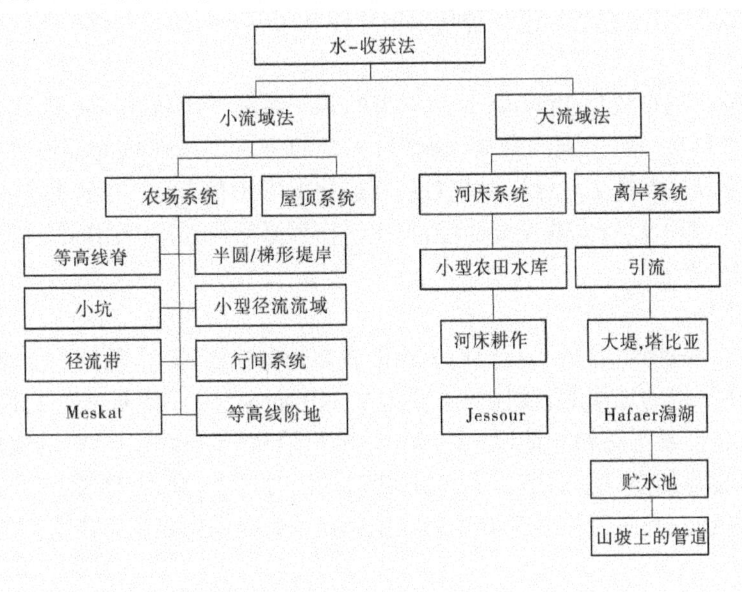

图14-6 干旱地区主要的集水系统分类(Oweis等,2001)

14.3.2.1 小集水系统

小集水系统中的地表径流来自小集水区(通常小于1 000 m^2),并送往邻近的农业区,存储在根部直接供植物吸收。目标区域可种植树木、灌木或一年生作物。农场主在农场内可控制集水区和目标区域。系统的所有组件都建造在农场范围内,以便维护和管理。但由于减少了生产性用地,因此只能在种植风险较大的干旱环境中实施。那里农场主愿意将他们的一部分农场作为集水区。小集水系统设计简单,建造成本低。因此,它们很容易被接受和仿制。相对于大集水系统,它们的径流效率较高,通常不需要输水系统。可以控制土壤侵蚀,引导沉积物在垦殖区中沉积。这些系统通常需要不断地维护,劳动力投入相对较高。下面介绍了干旱地区最重要的微型集水系统。

1. 等高犁垄

等高犁垄由沿等高线构建的堤岸或犁垄组成,间距一般为5~20 m。1~2 m的犁垄用于种植,其余部分构成集水区。犁垄的高度不等,取决于坡度和预期保留在气候的径流水深度。必要时可以用石头加固犁垄。这是一个简单的技术,可以由农场主自己来实施。可以用牲畜驱动的设备或装有适当工具的拖拉机由人工构建犁垄。可以构建犁垄的坡度范围较广,为1%~50%不等。

对于在大草原的缓坡至陡坡上种植和开垦的饲料地、草地和耐旱树林地,犁垄是一个重要的方法。在半干旱热带地区,等高犁垄被用来种植高粱、谷子、豇豆和豆类。在半干旱热带地区,该系统有时会与其他技术(如小坑系统)或当地水资源保护(如连垄系统)相结合。

2. 半圆形和梯形犁垄

半圆形、梯形犁垄是土建的犁垄，其间距足够提供植物所需的水量。该技术可用在平地、缓坡和最大坡度15%的坡地。该技术主要用于牧场的恢复或者饲料生产，也可用于种植树木和灌木，以及有些情况下种植农田作物和蔬菜。

3. 小坑

最著名的小坑系统是 Burkina faso 应用的 Zay 系统。小坑由 5 ~ 15 cm 深的挖洞组成。肥料和青草与一些土壤混合放入洞内，其余的土壤用来在坑的下坡方筑成小堤防。坑与堤一起缓和并保持了径流。小坑对恢复退化的农田很有用。然而每年挖掘小坑的人工费用较高，可能形成较大的投资，因为每次耕作后必须再挖。专用的园犁可调整来挖掘小坑，用于牧场恢复。

4. 小径流池

有时称作 Negarim，这些小径流池为矩形或伸长的钻石形，由低矮的土堤围绕。小径流池最好筑在平坦的地面上，最佳的尺寸为 5 ~ 10 m 宽、10 ~ 25 m 长。它们可以建在任何坡堤上，包括非常平缓的坡地（坡度 1% ~2%），但对于坡度大于 5% 的坡地，会发生土壤侵蚀，堤岸也得加高。它们适合于种植树类，如阿月浑子、李杏、橄榄、巴旦杏和石榴，也可用于其他作物。当用于种植树类时，土壤应足够深，以保持整个旱季所需的水。

5. 径流带

该技术用于较干旱环境的缓坡地来支持农田作物（如大草原的大麦），一般那里的生产有风险或产量低。该技术将农场按等高线分成带。一条用作集水区，其下面的一条用来种植。种植带不可太宽（1 ~ 3 m），集水带的宽度取决于种植带所需的径流水。每年都在同样的种植带上耕种，可能需要进行清理和压实以改善径流。

6. 梯田

梯田建于非常陡的坡地，结合了水土保持和集水技术。种植的梯田一般建成水平，由石墙支持以减缓水流和控制侵蚀。梯田间陡峭而不耕种的区域提供额外的径流水。梯田有排水沟用以安全地排放过量的水。它用来种植树木和灌木，很少用于农田作物。该技术的例子可见于也门的古台阶，由于建于陡峭的山上，大部分工作由人工完成。

7. 屋顶系统

屋顶及院子集水系统从房屋、大型建筑、温室、院子及类似的不渗透性表面收集和存储雨水。农场主一般不存储第一场雨水，以保证较洁净的水用于饮用。如果从土壤表面收集雨水，存储前径流须流经沉淀池。

收集的雨水主要用于饮用和其他家庭用途，特别是无自来水供应的农村地区。多余的水可用于家庭花园灌溉。它为边远地区的人畜提供了廉价的水资源。

14.3.2.2 大集水系统

大集水系统从相对较大的集水区收集径流，如天然牧场或山区，大部分在农场外，农场主个人不能或几乎不能控制。雨水流入称为旱谷的间隙性溪流，并存在地表水库或地下水库，也可存储于土壤层直接让作物吸收。有时雨水存储于地下含水层作为再补充系统。一般它的单位面积汇集的径流量远小于小汇集系统的截留量，汇集水量为百分之几到50%的年降水量。

此系统最重大的问题是水权和水资源分配，既有集水区和种植区之间的，也有流域上下游不同用户之间的。流域综合开发方案可能克服这一问题。下面介绍最常用的几个大集水系统。

1. 小农场水库

有间隙性河流的农场可以建筑小型的坝来储存径流，然后用于灌溉作物或家庭和牲畜用水。这些水库一般较小，容量为1 000～5 000 m^3。该系统最重要的方面是需提供有足够容量的溢洪道来泄放过量的洪水。许多由农场主在牧场修建的小农场水库因为无溢洪道或溢洪道容量不足而被冲毁。牧场环境的小农场水库很有效。它们能为所有作物供水，改善及稳定了生产。另外，对环境的益处也很大。

2. 间隙性河流河床耕种

在略有坡度的间隙性河流的河床上耕种是极普遍的。因为流速小，侵蚀的沉淀物一般沉淀在河床上形成良好的农用地。它可以是自然形成，也可以是因在间隙性河流上建坝而形成。该技术经常用于果树或其他高经济作物。它还有助于改善牧场不太肥沃的土壤。

3. Jessour

Jessour是南部突尼斯广泛分布的乡土集水系统的阿拉伯称谓。水坝由土、石或土和石建成，经常附有溢洪道，一般由石块建成。几年后，由于水储存在坝后，沉积物沉淀形成新的土地。可种植无花果和橄榄树，也可种植其他作物。沿着由山区集水形成的间隙性河流上一般建有一串Jessour。这些系统需要维护修理。由于近年来这些系统在粮食生产上的重要性下降了，维护也减少了，许多系统正在失去功能。

4. 分水系统

分水系统又称分洪系统。它强迫一部分洪水离开它的天然河道流入附近地区，用于作物供水。河水仅存储在作物的根部以补充降水。一般跨河建坝抬高水位，使其高于灌溉的地区。溪水由防洪堤引导，分至河谷一侧或两侧的农场。

5. 大型堤岸

大型堤岸又称作Tabia，它由大型的半圆形、梯形或V形土堤组成，一般10～100 m长、1～2 m高。这些堤岸常常错开地面向坡地排列。等高线上两堤岸的间距一般为堤岸长度的一半。大型堤岸一般由机械施工。它们用于种植树木、灌木和一年生作物，在撒哈拉非洲也用于种高粱和黍。

6. 储水池和Hafer

储水池和Hafer一般由在缓坡地面往下挖出的土质水库组成，接受从间隙性河流引入的或从大面积集水区来的径流。所谓的“罗马水池”一般是由石墙建成的本地储水池。这些水池的容量从几千m^3的Hafer到几十万m^3的储水池。在印度，储水池相当普遍，为300多万hm^2的耕地供水。Hafer大部分用来储藏人畜的用水，在西亚和北非较普遍。

7. 蓄水池

蓄水池是当地的地下水库，容量为10～500 m^3。它们基本上用来提供人畜用水。在许多地区它们挖入岩石，容量小。在西北埃及，农场主在坚固的岩层下的土层挖掘大型蓄水池(200～300 m^3)。岩层形成蓄水池的顶,墙面覆以不透水的塑料。在没有岩层的地区构建现代水泥蓄水池。径流来自邻近的集水区或通过沟渠从更远的集水区引入。集雨季节第一场雨水径流一般从蓄水池放走以减少污染,有时建造沉淀池来减少沉淀物的数量,用绳索和水桶从蓄水池提水。

在许多干旱地区,蓄水池仍然是唯一的人畜饮用水源,对维持这些地区的农村人口的生活是至关重要的。除较常见的供家庭用水外,现在蓄水池也用来为家庭花园供水。与此系统关联的问题包括建造蓄水池的成本、有限的容量和从集水区来的污染物质。

8. 山坡径流系统

在巴基斯坦,该技术也叫作 Sylaba 或 Sailaba。流下山坡的径流在流入旱谷前由小沟渠引入山脚下的平坦田地里,田地平整并被堤岸包围。溢水沟将多余的水从一块田地引到更下面的另一块田地。当所有的田地陆续蓄满了水才被放入旱谷。当构建多条给水渠时,配水池很有用。对利用从赤裸或极少植被的山区来的径流,这是个理想的系统。

14.3.3 用于补充性灌溉的雨水收集

在无地表水和地下水可供补充性灌溉的地区,雨季收集的雨水可以用来提供所需的水量。系统包括地表储水系统和地下储水设施,从农场水塘或蓄水池到在具有季节性水流的旱谷上筑坝。当降雨的季节间分布极不均匀和(或)变化极大以致作物需水不能合理满足时,极力推荐此方法。本方法中,存储收集到的径流用于以后的补充性灌溉(Oweis 等,1999)。重要的因素包括存储容量、地点以及存储设施的安全。与农用水存储相关联的两个主要问题是蒸发和渗漏损失。已证实,下列关于此问题的管理方法是可行的(Oweis 和 Taimeh,2001)。

(1)雨水收集后应尽快地从水库转移到土壤中。在土壤层存储的水分由作物在凉爽的季节里直接吸收,可避免一般发生在高蒸发期的可观蒸发损失。将收集的雨水延长到炎热季节使用,会因为较高的蒸发和渗漏损失而降低它的生产力。

(2)在冬季排空水库以提供更多的库容量来收集随后的汛期径流。可以接受合理的风险度以扩大耕种面积。

(3)建筑在溪流上的小土坝必须有足够容量的溢洪道。

14.4 结 论

在非常缺水的干旱地区,土地是脆弱的,干旱会给已经贫穷的人们造成极度的困难。最有效地利用水资源有助于缓和缺水和干旱问题。在众多提高用水效率的方法中,最有效的是补充性灌溉和雨水收集。

在靠雨水耕作区,补充性灌溉具有较大的提高水资源生产力的潜力,它还可以作为用以缓和干旱影响的水资源管理策略的基础。干旱期对雨水耕作作物进行水资源再分配可以拯救作物以及减少农村地区负面的经济后果。然而为了补充性灌溉效益最大化,其他输入条件及耕种方法也必须优化。补充性灌溉的限制因素有可供灌溉用水量输送及应用的成本以及缺乏简单的用水计划。在许多地方,高利润驱使农场主耗尽地下蓄水层,需要适当的政策及制度来优化该方法的应用。

雨水收集是较干旱环境中经济农业开发和环境保护的很少几种方法中的一种。另外,它能有效地抗击沙漠化和提高社会和生态系统对干旱的适应力。成功的例子不胜枚举,绝大部分情况不是技术问题。农民尚未普遍采纳雨水收集的原因主要是社会经济学和政策的原因,对改良技术的开发和实施缺乏参与。产权和水权不利于大部分干旱地区雨水收集的发展。从开发的规划阶段到实施阶段有相关社团的参与是至关重要的。采用综合性自然资源管理有助于联合各方和避免雨水收集和补充性灌溉中的冲突。

参考文献

(略)

第15章　旱涝交加:在极端天气交替的情况下,为密苏里河流域建立一个早期预警系统

15.1　概　述

密苏里河是北美最长的河流。该流域包含了蒙大拿州、北达科他州和南达科他州、怀俄明州、内布拉斯加州、爱荷华州、科罗拉多州、堪萨斯州、明尼苏达州和密苏里州,面积超过52万 $mile^2$。密苏里河发源于蒙大拿州黄石公园附近的落基山脉东坡,流至密苏里州圣路易斯附近下游2 300多 mi 处汇入密西西比河。1944～1964年间,美国陆军工程师兵团(Crops)和垦务局(BoR)依据 Pick－Sloan 计划建造了一系列水坝和水库。这些工程的建造是为了解决密苏里河流域在某些年份供水过多而在其他年份供水不足这一问题。密苏里流域的上游和下游也存在较大的气候差异。例如,流域上游(北达科他州、南达科他州、怀俄明州和蒙大拿州)为半干旱气候,年降水量为254～508 mm(10～20 in),同时,暴露于北极和太平洋气团中导致温度变化很大。然而,流域下游(内布拉斯加州、科罗拉多州、堪萨斯州、爱荷华州和密苏里州)更符合温湿大陆性气候(科罗拉多州除外),每年降水量超过1 000 mm(约40 in)。密苏里河流域的历史特征为年径流的极端变化和对降水的敏感。

密苏里河流域的旱涝交替特征的一个很好的例子是2011年该流域创纪录的洪水和随后的2012年的严重干旱。虽然密苏里河流域的两个极端事件相继出现的现象并非独特的,但由于2011年是创纪录的大规模洪水,且当许多人预测着另一场洪水的到来时,却迎来了创纪录的干旱,这使得该流域的旱灾尤为突出,因此,为多变的流域(如密苏里流域)的干旱提供预警并加以改进显得至关重要。图15-1显示了密苏里河流域上游的历史年径流,有助于了解2011年和2012年的异常情况。在这些事件之后的2014年,国家干旱综合信息系统(NIDIS)开始建立一个干旱早期预警信息系统(DEWS),这是一个由国家海洋和大气管理局(NOAA)领导的跨部门的项目。密苏里流域的干旱早期预警信息系统只是国家干旱综合信息系统自2006年末以来一直在开发的几个干旱早期预警信息系统之一,当时美国国会创建了国家干旱综合信息系统,并负责开发美国各地的一系列区域的干旱早期预警系统。

本案例研究的目的是强调在一个流域内建立干旱早期预警系统所面临的挑战,该系统显示了极端的年径流变化和对降水变化的敏感性。该系统包括利用在监测和预测方面的改进来了解干旱等缓慢发生的灾害,以及了解大规模径流事件等快速发展的极端情况。由于密苏里河流域的径流正变得更加多变,因此这个话题尤其及时。Livneh 等(2016)评估了密苏里河流域高径流事件的气象趋势,发现过去20年每年的径流变化量几乎翻了一番。变化主要来自高径流事件,特别是在密苏里河流域上游(加温斯角大坝的上游)的10

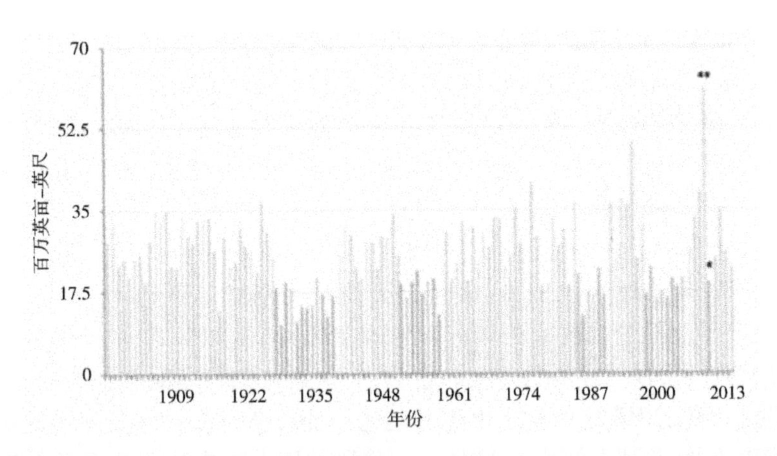

图 15-1　密苏里河流域(干流)年径流在爱荷华州苏城上游 100 万英亩-英尺(浅色阴影条表示正常年份或高于正常年份,深色阴影条表示低于正常径流年份)(＊＊表示 2011 年的径流,＊表示 2012 年的径流)

月至次年 3 月的超常降水。例如,作者指出,10 次最大径流事件中有 9 次发生在 1975 年之后(Livneh 等,2016)。虽然流域常发生频繁的大径流年,但干旱仍会打断这些事件。2012 年的干旱虽然没有持续,但却是一次极其剧烈的事件,是气候突变(Hoerling 等,2013)的一个很好的例子,对整个流域产生了很大影响。令人不寒而栗的观点是,类似 20 世纪 30 年代和 50 年代以及最近的 2000 ~ 2007 年的长期干旱仍有可能发生,而且有可能在我们正准备迎来洪水时。

15.2　交替的极端事件:2011 年洪水和 2012 年干旱

虽然 2011 年的洪水没有被预测到,但有一段时间,随着融雪的加速,流域的上游出现异常大的降水,很明显,兵团不能足够快地疏散流域上游大坝的水,这导致内布拉斯加州生活杂志(Bartels 和 Spencer,2012)将洪水描述为饥饿的狮子,等待吞噬流域内的大片地区。一系列难以预测的事件导致了 2011 年的大洪水。该流域在过去 4 年中经历了多雨,2010 ~ 2011 年延续了这一趋势。寒冷潮湿的冬季导致在佩克堡和加里森水坝以及大平原上空的积雪超过平均水平。特别是,寒冷的气候条件减少了平原地区积雪的蒸发损失,延缓了融雪。导致这场洪水发生的最后一个因素是蒙大拿州、怀俄明州和达科他州的春末创纪录的降水量(Hoerling 等,2013;NWS,2012)。这导致 3 ~ 7 月,爱荷华州苏市上游的径流超过 4 800 万英亩-英尺,比该系统的设计径流(USACE,2012a)高出 20%。2011 年 1 ~ 5 月是密苏里河流域有记录以来(自 1895 年以来)最潮湿的时期(Hoerling 等,2013)。

2011 年末,由于洪水仍在消退,国家海洋和大气管理局发布了关于即将到来的冬季(2011 ~ 2012 年)的"拉尼娜现象"的警告。2010 ~ 2011 年的冬季也是拉尼娜冬季,许多人担心"二次"拉尼娜冬季可能导致另一个高径流年。然而,2012 年春末出现了一场发展迅速的干旱。图 15-2 显示了干旱出现的速度有多快,并且在 2012 年 10 月 2 日达到顶峰,大约 92% 的流域都处于某种程度的干旱状态。秋季到春季的(10 月至次年 5 月)气温是有记录以来第二高,2012 年 3 ~ 5 月是北落基山脉/大平原地区(蒙大拿州、怀俄明州、北达科他州、南达科他州和内布拉斯加州）有记录以来最热的一年（1895 年以来）。5 月，该地区的春雨基本没有出现，导致 5 ~ 8 月是有记录以来的第三次干旱期（1895 年以来）。Hoerling 等（2014）评估了干旱的原因，发现这主要是由于从墨西哥湾向大平原输送大气水分减少，因此难以预测。根据气候模拟，作者还得出结论，与 20 世纪 80 年代和 90 年代相比，大平原可能转向更温暖、更干燥的气候条件，这种转变可能增加了 2012 年夏季干旱的风险。干旱的影响是极端的。例如，内布拉斯加州干草产量下降了 28%，玉米和大豆产量分别下降了 16% 和 21%，向生产者支付的赔偿总额达 14.9 亿美元（NDMC，2014）。南达科他州的雏鸡数量是 2002 年以来最低的，到 2012 年生长季节结束时，全州 80% 的草原和牧场条件被评为贫瘠或非常贫困，这导致饲料短缺和饲料成本的增加。与 2011 年的洪水一样，2012 年的干旱由于其迅速演变的性质和对农业部门的极端影响，也让许多人措手不及，并被人们称为“骤旱”。骤旱的特点是作物和牧场条件迅速恶化，其原因是异常温暖的地表温度，加上短期干燥（Svoboda 等，2002）。骤旱虽然是一个相对少见的现象，但考虑到 2012 年干旱事件的规模和强度，许多人正将其作为案例研究，并制定干旱指标，为我们如何监测这些迅速出现的干旱事件提供依据（Hobbins 等，2016；Otkin 等，2015，2016）。

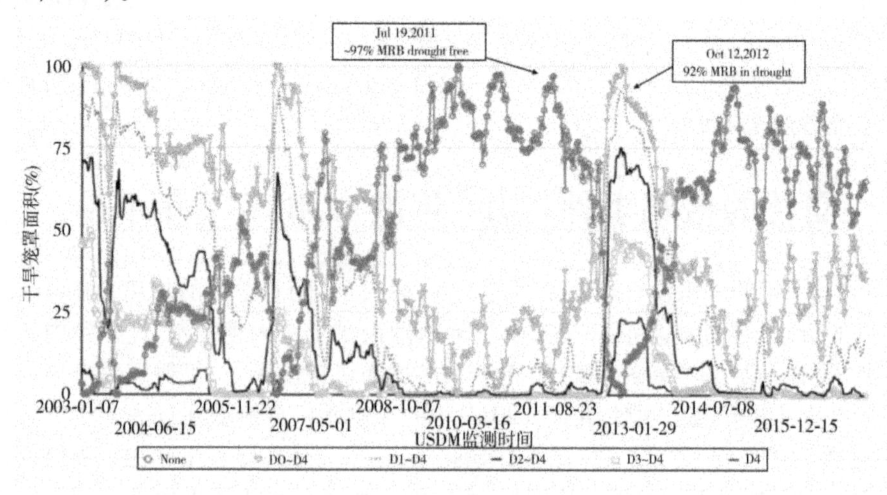

图 15-2　根据美国干旱监测（USDM）分类方案，D0 相当于异常干燥的条件，不被认为是干旱的类别。D1 为“中度干旱”（20%）；D2 为“严重干旱”（10%）；D3 为“极度干旱”（5%）；D4 为“异常干旱”（2%）

15.3　密苏里河流域洪水与干旱的相互作用

2011 年洪水过后，美国陆军工程师兵团对该洪水进行了两次分析。第一次分析（USACE，2012a）侧重于一个独立专家小组的审查，审查洪水的原因和应对措施，并提出建议以减轻或防止今后类似或更大洪水的影响。第二次分析（USACE，2012b）研究了通过增加密苏里河干流上的水库系统的蓄洪量是否会降低洪水的风险。密苏里河流域的防洪是基于在春季或夏季径流的入水库洪峰。在理想条件下，干流水库系统在汛期开始时，它的有效库容已满，占总蓄水量的 78%，防洪库容是空的，占总蓄水量的 22%。在该水库系统设计中提供了大容量的有效库容，以便水库系统能够在长期干旱期间（如 1930～1941 年干旱）仍为各种目的服务，如航行和供水。然后，春季或夏季在水库中储存的水，在一年中的剩余时间以较慢的速度释放，以满足其他服务目标。水库系统的储水量一般不保存到下一年，在下一个汛期来临之前，需要尽量疏散所有蓄积的洪水。然而，在冬季，由于冰层减少河道容量，无法进行大量泄洪，因此在秋季和冬季疏导储存的洪水变得复杂起来。这限制了美国陆军工程师兵团在汛期来临之前的泄洪天数，并需要在秋季、冰开始形成之前以及还未知道水文年的降水量前就决定泄洪的水量。

这给洪灾和旱灾都带来了一个问题，因为美国陆军工程师兵团必须平衡干流的水库系统的流量，以确保有足够的防洪库容，在洪水期间水库蓄水，但无法满足其他服务目标（如航行、水电、水质控制、供水、灌溉、鱼类和野生动物以及娱乐）。兵团对洪水事件的分析（USACE，2012b）对增大防洪库容的意义在于，除确定额外的蓄洪量是否会降低洪水风险外，该分析还评估了增加防洪库容对其他一些服务目标的费用。分析的结论是，如果增大防洪库容，对其他服务目标的经济影响将很大，但当像 2011 年这样考虑单个大型的洪水事件发生时，更大的防洪库容的好处将是一个重要的考虑因素。然而，美国陆军工程师兵团是否能够考虑单个大洪水事件，并在防洪库容与满足其他服务目标的要求之间进行这种权衡，取决于在 6 个月或更长时间内的预测这类事件发生的能力。为了了解在这么长的时间进行预报的可行性，美国陆军工程师兵团委托 NOAA 的地球系统研究实验室及其物理科学部门（Hoerling 等，2013）评估发生洪水时的气象条件以及是否可以预测洪水。报告的结论是，在导致洪水的一系列要素中，创纪录的春季降水是最关键的变量。报告还指出，2010 年冬季低于正常温度和高于正常降水量这一情况与“拉尼娜”年份的预期一致，但无法解释流域上游的春季湿润现象。报告还得出结论，无法预测 2010 年秋季创纪录的春季降水，而 2011 年洪水之前，兵团必须有足够的时间疏散更多的水。Pegion 和 Webb（2014）随后进行的一项研究证实了目前缺乏成熟的季节性预报，该研究特别侧重于 2011 年洪水的季节性预测以及 2012 年干旱的可预测性。作者总结说，预测方法只适用于密苏里河流域下游的短期预报，且仅适用于厄尔尼诺事件期间，2011 年洪水和 2012 年干旱都无法使用现有的预测方法和模型在季节提前期进行预测。根据这项研究和 Hoerling 等（2013，2014）的评估，仅靠预测不足以在必要的时间范围内为兵团的水管理决策提供信息，并提高其预测这些每年径流极端情况的能力。

15.4 2011 年洪水和 2012 年干旱的结果：对改善干旱早期预警的影响

15.4.1 改进了监测和指标开发

美国陆军工程师兵团在第一次洪水的灾后分析中委托专家审查小组提出了六项建议，以减轻或防止类似高径流事件的影响。其中一项建议指出，需要对大平原上游流域的低海拔地区（爱荷华州苏市上游）进行更好的监测，特别是增加对平原积雪和土壤湿度的了解。独立专家组发现，兵团在预测中低估了平原的水量和平原降雪产生的径流量。但是，监测这两个变量都是困难的。例如，估计平原积雪产生的径流可能会被高吹雪、升华和微地貌等问题所混淆，而土壤湿度可能因不同的土壤类型和其他几个变量而变化，这些变量可能会因为空间尺度较小而不同。由于目前土壤水分观测点的数量非常有限，因此估计土壤水分变得更加复杂。在2010年冬季和2011年早春，兵团知道平原积雪高于平均水平，土壤比正常土壤更湿润，但很难知道这最终将如何影响径流和汇流时间。

平原积雪和土壤湿度这两个变量对于理解干旱至关重要（USACE，2012a），因为对径流的过度预测可能对水流和供水以及其他问题（例如，牧场）造成巨大影响。提高对这两个变量的理解被认为是一个关键的知识缺口，这促使来自该地区的医学专家和联邦科学家成立了一个小组，提出一系列建议以改进密苏里河流域上游的积雪和土壤水分的监测。

评估的最终建议是改进监测的基础设施和方法，以便实时估计雪水当量和土壤水分以及融雪径流，尤其是北部平原（北达科他州、南达科他州以及怀俄明州东部和蒙大拿州的部分地区）。这些数据将用于预测洪水和干旱。本报告的建议最终列入2014年《水资源改革和发展法》（WRRDA，P. L. 113-121），随后在国家干旱综合信息系统的战略计划中建立了密苏里河流域的干旱早期预警系统。截至出版，仍在寻求资金，以在流域上游建立站网。

15.4.2 加强沟通和协调

2011年洪水过后，美国陆军工程师兵团的西北师（覆盖了美国大部分地区，除密苏里州外还包括哥伦比亚河流域）致力于加强与国会代表团、州、部落和利益相关者更好的沟通。这项工作的一部分是扩大兵团举办的关于密苏里河流域系统的状况和管理的网络研讨会。网络研讨会一直持续至今，从1～7月每月举办一次。他们包括来自NOAA区域气候服务主任和国家气象局（NWS）的代表。NOAA代表提供近期天气和短期天气预报以及长期气候展望的最新情况。NWS合作伙伴提供有关密苏里河流域的积雪、水流条件、洪水条件以及洪水发生的可能性的信息。兵团提供流域状况、径流预测、水库状况和预测水库运行的最新情况。网络研讨会还为所有参与者提供了问答机会，以供他们询问兵团及其NOAA和NWS合作伙伴。将NOAA纳入网络研讨会的意义重大，因为它允许网络研讨会的利益相关者直接听取专家的意见，而不是间接地以兵团作为唯一的信使。网络研讨会的这种新结构为该预测过程增加了可信度，并提高了兵团与其伙伴之间的良好协调的合作（Kevin Grode，个人交流，2017年1月23日）。为了补充兵团的网络研讨会，NOAA区域气候服务总监和南达科他州气候学家于2011年末启动了网络研讨会系列，详细阐述了该地区的天气和气候状况。网络研讨会最初是为了提供信息，以支持军团，并跟踪2011年洪水的灾后情况。然而，随着2012年干旱的出现，网络研讨会据此进行了修改，以涵盖当前的干旱状况、影响以及短期和季节性预测。虽然2012年的干旱正在蔓延，兵团、NOAA和许多其他团体都在努力跟踪干旱，但兵团仍在努力更好地了解2011年的洪水，这最终也影响到它对干旱的预测。

2012年，美国陆军工程师兵团的西北分部委托NOAA位于科罗拉多州博尔德的地球系统研究实验室，解决洪水灾后评估过程中确定的关键问题。第一次报告（Hoerling等，2013）评估了导致洪水的条件；第二份报告（Pegion和Webb，2014）讨论了洪水和干旱是否可以提前6个月进行预测；最后一份报告审议了为什么密苏里河流域的10个历史最高的年径流有9个出现在1975年以后(Livneh等,2016)。关于洪水和干旱事件后如何加强协调和沟通的最后一个例子是,《雪采样和仪器建议报告》(USACE,2013)的建议已列入2014年的《水资源改革和发展法案》(WRRDA)。WRRDA是一项授权法案,对兵团的一些水资源项目和能力进行制裁。虽然授权法案不一定带来资金,但令人印象深刻的是,这一共同努力在2014年完成后不久就被纳入WRRDA。这很可能是由于该地区各州拥有一支强大的技术团队和各国的良好参与。

15.5 结 论

与极端气候事件一样,2011年的洪水和2012年的干旱都没有被预测到。尽管它们有明显的差异,但它们却因我们无法充分预测和应对这种极端行为而联系在一起。换言之,它们相互联系的事实反映了科学的局限性和我们对其成因的理解,以及应对其的基础设施和体制能力。然而,我们每次活动的体验都是一个改进科学、观察和监测基础设施、管理政策以及促进政府机构、学术机构和公共之间的合作交流的机会。在2011年和2012年发生极端事件之后,美国陆军工程师兵团、NOAA和NIDIS、国家气候办公室和机构以及学术界做出了特别努力,共同开展评估(Hoerling等,2013;Livneh等,2016;Piegon和Webb,2014)关于我们的知识状态,以及我们如何更好地预测这些相反的极端。随着NIDIS开始在密苏里河流域开发了干旱早期预警系统,它幸运地在这种协作环境中发展,并有能力在我们如何预测洪水的背景下评估干旱。因此,NIDIS在密苏里河流域开展的工作更为全面,希望这能增加我们对未来干旱和洪水预测及应对的能力。

致 谢

作者要感谢美国陆军工程师兵团(USACE)西北分部的Kevin Grode提供了密苏里河流域地图和主要径流数据,也感谢Kevin Grode和Mike Swenson(也来自USACE西北分部)对手稿的有益评论。

参考文献

(略)

第16章　城市中心的干旱管理：澳大利亚的经验

16.1　澳大利亚千年干旱概述

澳大利亚是世界上有人居住的最干旱的大陆。该国许多地区气候多变，容易发生严重的多年干旱。然而，从1997年左右到2012年，澳大利亚经历的"千禧年干旱"还影响到了澳大利亚疆域之外的地区，在许多地方，干旱持续时间远远超过以往任何一次的干旱。水库水位下降和持续的低降水率加剧了人们的担忧，即包括许多首都城市在内的主要城市中心将面临严重的水资源短缺，在某些情况下，人们还担心干旱可能会耗尽水资源。

最终，经过全面的抗旱工作，澳大利亚城市并没有缺水。本章借鉴了澳大利亚各地的一系列利益相关者（包括水务公司、政府机构、企业和社区）的经验研究如何实现抗旱目标，以及如何改进抗旱工作。悉尼科技大学可持续未来研究与水资源效率联盟和太平洋研究院合作，研究了如何将澳大利亚的经验应用于加利福尼亚州最严重的干旱时期（Turner等，2016）。从澳大利亚"千禧年干旱"中吸取的经验教训也可以为世界各地城市中心的抗旱和应对工作提供信息。

16.2　利用机会，但谨防政治化恐慌

澳大利亚的"千禧年干旱"提供了这样一个机会，即利用社区关注和政治意愿对城市供水系统的管理和规划方式进行变革和创新。水库水位下降和对气候变化关注的日益增强使人们认识到，澳大利亚的水资源使用量大且水源主要依赖雨水，因此极易受到干旱的影响。这些情况表明，需要通过全面的需求管理方案，使得水源多样化。因此，澳大利亚城镇实施了世界领先的方法和理念，以建设更具弹性和可持续性的水系统。

主要的、全面的需求管理方案是澳大利亚各地抗旱工作的基本要素。基于数十年的需求管理经验，受干旱影响的各州的公用事业和政府迅速实施了大规模的节约和提高效率的计划。实施的计划包括：

（1）"自制"节水工具、资助家庭用水审计、漏水维修以及由授权的管道工安装节水装置。

（2）淋浴喷头更换、厕所更换和洗衣机返利计划。

（3）户外节水信息和相关产品的返利，如游泳池盖、灌溉系统、雨量传感器和水龙头计时器。

（4）针对最高住宅的用水用户提供有针对性的信息、支持和奖励（包括奖励和惩罚措施）。

(5)在公用事业或政府的支持下(包括审计和其他技术咨询),制定了商业用水效率管理计划和节水行动计划,在某些情况下,对高用水用户是强制性的。

事实证明,这些投资加上对用水的限制是极具低成本高效益的方法,该方法减少了水库耗竭,推迟或消除对新的供水和处理设施的主要支出的需要,并防止城市缺水(Chong 和 White,2017b)。在许多城市,用水需求的结构和用水发生了较大转变。例如,在昆士兰州东南部,居民用水需求下降了60%,降至33 gal/(人·d)[125 L/(人·d)],自那时以来只增加到45 gal/(人·d)[170 L/(人·d)]左右(Turner 等,2016)。

"千禧年干旱"也为城市水资源规划的新政策和管理办法的推行提供了机会。各国政府首次考虑"实物期权规划",这是金融业首创的方法,并基于这样一个原则:投资的价值取决于它能否在需要时立即实施。例如,悉尼水务通过"准备建造"海水淡化厂实施这种方法,该海水淡化厂的大坝水位应降至指定触发水位以下,该水位是通过对降雨随机模型、需水量和将海水淡化厂投入使用所需的时间量计算出来的(Metropolitan Water Directorate,2006)。这种规划方法使支出"分阶段"和模块化,从而使大型资本项目的投资具有更大的灵活性,并且允许选择在条件发生变化时减少工厂的完工时间。

除以上创新外,"千禧年干旱"还刺激了由危机驱动的、政治化的决策,搁置了政府机构和公用事业部门进行的广泛规划,其中包括新南威尔士州政府的决定:即在通过实物期权规划确定的触发点之前,建造海水淡化厂,无论大坝水位如何。即使在旱灾爆发后,政府仍坚持招标建设。另一个例子是有争议的决定:即在昆士兰东南部建造特拉维斯顿大坝(Chong 和 White,2007),这一决定随后被推翻。在一些地点,危机驱动的决策导致高昂的投资费用,且在某些情况下属于能源密集型,使得投资最终无法使用。

16.3 伙伴关系和协作

在"千禧年干旱"期间,各组织(国家、机构、公用事业、研究人员和工业)之间的牢固伙伴关系、知识共享和协调促成了抗旱的成功。各国政府和公用事业在伙伴关系方面投入了大量资金,这充分利用和深化利益攸关方群体之间的关系网和合作,这些伙伴关系是成功设计和实施节水工作的基础。这些合作也标志着"我们一起努力"的节水精神,并有助于得到更多的公众支持。

政府和公用事业与用水企业以及制造和供应用水设备的企业建立了重要的伙伴关系,并提供服务,帮助客户管理用水。大多数节水计划由公用事业和州政府领导并提供资金,但行业协会和贸易团体(及其成员)也广泛参与了这些计划的设计和实施。此外,西澳大利亚州公用事业、西澳大利亚水务公司和西澳大利亚政府参与灌溉和园林绿化业务,以培养能力并提供认证计划。

政府机构和公用事业还组成了跨部门的抗旱小组,以协调国家和区域工作。例如,在新南威尔士州,水资源首席执行官小组由内阁办公室主任担任主席,并由所有与水有关的机构和公用事业的负责人组成。同样,在墨尔本,干旱协调委员会(由各公用事业单位和政府的成员组成)在协调干旱行动方面发挥了重要作用。委员会之后再次召开会议,审查和修订干旱规划和干旱应对措施。

“千禧年干旱”还鼓励了各管辖区和城市之间进行大量的信息和经验的交流。例如,在珀斯和墨尔本,详细调查和分析人们如何在公用事业之间公共用水,开创了一个以部门和最终用水为基础的详细需水量预测的新时代,该预测用于制定节水计划并开展长期规划。同样,昆士兰东南部的机构也借鉴了悉尼水务公司的长期经验,迅速设计和启动大型节水计划。

此外,水务公司、公用事业协会和州政府委托进行了广泛的研究,以了解他们对干旱的实时反应。通过建立行业经验、知识和网络,澳大利亚城市确保了其在应对干旱、培训新一代行业专业人员以及规划未来气候不确定性方面处于有利位置。然而,自旱灾结束以来,重点已从节水计划转移,在保持专业知识和全行业知识方面提出了持续的挑战。

16.4 社区参与

关于干旱条件和节水项目的沟通以及公众参与促成了节水倡议的成功。提高用水效率的宣传和媒体宣传活动也有效地促进社区采取行动。这些行动中使用的战略包括:

(1)将用水限制和有关奖励、回扣和其他节水措施的信息联系起来。

(2)应用明确和一致的信息,将社区支持重点放在实现共同目标上,如昆士兰东南部的 Target 140 运动和维多利亚州的 Target 155 运动,这两项运动分别将家庭用水减少到 37 gal/(人·d)[140 L/(人·d)]和 41 gal/(人·d)[155 L/(人·d)]。

(3)通过包含调查和节水优惠链接的邮件与高用水户直接沟通,如果没有得到回复,还可以进行其他的跟进。

(4)推广参与节水项目的企业案例研究。

成功的公众参与意味着有效的倾听和发言。干旱期间的决策涉及权衡,邀请公众对这些权衡提供意见是非常重要的。这有助于确保决策反映社区的偏好,进而为决策提供支持。例如,在西澳大利亚,2003 年开展了关于水安全的强有力的、全面的公众参与的进程,包括在国会大厦举行的公民论坛,该论坛由国务总理发言。

然而,在干旱期间,许多人错失了让公众参与的机会。在大多数国家,关于投资、政策选择、用水权衡和服务水平的决定都是集中进行的。有时,这是在与行业代表组织协商后进行的,但在许多情况下,它不涉及与更广泛的公众直接接触。各国政府没有利用澳大利亚在部署强有力的社区参与形式方面所表现出的创新水平。

16.5 贯彻供需侧选择

在“千禧年干旱”期间,澳大利亚城市面临着所有缺水城市地区均会面临的一个重大问题:需求管理项目的投资与供水基础设施的投资之间的紧张关系。这两种投资都有助于水安全,但在许多情况下,提高用水效率是最具有成本效益的方案之一。建立在综合资源规划基础上(Fane 等,2011)的规划方法就如何分析所有类型的选择提供了指导,但这些方法的应用并不普遍,包括在“千禧年干旱”期间。

在干旱期间,供需双方都采取了一些低成本的措施,例如提高用水效率、水库库容调节至死库容和流域间调水。然而,在此期间,监管和机构设置显然为公用事业和政府提供了不完善的信号,使其投资于最高效、可持续、最具有成本效益和弹性最高的期权组合,而不管他们是供给还是需求措施。这一点从干旱开始之后变得更加明显。

澳大利亚城市主要由受监管的政府垄断的企业提供服务,而传统的监管和机构设置总体上并不能为有效的供求投资提供信号。节水计划会产生运营成本,它们可以减少用水需求,从而减少收入。相比之下,供应措施主要涉及资本成本。传统的监管设置鼓励公用事业尽量减少运营支出,并设定旨在获得资本回报率的价格。允许资本支出的成本转移和资本回报率的价格管制有利于供应选择而非需求管理措施(White 等,2008a,2008b)。

监管安排可以实现收入中立性,也可用于确保将节水计划的投资转移到客户上。在"千禧年干旱"之际,澳大利亚对公用事业的管理安排是多种多样的;一些国家通过允许价格传递解决了这种紧张,而另一些国家则没有。大多数公用事业仍然面临这样一种紧张局面:一方面节约资源,降低客户的长期成本;另一方面满足监管部门和州政府的要求。事实上,自干旱结束以来,澳大利亚的情况已经恶化,因为大量供应促使公用事业增加用水至少抑制了用水效率的提高。

另一个障碍是,城市用水方案通常在单个项目规模上进行成本和水安全(以及其他)的效益分析,而不是从系统规模上分析。例如,单独的区域再利用系统,如果单独考虑到系统的其余部分,则可能被评估为只对水安全做出贡献。然而,如果考虑到中央系统避免的成本,考虑由多个分散系统组成的网络的综合规划方法可能证明更具弹性和成本效益。此外,在整个司法管辖区,一般没有明确的程序使得在规划中考虑气候适应性用水的宜居性、物理和健康效益。因此,很可能放弃设计系统以经济高效地灌溉绿地和树木,从而提供长期和干旱期间的便利设施和长期冷却的机会。

16.6 澳大利亚以外地区的结论和应用

从澳大利亚的"千禧年干旱"中可以吸取一些经验,这些经验可以为世界各地的城市中心的抗旱和应对工作提供信息。

第一,一个基本结论是,应对干旱需要贯彻供需侧的选择。在澳大利亚和其他地方,对于如何评估水安全的全部成本和收益,以及如何使用实物期权、准备方法设计和实施投资组合,有着重要的行业知识。然而,在澳大利亚和其他地方,现有的监管和机构设置往往偏向于供给侧投资。将政策目标转向供水服务和恢复能力可能需要一个复杂而漫长的改革过程,但这一转变对于发展更可持续的水系统至关重要。

第二,在不影响供水服务和效益的情况下,存在着大量降低城镇需水的低成本方案。在世界各地的不同机构环境中,在干旱前实施需求管理计划方面拥有丰富的专业知识。这些长期措施通过减缓可用水资源的消耗速度,提高了干旱期间的恢复能力。来自澳大利亚和其他地方的证据表明,家庭内外、商业、工业和机构环境中往往存在巨大的储蓄潜力(Chong 和 White,2016,2017b;Turner 等,2016)。例如,Heberger 等(2014)最近的一项研究发现,修复漏水、安装最有效的设备和固定装置,以及用需水较少的植物取代草坪和其他耗水景观，可以减少城市用水。加利福尼亚州每年节省 3.6～6.4 km^3 水，节省 30%～60%。设计和实施此类节水计划依赖于良好的数据和可靠的监测和评估，这对于估算潜在的节水至关重要。

第三，有效的供应侧的战略应整合模块化、可扩展、多样化和创新的技术选项。虽然在季节尺度的预报方面取得了进展，但我们今后经历的干旱的时间和严重程度还不确定。以快速和渐进的方式发展供应基础设施，特别是合同设计，可以避免不必要的、昂贵的支出。

第四，沟通和透明度对于获得公众支持和参与应对干旱至关重要。与社区合作并参与社区活动，可以建立消费者信心、信任和行动的能量。此外，合作将有助于培养行业和社区的领导者，进而促进节水。最终，如果公众要信任政府和公用事业的决定，那么社区的声音和价值观必须纳入规划过程中，并且必须实施根据社区政府、公用事业、工业和居民之间的社会契约制定的最终计划。

参考文献

（略）

第 17 章　在联邦政治体系中管理干旱和水资源短缺

17.1　概　述

2015 年夏季，干旱和水资源短缺影响了澳大利亚、巴西、加拿大、美国、南非和印度等联邦国家。干旱涉及联邦政治系统中的协调性挑战，国家和地方政府各自发挥着关键作用。由于难以确定关键作用和责任，干旱为跨领域的水治理带来了压力，需要各国政府间的协调（称为横向协调）以及国家与政府间的多级协调（称为纵向协调）。这些水治理的挑战增加了解决冲突和其他体制机制的重要性，以分担风险并增强对严重、持续干旱事件的恢复能力。

根据联邦论坛，25 个国家有联邦政治制度，包括许多最古老的联邦、澳大利亚、加拿大和美国，这些国家的大片地理区域都面临着与干旱有关的各种挑战。民主化还将联邦制带到了具有长期集中治理历史的国家，如西班牙和埃塞俄比亚，那里的干旱是水文气候学上的一个经常性特征。因此，联邦政府在政策方针和体制结构上各不相同，特别是在关键治理任务的集中程度方面，以及这种程度如何因干旱的持续时间、强度和严重程度而变化。

在这种背景下，分享联邦国家的知识、经验和最佳做法是建立理解和能力的有力途径，以应对干旱和其他极端气候事件带来的当前和未来挑战。本章旨在增进我们对影响合作的因素和制度的理解、解决冲突的能力和联邦政府适应干旱和缺水的能力。

为此，我们通过解决下列问题，对联邦政治系统中的干旱管理进行案例研究：

（1）该国及其主要流域的（最近）干旱历史如何？

（2）国家之间、国家与政府之间以及流域内不同利益之间的紧张局势和争端的主要根源是什么？

（3）应对这些紧张局势和协调性挑战的体制机制是什么？

（4）在干旱期间，从障碍、有利条件以及合作和解决冲突的战略方面吸取了哪些经验教训？

以澳大利亚、西班牙和美国为例说明了应对干旱期间出现的协调方面的挑战的方法多种多样。这三个国家都容易发生干旱，然而，它们的联邦水治理体系各不相同。一方面，西班牙在水治理和干旱规划方面采取了相对集中的办法。另一方面，美国有一个相对分散的水治理和干旱规划系统，集中在州一级，直到最近为加强国家项目做出了努力。澳大利亚采用的是一种混合的做法，涉及强有力的国家和州角色。因此，这组案例提供了关于联邦政治系统干旱相关挑战和应对措施的见解。

17.2 澳大利亚

17.2.1 重大干旱史

自 19 世纪末以来,在默累 - 达令流域(MDB),干旱促进了水资源共享和管理方面的制度变革。19 世纪末和 20 世纪初的严重干旱推动了 1901 年的澳大利亚联邦政府的成立,特别是位于默累 - 达令流域末端的的南澳大利亚的干旱。最终,澳大利亚联邦政府于 1914 年与新南威尔士州政府、维多利亚州政府以及南澳大利亚政府共同签署了《默累河水协定》。

20 世纪 80 年代初的干旱促进了《默累 - 达令流域管理协定》的制定,该协议反映了需要更多地从整个流域的角度来考虑发展压力(Helman,2009)。1995 年的用水审计报告也强调了这一点,该审计显示,由于开采量的增加,默累河口上游的干旱频率从 5% 增加到 63% 。

21 世纪初的干旱是有记录以来最严重的干旱,促使国家政府于 2007 ~ 2008 年推出了《水法》。在此期间进行的研究预测,未经调节的发展压力及气候变化将导致流量进一步大幅减少。气候预测旨在预测长期干燥趋势中更大的降水量变化。目前,人们普遍认为需要进行协调的整体管理,以最大限度地减少和分担不断增加的成本。分歧的主要来源是制定管理框架的基本优先事项(Connell,2007,2011)。

17.2.2 紧张局势

与单一制度相比,联邦政治制度为政治行动提供了更加多样化的选择。关于联邦制的讨论通常集中在各州和国家政府之间的动态关系。然而,联邦体系内的许多行动反映了各州之间的紧张关系以及利益相关者在政府级别之间的表现,这取决于他们如何看待其利益和机会。

例如,南澳大利亚州是默累河流域系统中跨界水资源共享历史的核心。对于处于体系末端的南澳大利亚州来说,该州的生存本身依赖于默累河的水/径流,因此它一直利用国家政府内部的影响力,以确保其利益。长期以来,南澳大利亚州一直大力倡导以各种形式进行流域管理,认为下游湖泊和河口的环境卫生应作为有效河流管理的衡量标准。随着整个流域的发展压力的增加,加剧了与上游各州的冲突。

对全流域管理的日益关注加剧了关于优先事项的辩论。传统上,促进默累河沿线的灌溉和南澳大利亚州城镇的“抗旱”是主要目标。21 世纪的体制改革旨在进行更全面的管理,以考虑到更广泛的利益攸关方和长期可持续性的需要。然而,灌溉部门非常有效地保护了其利益。最初的意图是,水市场的运作范围将比灌溉部门更大,但事实证明,这很难实现。国家政府雄心勃勃、资金充足的计划,即通过以市场价格从出售水资源的人那里购买水来恢复环境条件,但越来越多的国家和国家一级的灌溉部门扼杀了这一计划。同样,通过购买 MDB 的水资源来改善阿德莱德和墨尔本主要城市用水安全的工作,也遭到以灌溉为基础的社区的反对。反之,这两个城市都建造了价值数十亿美元的海水淡化厂,尽管目前在 MDB 中，需要的水资源只占用于农业用水量的很小一部分。

17.2.3 体制机制

1914/1915 年的《默累－达令流域管理协定》是根据水资源共享协议达成的，该协议的关键因素仍然是在默累－达令流域的政府间水共享协议的核心（Connell,2007 ）。它要求两个上游国家（新南威尔士州和维多利亚州）在南澳大利亚边境提供一定量的水资源，除非在干旱时。每个州都有权得到休谟湖的 1/3 的水量，该湖是靠近集水区顶部的战略储备。这项工作几十年里一直运作良好，但自 20 世纪 80 年代以来，各州和不同利益相关者就扩大农业领域的工作展开了激烈的政治斗争，更多地考虑除农业部门意外的环境和城市利益。农业部门使用大约 95% 体系中的水。

近几十年来，受河流管理和研究的国际趋势、经济压力以及公众对环境恶化的日益关注的影响，国家政府开始尝试以可操作的方式界定可持续管理。最大的成功是在三个州引入水市场。在 21 世纪的严重干旱期间，州内和州之间的水贸易在保持农业部门的经济生产力发挥了重大作用。由于新南威尔士州和维多利亚州政府的强烈反对，以及在一体化进程开始之前，存在许多不同类型的水权，因此，跨境水市场的发展是一项重大成就（南澳大利亚州长期以来一直认为，水市场将导致更多的水向该州转移）。

最初的意图是水改革方案将在一个可行的河流框架内实施，为经济发展提供安全保障，使 MDB 恢复为一个对环境具有吸引力和生态功能的系统，能够应对气候变化的未来挑战。但是，尽管国家政府于 2007～2008 年制定了《水法》，其依据是要求在整个 MDB 中实现对可持续引水的限制。但可以说，灌溉部门已经逐渐破坏了水资源恢复目标。其中，最重要的改变之一是在监测和审计领域，废除了负责报告水改革进展情况的国家水委员会，以及可持续水审计，该审计涉及长期环境趋势的信息。

17.2.4 经验

从默累－达令流域的水管理历史中应汲取哪些教训取决于学习者。灌溉部门已经学会了如何有效地塑造变革力量，即使在时机不利的时候。像阿德莱德和墨尔本这样的城市中心已经学会了依靠自己，因此转向大规模的海水淡化投资。2004 年《国家水倡议》所预示的改革倡导者可能需要更多地考虑促进全流域对可持续管理的自觉性和政治支持。有效监测和审计的案例似乎至关重要。如果没有国家水务委员会和可持续的水审计提供的信息，公共政策辩论就不会有吸引力。此外，还应更多地考虑如何让公众参与。一种选择是将国家政府目前严格管理的大部分环境水的管理权移交给在强有力的报告框架内工作的民选公众组织。这会很混乱，但它将提供公众参与的理由，留给专家的水管理将一如既往地继续进行。

17.3　西班牙

17.3.1　干旱史

在过去30年中,影响西班牙大范围的长期干旱每十年发生一次(1980～1983年、1990～1994年和2005～2008年)。干旱已被证明是法律改革和水基础设施投资的催化剂,因为它们往往暴露出水管理系统的弱点,这些弱点应在干旱期结束时或结束之后加以解决。例如,1995年《水法》的第一次重大改革是在1999年,当时发生了严重的干旱(1990～1994年),造成了严重的经济损失和大规模的供水限制。2005～2008年,西班牙一些地区的旱灾对20世纪90年代的影响较小,一部分原因是干旱强度较小,另一部分原因在于采取了一些行动来避免先前的旱灾中遇到过的严重的限制和环境问题(Estrela和Vargas,2012)。

干旱也是一个机会,推动西班牙解决方案的实施,这些解决方案在干旱期之前的水问题辩论中就已经被提出。例如,1999年《水法》改革引入了水市场,但直到2005～2008年的干旱之后才开始实施。此外,干旱期还对跨流域水贸易进行了“测试”,1999年法律改革(Hernάndez-Mora and Del Moral,2015)明确禁止了这一交易,但得到了一些农民游说团体和城市供水行为者的大力支持。同样,2006年,政府通过了一项大型的灌溉系统现代化项目。20世纪90年代初以来,该项目就已列入政策议程,并采用以干旱为理由的快速审批程序通过(Urquijo等,2015)。

随着20世纪70年代民主的到来,西班牙采取了权力下放的政治制度,在这种制度下,各地区在许多政策领域(如教育、卫生和环境保护)都拥有管辖权。1978年《宪法》还规定,两个或两个以上区域共有的流域必须由与中央政府相联系的流域局管理,而对于区域内流域(位于单一区域内的流域),则必须由区域水务局管理。这种情况下,在每个流域,干旱主要由相应的水务局管理,往往在投资或特别法律规定时需要得到中央政府的大力支持。

17.3.2　紧张局势与合作挑战

在干旱期间,大多数紧张局势发生在用水户之间,他们的水权由复杂的水权系统进行管理,该系统规定了干旱情况下的水资源的配置优先次序,并纳入流域管理计划。当区域政府倡导其选区的利益时(例如,避免用水限制或支持对新的水基础设施的投资需要),用户之间的紧张关系可能会蔓延到区域间关系。然而,大多数区域间紧张局势都发生在水资源和水资源分配方面的权限上。特别是流域管理计划(每6年修订和核准一次)、水基础设施的建设和运行以及水资源转移中规定的水资源配置是区域之间以及区域和政府之间关系紧张和争端的重要根源。可以解释为,西班牙有一个强有力的水管理监管框架,这些议题和仪器为干旱管理的决策奠定了基础。因此,在2001年批准国家水文计划方面,各地区存在激烈争论,其中包括建设一长串新的水利基础设施,以及从该国东北部的埃布罗流域向地中海沿岸的几个地区输送水资源。此外,自21世纪以来,最高法院和宪法法院发生了若干司法案件，各地区相互起诉，以便更好地控制其领土的水资源开发，并提高其水资源规划和管理（有关概述，请参阅 López-Gunn and De Stefano，2014；Moral Ituarte and Hernández-Mora Zapata，2016）。

17.3.3 体制机制和适应性评估

2001 年《国际水文计划法》规定，要为所有流域和超过 2 万人口的城镇制定具体的干旱管理计划。这些计划包括干旱预警和干旱监测指标，这些指标有助于不同级别的干旱警报。它们还基于警报级别具体规定了可以或应该实施的措施。大部分流域干旱管理计划于 2007 年获得批准，目前正在修订（Estrela 和 Sancho，2016），而城市供水的干旱管理计划已逐步获得最大城镇的批准。

这些计划的存在和强有力的国家监管框架为干旱管理奠定了重要基础。流域是水资源共享的首要的空间领域，而需求和供应则根据较小的系统（所谓的水开发系统）进行管理。因此，干旱期间的区域利益和争端在某种程度上被稀释，因为水的分配和共享主要是基于水文和水力标准而不是根据区域之间的边界。在干旱期间，每个流域的行动者之间通常有相当良好的合作水平，这得益于参与性机构的存在，其中消耗用水者和主管部门定期举行会议，以批准供水。最近，由河流水务局召集的干旱委员会成立，与消耗用水者和其他利益相关者共同讨论与干旱有关的决定。

在干旱期间，中央政府可以发布皇家法令，批准紧急投资和法律变更，以应对“特殊情况”（《水法》第 58 条）。这可以包括暂时增加河流流域管理局的权力，以便对水量进行临时重新分配，或授权钻取应急井以补充普通供水。然而，中央政府也利用这些皇家法令，绕过常规审批程序，批准争议很大的投资或法律改革，这些投资或法律改革不能立即缓解干旱（Urquijo 等，2015）。

在水资源规划和管理方面的区域间关系管理机制方面，正式场所主要设在流域管理局内部，并已证明是投票决定的场所，而不是实际讨论、谈判和建立共识的场所。投票前的谈判主要是中央政府和每个区域之间的双边谈判，通常在非正式论坛进行。

17.3.4 吸取的教训

西班牙侧重于干旱的经验证实，建立良好的监测系统和确定明确指标和阈值以确定不同级别的干旱警报的重要性。这种系统创造了一个信息平台，可作为所有行为者的参考，从而减少政府和非政府利益攸关方之间的不确定性和争端。

如前所述，在干旱期间，中央政府可以通过特别法令临时增加流域管理局的权力，加快与水有关的投资决策，甚至法律改革。在某些情况下，需要这些法律条文来满足眼前的需要。但在其他情况下，中央政府采用快速决策程序来缓和紧张局势，以牺牲纳税人的利益来维护社会和平。此外，通过特别法令批准的投资和法律改革不受与常规决定同等程度的辩论和公众审查，减少了问责制和公众参与选择。

在考虑就水资源规划和水资源分配问题建立共识时，西班牙的经验表明，在政治分散化的系统中，国家以下各级政府有能力在他们认为自己的利益未被官方决策考虑在内时阻碍决策过程。在这方面，关于区域间关系的一个重要教训涉及法院在冲突管理中的作用：最近区域间冲突的历史表明，司法裁决往往产生赢家和输家，从而导致争端和谈判的推迟。

如前所述，官方会议场所主要用于事先讨论和谈判的表决决定。一方面，这可能造成权力不平衡，因为一些行动者仍然被排除在双边非正式讨论之外。另一方面，它强调相互信任、信息的流畅交换以及各级政府在技术层面的密切合作，都是围绕在官方场地。

17.4 美 国

17.4.1 干旱史

美国的干旱范围从局部事件和季节性的损失到一年或多年的影响区域或大陆地区的严重干旱（Cook 等，2013；Diodato 等，2007；Overpeck，2013）。干旱是美国西部山区的一个显著特征，包括诸如"尘盆"（20 世纪 30 年代）和二战后（20 世纪 50 年代）的干旱等标志性事件，这些事件促使了一系列水基础设施和管理对策。近年来，潮湿和半干旱地区的人口增长增加了加利福尼亚州、佐治亚州和东南部的夏威夷、西南部的西北太平洋以及得克萨斯州遭受干旱事件的影响。在这种情况下，一些地区即使面临强度、持续时间和干旱严重均适中的干旱事件也容易受到严重影响。这些事件以及 2012～2013 年大陆规模的干旱，使干旱成为一个日益引起国家关注的问题，促使监测、规划和其他干旱管理行动的协调（Folger 和 Cody，2015）。

美国西部的流域经历了持续干旱，并将是本章的主要关注点，突出了科罗拉多河和格兰德/布拉沃河流域的经验，这两条国际河流由美国和墨西哥共有。这里的主要焦点将是每个流域的美国地区。科罗拉多河流域集水面积近 70 万 km^2，其领土覆盖 9 个州（美国 7 个，墨西哥 2 个）的部分地区。该流域的水文气候学特征一直是持续干旱，包括从 20 世纪 40 年代末到 20 世纪 50 年代的干旱期，这段时期的干旱一直为建模和规划目的提供参考。2000 年以来，科罗拉多河流域经历了一个在观测记录中没有先例的干旱期，尽管古气候的还原表明此前出现过干旱持续时间更长且强度更大的干旱（Udall 和 Overpeck，2017；Woodhouse 等，2006）。

里奥格兰德/布拉沃流域排水面积约 45 万 km^2（不包括内河区），包括美国和墨西哥，且各国所占领土几乎相等。美国（上里奥格兰德）和墨西哥（里奥康乔斯）都包含由每个国家内多个州共有的重要支流。与科罗拉多河一样，该流域在 20 世纪 50 年代和 2000 年经历了持续干旱。然而，根据古气候记录，里奥康乔斯和上里奥格兰德的干旱历史并没有关联，这意味着干旱可以影响一条支流，而不会影响另一条支流（Woodhouse 等，2012）。

17.4.2 紧张局势与合作

美国西部水资源分配的法律和体制框架通过建立"零－和"游戏，为干旱期间的紧张局势奠定了基础，其中一些用水者拥有高度可靠的水权，另一些用户则完全无法获得水。美国西部的水资源分配受优先拨款和有利使用原则的制约，通俗地说是"第一时间、第一权力"和"使用或失去"。在干旱时期，首先建立和维护有益的用途是最后一个失去使用权。这一原则适用于用水者及其协会(灌区和市政公用事业)。科罗拉多河和格兰德河说明美国西部水资源分配系统与干旱跨界管理之间的紧张关系与合作。在科罗拉多州和格兰德/布拉沃州的美国管辖的地区,存在州际水分配协议,以根据各州之间公平使用的原则共享水。每个协议都定义了要求从上游向下游各州输送水量的分配规则,在干旱期间产生了协调挑战。

在科罗拉多河,干旱和用水竞争使政府间水协定面临压力,加剧了供需结构失衡(每年可再生径流的过度投入)引起的紧张局势。1922 年《科罗拉多河契约》和一系列附加法律、规则、法院案例和操作标准构成了《河流法》,对美国一侧的各州之间的水进行分配。这一体制框架没有解决干旱和水资源短缺问题,直到最近,用于管理水库和各州之间水资源短缺的业务标准也存在不确定性,如下文所述。美国境内的流域在各州之间的紧张关系导致了州际水资源分配问题上的激烈冲突,包括具有里程碑意义的 1963 年最高法院案件——亚利桑那州对加利福尼亚州案,该案件事先澄清并确认了州际协议。尽管人们担心严重的持续干旱会引发国家间冲突,但自 2000 年以来的干旱期进行了前所未有的合作,最终达成了一系列协定和体制机制,并建设抵御干旱河水资源短缺的能力,包括墨西哥在内的水资源短缺分担协议,以及目前正在进行的应对严重缺水问题的干旱应急计划的谈判。

在格兰德/布拉沃河,干旱加剧了美国部分的城市化和濒危物种问题,并造成与墨西哥的州际和国际间的紧张局势。一套复杂的政府间协定将美国各州(1938 年《里约格兰德协议》)和各国之间(1906 年《公约》和 1944 年《水条约》)的水分为两部分。在美国,自 2000 年以来的干旱加剧了对地下水抽水的依赖和冲突,由于科罗拉多州地下水抽水对新墨西哥州供水的影响,以及新墨西哥州东南部的地下水抽水对向得克萨斯州供水的影响,一些州际协调面临挑战。这场争端引发了得克萨斯州和新墨西哥州之间的一起法庭诉讼,目前最高法院正在审理此案。

17.4.3 体制机制

科罗拉多河和格兰德河的干旱体制要求建立协调机制,以促进各州之间的合作并管理冲突。在科罗拉多河流域,各州在水资源分配方面的主导地位使它们在干旱管理中发挥了核心作用。然而,联邦政府建造和管理的水库需要在干旱期间进行州际协调,以分担水资源短缺并建立灵活性。2001 年《临时盈余准则》和 2007 年《短缺分享准则》为管理河流的两个主要水库(鲍威尔湖和米德)制定了规则,以解决供水变化问题,在《国家环境政策法》的规则范围内开展工作。2012 年,填海局(联邦机构)和 7 个流域州根据 2009 年《安全水法》完成了一项流域研究,以评估未来气候变化情景下的水供需失衡状况,以支持水可变性规划(填海工程 2012)。2007 年《短缺分担规则决定记录》强调了指导这些体制调整的理由和原则:

在公共进程中,包括科罗拉多河流域七个州(流域州)的州长代表在内的利益攸关方在流域内达成了独特和非凡的共识。这一共识有若干共同的主题:鼓励保护、规划短缺,对鲍威尔湖和米德湖进行更密切的协调,保持灵活性,以应对气候变化和干旱加剧等进一步挑战,实施长期(但不是永久性)的运营规则,以获得宝贵的运营经验,并继续让联邦政府支持(但不支配)明智的决策(美国内政部,2007 年,科罗拉多河下游流域水资源短缺、鲍威尔湖与米德湖之间的协调行动准则)。

美国上里奥格兰德上游在州际和多层次抗旱协调方面进展较少(Garrick 等,2016)。1938 年,科罗拉多州、新墨西哥州和得克萨斯州之间水资源分配契约可认为为干旱适应提供了一个更灵活和适应性的框架,因为它根据可用供应的比例(而不是科罗拉多河流域下游固定水量)来共享水。并允许短期债务和信贷的累积,以缓冲供应的变化。然而,契约并未解决地下水问题,这一遗漏造成了法律上的不确定性和水文影响,阻碍了协调工作。干旱加剧了与地下水抽水和濒危物种有关的紧张局势,需要建立机制来解决州之间以及各州与联邦政府之间的冲突。象山村的地下水抽水导致填海局操作规则的变化。艾尔帕索与新墨西哥州和得克萨斯州的灌溉区之间通过谈判达成协议,试图解决得克萨斯州关于新墨西哥州地下水抽水的投诉,但被新墨西哥州司法部长宣布无效,促使最高法院继续审理纠纷。虽然有一系列可操作和非正式机制促进利益攸关方之间的协调,但在科罗拉多河流域为州际干旱适应建立体制框架方面的进展难以捉摸。

17.4.4 吸取的经验教训

科罗拉多州和格兰德河流域的例子说明美国西部与抗旱适应有关的一系列协调挑战和对策。首先,国家对水资源分配的控制以及联邦政府在水库建设和管理中的作用,给各州在干旱期间和运营期间的水资源共享带来了协调挑战。其次,临时规则和集成数据、建模和规划系统有助于各国之间的合作和学习,包括确定提高系统可靠性的正和或双赢选项。再次,排除地下水或关键利益攸关方,可能造成法律不确定性和冲突的恶性循环,从而削弱适应的能力并助长代价高昂的冲突。最后,国家政府通过提供资源、基础设施和监测网络为联合管理提供信息和奖励,发挥重要的促进作用。在科罗拉多州和格兰德河地区,联邦行动的威胁一直是干旱期间合作或解决冲突的有力刺激因素。

17.5 结 论

17.5.1 紧张局势

这三个国家在干旱期间都经历了国家之间和各级治理者之间的紧张关系,这表明干旱造成的协调挑战各不相同。州政府促进其选民的利益,捍卫其领土内的水权,但可能牺牲区域和全流域的利益。用水者向州或地区政府请愿,在州际论坛上捍卫他们的利益。例如,位于 Tagus-Segura 渡槽的两个极端地区——卡斯提亚曼加和穆尔西亚地区政府,在干旱期间协商可转移水量时,其用水者表达了关切和利益。澳大利亚也出现了类似的动态,新南威尔士州和南澳大利亚州分别在干旱期间捍卫其上游和下游利益。新墨西哥州显示出一个州可能会因为州际承诺而出现内部分裂。1938 年《里奥格兰德契约》将水从新墨西哥州输送到得克萨斯州,位于新墨西哥州的象山村水库,位于得克萨斯州边境上游;新墨西哥州农民的地下水使用量减少了从新墨西哥州到得克萨斯州的地表水输送。因此,在象山村水库和得克萨斯州边境之间的新墨西哥州农民发现与他们的州政府意见相左,州政府受其向得克萨斯州供水的法律义务的约束。这说明了协调挑战也具有纵向层面,即州政府和国家政府在干旱期间的协调。

17.5.2 体制机制和适应备选办法

尽管这三个国家都有流域机构,但各州在水资源分配方面拥有不同程度的权利和责任,这就形成了州际间关于干旱决策的争端以及各国政府之间的冲突。这会影响做出与干旱管理和水分配有关的区域和国家一级决策的能力。在西班牙,水由国家一级批准的河流流域管理计划分配,而不是按区域边界分配。一方面,国家对分配的控制导致协调的干旱规划和管理。另一方面,它限制了各区域与其他区域就水分配问题提出争议的能力。在美国,各州对水资源分配的权利限制了全流域的治理以及协调干旱规划和管理的能力;最近的倡议通过一项国家抗旱行动计划和旨在发挥协调作用的机构间的工作来消除这些限制。澳大利亚在水资源分配和干旱管理方面采取中间道路,承认各州在全流域规划所确立的框架内对水分配的权利。这导致了两个方向的紧张局势:州与州之间、各州与联邦政府之间的紧张关系。

17.5.3 面向未来的经验

三个国家的比较提供了关于中央政府的作用和解决国家间冲突的见解。这三个国家都利用中央政府的财政资源来减轻干旱的影响,并促进用户和各州之间的合作。例如,美国2009年《安全用水法》提供了大量资金,用于与各州分担水的供需研究的费用。中央政府在综合能力建设和协调能力方面也发挥着关键作用。这三个国家都利用国家方案来开发或协调信息和监测系统,为较低级别的政府提供预测、监测和管理干旱所需的数据。这有多种形式,视情况而定,包括数据收集和标准,以便根据当地和区域情况制定和应用干旱指标。最后,干旱对水资源规划和分配的体制框架提出了压力测试,并暴露了含糊不清之处;适应需要国家政府采取多种正式和非正式的场所来解决冲突,并促进合作,而这在气候变化和炎热的干旱面前会变得更加重要。

参考文献

(略)

第 18 章　干旱风险管理：欧洲的需求和经验

18.1　概　述

欧洲联盟（欧盟）干旱观测站（EDO）的建立是为了更好地了解、监测和预测欧洲水资源短缺和干旱（WS&D）相关的现象，并为制定该领域的循证政策提供投入。《欧盟水框架指令》（WFD，2000）首次尝试解决欧盟的水资源短缺和干旱问题，该指令要求在易受长期干旱影响的所有流域制定干旱管理计划。然而，这就需要对“长期干旱”做出明确的定义，并建立适当的监测和评估系统。2007 年，欧洲联盟委员会（EC）向欧洲议会和理事会发表了一份具体来文——《应对欧盟缺水和干旱的挑战》（EC，2007）。来文中要求建立欧盟干旱观测站，并用其增强对水资源短缺和干旱的了解。进一步强调，有效的警报系统是风险管理的一个重要方面，能切实加强有关部门的抗旱能力。来文中详细说明了建立一个系统的必要性，该系统“将整合不同空间尺度上的相关数据和研究成果、干旱监测、探测和预测，从地方和区域活动到欧盟一级的大陆概览，并评估未来事件”（EC，2007）。

这份来文以及欧洲一级普遍缺乏协调一致的干旱信息这一现象推动欧盟委员会联合研究中心（JRC）与欧盟成员国、欧洲环境局、欧盟统计局以及电力和供水行业的代表之间的密切合作。欧盟干旱观测站的目标是在欧洲范围监测和预报气象、农业和水文干旱，同时用国家和地方的信息系统对已开发的方法进行基准测试。它是一个分布式系统，由主管部门（利益攸关方）在每个空间尺度上处理数据和指标，并通过 Web 地图服务进行可视化。这需要根据所有尺度的既定标准计算一套核心指标。随着细节的增加，主管部门可以增加其他重要的本地指标。虽然 JRC 一般是在欧洲大陆一级处理数据和计算指标（所谓的提高对指标的认识），但国家、区域和流域管理机构为其领域的相关利益增加了更详细的信息。随着细节的增加，各项指标与每日的水资源管理的相关性日益显著。EDO 的相关信息可以通过 JRC 的网络门户 http://edo.jrc.ec.europa.eu/获取。同时，它也是美国国家海洋与气象管理局 https://www.drought.gov/gdm/ 主办并作为地球观测组（GEO）工作一部分开发的分布式全球干旱信息系统（GDIS）的第一个原型中的欧洲节点。

EDO 提供了一套不同空间尺度和时间尺度的干旱指标，包括 10 d 和每月更新的干旱事件的发生和演变地图，以及 7 d 土壤湿度预报。中长期预测正在使用概率集成方法进行。目前，EDO 包括气象指标[例如，标准化降水指数（*SPI*）和温度]、土壤湿度（分布式水文模型的输出）、植被状况（基于卫星对植被的光合作用活性测量）和河流的低流量。例如，在更详细的水平上，它包括关于地下水位和趋势的指标（法国）以及灌溉地区和非灌溉地区（埃布罗河流域）水管理的警告级别。

事实证明，各种指标对专家用户和 JRC 干旱小组在发生严重干旱事件时编制干旱报告都很有用。包括干旱报告在内的信息内容受到利益攸关方社区的青睐，正如网络访问和下载次数所示。然而,对于政策制定者和高层管理人员来说,这一层面的细节过于复杂。它们需要具有综合性的高级别指标,显示不同的警报级别,用于提高认识并用于政策和决策。这种综合指标需要按部门(例如农业、公共供水、能源生产和水路运输)制定。

因此,第一个农业综合干旱指标(*CDI*)的制定是提供有关水文循环中干旱传播信息的重大突破,即从降水不足到土壤水分不足及其对植被覆盖的影响。*CDI* 以警报级别的形式为决策者提供易于理解的行业特定信息。与北美干旱监测机构(NADM;见第7章和第19章)一样,EDO 提供异常干旱事件的报告。最近,EDO 已扩展到全球一级,以便向欧洲共同体应急协调中心(ERCC)提供信息,该中心支持和协调自然灾害和人为灾害。这一扩展系统称为全球干旱观测站(GDO; http://edo.jrc.ec.europa.eu/gdo),该系统增加了风险和影响评估。已为粮食安全进行了第一次干旱风险评估,并制定了干旱影响可能性(*LDI*)指标,作为高级别警报指标,将灾害与风险和脆弱性结合起来,以评估该部门不断变化的干旱风险。

在以下各节中,我们将提供有关 EDO 和 GDO 系统各个方面的更多详细信息。在第18.2节中,我们讨论了预测干旱事件的核心指标和方法。然后,第18.3节详细说明了目前在全球一级干旱风险评估所实施的现行方法,第18.4节提供了关于 GDO 设置的一些信息。第18.5节提供了结论和展望。

18.2 干旱监测和预报

受干旱影响的行业以及其特性的时空变异性表明,需要各种指标以涵盖最常见的干旱类型:气象、农业和水文(见第1章)。在对干旱进行分类之后,在 EDO 和 GDO 中使用了三组指标来捕捉干旱现象的性质,这些指标将在下一节中单独讨论。

18.2.1 气象干旱监测

降水不足是大多数干旱事件的原因。因此,正如世界气象组织(WMO,2006)所强调的那样,*SPI*(McKee 等,1993)是气象干旱监测的关键指标之一。*SPI* 的计算是基于将观测降水概率转换为标准化的 Z 值的等概率转换。在我们的系统中,第一步,使用伽马概率密度函数拟合累积降水数据;然后,拟合的累积分布函数(*cdf*)通过均值为0和方差为1的标准化正态 *cdf* 转换为标准化正态变量值。

对于 EDO,*SPI* 是根据 JRC-MARS(http://marsjrc.ec.europa.eu/)数据库中地面气象观测站(SYNOP)的日降水量数据计算的,然后通过将这些地图与来自全球降水气候中心(GPCC)月降水数据集(http://gpcp.dwd.de)的1.0°分辨率的 *SPI* 地图混合,插值到0.25°网格中。GPCC 数据对于进行长期降水记录的站数不足的区域特别有用。对于全局系统,当前使用的降水数据仅来自 GPCC 数据集,分辨率为1.0°。

18.2.2 农业干旱监测

以干旱对农业或自然耕地的影响为重点,监测系统可以基于受到缺水影响的与生长和产量(土壤湿度、实际蒸散)有关的水文量,也可以基于生物量或生态系统生产力指标

[植被指数、叶面积指数、吸收的光合有效辐射($fAPAR$)](Mishra 和 Singh,2010)。

土壤水分(θ)被认为是监测和量化水资源短缺对植物影响的最合适的变量之一。更具体地说,干旱事件通常是通过土壤水分异常(偏离气候学)来检测的,这些异常通过在给定时段(例如,10 d 或 1 个月)计算的 Z 值来表示(例如 Anderson 等,2012):

$$Z_{i,k} = \frac{\theta_{i,k} - u_i}{\sigma_i} \tag{18-1}$$

式中:$\theta_{i,k}$ 为第 k 年的第 i 个计算时段的土壤水分;u_i 和 σ_i 分别为第 i 个计算时段的长期平均值和标准偏差。

根据过去的气候学,Z 值的使用适用于检测比往常更干燥的土壤水分状况,这可以被认为是农业干旱发生的良好指标。

通常,水文模型的输出可用于在空间上重建某一区域土壤水分的动态情况。在 EDO 中,LISFLOOD 模型(de Roo 等,2000)的根部土壤水分输出(就土壤吸水量而言,pF)用于在 5 km 网格上获得欧洲的每旬(每月分为 3 个旬)异常情况。欧洲洪水感知系统(EFAS, Thielen 等,2009)中的 LISFLOOD 几乎实时运行。在全球范围,我们正在测试将不同的土壤水分来源结合起来,包括 LISFLOOD 模型的输出以及热和被动/主动微波遥感数据(Cammalleri 和 Vogt,2017a)。

在大区域上的应用表明,在某些情况下(主要是在含水量高的区域),简单的异常情况可能不足以检测到对植物覆盖层的负面影响。因此,Cammalleri 等(2016a)制定了土壤水分干旱程度指数(DSI),该指数既说明了土壤水分短缺的状况(来自 Z 值),也说明了植被缺水的实际严重程度。此干旱指数计算为两个指标的几何平均值:

$$DSI = \sqrt{p \cdot d} \tag{18-2}$$

式中:d 为水分亏缺指数;p 为干燥概率指数。

且仅在 d 和 p 都高时才具有高 DSI 值,因此土壤水分状况对于植物来说既罕见又有压力。

图 18-1 举例说明了如何通过 van Genuchten(1987)提出的 s 形水分胁迫曲线由 θ 推导出 d 的,p 是在用 beta 概率分布函数(pdf)拟合气候数据后计算得到的(Gupta and Nadarajah,2004)。值得注意的是,只有当 θ 大于水分胁迫的临界值时,d 才大于 0 (Seneviratne 等, 2010),且仅当 d 明显高于累计分布概率时,$p > 0$。

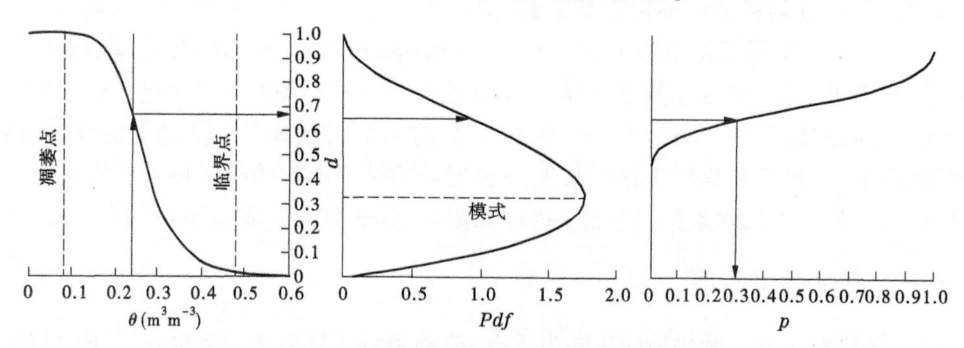

图 18-1 计算 d 和 p 因子的程序的示意图

农业干旱监测的另一种方法是直接观察植被生长或绿化的变化，以检测受到干旱事件影响的地区。在这方面，遥感衍生的植被指数是对大面积进行这种分析的非常有用的工具（例如，Ghulam 等，2007；Peters 等，2002）。植物吸收的光合活性辐射（*fAPAR*）被广泛认为是植被绿色和健康状况的适当代表，这要归功于它在植物初级生产力和二氧化碳吸收方面的核心作用（Gobron 等，2005a）。观测到的 *fAPAR* 对植被胁迫的敏感性表明它可用于干旱监测（Gobron 等，2005b）。EDO 和 GDO 系统均使用从 Terra 卫星 MODerate 分辨率成像光谱仪（MODIS）8 d 标准产品（MOD15A2）派生的 *fAPAR* 地图的长记录（从 2001 年开始）；这些地图用于质量检查，以确保只使用高质量的数据，并用作式（18-1）的输入派生 Z 值。进一步研究将植被现象周期和 *fAPAR* 异常分析结合起来，以提高干旱检测的准确性（Cammalleri 等，2016b）。

fAPAR 异常也可能与各种其他应激因素（如热和害虫）有关；因此，需要利用关于水分胁迫的进一步资料，将记录在案的异常现象与干旱联系起来。基于这些考虑，Sepulcre-Canté 等（2012）开发了 CDI，以解释从降水短缺到土壤水分不足减产的级联过程。作者研究了三种指标之间的关系：①n 个月积累标准化降水指数（*SPI-n*）；②土壤水分在土壤吸力（*pF*）方面的异常；③*fAPAR* 异常。

图 18-2 强调了构成 CDI 的概念框架；当观察到明显的降水不足（例如，*SPI*-3 或 *SPI*-1 < -1）时，将发出观察状态，然后将其转换为警告，再在观察到土壤水分严重不足和负 *fAPAR* 异常时变为警报。还增加了两个恢复等级，以分别跟踪降水量和植被状态恢复正常情况。图 18-3 显示了 EDO 的 CDI 输出示例。

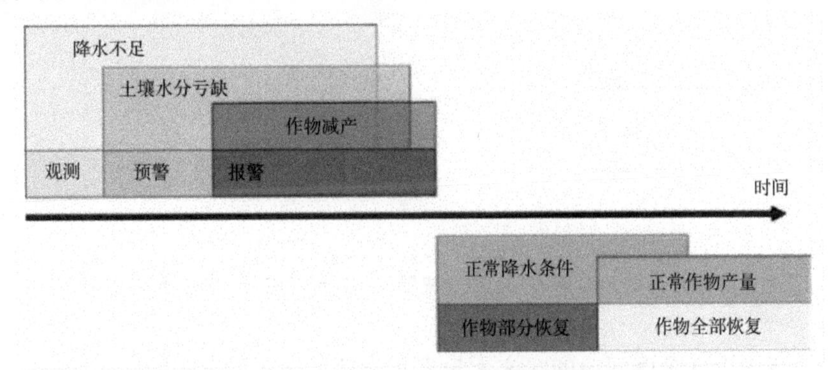

图 18-2 农业干旱因果关系的理想化阶段的示意图，这些阶段告知 CDI 的概念以及 CDI 输出的相关警报级别

18.2.3 水文干旱监测

通过 EDO 监测水文干旱是基于它的捕获特定类别的干旱事件的动态特征的能力。Cammalleri 等（2017b）开发了一个以水流数据为关键参数的低流量指数，以评估流量何时会低于由气候时间序列数据计算的某一阈值。

如图 18-4 所示，每日的低流量阈值计算为历史数据集的百分位数（第 95 个）。

流量连续低于阈值的时段被视为具有特定亏缺（D）值的低流量事件，其频率以指数分布为特征：

图 18-3　欧洲干旱观测站(EDO)[2016 年 9 月 21 ~ 30 日综合干旱指标(CDI)实例]

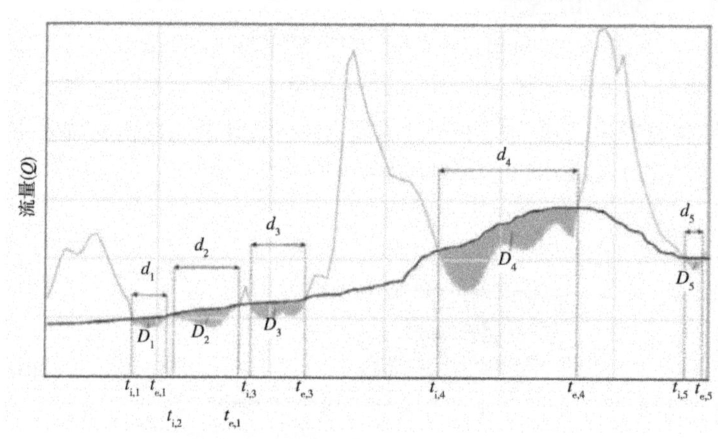

图 18-4　低径流事件序列的示意图表示(实际流量值用灰色线表示,低流量阈值用黑色线表示)

$$F(D_i;\lambda) = 1 - e^{-\lambda D_i}, D_i \geqslant 0 \tag{18-3}$$

$F(D)$的值用于计算该河段的水文干旱严重程度。为了尽量减少小概率事件及密切相关事件的影响,同时删除了这两种事件(Cammalleri 等,2017b)。

在可操作的 EDO 系统中,低流量指数计算的排放数据来自 LISFLOOD 模型的运行输出,该模型也用于计算土壤水分指数。这些数据被插值到 5 km 的网格上,即使低流量指数只计算在排水面积大于 1 000 km^2的流域单元上。最后,将得到的网格插值到欧洲流域表征和建模(CCM)河网上,这是一个基于矢量的详细的和完全连接的水文网络,允许对上游和下游关系进行结构化分析(Vogt,2007a,2007b)。

18.2.4　预测

目前,提出了对不同的长期预测产品并进行了测试。它们是基于标准化降水指数(例如 *SPI*-3 到 *SPI*-12)的整体预测,预见期为 1 ~ 7 个月。需要注意的是,对于比累积期短的预见期，*SPIs* 是使用开始日期之前的观测降水量和此后的预测值的组合计算的（Dutra 等，2014）。此方法允许提前期为 1 ~ 12 个月的 *SPI* 预测。

从集成系统导出了两种信息类型。第一种与概率预测相关联，它定义了与 *SPI* 低于 -1（干旱）或大于 1（洪水）或正常条件（介于 -1 ~ 1）的相关性。如果在预测特定异常或正常情况时具有相关性（例如，概率超过 50%），则会报告信息。如果这三个具体条件均未出现，则预测的 *SPI* 被认为不显著，无法提供结论。这种方法没有量化干旱的强度，但其一致性和分布可能与预测的不确定性有关。

第二种信息类型是 *SPI* 的整体均值。在集合成员内保持一致的情况下，将报告为前面讨论的相同累积期和提前期提供的平均值，并提供有关预测事件强度的信息。由于使用整体均值，此方法往往低估了观测事件的强度，但可以区分异常和极端异常（干或湿）条件。

在这么长的预测期进行预测显然是一个很大的挑战，而且文献中很少有研究涉及这种评估。Dutra 等（2013）评估了非洲不同盆地的 ECMWF 季节性 S4 模型的预测能力。即使他们的模型比气候学给出了更好的结果，我们也期望潜在的数据结构会产生积极的影响，并在更短的提前期中添加观测值，从而影响结果。在 Lavaysse 等（2015）的研究中，已经利用欧洲不同的集成系统对预测的 *SPI* 值进行量化。在月时间尺度上（例如，对于具有 1 个月提前期的 *SPI*-1），已显示 40% 的干旱（定义为低于 -1 的 *SPI*）是提前 1 个月正确预测的。这个值可能看起来并不大，但根据在这些提前期（一个月的累积降水）预测降水的挑战和难度，并考虑到对事件有严格的定义，这个值明显高于气候学的结果（16%），且首次提供这些事件的最先进的可预测性。为了提高干旱的可预测性，一些研究建议使用更具有持久性的变量，如土壤湿度（Sheffield 等，2014）。但为了便于比较，也应当提供与气候学相关的值。

JRC 正在测试使用大气预测变量来预测极端降水。例如，Lavaysse 等（2016）已经表明，将大气环流模式划分为预定异常模式的天气机制（WRs）可以改善欧洲的预报。研究表明，利用 WR 发生和降水异常的简单最佳相关性属性，WR 预测可使干旱检测概率（*SPI* 低于 -1）提高 20% 以上。事实上，在斯堪的纳维亚半岛的冬季，65% 的事件在 1 个月以前就得到了正确的预测（相比之下，使用预测的降水大约是 40%）。显然，这个地区在这个季节与大气环流密切相关；其他地方或其他季节，预测的降水可能比这种替代方法更好。为了尽可能提供最佳预测产品，我们在欧洲对每种预测方法进行了评估，这些结果可以确定每个地区和每个季节的最准确的预测。根据这些过去的评估，可以选择每个区域或网格单元的最佳预测产品，以便提供更可靠的信息。

18.3 全球干旱风险评估

干旱风险评估是全面干旱管理计划的重要组成部分。评估干旱风险对于实施救济、应对干旱以及制定相应的管理政策至关重要，这将减少干旱对社会造成的损害。在这方面，JRC 提出了干旱影响的可能性（*LDI*），以支持欧联盟在人道主义援助和民防总局的应急协调中心（ECHO）的干旱风险管理活动。*LDI* 是分项指标，是指对干旱风险性（干旱事件发生的可能性）、承灾体的暴露性（可能发生干旱的地区的总人口及其生计资产）与承灾环境的脆弱性（当受到干旱事件影响时，环境所能承受的最大干旱强度）之间的相互作用造成的后果或潜在损失进行分析。*LDI* 的决定因素可以用以下数学形式进行模式化：

$$LDI = f(\text{危险性},\text{暴露性},\text{脆弱性}) \tag{18-4}$$

LDI 值目前已按影响分为 3 类表示：低——干旱形成的可能性；中——对部门活动的影响；高——干旱引起的紧急情况。

鉴于式（18-4）中提出的概念关系，没有风险性或无暴露性的干旱将导致 *LDI* 为空（如 Hayes 等 2004 年建议的那样）。必须指出，拟议的可能性分类尺度不是衡量绝对损失或对人口及其资产或环境的实际损害程度，但它适用于就备灾行动和对潜在影响的应对。

18.3.1 暴露性

为了评估干旱风险的影响，第一步是梳理和分析可能受影响的环境（Di Mauro，2014）。一般而言，包括已建资产、基础设施、农田和人员等（Peduzzi 等，2009）。干旱的暴露性与其他灾害类型不同。第一，与地震、洪水或海啸不同，干旱可能影响周边地区而不是在边界明确的一定范围内，且该现象可能在全球大部分地区（即使在潮湿地区）发生（Dai，2011；Goddard 等，2003）。第二，干旱发展缓慢，由于干旱是某一特定地点的降水量长期（数周到数年）低于平均值或预期值所致（Dracup 等，1980；Wilhite 和 Glantz，1985）。因此，干旱对不同的用水部门产生影响其实是干旱形成时间、持续时间和降水量的综合作用的结果。例如，短期（几个星期）干旱的直接影响可能是作物产量下降、牧场生长不良或牲畜养殖作物残渣的饲料供应减少。长期缺水（几个月或几年）可能导致的影响有农业收入减少、能源生产减少（例如，水力发电减少、核电站冷却能力降低）、公共用水问题供应（数量和质量）、减少内陆水运输、旅游问题、失业、粮食不安全和人员伤亡等（Downing 和 Bakker，2000；Mishra 和 Singh，2010）。

为了应对干旱影响的多样性，我们通过非参数和非补偿性的数据包络分析（DEA）计算暴露情况（Cook 等，2014；Lovell 和 Pastor，1999），该方法最近由 Carréo 等提出（2016）。这种应对干旱问题的方法是考虑多变量的，并考虑到人口的空间分布和许多有形资产，即作物面积（农业干旱）、牲畜（农业干旱）、工业/家庭用水（水文干旱）和人口（社会经济干旱）。在 DEA 方法中，每个区域对干旱的暴露是相对的，并且由与最暴露区域的标准化多变量统计距离比较计算。

目前，干旱暴露是根据完全覆盖全球陆地的四个空间明确的地理图层计算的，即：2000 年全球农业用地（Ramankutt 等，2008）；世界网格化人口第 4 版（GPWv4）（Balk 等，2006；Deichmann 等，2001；Tobler 等，1997）；世界网格化牲畜第 2 版（GLW）（Robinson 等，2014）；以及水分胁迫基线（BWS）（Gassert 等，2014a，2014b）。

18.3.2 脆弱性

由于无法确定水资源短缺（危害）的位置、严重程度和频率，而且经济和人口变化，以及暴露性是动态的，因此减少干旱影响的措施可能必须侧重于减少人类和自然系统的脆弱性。在估计 *LDI* 时，我们考虑到易受干旱影响的程度，并通过了联合国减灾方案

(2004)提出的框架:反映一个区域的个人和集体社会、经济和基础设施因素的状况。社会脆弱性与个人、社区和社会的福祉水平有关;经济脆弱性在很大程度上取决于个人、社区和国家的经济地位;基础设施的脆弱性包括支持生产货物和生计可持续性所需的基本基础设施(Sones,1998)。

正如 Carrão 等最近提出的(2016),干旱的脆弱性可用两步复合模型计算。它来自代表每个地理位置的经济(*Econ*)、社会(*Soc*)和基础设施(*Infr*)脆弱性的替代性指标的汇总,类似于干旱脆弱性指数(*DVI*)(Naumann 等,2014)。每个因素都有一套替代性指标(例如,人均国内生产总值、政府效率和保留的可再生水资源百分比),这些指标可从世界银行和粮食及农业组织中获取(Naumann 等,2014;Scoones 和 Brooks,1998)。在第一步中,每个因子的指标使用 DEA 模型进行组合,类似于干旱暴露性。在第二步中,由独立 DEA 模型产生的单个因素以算术方式汇总为干旱脆弱性综合模型(*dv*),如下所示:

$$dv = (Soc + Econ + Infr)/3 \quad (18\text{-}5)$$

18.3.3 干旱影响的可能性

目前,*LDI* 每 8 天计算并更新一次。在计算时,我们考虑到 *CDI* 作为干旱危害的动态层(如第 18.2.2 部分所示)以及暴露性和脆弱性的结构层(如第 18.3.1 部分和第 18.3.2 部分所示)。原来的三类 *CDI* 已经扩展到五类,范围从非常低到非常高。干旱的暴露性和脆弱性每年都有更新,因为它们来自结构化信息,如人口分布和社会经济指标,这些指标在较短的时间内没有显著变化。一旦对特定年份进行估计,这些数值和连续的干旱风险决定因素将转换为九类强度,即异常低、极低、较低、低、中、高、较高、极高和异常高。类别根据其经验概率分布的百分位数为每个行列式独立计算。

为了计算 *LDI*,我们首先将暴露性和脆弱性合并为空间损害倾向的结构层,具有五个强度等级(非常低、低、中、高和非常高),根据表所示的表格定义表 18-1。

表 18-1 将暴露和脆弱性的离散类别组合成损害倾向类别

暴露度	脆弱性								
	异常低	极低	较低	低	中	高	较高	极高	异常高
异常低	0	0	0	0	0	0	0	0	0
极低	VL	VL	VL	VL	VL	VL	L	L	L
较低	VL	VL	VL	VL	VL	L	L	M	M
低	VL	VL	VL	VL	L	L	M	M	M
中	VL	VL	VL	L	L	M	M	H	H
高	VL	VL	L	L	M	M	H	H	H
较高	VL	L	L	L	M	H	H	H	VH
极高	L	L	L	M	M	H	H	VH	VH
异常高	L	L	M	M	M	H	VH	VH	VH

然后,根据表 18-2,将损害倾向的全球图与 *CDI* 相结合,得出最终的 *LDI* 类别(低、中、高)。由于干旱暴露性和脆弱性每年只更新一次,8 天 *LDI* 是根据 *CDI* 值的短期变化计算的。

表 18-2　*CDI* 离散类和"损害倾向"组合为 *LDI* 类别

CDI	"损害倾向"					
	0	极低	低	中	高	极高
0	0	0	0	0	0	0
极低	0	L	L	L	L	L
低	0	L	L	L	L	M
中	L[a]	L	L	M	M	M
高	L[a]	L	L	M	M	H
极高	L[a]	L	M	M	H	H

18.4　支持欧洲应急协调中心的全球活动(ERCC)

为了满足欧洲应急协调中心的需要,业务单位全天候工作,负责协调欧盟对世界自然和技术灾害的应对措施,开发了一套既能提供高级别预警信息又能提供详细指标信息的干旱监测系统。编制半自动分析报告,以帮助值班干事在专家和决策者会议期间迅速提取相关信息并提供电子和印刷文件,作为一项具体特点列入其中。如果需要更详细的信息,JRC 干旱小组与 ERCC 分析小组一起,为手头的例子编制有针对性的分析报告。

作为高级别警报指标的第一个办法,针对粮食无保障问题实施了《低密度指标》(见第 18.3 部分)。除地图外,该系统还为值班官员提供了受影响国家的等级列表,并快速链接到进一步的国家信息(例如,人口、国内生产总值、受影响地区和受每一类 *LDI* 影响的群体)。只需点击行政单位(主要是国家以下单位),值班干事即可生成实时报告,为所选单位提供最重要的信息。例如,它包括不同警报级别的实际程度、受影响人数以及不同 *LDI* 类别的土地利用和土地覆盖类型(低、中和高影响可能性)的统计数据。目前,系统信息每隔 8 天更新一次。

GDO 系统显示了 *LDI* 的顶级地图,以及地图中可见的所有受影响国家的分层列表。当用户放大地图时,此列表将自动更新,仅显示地图上可见的国家/地区。

对于经验更丰富的用户,系统通过地图左侧的可扩展菜单提供对所有基础指标的访问。例如,它提供了对气象、土壤湿度和植被指标的访问,并允许自定义地图上显示的地理信息。将来,将添加预测信息。在 2015 ~ 2016 年厄尔尼诺事件期间,该系统证明了其能够捕捉全球所注意到的大多数严重影响的能力,帮助 ERCC 工作人员和 JRC 干旱小组向决策者和外地官员提供有用的报告和有针对性的信息。由于该系统仍在开发之中,将添加更具体的指标(例如,温度和热浪),并随着新数据的提供,空间和时间分辨率将得到改善。最后,将添加不同经济和环境部门的 *LDI*s。

18.5 结论和展望

本章讨论了计算一套基于科学的干旱指标的计算实例及在线信息系统（地图服务器和分析工具）的应用，这些指标为不同级别的决策者提供关于欧洲和全球干旱的发生和演变的准确的最新的信息。事实证明，这些工具有助于提高对干旱问题的认识，并在出现干旱时指导积极主动的紧急措施。这些产品在整个欧盟和欧盟委员会的决策者的业务范围内，公众对这些产品也表现出相当大的兴趣。

减少干旱风险的关键挑战是从普遍的被动性办法，与高度多样化的干旱影响作斗争，建立一个具有恢复力和适应干旱风险的主动社会（采用和执行积极主动的风险管理）（参见第1~4章）。这要求从业人员、决策者和科学家使用一套一致的干旱定义和特征，以及提供适当的监测和预警系统，不仅提供关于自然灾害的信息，而且提供对不同经济和公共部门（如公共供水、粮食安全、能源生产、运输和卫生）和环境（生态系统）的影响的风险或可能性。这种有针对性的信息可用于执行干旱管理计划，以及协调民事保护机制、部署人道主义援助和采取应急措施。此外，应查明当前和未来的社会暴露情况以及特定情况的脆弱性，以便最终评估不断变化的干旱风险。了解所有的这些方面，干旱风险可以成功地管理。

参考文献

（略）

第 19 章　墨西哥的国家干旱政策：从被动管理到主动管理的范式转变

19.1　引　言

从 2010 年最后几个月到 2013 年，墨西哥大部分地区经历了持续的干旱，暴露了用反应性方法处理这一现象的局限性。墨西哥干旱监测提供了一些干旱预警信号，并协调了前所未有的州和地方政府的努力以帮助受影响的社区。尽管做了这些努力，但大多数基础设施投资到位的速度都不够快，尽管为贫困社区提供临时工作、水和食物，以及为农业和农场损失提供保险等缓解项目确实起到了一定的缓解作用，不足以帮助应对紧急情况。

干旱对几乎任何社会活动都具有重大影响，这取决于受影响地区、社区或国家的脆弱性。农业通常是第一个受缺水影响的经济部门，特别是在没有基础灌溉设施的地区。即使在正常情况下，这些地区也没有可靠的水源，因此无法规划农业活动，包括维持生计的农业。当干旱发生时，农民就没有了食物。这种情况可能导致被迫迁移。

干旱通过影响水量和水质，还可能影响儿童和老年人等脆弱群体的健康。在饮用水短缺的城市地区，干旱加剧了不健康的生活条件，这可能导致死亡。

环境也深受缺水的影响，因为每一个生态系统都需要水来维持。森林受到影响不仅因为干旱条件，而且因为干旱增加了火灾和瘟疫的风险，而火灾和瘟疫最终会影响到生活在森林中或从中受益的动植物。

干旱影响可能导致社区不同部门的社会和政治动荡，由于反应性方法很少有助于解决水资源危机，愤怒、反对和动荡的恶性循环使这些部门更难有效地分配可用的水资源。由于湖泊、水坝和河流水位下降，需要大量水量的旅游、娱乐活动和其他经济活动也受到影响。

19.1.1　墨西哥历史上的干旱

几个世纪以来，干旱一直是墨西哥大部分地区的重大自然灾害。目前的研究表明，干旱可能是古代托尔特克、玛雅和特奥蒂瓦坎文明灭亡的部分原因（Desastresy Sociedad，1993；Gill，2008；Kennett 等，2012）。尽管该地区在前西班牙时期（公元前 1500 年～公元 1521 年）没有系统和全面的干旱数据，但其影响已在一定程度上被记录在古代法典中。在殖民时期（1521～1821 年），墨西哥中部和北部领土曾经居住着向北迁移的西班牙人，这些地区的干旱事件和影响也被记录下来。

1785 年和 1786 年的大范围干旱影响了新西班牙大部分人口稠密的特里托里地区，自此之后它对经济的影响持续了 20 多年。这些影响可能与 19 世纪早期（1808～1810 年）（SARH 1980）的另一场干旱有关。这两次干旱造成了毁灭性的影响，特别是对巴希奥地区的农业，并引发了该地区的独立运动。一些历史学家指出，与干旱有关的恶劣经济条件是与独立运动有关的国内起义的催化剂（Brading，2008；Tutino，1990）。

墨西哥从西班牙独立后，一系列地区冲突、国内叛乱和争端使得记录工作变得困难，数据收集也变得零散和随机。然而，1821～1875年，墨西哥不同地区至少记录了10次干旱的影响。内战结束后，波菲里安时代（1876～1911年）社会稳定，政府信息收集得到加强。1877年中央气象台的建立（后来成为国家气象局的建立机构）导致了对气象数据的系统记录（CONAGUA，2012a）。

从后一时期开始，粮食和水资源短缺、牲畜死亡和饥荒、移民和社会冲突的区域记录揭示了干旱对农业的经济影响。在墨西哥，已经发生了29起干旱事件。对北部土地的影响促使用水户要求政府在锡那罗亚、索诺拉和下加利福尼亚州以及沿里约热内卢修建不同类型的灌溉和蓄水基础设施。从那时起，我们可以找到第一批抗旱措施的记录，比如将牛群转移到非干旱地区以避免大规模死亡（Contreras Servin，2005）。

在20世纪，有了关于墨西哥干旱及其影响更详细的记录。其中一些干旱是影响世界若干地区的干旱事件的一部分，例如1951年欧洲、亚洲和大洋洲的干旱事件；1956年欧洲、亚洲和美洲的干旱事件；1972年大洋洲、亚洲和美洲的干旱事件。在墨西哥1911～1977年记录的38次干旱中，有17次与世界干旱事件有关。

对墨西哥来说，至少有20次干旱属于严重干旱，影响了经济生产和人民的生计。然而，1925年、1935年、1957年、1960年、1962年、1969年和1977年的干旱事件被认为是极其严重的。特别是1960年、1962年和1969年的干旱引发了农业危机，并蔓延到墨西哥其他经济领域和社会领域（Castorena和Florescano，1980）。1956～1957年的干旱主要影响了北部边境州的塔毛利帕斯州、奇瓦瓦州、科阿韦拉州和索诺拉州，并扩展到锡那罗亚州、杜兰戈州、萨卡特卡斯州、科利马州、阿瓜斯卡连特斯州和瓦哈卡州，产生了显著的社会影响，导致了失业和移民（Cerano Paredes等，2011）。虽然政府加强了一些基础设施的建设，但这不足以阻止移民。

1969年，干旱影响了20%的非灌溉土地，迫使政府制定了一项抗旱计划，其中包括为农民提供临时工作和为未偿还的银行贷款提供保险。每一个干旱事件都被视为一场灾难，必须由政府来处理以将干旱现象的影响降到最低。事后进行了基础设施建设，即在受影响地区开展一些初步的经济活动。在此期间，对环境的影响还没有列入政府尽量减少干旱影响的战略。

在20世纪最后十年，奇瓦瓦州和索诺拉州经历了极端干旱，给这些州和邻近地区带来了毁灭性的影响。但这些干旱并没有影响到这个国家的其他地区（Nunez-Lopez等，2007）。其中一些灌区遭受了损失，由于在干旱期间使用了大量的水库蓄水量，到1994年水库几乎空了。显然当时没有制定积极的干旱管理方案（Mussali和Ibanez，2012）。

从对墨西哥干旱事件的简要回顾中可以得出以下几个观察结果：

第一，整个地区缺乏数据，因为直到殖民时期，北方人口才开始缓慢增长，大片地区才有人居住。直到建立了国家气象局，才有可靠和系统的事件记录。在20世纪，随着管理水资源的新政府机构的建立，这些记录也越来越详细（包括社会影响和经济影响）。

第二，尽管现有的信息很少，专家们还是认为这些干旱是导致墨西哥前西班牙文化消亡的主要原因。殖民地时期的干旱及其社会影响和经济影响被认为是后来政治冲突的关键因素,争取独立的战争大多数发生在巴加奥地区干旱结束的时候。

到19世纪末,在独立战争和其他几次内战结束后,墨西哥政权稳定。那个时代的现有数据显示了干旱对农业活动的影响;由于当时大多数人口是农民,干旱的影响波及整个社会。

第三,鉴于干旱是该国广大地区气候的一个正常特征,而且有时影响到该国大部分地区,因此需要解决政府对采取反应性办法来处理干旱灾害的依赖。一些缓解和改善措施是在各个干旱期间制定和使用的,但这些决定是在个案基础上做出的,没有一项国家政策可以用来系统地提高方案的效率,包括采取积极的方式解决干旱问题的措施。

19.1.2 2010~2013年干旱及应对措施

2010~2013年,墨西哥90%以上的地区遭遇了不同程度的极端干旱的影响。这被认为是自墨西哥有历史气候记录以来最严重的干旱,这对刚刚从2008~2009年的经济危机中恢复过来的墨西哥政府来说是一个巨大的挑战。干旱的影响主要体现在农村社区和没有灌溉的地区,但也影响到与农业和畜牧业有关的若干经济活动。

在墨西哥北部各州,干旱持续的时间更长。对于杜兰戈州和阿瓜斯卡连特斯州来说,这是有史以来最严重的干旱。对于瓜纳华托州和萨卡特卡斯州来说,这是有记录以来的第二严重干旱年份。对于科阿韦拉州和南下加利福尼亚州来说,这是他们有气候记录以来的第三严重干旱年份。对于新莱昂州来说,这是第四严重干旱年份,也是奇瓦瓦州的第五严重干旱年份。对索诺拉等其他州来说,这是有记录以来第19严重干旱年份(见表19-1)。

表19-1 墨西哥北部各州的降水距平

州	降水距平(%)	2011年1~12月降水(mm)	2011年1~12月平均降水(mm)	1941~2011年1~12月
杜兰戈州	-51.1	245.7	502.4	1°+ SECO
斯卡连特斯州	-44.4	257.8	463.8	1°+ SECO
萨卡特卡斯州	-38.5	378.6	615.4	2°+ SECO
科阿韦拉州	-47.5	176.1	335.4	3°+ SECO
南下加利福尼亚州	-60.4	70.5	178.2	3°+ SECO
奇瓦瓦州	-40.2	259.2	433.1	5°+ SECO
新莱昂州	-39.0	374.7	614.1	4°+ SECO
索诺拉州	-14.8	359.7	422.4	19°+ SECO
科利马州	54.3	1 367.8	886.4	1°+ HÚMEDO
恰帕斯州	20.2	2 373.5	1 975.1	4°+ HÚMEDO
金塔纳罗奥州	16.8	1 473.5	1 261.3	9°+ HÚMEDO

来源:CONAGUA, Estadísticas del agua en México, Edición 2011, Comisión Nacional del Agua, México, DF, pp. 9, 50, 62 - 64, 2011.

注:HÚMEDO, wettest; SECO, driest。

干旱的影响主要是移徙、失业、小型农村和偏远社区缺乏粮食和水，这取决于整个干旱期间的干旱等级。在该国的一些地区，干旱是较轻的，在该国南部的一些地区，这种现象只持续了几个月。尽管如此，干旱调动了全国各地政府组织的行动。

从2003年开始墨西哥实施了干旱监测系统，并在2010年提供了干旱预警，但并没有作为国家战略的一部分，也不是帮助解决干旱问题的全国公认工具。墨西哥干旱监测系统是在加拿大、美国和墨西哥政府同意共享信息和模型以编制北美干旱监测系统时开发的，其主要目的是为后者的监测系统提供国家间的合作。墨西哥政府内部举行了几次高层会议，为2011年的干旱做准备，但当时很难预测全国干旱的持续时间或程度，并采取积极的措施。图19-1是墨西哥干旱监测机构（CONAGUA，2017）自2003年以来的可用记录。

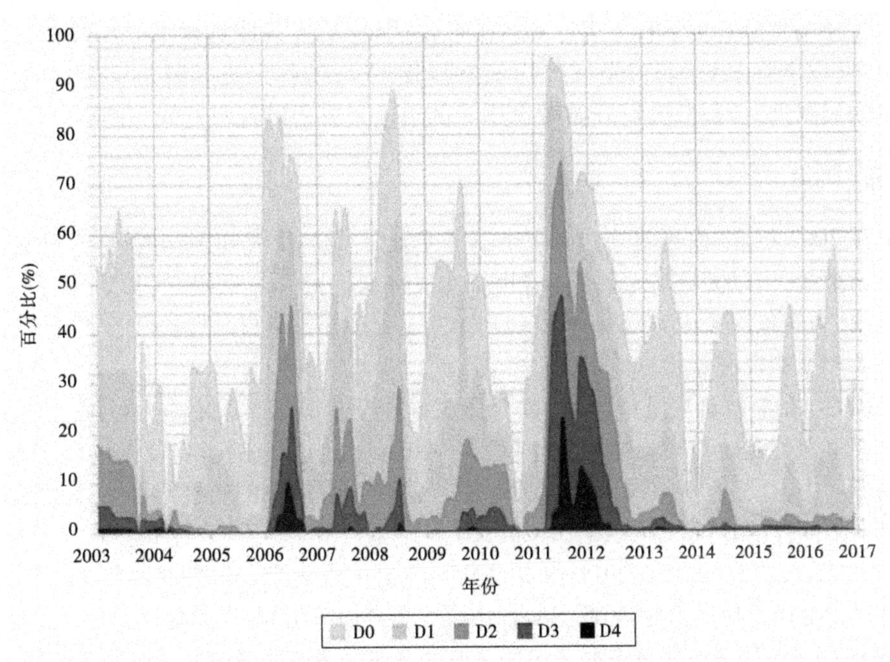

图19-1　2003~2017年墨西哥干旱地区的百分比

（秘鲁国家气象服务：气象监测：Monitor de sequía en México，2017. http://smn.cna.gob.mx/es/climatologia/monitor-de-sequia/monitor-de-sequia-en-mexico）

2011年，联邦政府将下半年的资源用于采取抗旱措施，包括基础设施建设以及为受影响地区提供财政和保险支持。提供了一些临时工作，并对灌溉区的水资源分配做出了限制以及对用水量较低的作物提出了建议。

一场激烈的政治斗争正在演变，与此同时，各州政府和立法者不知如何应对正在影响着整个国家的干旱。议员们不得不批准2012年的预算，其中没有包括应对危机的条款。不到一个月后，一些议员要求联邦政府提供额外的资金来处理紧急情况。

唯一的专门应对干旱的政策涉及两个缓解融资机制：国家自然基金灾害学（FONDEN），有特定的规则，包括干旱影响的评估在十二月初的旱季期间，以及关注组件为自然灾害农业和渔业部门（CADENA）。这两种筹资机制都取决于对长期数据记录的历史分析和诸如径流干旱指数(*SDI*)及标准化降水指数(*SPI*)等统计方法所确定的干旱等级。

鉴于持续干旱的程度和影响,联邦政府于2012年1月实施了一项指令,在联邦政府不同部门内组织了若干项目以应对2011年的干旱影响。制定了两个层次的措施:一套措施旨在保护生产和基础设施,另一套措施是向受不同程度干旱影响的家庭和社区提供人道主义援助。

生产和基础设施的组成部分包括在受影响地区临时雇用人员、为损失的作物和牲畜的死亡提供保险保护、维持生产能力、为受影响地区的经济活动提供财政支助以及合理和可持续用水。人道主义部分包括向受影响社区提供水和粮食以及保障家庭收入。

不论州、市和联邦政府之间的合作,以及联邦政府至少五个部和三个其他联邦办事处的协调[通信和运输秘书处(SCT);环境和自然资源秘书处(SEMARNAT);农业、畜牧、渔业和粮食秘书处(SEDESOL);社会发展秘书处;财政及公共信贷秘书处(SHCP);国家水务委员会(CONAGUA);农村发展信托基金(FIRA)],这种方法无疑是反应性的,并显示出严重的局限性。因此,人们开始考虑用新的想法来更积极地应对未来的事件。

19.1.3 国际背景

早在2002年,墨西哥就通过CONAGUA启动了与加拿大和美国的合作,建立了北美干旱监测系统。自那时以来,已同各国际组织,特别是世界气象组织(WMO)进行了若干合作活动,为气象国家服务(SMN)和CONAGUA处理极端事件(洪水和干旱)的技术领域提供培训和技能发展。

2010年,在墨西哥坎昆举行的《联合国气候变化框架公约》缔约方会议上,墨西哥代表团建议将水资源改善措施纳入工作议程。考虑到气候变化的影响首先体现在与水有关的极端事件中,这是在从减缓到适应战略的范式转变中迈出的重要一步。不同的国际论坛也提出了同样的建议(CONAGUA,2012b)。

CONAGUA人员参加了2011年由WMO、乔治梅森大学、环境科学和技术中心、国家抗旱中心(NDMC)和美国农业部(Sivakumar等,2011)召开的专家会议,会议的目的是编制一份关于国家干旱政策的简本。2010~2013年的干旱不仅影响了墨西哥,而且在不同程度上影响了其他几个国家。大家在这次会议上分享了经验,得出了对国家政策进行范式改革是必要的主要结论。

西班牙、美国、澳大利亚、印度和中国的经验被用于制定墨西哥干旱的预防和抗旱战略。加利福尼亚州和科罗拉多州的经验以及得克萨斯州的一些公共水系统的政策得到了特别关注(City of San Antonio,2014; Colorado Water Conservation Board and National Integrated Drought Information System,2012; Sivakumar等, 2011; WMO和UNCCD,2013)。

墨西哥在制定新的抗旱政策的同时,于2013年3月在日内瓦召开了国家抗旱政策高级别会议。墨西哥代表团参加并核对许可了该次会议拟定的文件,这些文件可作为正在进行的已确定的墨西哥国家干旱政策(HMNDP,2013)的参考。

对抗旱做出的努力引起了世界银行、WMO、土耳其、巴西和其他拉丁美洲国家的注意。因此,墨西哥专家参加了若干区域的和国际的研讨会,并提供了技术援助。

总的来说,墨西哥严重干旱与墨西哥积极参与有关气候变化的国家干旱政策和水资源改善措施的国际努力相结合,为包含地方和国际经验的互动进程创造了及时的协同作用。

19.2 理论框架

由于这类工作涉及漫长而复杂的过程,必须非常认真地对待范式转变(Kuhn,1962)。由于政府事务的特点是惯性的和渐进的适应,采用范式的转变甚至比学术术语中的概念重新定义更为复杂。政府应对干旱事件的历史悠久而不是为其做好提前准备和使用涉及风险管理、减少脆弱性、适应措施、预防干旱概念的全球政策,为应对从危机管理转向风险管理所涉及的困难做好了准备(HMNDP,2013)。

根据 Torggerson(1986)的描述,分析这一公共政策产生的理论框架可以被认为是后实证主义的。这需要政府官员、专家以及发展政策的核心学者之间的共同努力,包括一个强大的技术背景和处理一系列实际干旱事件的经验,但也要有明确的目标,即促使公众参与在流域层面上使用倡议的制定。

Schmandt(1998)提出的另一个理论观点与水资源政策方面的努力产生了更好的共鸣。他指出,像干旱这样的复杂问题需要使用最新的专业知识进行评估,而解决方案必须利用最初的评估并让利益相关者参与进来。在墨西哥的案例中,地方代表和用水户以及联邦当局都是利益攸关方,他们参与了为每个案例确定主动的缓解措施。

墨西哥干旱政策的核心原则符合这些理论考虑,并以此确定干旱政策的主要内容。这些是准备性的或主动的方法,其驱动策略从被动的角度转向主动的管理。这方面的进程需要监测和信息的扩大,以便向当局和利益攸关方提供信息,执行已确定的抗旱措施(在达到某些阈值之后),以应对日益增长的水资源短缺问题。这还涉及对脆弱性基准的定义,以便根据墨西哥和北美干旱监测人员给出的脆弱性范围评估不同干旱强度级别的风险。

权力下放是涉及当地利益攸关者政策的第二个基本目标,因为可以在受影响的社区范围内更好地防止这些问题。然而,目前自上而下的做法通常使社区没有适当的准备和相应资源来处理干旱,因此需要体制和公民培训以及许可。

治理是该过程的第三个要素,流域理事会结构是治理的核心部分。这一要素的目标是利用机构能力来加强抗旱准备和减灾所需要的治理,并在国家和国家政治制度之外建立健全的、有持续抗旱能力的进程。让当地大学参与进来,并支持利益攸关方和当局的技术决策,为公众参与和减少脆弱性所需的强有力的治理提供了基础。

该过程的第四个要素是培训和研究。范式的转变和权力下放需要对风险管理中涉及的新概念进行理解和适当的培训,而缺乏关于脆弱性、干旱影响和极端事件预测及理解的基本信息加强了进行研究的必要性。

该过程的第五个要素是渐进主义和评价。这个概念包括在范例之间建立一个过渡过程,打破惯性态度,并为持续改进开发和评估性能指标。

该进程的第六个要素是体制协调。与准备办法相比,反应性政策的一个明显问题是缺乏体制协调。应对干旱需要大量的政府部门、办公室和项目支撑,而干旱的性质是复杂的，只有通过良好和系统的协调才能实现结构性转变。

该过程包括根据上面列出的原则发展起来的两个主要因素。这些要素解决了当前的干旱状况，以及从反应机制和规则到为新范式设计的新机制的过渡：

(1)在全国每个流域委员会制定干旱预防和缓解计划(PMPMS)。

(2)应对持续干旱紧急情况的缓解措施。

范式转变包括政策转变，同时存在多种政府和文化实践。正如Kuhn(1962)明确阐述的那样，存在使两种范式共存的一个过渡时期。从一种模式转向一种新模式的关键是利用现有的体制框架，重新制定将在未来规范干旱政策的新体制和新规则。要做到这一点，就必须查明需要取代的旧机构，并通过机构和个人的培训和能力发展认真管理变革。

19.3 墨西哥国家干旱政策

2013年1月，在新联邦政府成立之初，墨西哥总统指示水务委员会(CONAGUA)实施国家抗旱计划(PRONACOSE)。该决定是为了设计国家干旱政策(NDP)从一个被动的、反应性的方法向积极的、主动性的方法过渡。与此同时，2010~2013年干旱的影响仍在北方一些州显现，现有的干旱应急方案政策和操作规则正在实施。鉴于此，设计并实施了一个包括两个主要组成部分的项目，即干旱预防及缓解计划(PMPMS)和关注洪水及干旱的部际委员会(IC)。

NDP的设计和开发是一个互动的任务。通过PRONACOSE的实现，经过多次修改，大多数元素都在开发过程中就位了。此外，还做出了使国际经验适应国家体制框架和区域特点的其他调整。NDP的简化图如图19-2所示。

19.3.1 PRONACOSE

PRONACOSE的主要目标是开发和实施PMPMS，并在流域范围内处理干旱事件。其他目标是发展地方机构能力，同时根据需要协调和执行的抗洪任务，促进干旱研究和建立历史档案。

PRONACOSE的任务是在关注当前干旱影响的同时，为抗旱响应从反应转向主动行动(基于风险管理)的范式转变奠定基础。该程序的目的是保证抗旱措施的计划和实施，包括公众参与定义减少脆弱性的行动，以作为墨西哥适应气候变化的支柱战略（在气候变化法规和国家海域法律中体现，并与国家民防服务活动有关)。

该计划设想，每个流域委员会将有一个PMPMS及定期评估和更新，包括促进计划改进的成员的参与以及在国家机构间的协调工具。

实施这一政策的战略包括逐步下放抗旱响应的权力，通过流域委员会使利益攸关方参与，并使流域委员会与当地大学的学术专家小组配对。其目标是发展当地机构的能力，并开始改变应对干旱的旧的自上而下的响应方法。

PMPMS是实施该战略的主要工具，其目标是，一旦流域委员会通过并实施这些工具，他们将采取行动以为城市和灌区制定更具体的规划。PMPMS需要定期进行评估和更新，以确保第一批更新的项目将在联邦政府结束前制度化，从而确保无论政治管理发生何种

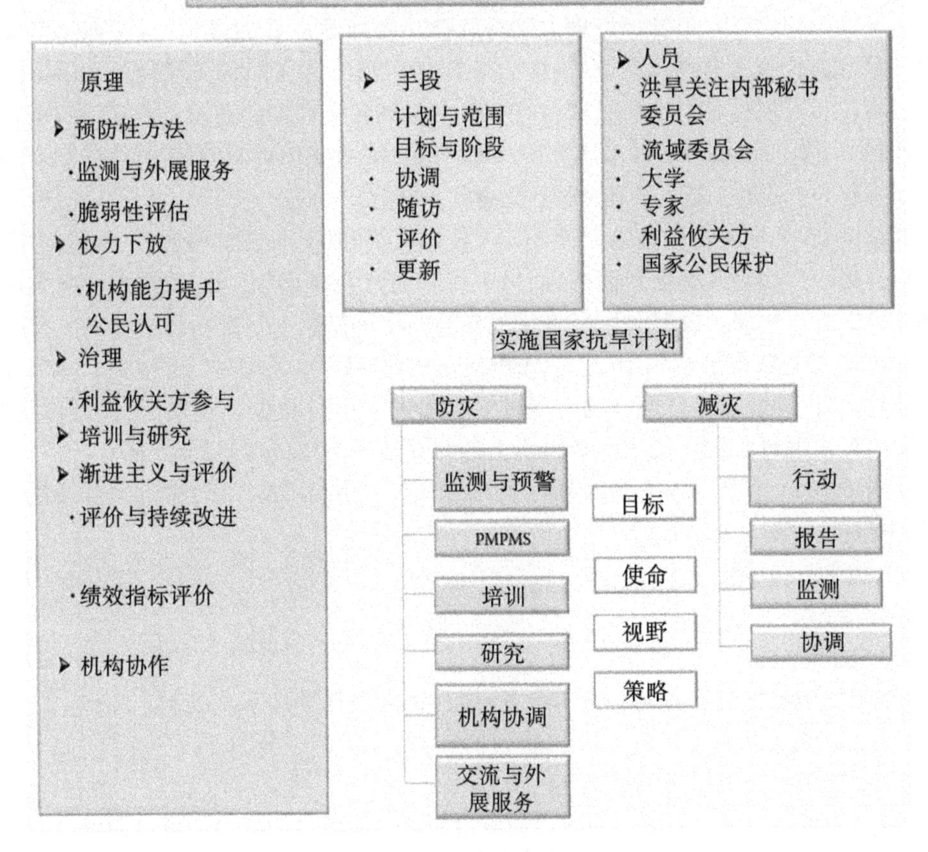

图 19-2　国家干旱策略

变化,这些项目都将继续下去。

虽然 PMPMS 已经就位,地方也具备了机构能力,但信息中心将负责协调联邦缓解活动。发生这种情况后,IC 会跟进并评估进展情况。该战略的另一个关键因素包括来自国家间实体和专家的不断反馈,这可能有助于提高政策发展的质量。

发展 NDP 的进程是在总统下令成立 NDP 之后立即开始的。一些参与对正在发生的干旱做出反应的人被要求就如何在应对现有干旱的同时实施范式转变汇集意见。在上届政府结束时批准了一些关于干旱响应的法律准则,这些准则被用于对这种现象的基本定义(Diario ofde la Federacion,2012)。

召开了 CONAGUA 技术人员和流域委员会的接触会议,以拟订新的政策方针。邀请学术专家制定培训课程,并分析可用于能力建设的干旱管理方面的国家和国际经验。与此同时,与总统法律办公室合作,制定了创建和安装集成电路的法律框架。

关于预警系统的问题在第一次技术讨论中决定采用两种方法对其进行处理。对于新政策和正在进行的抗旱工作,墨西哥干旱监测系统将被用来启动警报和确定干旱严重程度等级。此外,SPI 和 SDI 继续运行 FONDEN 缓解项目,该项目将提供资金以应对干旱时期的紧急反应和供水设施的损害,CADENA 项目将覆盖畜牧业和农业的损失。

墨西哥在早期设计阶段参与 HMNDP 是十分重要的,以便与不断发展的国际努力联系起来,并在随后的论坛上继续进行互动,其他国际专家和政府代表也审议了墨西哥的经验。墨西哥成为综合干旱管理规划咨询委员会和管理委员会的成员,且墨西哥的案例是国家干旱管理政策指南的一部分,该指南是 IDMP(2014)发布的行动模板。CONAGUA 还应世界银行和世界气象组织的邀请,在巴西、中美洲和土耳其的会议上介绍了这方面的经验。2015 年,墨西哥水科学技术研究所与 CONAGUA 在 PRONACOSE 的设计和实施方面进行了强有力的合作,成为了 IDMP 委员会的一部分。

同全国 26 个流域委员会的 CONAGUA 技术人员和 12 所大学的学者一起举办了几次培训班。其中一些会议是面对面的,而另一些是通过视频会议。其目的是就准则所包含的基本前提达成协议。国家和国际专家的参与与咨询是这一早期阶段进程的一部分。

除大学和流域委员会用于开发 PMPMS 的 CONAGUA 指南外,还开发了一个详细的监督工具,以帮助各委员会遵守制定项目的宏伟进程和时间表。开发了一个包括供所有人使用的在线材料、报告、信息和多媒体工具的网站:www.pronacose.gob.mx。

墨西哥 26 个主要流域的 PMPMS 内容在指南(CONAGUA 2-13)中定义了最低标准格式,其中包括:

(1)摘要。

(2)介绍。

(3)流域特征。

(4)在流域委员会内设立专责小组,协调和跟进规划管理系统的制定工作。

(5)目标的定义。

(6)干旱历史和干旱影响评估。

(7)脆弱性评估。

(8)缓解及响应策略。

(9)干旱阶段。

(10)干旱指示因子触发值和度量目标。

(11)每个干旱阶段的具体计划和措施。

(12)实施。

(13)监控。

(14)结论。

(15)附件。

每个流域委员会的 PMPMS 开发过程应包括以下步骤,大约在 9 个月内完成。值得注意的是,其中一些步骤与报告各节相对应:开展 PRONACOSE 培训讲习班;参与院校的意向书;与相应流域组织的技术总监联系;组织指示性工作小组;工作计划和组织结构图;关于该流域干旱历史和影响的总结报告;流域特征;流域脆弱性报告;预期干旱管理的缓解措施和响应;有关指标的阶段和特征;每个阶段的详细计划;第一个版本的 PMPMS;与股份持有者在最少三次会议上达成协议;PMPMS 的最终版本;实施。

参加 26 个流域理事会的利益攸关方参与了根据预先确定的指标确定在干旱不同阶段应执行的措施的进程。来自大学的专家同 CONAGUA 的技术人员协商后向他们提出了初步建议,并协助流域理事会拨款和执行该项目。这是一个高度互动的进程,包括了解和讨论各种备选办法,并根据利益攸关方的意愿对在其流域内采用的措施进行一些谈判。

为了重新确定干旱管理政策的方向,在建立 PMPMS 的过程中都考虑到权力下放、管理、培训、渐进主义和体制协调等原则。第一个版本的 PMPMS 是一个很好的近似(暂定初稿),预计是一个可接受的、可调整的、可行的程序。这个过程被设计成为一个渐进的过渡以实现政策的转变。

19.3.2 关注干旱和洪水的部际委员会(IC)

设立该委员会也有助于组织和协调对正在进行的旱灾的努力,对政策的执行具有重要的影响。会议是在一个新的联邦政府开始时召开的,这一事实极为重要,因为它有助于对政策转变产生一种新的方法。

该委员会于 2013 年 4 月成立,包括 14 个秘书处和联邦办公室。会议由环境和自然资源秘书处(SEMARNAT)主持。IC 的其他成员包括内政部秘书处(SEGOB);国防秘书处(SEDENA);海军秘书处(SEMAR);财政及公共信贷秘书处(SHCP);社会发展秘书处(SEDESOL);能源秘书处(SENER);经济秘书处(SE);农业、畜牧、渔业和粮食秘书处(SAGARPA);交通运输秘书处(SCT);卫生秘书处(SALUD);农村、领土和城市发展秘书处(SEDATU);电力联邦委员会(CFE);以及国家水务委员会(CONAGUA)作为执行秘书处。

IC 的另一项职责是设立一个技术专家委员会,为 PRONACPSE 活动提供咨询和评价,并讨论和建议加强对干旱的了解所需要的研究。此外,所有联邦秘书处都同意为选定的主题提供研究经费。该议程于 2015 年初获得批准。

该委员会还为联邦政府在长期干旱的最后阶段执行的所有抗旱活动提供了协调工具。

19.3.3 政策工具

PRONACOSE 的实施需要一个具体的时间表和范围、目标和阶段、协调、后续机制、评估和更新。IC 是协调工具,专家委员会将帮助评估每个流域委员会审查的项目。目标是在第一次实现之后至少更新一次 PMPMS。

该计划的主要目标是实施联邦政府设想的政策转变。这包括拟订 PMPMS 的第一个版本及其后续评价和改进。另一个关键因素是确保 PRONACOSE 成为国家民事保护系统(SNPC)的一部分,特别是预警系统。这个系统已经用于洪水,但是干旱事件的独特特征使得很难像洪水事件那样要求召开紧急准备会议和议定书。目前,当干旱影响到社区时,SNPC 致力于抗旱活动和应急响应,利用不同阶段的预警系统来启动预防和减少脆弱性是其一大挑战。

在为期 1 年的 PRONACOSE 实施的第一阶段,将完成 26 个流域 PMPMS 的第一个版本,IC 将全面运行,并将完成流域委员会成员的基本培训和协议。第二阶段跨越两年的时间,包括为每个流域的两个城市(供水设施)和一个灌区拟定第一个 PMPMS、研究议程的确定和脆弱性评估标准的制定、介绍和宣传关于 PMPMS 信息的媒体宣传活动,并针对不同流域实施的预警协议开始与 SNPC 进行互动。

第三阶段和第四阶段旨在评估和更新 PMPMS 及开发更多在城市和灌区层面的

PMPMS,以及配合 SNPC 集成墨西哥国家地图集的风险与关于脆弱性的干旱信息和协议使用的 IC。第五阶段和第六阶段用于评估 NDP,实施对 PMPMS 的修订以及调整联邦、州、市政府的项目以便与新征程保持一致。

PRONACOSE 的实施已经进入了第三年。到第二期中期时,所有的 PMPMS 已经完成,大多数计划用于每个流域至少两个供水设施的 PMPMS 已经完成。此外,所有的机构协调和咨询机制都在发挥作用,包括 IC 委员会,该委员会负责审查联邦项目的预算是否符合 PRONACOSE 标准。在 102 个与抗旱活动有关的联邦项目中,有 20 多个项目与 PMPMS 确定的优先事项相一致。此外,专家委员会确定了研究议程,该议程已由信息中心核可,并就若干秘书处提供经费的议题达成一致意见,并已实施早期监测制度。

19.4 研究结果及初步结论

上述制定墨西哥国家干旱政策的原则有助于推动执行进程。政策转变的宏伟目标似乎正在推进,不断打破流域委员会和联邦政府的一些惯性态度。然而,最后的测试将在干旱事件之前和期间实现 PMPMS,以便对其进行验证和增强。

旨在下放该方案权力的包容性的努力加强了管理并强调培训改善了权力下放所需的能力建设。研究创造了一个激励各大学和专家参与的计划,且 IC 促使了联邦政府的不同领域逐步承担政策的转变。

在确定和执行政策的过程中出现了一些需要认真考虑的挑战。一些挑战可能通过轻微的调整来解决,而另一些挑战可能不会在近期得到解决。但重要的是要确定这些挑战,并寻找其他方法来应对这些挑战。

在这个过程中确定了四个促使改变的主要驱动力。2010~2013 年的干旱事件是政治浪潮的主要来源和第一推动力。长期干旱的存在为采取强有力的政治响应和部署若干方案及机构手段来管理危机提供了机会。

第二驱动力是在应对干旱的紧急反应中出现的。这种反应暴露了反应性方法的局限性,导致 CONAGUA 技术人员考虑将该模式转变为适应和积极措施,以便墨西哥政府能够更好地应付气候变化。

墨西哥参加气象组织和其他组织召开的专家会议,讨论风险管理作为国家干旱政策基石的概念,这是第三个驱动力。

最后一个驱动力是联邦政府的变革为一种新方法提供了政治机遇。墨西哥总统发布的指令简化了这一过程,帮助针对干旱和洪水预警的 PRONACOSE 和 IC 的迅速实施,同时干旱事件持续到 2013 年上半年。

还有一些挑战,比如 2013 年下半年的雨季,以及 2013 年 9 月从大西洋和太平洋袭击墨西哥的英格丽德(Ingrid)和曼努埃尔(Manuel)飓风的汇合,这完全转移了政治注意力和优先事项。尽管如此,先前存在的势头帮助官员们在当年晚些时候完成了 26 个 PMPMS,尽管干旱的解除阻碍了 PMPMS 措施的实施以及对它们的评估和可能的调整。

这种情况与 Wilhite(2011)提出的著名的水文非逻辑循环图非常相似(见图 4-2),其中干旱事件有多严重并不重要;一旦下雨,一切又回到“一切如常”的态度。针对干旱和洪水的 IC 的制度设计(重点补充)受到意外有利环境的影响(由于墨西哥 2013 年和 2014 年的水文条件),有助于巩固干旱的制度协调机制。

在机会方面,也许欠发展的是出版资料,因为它主要限于参加流域委员会的成员和代表。需要改进外联工作,使公众愿意参与 PMPMS 确定的措施。解决这一弱点的一个办法是将早期监测系统和协议纳入国家新闻中心,该中心向公众提供及时的媒体广播信息。

改善干旱问题教育的另一种方法是使用早期监测系统,并减少脆弱性,这将涉及公共教育部,而该部目前不属于信息系统的一部分。无论如何,教育方案可以逐渐纳入基本教育课程。

在 IDMP(WMO 和 GWP,2014)发布的建议中,将宣传国家干旱管理政策和准备计划、建立公众意识和共识、为所有年龄层和利益攸关方群体制定教育规划作为重要步骤。

修改 FONDEN、FIPREDEN(自然灾害预防信托基金)和 CADENA 是仍然存在的主要挑战之一,由于这些计划是在预先确定了可用于应对的资金数额的前提下制定的,因此很难对它们进行调整以适应将减少脆弱性和减少重建或缓解资金需求的准备就绪或结构变化。它们是旧政策方法的体制残余,在为新政策设计一套不同的规则时,它们需要继续发挥作用。与全国反饥饿运动的合作为较不发达的社区提供了一个机会,因为他们具有减少脆弱性的共同目标。

另一个尚未克服的挑战是脆弱性评估标准的统一。目前,使用了几种方法,关于每种方法的优缺点的争论非常激烈。考虑到评价和改进的重要性,就这一问题达成一致意见是非常重要的。另一个巨大的挑战是分配联邦资源,以确保干旱脆弱性和概率图以及 PMPMS 的实施和永久更新之间的长期联系。

风险需要根据可量化的影响来计算。因此,最重要的是建立数据库和模型,以帮助我们估计使用这种方法可以节省多少钱、多少资源和生命,而不是继续通过危机管理对干旱做出反应。

由于新政策的结构特点,其他缺陷将更难克服。例如,流域边界是复杂的,与各国的政治边界并不重合,因此很难确定优先次序和预算。地方政府可能更愿意接受风险管理,因为对紧急情况做出反应会带来更大的政治收益。

PRONACOSE 的实施速度之快,包括 PMPMS 的完成、为流域理事会建设基本机构能力、设立综合协调委员会和相关的协调委员会以及一个可运作的预警系统,这使墨西哥的经验为其他寻求建立国家干旱政策的国家提供了一个重要的案例。

墨西哥突然结束的长期干旱导致 PMPMS 中所载新发展的措施的中断,这些措施一旦在实际干旱情况下进行试验,就需要加以改进。另外,这一中断给了官员们时间来审查和讨论脆弱性评估方法,为全国大约 50 个城市完成了具体的 PMPMS,并为与干旱有关的问题的进一步研究确定了主题和资金。

最后,CONAGUA 与干旱政策研讨会、协商会议和论坛的互动将帮助它们利用其他国家的经验评价和改进自己的政策。

参考文献

(略)

第 20 章　加勒比共同体干旱风险管理：预警信息和其他减少风险的考虑

20.1　引言:加勒比干旱情况

加勒比共同体(CARICOM)是一个政治和经济集团,由 20 个国家——15 个成员国和 5 个准成员国组成,从伯利兹(中美洲)横跨安的列斯群岛(包括巴哈马)到南美洲大陆的圭亚那和苏里南。加勒比共同体所有成员国都是公认的小岛屿发展中国家(SIDS)或 SIDS 的准成员。

与气候有关的灾害是加勒比地区最经常发生的自然灾害。该地区对气候相关灾害(包括强风、风暴潮、洪水和干旱)的严重脆弱性反映在生命损失、经济损失和财政损失以及环境破坏上。预计干旱灾害本身将对加勒比区域造成多种影响。加勒比地区干旱的历史已经表明干旱的广泛的、巨大的、跨地区的社会经济影响(Farrell 等,2010;CIMH 和 FAO,2016),以及该地区存在风险管理不足的问题。因此,干旱对该区域的可持续发展带来重大挑战。目前对该地区气候变化的预测表明,未来干旱的频率和严重程度将会增加(CIMH 和 FAO,2016)。因此,应对干旱是该地区适应气候变化的一个关键方面。自 2009~2010 年特大干旱以来,该地区在监测、预报和缓解干旱影响方面取得了显著进展,到 2014~2016 年,该地区已做好了充分的准备。虽然本章将讨论的一系列举措已取得重大进展,但还需要在社区、国家和区域各级在以下领域进行更多的工作:①制定和执行干旱政策和计划:②预测、预警和综合决策支持系统;③利益攸关方沟通系统。

世界上水资源压力最大的 36 个国家中有 7 个在加勒比地区(WRI,2013)。巴巴多斯、安提瓜和巴布达、圣基茨和尼维斯等岛国的人均淡水资源不足 1 000 m^3,被认定为水资源匮乏区(CIMN 和 FAO,2016)。在非缺水国家,地方社区和城市可能长期缺水,特别是在缺水的情况下。由于旅游业的扩张、人口增长(尽管在几个州的增长率较慢)、城市化、社会财富的增加、无效的水资源管理和战略,加勒比群岛的缺水程度正在增加。由于人为活动和气候因素以及可能导致干旱增加的时空气候模式的变化,其水质也在下降。

在过去的几十年里,加勒比地区经历了几次干旱事件(CIMH 和 FAO,2016),其中最近的两次发生在 2009~2010 年和 2014~2016 年。加勒比地区气候的变化预计将进一步加剧干旱的影响(Farrell 等,2007;Hughes 等,2010;Joyette 等,2015;Mumby 等,2014;Pulwarty 等,2010),预计到 2080 年每年将损失 380 万美元(Toba,2009)。这可归因于降水量的减少,尤其是在雨季(Angeles 等,2017;IPCC,2013;Taylor 等,2012),以及预计未来气温的升高和相关蒸发的增加(Dai,2011,2013)。

一直到 19 世纪末,管理干旱影响主要集中在通过减少种植作物和牲畜的损失以保存王位和财产(Cundall,1927)。从 19 世纪晚期到最近几十年,干旱管理的重点转向更多地考虑当地的社会需求。例如,该区域当局开始建造蓄水基础设施、开发新的水源、执行水资源保护战略和相关立法、扩大和加强分配供水网,并在干旱期间组织供水配给以确保充足的供水(Cramer,1938;Lindin,1973;MPDE,2001)。在21世纪初,由于干旱被认定为一种国家灾难(Maybank等,1995),因此管理对干旱的响应成为紧急管理官员的责任。对干旱的反应主要集中在通过公共警报管理饮用水并鼓励公共水资源保护和有系统地实行配给制。负责管理对干旱做出响应的国家灾害机构往往因国家协调和联系有限,以及国家政策和规划不足而负担过重。即使有国家战略的存在,执行有时可能成为令人严重关切的问题。

20.2 加勒比海的降水特性

加勒比海的地理位置和多样的地形影响着年降水量及其模式。该地区的降水量至少有70%~80%是发生在雨季(Enfield 和 Alfaro,1999),无论是在雨季还是旱季,降水量的开始时间、持续时间和量级都有很高的差异性。从西部的巴哈马群岛和伯利兹到东南部的特立尼达和多巴哥,雨季开始于5月或6月左右,结束于11月或12月左右。一年的其余时间为旱季。在北纬18°左右的地方,雨季的降水量呈现出双峰,中间有一段明显的干旱时期,俗称“仲夏干旱”(Gamble 等,2008)。至于每月的总降水量,大部分地区在9~11月的雨季后半段出现主要的最高降水量。就任何一天的降水概率和强度而言也是如此(见图20-1)。然而,在圭亚那北部和苏里南,每年经历两个雨季和两个旱季。

上述事件的强度和历时的变化往往是厄尔尼诺与南方涛动(ENSO)、太平洋与大西洋之间海温梯度(Enfield 和 Alfaro,1999; Giannini 等,2000,2001;Taylor 等,2002,2011;Stephenson 等,2008)、北大西洋涛动(Charlery 等,2006)、北大西洋高压单体(Gamble 等,2008)、年代际波动(Taylor 等,2002)、马登朱利安振荡(MJO)(Martin 和 Schumacher,2011)以及加勒比地区低空急流(Cook 和 Vizy,2010; Taylor 等,2012)造成的。撒哈拉空气层在减少加勒比降水方面的作用也日益受到重视(Prospero 和 Lamb,2003;Prospero 和 Nees 1986;Rodriguez,2013)。然而,ENSO很可能是加勒比地区年际降水量变化中最重要的因素。

20.3 近期干旱事件的影响——加强加勒比地区干旱管理的例子

由于在大多数 CARICOM SIDS 的水资源是有限的,同时大多数 CARICOM SIDS 的土地是受干旱影响的,因此干旱的影响会更加严重,所有社会经济领域都直接受到缺水影响或需要进行复杂的跨部门交涉。

20.3.1 降水量减少

对于加勒比海大部分地区来说,2009年雨季后半段的降水量低于正常水平,随后是一个比正常旱季更干旱的季节(Farrell 等,2010)。作者还报告,加勒比海国家在2009年

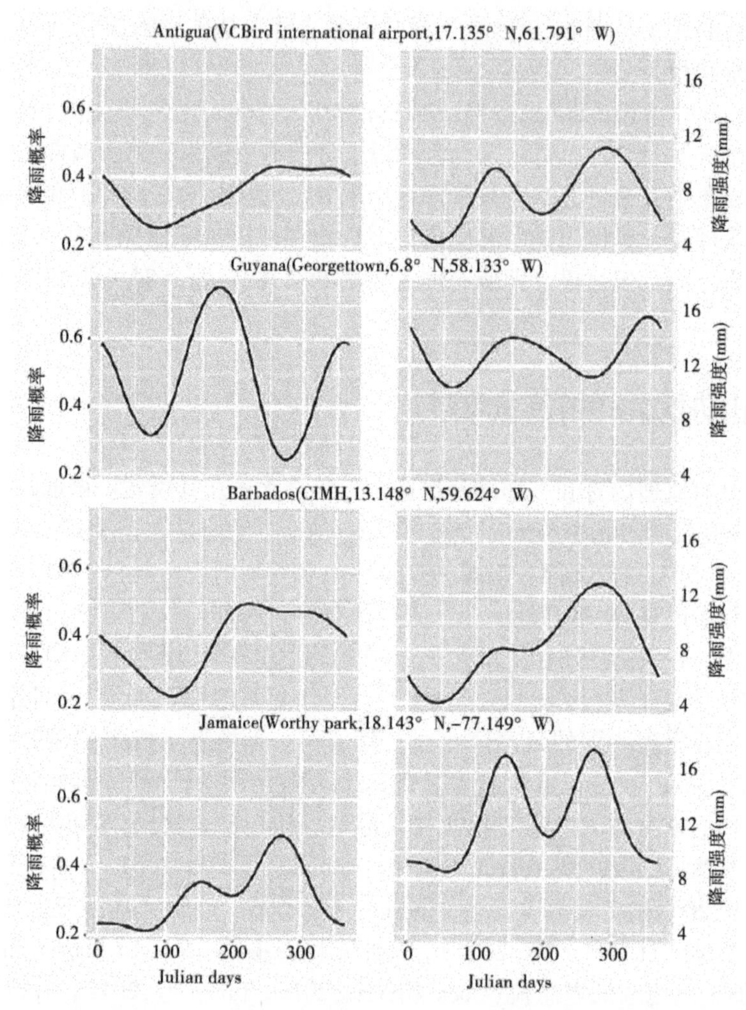

图 20-1 加勒比共同体选定的四个站平滑后的季节性降水。左边的柱状图描述了下雨的可能性(即,以>0.85 mm 为一个日历日),而右边的则是一年中每一个儒略日的平均降水强度。该年余下时间(加勒比旱季)的降水量不足,特别是与蒸发损失相比。贯穿 12 月的降水量下降一直持续到 2 月下旬/3 月初旱季的高峰期。4~5 月的降水总量年际变化大,其中 5 月是某些年份一年中雨量最多的月份之一,而且几乎是干燥的,而其他年份的潜在蒸发率相对较高。这些干燥的月份可能会延长旱季的影响

9 月至 2010 年 5 月期间经历了最少 10%的降水量,或创纪录的低水平。

从 2010 年 5 月到 2014 年初,加勒比地区的大部分月份经历了正常到高于正常降水量。但到 2014 年底,一些加勒比国家(特别是牙买加和安提瓜及巴布亚)报告中表明,由于干旱条件的出现,它们受到了重大影响。2015 年是许多加勒比岛屿(包括安提瓜和巴布亚、多巴哥、巴巴多斯、牙买加及圣卢西亚)的雨量站有记录以来最干燥的一年(Stephenson 等,2016)。2015 年 8 月下旬/ 9 月,一些地方的干旱情况得到缓解,但到 11 月下旬,又开始恢复干旱(CarCOF,2016a)。尽管该地区大部分地区在 2016 年 6 月或 7 月得到了缓解,但 8 月的严重干旱引发了新的担忧,一些加勒比地区出现了创纪录的低降水

量，包括巴巴多斯（CariCOF，2016b）的三个站点。

20.3.2 对行业的影响

2009~2010年事件的影响范围从作物减产、水库水位降低和河流流量减少、森林大火数量和烧毁面积显著增加，随着降水的增加，暴露过度的山坡上出现大量滑坡（Farrell等，2010；参见表20-1）。Farrell等（2010）进一步指出，在圣文森特和格林纳丁斯，水力发电量在2010年第一季度下降了50%。2016年发表的《多米尼加气候与健康评估报告》指出，为缓解干旱而进行的水资源存储和处理不当是埃及伊蚊和寨卡病毒跨部门传播的罪魁祸首。而牙买加的类似情况导致了胃肠疾病（见表20-1）。有关2009~2010年事件更详细的影响，请参考Farrell等（2010）。

表20-1 2014~2016年干旱对社会经济的影响

社会经济领域	2014~2016年干旱影响
农业	据报道，安圭拉、安提瓜和巴布达、巴巴多斯、伯利兹、多米尼加、海地、牙买加、圣基茨和尼维斯、圣卢西亚、特立尼达和多巴哥的农业生产下降； 关于海地食品价格上涨的报道； 安提瓜和巴布达植物病虫害增加； 牙买加牲畜损失； 关于牙买加、圣基茨和尼维斯以及特立尼达和多巴哥破坏性森林火灾增加的报道
水	安提瓜和巴布达、巴巴多斯、格林纳达、圭亚那、圣基茨和尼维斯、圣文森特和格林纳丁斯、特立尼达和多巴哥报告的水资源短缺（强制实行水资源配置）； 截至2014年底，安提瓜和巴布亚的Potworks大坝仅满了10%，到2015年底，脱盐水的消耗量超过了90%，而正常情况下的消耗量为60%
能量	牙买加水力发电厂的发电量下降了15%
健康	由于不适当的蓄水措施，巴巴多斯地区人民出现了胃肠炎； 特立尼达发布了炎热天气警告，并就其对人类健康的影响提出了建议
旅游业	多巴哥的旅游业因水资源危机而陷入瘫痪，许多酒店因缺水而暂停营业

来源：The Anguillian 2015，Government of Belize 2016，Nation News 2016，Caribbean 360 2014，2015，2016；CIMH Caribbean Drought Bulletins；http://rcc.cimh.edu.bb/climate-bulletins/drought-bulletin/，Jamaica Observer 2014a，2014b；Jamaica Observer 2015。

2014~2016年事件的影响非常相似，并在一些案例中出现了极端的结果。到2014年9月，安提瓜和巴布亚的水库已经干涸，牙买加的可用水量成为一个重大问题。在圭亚那的乔治敦避难所地带，21 000人受到有限饮用水的影响，2015年圣基茨岛在其历史上首次实行全岛限水[个人通信，圣基茨水服务部代理总经理丹尼森·保罗（WSD），2016]。

在农业部门，2015年伯利兹的作物产量（包括甘蔗和柑橘类水果）下降，出口损失估计达数百万美元。干旱条件还迫使英属维尔京群岛取消了一年一度的芒果展和热带水果节（英属维尔京群岛首席农业官贝文·布雷斯韦特先生的个人通信）。巴巴多斯水务局（BWA）指出，灌溉的增加导致了岛上一些社区严重缺水（BWA，2015）。

20.4 加勒比干旱预警信息

20.4.1 2009年以前的干旱预警

Chen等(2005)指出,从历史上看,监测加勒比地区的农业干旱是将每月和每年的总降水量与其各自的平均值进行比较,并监测与农业生产有关的实地生物指标。这种观点在1997~1998年有记录以来最强的厄尔尼诺现象之后发生了变化。由于地区遭受重大影响以及该地区缺乏有效的预警和防范,加勒比地区和国际合作伙伴开展的加勒比地区气候前景论坛(后来称为CariCOF)负责预测了3个月降水地区前景,指示其概率高于、低于或接近正常降水时期,因此可以体现干旱的潜力。

现如今,气候监测和预报已经超越了这一点,有了一套面向决策支持的常规工具和产品,并定期更新。此外,通过建立加勒比干旱和降水监测网(CDPMN),对干旱监测和预报给予了显著的重视。

20.4.2 建立CDPMN

2009年1月,CIMH启动了CDPMN(CIMN和FAO,2016;Trotman等,2009),旨在监测干旱(和过度降水)并在国家和区域尺度上提供预测气候信息。从2010年1月开始,这一运作化的系统向加勒比共同体各国政府提供情况分析和咨询意见,立即显示了其价值(CIMH和FAO,2016)。标准化降水指数(*SPI*)(Mckee等,1993)是WMO推荐的用于监测气象干旱的指数(Hayes等,2011),已被纳入了CDPMN。降水分位数(Gibbs和Maher,1967)也被纳入CDPMN,在CDPMN中,它们与*SPI*一起主观地与加勒比降水前景相结合,以便在2010年向区域政府提供关键信息和建议。

20.4.3 干旱预警信息及产品

作为最近指定的WMO加勒比区域气候中心(http://rcc.cimh.edu.bb)的一部分,CIMH在该地区生产和交付若干气候监测和预报信息产品方面发挥着领导和关键作用。其中一些产品和相关工具用于干旱预警。

20.4.4 加勒比共同体区域干旱监测

2009年4月绘制了初步的区域降水(干旱)监测地图以突出在四个时间尺度(1个月、3个月、6个月和12个月)使用*SPI*和降水成数显示的2009年3月底的降水状况(CIMN和FAO,2016;Farrell等,2010;Trotman等,2009)。建立不同的时间间隔是为了反映干旱持续时间可能具有不同部门的影响这一事实(WMO和GWP,2016)。加勒比地区的经验表明,由于雨养农业的社会经济重要性,提供3个月时间尺度的干旱资料可以减轻农业部门的风险。同样,考虑到该区域的小流域和含水层以及旅游业等关键经济部门对饮用水的强烈季节性变化,提供6个月时间尺度的干旱资料可能是最佳的。

不足的干旱影响报告和强有力的影响评估方法限制了本区域对干旱对社会和经济部

门绩效的影响的理解和认识,并最终限制了本区域的社会经济发展。建设适应气候变化、缓解干旱等现象的社会需要收集这些信息,以便制定和实施强有力的规划和决策支持系统。

为了解决这一日益被要求的信息匮乏问题,CIMH 创建了加勒比气候影响数据库(CID)(http://cid.cimh.edu.bb),这是一个开放源代码的地理空间目录,其中归档了来自包括干旱在内的各种气候现象对各个部门的影响。CID 还通过网站以标准操作程序(SOPs)和降水影响的形式捕捉灾害风险管理部门使用的规划和响应机制,该网站捕捉实时提交的干旱监测影响。

20.4.5 加勒比共同体区域干旱预测

2012 年以来,梅森(Mason,2011)的一个统计降尺度气候预测软件包被用于提供季节性百分数降水预测。在干旱预警中,将基于百分数的预测信息作为预测要素的有效利用受到限制的一个因素是,降水预测是以正常、高于正常和低于正常降水的概率来表示的,在部门的决策过程中可能难以有效整合。虽然这些预报可以初步显示异常干旱或潮湿的持续时间,但它们既不能区分异常和极端降水总量,也不能确保对极端结果有足够的确定性,例如降水量不足严重到足以导致严重干旱。

2014 年 5 月,在牙买加举行的雨季加勒比共同体会议上,提出了第一个区域干旱预测系统,该系统扩展了 CPDMN 的能力,并利用了 CPT (http://rcc.cimh.edu.bb/long-range-forecasts/caricof-climate-outlooks/)。使用该系统,每月更新移动 6 个月期间的预报,以及 12 个月期间的预报,这些预报在 CariCOF 中称为水文年的雨季或旱季结束时结束。通过这种方法,将在该期间开始时观测到的降水总量增加到更不确定的概率降水预测,从而使干旱警报展望比概率降水预测本身更有信心。这种方法可以在旱季结束时,例如早在 11 月(例如,6 个月的预见期),确定与严重的长期水文干旱相一致的 88%的观测降水不足水平。

CariCOF 干旱展望中包含的预测信息有助于建立一个基于警报级别的季节性决策支持系统,警报级别与不断增加的跨越特定 *SPI* 阈值的可能性有关,为旱季和雨季建立了特定但不同的 *SPI* 阈值。这种方法用于构建干旱预警地图,并在各部门利益攸关方广泛地参与之后,对每个预警级别采取相应的行动。

通过每月《加勒比干旱公报》(http:// rcc.cimh.edu.bb/climate bulletin/ drbulletin/)的包装产品,向部门利益攸关方传播旱情监测和预报业务的预警信息,并在加勒比共同体上进行讨论。

20.5 支持减少加勒比地区风险的干旱预警——决策和规划

Farrell 等(2010)评估了流域 2009~2010 年的干旱后,发现了一些重要的能力问题,包括国家能力有限①预警等关键领域,②限制关键利益相关者机构之间的信息共享的国家的系统性问题,③不适当的政策和计划,④有限公司财政实现和维持关键活动。此外,任何政策和计划都应纳入预警信息，以便采取的任何行动都与持续和预期的干旱持续时间及严重程度有关。

20.5.1 为干旱风险管理创造有利环境

预警信息被地区综合灾害管理战略(CDM)编程框架 2014~2024[由加勒比灾害应急管理机构(CDEMA)实现]和实现对应气候变化的发展区域框架发展实施计划[由加勒比共同体气候变化中心牵头(CCCCC)]作为关键气候灾害的有效管理和适应气候变化。此外，在 2015 年 2 月举行的贸易和经济发展理事会(COTED)第 53 届特别会议上，干旱管理是一个重点领域，会上呼吁联海管理协调会加强加勒比共同体干旱预警系统。然而，虽然在区域一级存在指导框架，但在国家一级存在重大差距。

20.5.2 干旱风险管理：国家一级的能力建设

Farrell 等(2010)提出了两个核心建议：①地区性机构包括在他们的活动的发展早期预警系统和适当的指标来支持会员国的规划和适应策略；②加勒比国家实施适当的多部门工作小组，以确保每个部门都熟悉其他部门的各种敏感和需要，以确保及时和有效的决策。加勒比地区通过里亚尔国际捐助社会的物资支持(Government of Brazil, USAID)以及国际的、区域的、区域组织(如 CIMH, CDEMA, OECS, FAO)的技术和协调支持，以及内布拉斯加大学林肯分校的国家干旱减灾中心(NDMC)自那时起就开始着手解决这些缺口的三个战略举措：

(1)第一阶段：加勒比共同体/巴西/粮农组织减灾合作计划。

(2)第二阶段：美国国际开发署资助的二期东加勒比国家组织减少了气候变化(RRACC)项目对人类和自然资产造成的风险。

(3)第三阶段：美国国际开发署资助的加勒比地区气候能力建设项目。

能力建设集中在三个主要领域：①解决新千年国家和地区干旱预警能力方面的差距；②建立加勒比地区部门从业人员、决策者和决策者使用干旱监测和展望产品的能力；③加强国家框架、政策和计划以及职权范围，以便更有效地管理干旱风险，并在许多情况下开始制定综合干旱预警信息的干旱计划。

20.5.2.1 第一阶段：加勒比共同体/巴西/粮农组织减灾合作计划(DRR)

除在干旱监测和规划方面提供广泛的培训外，2012 年开始的这项首次倡议的一项主要成果是围绕制定加勒比国家干旱管理框架草案达成协商一致意见(见图 20-2)。这一框架的重点是通过网络和工作组建立干旱预警信息系统(DEWIS)，其活动将由国家干旱管理委员会管理，该委员会还将负责与干旱有关的灾害管理的其他方面(脆弱性评估和干旱缓解、恢复和应对)。这一框架符合联合国减灾司(2009)提出的关于预警信息系统四个主要组成部分的国际思想。在这一阶段，圣卢西亚为其政府批准的减轻洪水和干旱委员会制定了行动计划，还为格林纳达和牙买加的国家干旱监测网络拟订了草案。

20.5.2.2 第二阶段：美国国际开发署资助的东加勒比国家组织(RRACC)减少气候变化对人类和自然资产造成的风险

2014~2015 年东加勒比地区的干旱状况强调了继续推进根据加勒比共同体/巴西方

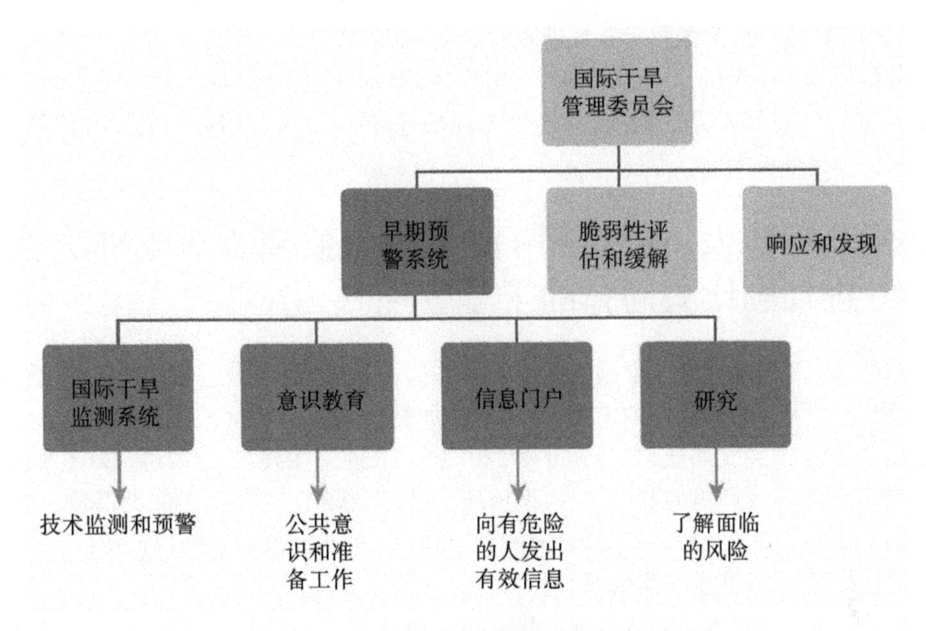

图 20-2　拟议的加勒比国家干旱管理框架

案开展的努力的紧迫性。这一阶段的重点是通过一系列的“编写阶段”进行的政策和计划发展进程,其中编写、编辑和加强国家文件是明确的目标。最终目标是支持会员国修改现有的国家灾害管理计划,包括减轻和应对干旱灾害,或制定新的计划,包括干旱监测系统的计划(见表 20-2)。

表 20-2　第二阶段干旱记录了加勒比国家组织成员国的产量和进展

目标	国家	
帮助推进抗旱准备工作 建立在干旱监测和预测的基础上 培养理解和应用产品的能力 在国家干旱管理框架下,进一步推进国家 DEWISs 实施计划草案	圣卢西亚岛	1.加强圣卢西亚灾害管理政策框架; 2.更新了水和污水公司干旱条件下的水资源管理计划,以更好地反映和考虑干旱; 3.进一步完善现有防汛抗旱管理委员会的职责
	格林纳达	1.干旱管理框架的评估; 2.格林纳达洪水、干旱预警和信息系统高级草案 TOR 在第 1 阶段下开始实施; 3.制定了格林纳达行动计划
	安提瓜和巴布达	1.拟订了体制和立法框架审查文件草案; 2.拟订了安提瓜和巴布达全国干旱管理委员会 TOR 草案
	圣基茨和尼维斯	1.拟订国家和部门干旱政策和计划文件的评估草案; 2.始拟订一项新的供水事务干旱管理计划草案; 3.拟订干旱管理委员会 TOR 草案

20.5.2.3 第三阶段:美国国际开发署资助的 BRCCC 项目

BRCCC 计划继续 writeshop 进程,以推进修订和新文档的套件。这将通过继续和补充表 20-2 中所列四个选定国家的文件草案来完成,以便这些文件可以供各国政府的内阁审议批准。

20.6 基础建设:通过早期预警和其他减少风险的方法,促进加勒比共同体的干旱管理

2009~2010 年的事件要求该地区将干旱作为一场灾难给予更大的考虑,这是一场必须进行更有效的战略性管理的灾难,即使是在加勒比共同体各国政府首脑的层面上也是如此,尤其是考虑到气候变化(Farrell 等,2010)。最近一次发生在 2014~2016 年的事件表明,尽管干旱具有严重性和广泛性,但该地区已经做好了更好的准备,自 2009~2010 年的事件以来,该地区已经获得了较全面的预警信息,并具备了一些干旱预测能力。然而,该事件也表明,仍有许多工作要做。

由于加勒比共同体国家认为制定政策和计划是非常必要的,因此目前的优先事项之一是完成表 20-2 中四个国家的一系列政策和计划。受 2014~2016 年峰会影响,这可能会促使其他成员国效仿。CIMH 还鼓励成员国制定针对其部门的干旱计划。虽然加勒比共同体许多国家对水资源保护有一定程度的行动计划,但它们主要支持管理饮用水资源。此外,在 FAO 的协助下,该区域寻求制定国家农业灾害风险管理(ADRM)计划 (Roberts, 2013),圭亚那、伯利兹和圣卢西亚正在批准该计划(粮农组织加勒比次区域主任 Lystra Fletcher-Paul 博士的个人通信)。大多数 ADRM 计划草案和批准的计划都缺乏全面的行动来缓解干旱。自那时以来,加勒比农业部门制定了缓解措施(CIMH 和 FAO,2016),加勒比共同体的农业政策规划(APP)正在制定一个干旱模板,以加强农业部门的适应能力。

自 2015 年以来,CIMH 一直致力于开发跨气候时间尺度的部门性预警信息系统(EWISACTs),旨在提供针对特定用户需求的面向用户的气候预警信息。部门性 EWISACTs 的发展支持区域实施全球气候服务框架(GFCS)(WMO,2011)。在加勒比地区,6 个气候敏感部门,即农业、水、能源、卫生、灾害风险管理和旅游部门,已被列为优先事项。该区域已经正式确定了这 6 个气候敏感部门的气候预警信息(包括干旱)的协调开发方法,以促进主要区域技术组织与 CIMH(作为气候服务提供者)之间的多部门伙伴关系形成,即区域部门 EWISACTs 合作伙伴联盟(见图 20-3)。预计:①该联盟及其活动将渗透到国家层面,加强气候(包括干旱)预警及其进一步发展;②该联盟的框架和结构将在国家层面得到重现。在该过程的支持和鼓励下,在 CIMH 的带领下,该区域也热衷于推动 CDPMN 和 CariCOF 的工作,以便提供早期预警资料。

该联盟的工作还有助于填补目前在物理和社会研究方面的空白,因为这影响到早期预警产品的性质、质量和实用性(例如,改进空间分辨率和时间分辨率,用有针对性的、用户友好的语言交流气候科学)。此外,利益攸关方提出,缺乏资金/预算来解决干旱问题是阻碍行动的一个关键障碍。动员一致的资金,以应用于即使在非干旱条件下寻求建立干旱风险管理能力的积极努力仍然是关键。

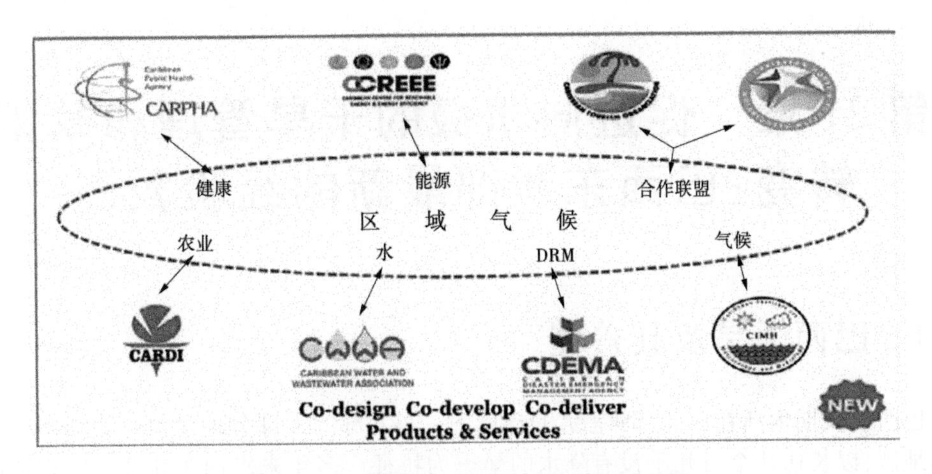

图 20-3 区域部门 EWISACTs 合作伙伴联盟

自 2009 年以来,CARICOM 加强了对干旱风险管理的响应。在区域和国家层面建立有利环境的目的是加强管理,增强抵御能力,并在不久的将来减少这种危害造成的影响和损失。根据初步研究,有人建议应该做出系统性的和持续性的努力。前进的道路应该集中于实施利益相关者驱动的议程,继续解决四个关键领域的差距:①改善科学干旱相关产品的供应和有用性;②将干旱预警信息与国家和部门决策工具/系统联系起来;③加强国家和部门系统的有利环境;④可持续性。有了这些优先领域,该区域将受益,特别是对干旱敏感的部门而言,这些部门将更具生产力和效率。

参考文献

(略)

第 21 章　促进向积极的干旱管理和政策转变:巴西东北部最新的经验教训

21.1　巴西干旱及其管理

巴西人长期生活在东北部[1]恶劣的环境中。东北部的大部分地区被称为 sertão,或半干旱地区,以长达几个月几乎没有降水的旱季为特征。多年来巴西东北部人民设法应付这些情况,包括通过引进水资源基础设施项目和建立负责规划该地区社会经济发展的机构。在过去几十年里,为满足水资源需求和向农民提供支持而扩大供应方面的改善帮助该地区取得了进展。然而,当极端干旱袭击东北部时,结构性解决方案虽然必要,但往往不足以承受这些多年来低于平均降水量的时期。

从 2012 年开始,一直持续到 2017 年初,半干旱的东北地区一直遭受长期干旱的影响。水库水位处于历史最低水平,即使 2017 年全年降水量有所改善,水力系统也需要几年时间才能恢复到满负荷运行。在过去 5 年中保持弹性的系统将在一年中不能继续运行,导致小城市供水可能出现崩溃,东北部各州首府城市的供水严重不足(八九个首府城市历来受到干旱的直接影响,因为它们位于东北地区雨水丰富的大西洋沿岸)。这威胁到社会维持足够的饮用水供应和其他用途的水的能力,例如灌溉、水力发电、工业生产和环境产品和服务。长期干旱的影响往往集中于生活在这一半干旱地区的农村贫困社区。最终,这些影响威胁到该区域在过去几十年中在经济、社会和人类发展方面取得的巨大成就,并使许多社区面临重新陷入极端贫困的危险。图 21-1 显示了东北部塞阿拉州的干旱程度。

与许多国家一样,巴西在紧急行动方面投入了大量资金,以减轻长期干旱造成的经济损失。例如包括但不限于紧急信贷额度、增加农业债务重新谈判、扩大社会支持项目,如 Bolsa familia 和 Garantia-Safra(向贫困家庭和农民提供现金转移项目),以及 Operação Carro Pipa(向农村社区运送紧急饮用水的水车)。

要想获得这些项目和资源,城市必须宣布进入紧急状态或公共灾难状态,其宽泛的定义是,正常情况发生剧烈而严重的变化,影响当地的应对能力。然后各州和联邦政府将核实并提供获取干旱紧急资源和项目的途径。然而,这一宣布和援助进程并不涉及一个系统的程序来客观地定义干旱的系统程序以及应构成紧急情况或公共灾难的情况。由于没有一套科学依据的具体指标或标准作为宣言的依据,干旱管理在历史上一直是对当地发生的紧急情况的反应,随后的救济措施往往进展缓慢、目标不明确,而且容易受到政治因

---

[1] 东北部面积非常大,有 1 561 177 km^2,由 9 个州组成:马拉尼昂、皮奥伊州、塞阿拉州、里约热内卢北里约格朗德、帕拉伊巴、伯南布哥、阿拉戈斯、塞尔希培和巴伊亚(从北到南)。

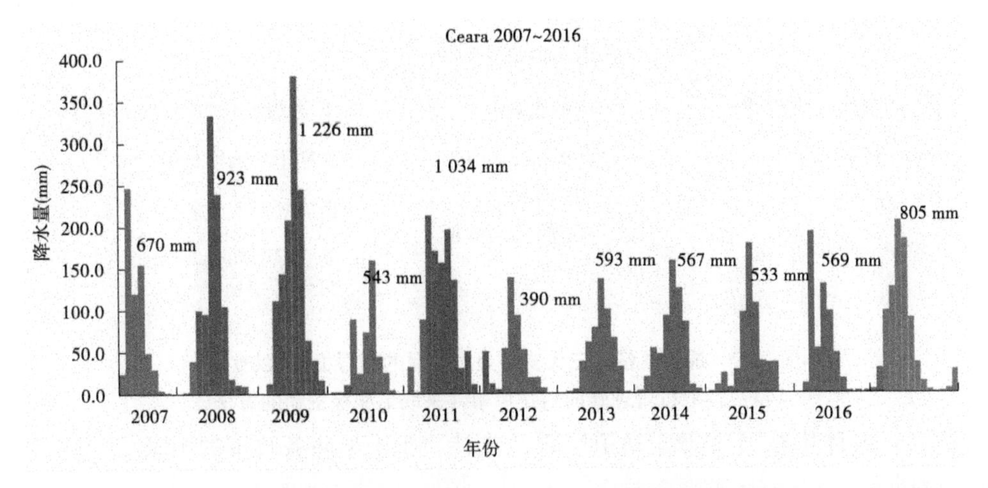

图 21-1 2007~2016 年底,巴西东北部塞阿拉州的月平均降水量和降水量分布(1~12 月)。从分布和数量来看,平均年份位于最右边(由 FUNCEME 提供,福塔,巴西)

素和腐败的影响。

最近东北部的干旱引发了国内关于改善干旱政策和管理的激烈辩论。由于认识到摆脱干旱危机管理的必要性以及当前干旱和水资源短缺情况下取得的持久进展,2013 年,国家一体化部(MI)要求世界银行(Bank)提供分析、咨询和召集服务,以帮助其努力将传统的干旱危机管理转变为一种更有准备和基于风险的管理方法。应❶ MI 的要求,世界银行制定了《抗旱和气候适应规划》(Program),并于 2013~2016 年期间实施。

该计划的主要目标是帮助巴西的利益相关者(在国家和州两个层面,更确切地说在东北地区)制定干预事件的主动方法并将其制度化,并提供开发工具、框架、流程和交换平台的附带好处,其他国家和部门/地区可以从中学习并最终促进创新。

本章介绍了该计划在过去 3 年半里支持的巴西干旱政策和管理的最新进展,主要结果以及预期的后续步骤。De Nys 等(2016a)(英文版)和 De Nys 等 (2016a)(葡萄牙版本)从一些主要涉众的不同角度对这些努力进行了更全面的描述。

21.2 向三大支柱框架转变

世界银行及其合作伙伴围绕一个框架制定了该计划,该框架后来被称为抗旱准备的三大支柱。这个框架,如图 21-2 所示,包括:①监测和预测/预警;②脆弱性/恢复力和影响评估;③缓解和响应计划和措施。

该项目被设计成两个相互加强的轨道。

❶ 这一要求与国际舞台上为增强抗旱能力而开展的活动相一致,其中最引人注目的是 2013 年 3 月在瑞士日内瓦举行的国家干旱政策高级别会议(HMNDP)。在 HMNDP 会议上,巴西宣布致力于讨论如何设计、协调和综合有关干旱规划和管理的综合政策以减少其影响,增强对未来干旱和气候变化的适应能力。2013 年 12 月(与该项目合作),巴西和 MI 还为 HMNDP 进程举办了后续国际研讨会,该研讨会聚集了十多个国家,为拉丁美洲和加勒比地区制定国家干旱政策建立能力。到 2013 年底,MI 改变巴西干旱模式的努力正在顺利进行。

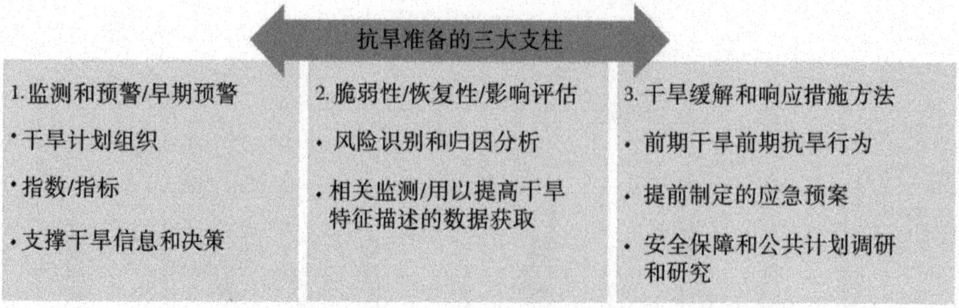

抗旱准备的三大支柱		
1. 监测和预警/早期预警	2. 脆弱性/恢复性/影响评估	3. 干旱缓解和响应措施方法
• 干旱计划组织	• 风险识别和归因分析	• 前期干旱前期抗旱行为
• 指数/指标	• 相关监测/用以提高干旱特征描述的数据获取	• 提前制定的应急预案
• 支撑干旱信息和决策		• 安全保障和公共计划调研和研究

图 21-2　抗旱准备的三大支柱是本项目的指导框架，以支持从反应性危机管理转向对抗旱事件采取更积极主动的方法

轨道 1，或称其为"干旱政策轨道"，设法支持关于干旱防备政策的国家/区域以及国家对话和框架。

轨道 2，或称其为"东北试验轨道"，旨在通过设计和开发东北干旱监测器（Monitor）和多个选定的案例研究的可运行的干旱预防计划，以实施巴西东北地区的一个项目，并展示积极主动的干旱管理的切实的工具和战略。通过不同部门和不同决策级别之间的对话和要求，制定了五项备灾或应急规划工作：分别在福塔莱萨都市地区和伯南布科格雷斯特地区进行了两项城市供水设施案例研究；在皮拉哈斯—阿库河流域，有两项计划（一项是全流域抗旱准备计划小型蓄水池综合利用计划，称为 Cruzeta 水库计划），由帕拉伊巴州和北里奥格兰德两州共享；并在恰拉州中部的皮凯·卡内罗市制定了一项雨水灌溉农业计划。

对东北干旱的计量经济评估为这些轨道架起了桥梁，该评估探讨了与监测与各种联邦、州的数据来源的联系，以确定当前东北干旱的影响和成本。

21.3　干旱政策与管理的关键性进展

干旱监测迅速发展成为 MI 正在寻找的更广泛的技术以及机构升级的锚点。监测报告以最明显的形式来显示月度地图，以描述东北部的干旱现状，并由几个气象和水文指标（如标准化降水指数和标准化蒸散发指数）确定。这些指标经过加权，得出一个综合的五阶段干旱严重程度指数（S0~S4，其中 S 表示干旱），从而为巴西东北部的干旱定义增加了细微的差异性、客观性和一致性。将分类定义为加权指标再现的百分位数：S0（30%，干旱发生和解除）；S1（20%，中度干旱）；S2（10%，严重干旱）；S3（5%，极端干旱）；S4（2%，异常干旱）。因此，S4 干旱 50 年才发生一次。

监测计划的灵感来自美国干旱监测器（USDM）和墨西哥类似的努力，同样，它也受益于与这些国家负责各自干旱监测工作的个人和机构的密切合作和培训。与它在这些国家的运作方式类似，对于巴西的利益攸关者来说，监测远不止是一张地图。相反，它是由人、机构和监测过程组成的组织结构，这些和地图本身一样重要。它的生产已经进行了相当大的合作和行为变化，现在需要东北九州各机构和若干联邦实体的高级技术专家之间的密切协调。其中三个州（塞阿腊、伯南布哥及巴伊亚）正扮演着地图作者的角色，所有九个州都作为验证者参与，以确保地图在各自的领域能够准确地描述干旱条件，同时有助于完善和不断改善整个地区的干旱的特性。每个月，作者轮流领导一个为期两周的过程，从一个新建立的数据集成和共享过程中收集和处理信息，该过程通过该计划在各州和联邦政府之间得到进一步发展，随后使用地理信息系统绘制地图。此过程还包括修订、讨论和数据交换，以便在地图发布之前对其进行验证和改进。

该监视器于 2016 年 3 月正式推出，从那时起就开始运行并向公众开放。国家水资源局（ANA）是联邦政府的主要合作伙伴之一，负责联邦和州机构之间的协调、担任执行秘书的角色，并主持网站（http://monitordesecas.ana.gov.br/）。

除监测外，干旱计划还努力使决策者切实了解干旱准备工作的情况，并使模式向积极的干旱管理转变。这些计划都描述了干旱影响和脆弱性、关键机构参与者、减轻干旱风险的规划措施和紧急响应。因此，设计和实施计划的团队和合作伙伴试图巩固以三大支柱为框架的计划，并尽可能开始在 S0～S4 建立监测与干旱分类之间的联系，并在干旱预防计划中根据这些类别采取具体的政策和管理行动。而一些计划无法确定随着干旱进展到更高阶段（例如，S0～S4）而触发的政策和管理行动，例如 Piquet Carneiro（雨养农业计划），其他的，如两个城市规划，在这些不同干旱阶段制定了一系列行动。

有些计划已经在其设计的社区开始运作，其目的是在下一次干旱展开时将其用于指导决策，并帮助指导长期投资以应对潜在的脆弱性并减轻未来的干旱风险。此外，这些干旱准备计划的具体例子有助于推动联邦政府和州政府之间就如何扩大东北地区的规划活动进行对话。

这些计划都不能够直接从监视器中提取信息来通知政策行动/触发值，因为在早期阶段，Monitor 还没有足够的指标来保证它和计划之间的直接联系。然而，大多数计划都坚持遵循新的干旱严重程度 S0～S4 分类，并打算利用这一分类反馈给监测系统，使其了解干旱的特征（例如，与 S0～S4 相关的城市规划中的水库水位将有助于监测机构确定这些地区的干旱严重程度）。所有的计划都强调了继续迭代的需要，并且在这些计划的未来更新中，加强与监视器的联系。

该项目制作了若干分析产品来解释巴西干旱政策的社会经济、体制、技术、政治和社会方面。其中包括快速影响和成本分析（2014 年 9 月到 2015 年 1 月开展），对东北多个部门的干旱进行了定性和定量评估，识别了支持第二个支柱的制度化关键参与者，并演示了这些参与者可以复制的方法，用于评估未来干旱和干旱响应的影响。该计划还帮助确定了一套主要行动项目，用于推进和制度化国家干旱政策和计划，该计划为 2013 年底国家研讨会进程的初步讨论提供了信息，并开展了多国比较干旱政策研究，以确定经验教育和来自其他几个易受旱灾影响国家（澳大利亚、墨西哥、西班牙和美国）的良好做法（Cadaval Martin 等，2015）。

21.4　经验教训及后续步骤

通过该项目引入的三大支柱框架在巴西国内得到了大力推广。MI、ANA 和许多东北州伙伴已选择沿着这一框架实施未来的干旱政策和战略，特别是加强第二个和第三个支柱(分别是脆弱性/风险/影响评估、缓解和应对规划和措施)。总的来说,人们对干旱定义、宣言及响应过程的认识有所提高,合作伙伴们相信,最近取得的进展将使干旱防备规划和管理更加持久/制度化,但这要等到下一次干旱来袭时才能真正看到。

虽然监测和抗旱准备计划是重要的技术和有形基础,但在过去3~4年中取得的最重大进展是体制上的进展以及对抗旱思想和方法的改变。东北部各州的机构、人员和进程网络现在致力于监测和向更广泛的干旱范式转变(正如健壮的作者和验证者流程网络所反映的),这表明了这些根本性的进步。尽管取得了这些成就,其他机构和部(例如负责执行政策和行动的部门)仍然需要更多地参与监测工作。

这些干旱计划都是地方/国家合作和协议的重大进展,目的是提高这些社区的抗灾能力,以及为更广泛的干旱模式转变建立能力和投入资金。该方案支助的各种会议、规划研讨会和其他有助于使抗旱规划制度化的能力建设活动。一个非常积极的迹象是,一些国家已经开始将抗旱准备的概念纳入全州的规划和政策决策,正如该方案的努力所表明的那样。这包括讨论塞阿拉州的干旱计划,该计划将纳入监测和备灾规划,以及世界银行向塞尔希培州提供的发展政策贷款,该政策将干旱政策备灾作为其支付的要求之一。

尽管取得了这些成就,但仍有工作要做,以巩固第二阶段的转变。除MI和ANA(以及塞阿腊州、伯南布哥和巴伊亚的三个创始州)的大力支持外,其他联邦和州合作伙伴仍需要熟悉干旱政策和管理的新方法,以及实施积极措施的好处。自监测机构正式启动以来,该进程一直致力于维持和继续建立更高水平的可信性和相关性。由于当前政治和领导层的转变,特别是MI最高级别领导人的更替,这一直具有挑战性。在这些政治变革期间,抗旱准备计划在保持相关性方面也将面临挑战。或许对监测和计划来说,最重要的考验将是,一旦目前的干旱开始消退,它们能否保持相关性和支持。

为了克服这些挑战,巴西需要集中精力进一步整合与抗旱准备和应对有关的机构进程,包括使抗旱委员会成为更常设的机构协调机构。抗旱委员会通常是在危机期间成立的临时政府间紧急规划机制。将这些机制从特设反应机制转向审议性决策论坛,通过该论坛,主要机构可以定期讨论长期和短期方案、政策和方法,这将有助于使干旱政策范式的转变制度化。它还将提供一个工具,以执行以监测为基础的政策行动以及制定和协调各种干旱准备计划。

采取积极主动的方法来管理干旱将需要政府和社会之间持续的沟通努力。对于那些尚未熟悉干旱准备效益的政策官员来说,州和联邦政府的主要合作伙伴必须明确两个关键论点:①它反映对公共支出的良好管理,因为它可以节省资金并减少了困难;②在目前的干旱持续存在或新的干旱发生之后,这是一种在整个任期内尽量减少政治损失的方法。

同样重要的是,巴西应开始努力制订和建立三个支柱框架中的第二支和第三支并将其制度化,并通过继续进行国家干旱政策对话以及在监测和干旱准备计划单的坚实基础上建立这一目标。建立监测本身仍然需要巨大的努力和承诺才能向前迈进,这是重要的第一步。然而,要充分认识到抗旱准备的好处并实现预期的模式转变,通过减轻和响应规划及多边环境措施加强脆弱性和风险/影响评估和决策是至关重要的。

该国也有必要和机会适应过去几年在东北其他地区,特别是东南地区所取得的成就。最近大圣保罗及其周边地区的缺水危机使干旱问题成为全国关注和辩论的焦点。在国际上，世界正在密切关注巴西如何应对干旱准备工作。

最后，巴西的管理机构必须将抗旱准备工作纳入中长期发展和水安全目标之中，包括如何利用该计划的进展来更广泛地建立气候适应能力。例如，巴西正在对水基础设施方面进行重大投资，例如灌溉计划、水库和东北部各流域之间的战略性调水，包括圣弗朗西斯科河一体化项目（PISF）。PISF将很快为东北地区带来大量的水资源，从而提高水资源系统对气候变化的适应能力并促进该地区的发展。因此，在如何制定规划和管理战略以保持长期抵御能力以及如何协调这些进程与未来干旱和水资源短缺、能源供应和需求、生态系统产品和服务、雨水灌溉农业的需求以及区域经济发展政策和计划方面，将面临重大挑战。

目前，由于气候变化的影响和需求的增加，水资源分配规划的设计假设与需要管理更大的不确定性的业务现实之间的差异，几乎没有回旋余地，而且往往是水资源冲突的主要驱动因素。分析、记录和理解这些综合部门和项目的关键脆弱性，将有助于适应气候变化的水文影响，特别是日益严重的干旱和水资源短缺。因此，减轻未来干旱影响的能力与区域经济发展、生态系统恢复和管理以及水和能源投资等因素有着内在的联系。利用迄今抗旱准备工作的势头将帮助巴西开始建立这些重要的联系。

参考文献

（略）

第 22 章　气候变化下捷克共和国的干旱和干旱管理

22.1　引　言

干旱对人类社会及许多关键活动具有重要的负面影响。几项研究警告说，在过去几十年中，中欧出现干旱的风险越来越大（参见 Brázdil 等，2015a；Trnka 等于 2006 年对这些研究进行了讨论）。在未来气候变化的背景下，干旱问题及其负面影响可能会因为人类活动驱动的增强而变得更加严重（Eitzinger 等，2013；Trnka 等，2011，2014）。

22.2　过去和现在的干旱

可以使用不同的数据来描述捷克境内过去的干旱情况（自 1993 年以来称为捷克共和国）。根据 1961～2014 年的气象测量数据（之所以选择这段时间，是因为气象站对其覆盖最好），我们注意到大多数气象站的旱情呈上升趋势。这些趋势已通过一系列干旱指数以及估计的土壤水分湿度异常记录下来。特别是在 4～6 月，主要生根区含水量不足的天数明显增加。这一增长主要归因于气温上升、全球辐射和水汽压不足，以及总降水量变化不大（Trnka 等，2015）。5 月和 6 月是农业和森林生产的关键月份，但令人震惊的是土壤含水量逐渐减少，这些变化是广泛且明显的。在 4～6 月观察到的冬季累计土壤蓄水量的减少也解释了夏季月份土壤含水量变异性增加的原因（Trnka 等，2015）。由于 6 月底土壤水分含量普遍较低，7～9 月土壤水分更加依赖于夏季降水，且变化较大。因此，土壤含水量的年际变异性也有所增加。

应用数据来自几个长期气象站，捷克气温和降水量系列可用于计算 1805 年以来每月的几种干旱指数，即 1 个月和 12 个月的标准化降水蒸发蒸腾指数（*SPEI*-1 和 *SPEI*-12），帕尔默 *Z* 指数（*Z*-index）以及帕尔默干旱强度指数（*PDSI*）。所有这些指标均表现出春季干旱增加的显著趋势。代表长期水平衡异常的指数（*SPEI*-12 和 *PDSI*）在全年和夏季表现出相同的趋势，秋季则表现出较小的趋势。在过去的两个世纪中，冬季均没有明确的干旱趋势，在一些地区发现了增加湿度的趋势（Brazdil 等，2015a）。4～6 月的干旱趋势主要受气温升高的驱动，导致潜在蒸散发量增加。

1800 年以前的仪器观测很少，但仪器前时期的干旱知识可以从文献证据中获得（Brázdil 等，2005，2010）。与干旱及其对捷克土地的影响有关的大量文献证据使我们能够每年对干旱事件的发生和严重程度进行分析。

这些信息可以与仪器周期计算的干旱指数相结合，以创建 1501～2012 年干旱的长期年代际频率（Brázdil 等，2013）。尽管年际变化很大[见图 22-1(a)]，但在 50 年期间干旱事件高频发生年份是 1951~2000 年(26 年),其次是 1751~1800 年(25 年)、1701~1750 年(24 年)和 1801~1850 年(24 年)。最低干旱年份记录为 1651~1700 年(16 年)和 1551~1600 年(19 年)。捷克土地长期干旱波动的更详细证据可以从一系列四个干旱指数(*SPI*、*SPEI*、*Z*-index 和 *PDSI*)中获得,这些指数分别来自 1501~2015 年的文献和仪器数据(Brázdil 等,2016a)。如图 22-1(b)和(c)所示,*SPEI*-12 和 *PDSI* 的年际和年代际波动较大。

现有的文献资料也为 1534 年、1536 年、1540 年(Wetter 等在 2014 年将其归类为欧洲史无前例的高温干旱年份)、1590 年、1616 年、1718 年、1719 年、1726 年、1746 年和 1790 年的干旱提供了令人信服的证据。他们的清单可以使用仪器记录 1808 年、1809 年、1811 年、1826 年、1834 年、1842 年、1863 年、1868 年、1904 年、1911 年、1917 年、1921 年、1947 年、1953 年(~1954 年)、1959 年、1992 年、2000 年、2003 年、2007 年、2012 年和 2015 年的干旱。报告的干旱事件对人民的日常生活产生了重大影响,在许多情况下导致粮食价格大幅度上涨,随后采取了各种紧急措施。Brázdil 等(2016b)在对 1947 年灾难性干旱的分析中记录了各种影响的广泛程度,包括经济影响、社会影响和政治影响,该分析也具有更广泛的欧洲背景。

多项研究的总体结果(例如,Brázdil 等,2015a,2016a)最终表明,尽管干旱频率的变异性相对较强,但近几十年来可以确定干旱强度增加的趋势(见图 22-1),这也是紧密联系的中欧干旱传导循环类型的变化频率(例如,Brázdil 等,2015a;Trnka 等,2009)。

由于 1500 年以前捷克土地上的文献资料相当零散,因此可以通过树木年龄宽度(*TRW*)数据提供一些干旱重建的可能性,该数据以每年解析的橡树 *TRW* 年表为代表,涵盖 761~2010 年(Dobrovolny 等,2015)。尽管 *TRW* 值在中欧尺度上与干旱关系复杂,但 *TRW* 值的极小值可以确定干旱季节的发生。现有的年表显示,在 9 世纪末、12 世纪和 13 世纪之交、17 世纪中叶和 19 世纪初,木材增量最小的年份出现的频率更高(这是可能由干旱引起的生长衰退的迹象)。相反,在 11 世纪末、14 世纪下半叶和 18 世纪上半叶,较低的年数和较低的增长率是典型的。

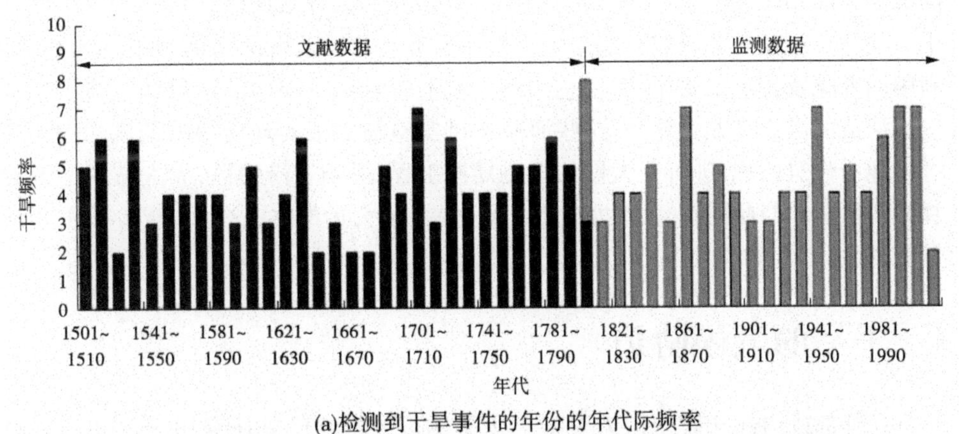

(a)检测到干旱事件的年份的年代际频率

图 22-1 根据文献和仪器数据,自 1501 年以来捷克土地干旱的长期波动

(b)和(c)中的系列通过高斯滤波器进行了 20 年的平清处理(Brázdil 等,2013,2016a)

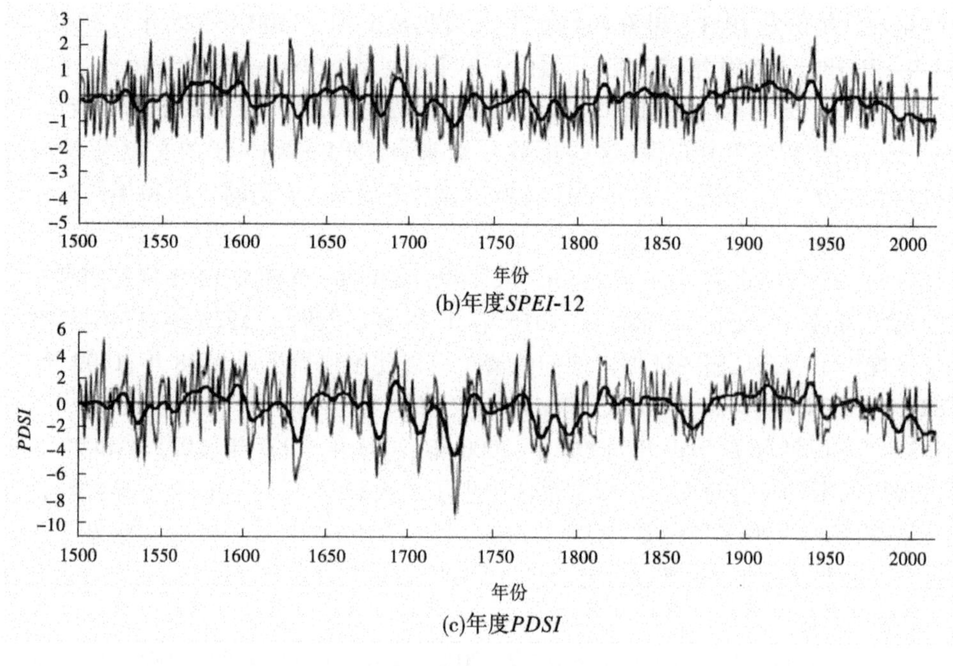

(b)年度*SPEI*-12

(c)年度*PDSI*

续图 22-1

22.3 干旱的天气及人为因素

捷克境内的干旱与当地普遍存在的反气旋天气特征有关,降水稀少,气温高于平均气温,通过加强蒸散发作用,加剧了干旱的严重程度。对1850~2010年4~9月有利于干旱发生的天气条件进行了分析,结果表明干旱与从亚速尔海地区向中欧延伸的高压脊有关。在某些情况下,可能会出现从捷克共和国东部或东南部的反气旋向外延伸的山脊。进一步的情况与中欧上空孤立的反气旋有直接关系。另外,干旱期间的低气压是北大西洋、斯堪的纳维亚半岛和东地中海地区的典型气压(Brázdil 等,2015a)。

干旱的严重程度及其影响可能受到景观中人类活动的影响,特别反映在持水能力上。土地利用的变化发挥了重要作用,在总体和区域上影响到景观中的水量和径流。这种影响在主要河流的洪泛区尤为显著,这些河流通过实施规则来实现更快的径流。为了获得新的可耕地或建筑面积,进行了大量的土地复垦工程,影响了涝渍区,大大减少了天然洪泛区森林的面积。与此同时,大型水库(大坝)保持了大量的水,这大大减少了主要河流低流量的发生。

22.4 干旱的气候胁迫

一系列外部或内部气候作用力对捷克干旱的可能影响已被研究(Brázdil 等,2015a,2016b)。将多元线性回归方法应用于捷克地区和根据雨量站数据系列得到的干旱指数,证明了多个大规模气候强迫因子的影响。统计上显著的关系被确定为与人为因素有关,例如由于高温对蒸发需求的影响，温室气体浓度增加导致的气温升高使计算出的干旱指数较低(*SPEI*、*Z* 指数和 *PDSI*)，导致温室气体浓度增加。与北大西洋涛动(NAO)也有显著的联系。虽然 NAO 明显受季节影响(在冬季，NAO 为正值，增加了干旱指数的数值)，对于其他季节和全年来说，趋势正好相反。火山因素在主要火山爆发后的时期表现出轻微的干旱模式的趋势，但显著的相互关系很小。也有一些迹象表明厄尔尼诺与南方涛动的影响，虽然只有一些指数和地点具有显著性。其他气候作用力，特别是太阳活动和大西洋数十年振荡，与捷克的干旱没有显著关系。因此，捷克境内水文平衡的显著变化显然可以归因于气候变化，这种变化已由某些季节土壤含水量较低所显示。因此，预计的全球气温上升可能对干旱的发生产生重大的消极后果。但也可以指出，所提出的统计分析本身并没有明确证实各联系的因果性质，特别是在长期趋势方面。

22.5 未来干旱

虽然干旱趋势是明显的，并明显归因于人为活动，但重要的是估计未来干旱的历时、频率和强度的潜在变化。为了评价气候变化对所选指标的影响，我们测试了 4~6 月表层干旱胁迫天数的变化。对于每个 500 m 的网格，天气数据是根据该地区预期的气候变化条件进行修改的。为了能够评估 2021~2040 年天气状况的发展，我们使用 delta 方法和 5 个全球环流模型修正了 1981~2010 年的每日天气数据。取这些模型结果的平均值(法国皮埃尔·西蒙·拉普拉斯研究所的 IPSL 模型)以最好地捕捉降水和温度的预期变化(BNU：北京师范大学，中国；MRI，日本气象研究所；CNMR，法国国家气象研究中心；以及 HadGEM-Hadley 中心全球环境模型，英国)。所选的五种 GCMs 代表了 CMIP5 数据库中可用的 40 种循环模型的可变性(Taylor 等，2012)。采用 RCP 4.5(代表性浓度路径)温室气体浓度路径，气候敏感性为 3.0 K。近期的所有 5 个 GCMs 均显示，与基准期相比，表层土壤干旱胁迫天数显著增加。平均缺水时间超过 1 个月的地区在基线气候下约为 11.4%，在未来增加到 18%~27%，显著的水资源短缺地区持续了 55 d 或更长时间。这些变化将意味着全面干旱灾害的严重增加。在捷克共和国东南部地区，最高危险区向北扩展，向西扩展覆盖易北河低地。这两个地区目前都被认为是全国最肥沃的地区。另一个令人担忧的因素是，除东北地区外，全国各地都出现了干旱地区。这些地区干旱发生率的增加主要是由于土壤蓄水能力较低。这些结果表明，危险水平不是静态的，而且在未来可能会发生变化。此外，在定义风险最大的区域时，必须考虑这种动态(与气候变化有关的危险程度)。然而，令人惊讶的是，在不久的将来，在如此短的时间内，预计可能发生的变化之大。在预测的未来气候条件下，极端干旱的可能性大大增加，而且这些变化发生的速度可能比先前预计的更快。这一发现引起了广泛的关注，并表明提高抗旱能力的紧迫性。

22.6 加强干旱预防

农业技术的进步大大提高了生产水平，在稳定的气候条件下，干旱事件的影响不应直接威胁到该国的粮食安全。然而，在过去 20 年里，人们发现了一种令人不安的趋势，即粮食生产对干旱发生的敏感性增加。人们发现,森林地区的情况更为严重,森林火灾的风险以及较高的植被应力(通常由干旱引起),导致传统管理原则改变。尽管干旱事件可能不如引起媒体的注意的其他事件那样并可能长期被排除在公共视线之外,但公民和市政当局都意识到风险和适应措施实施的必要性。这表明干旱问题及其影响对社会的影响可能(或可能被认为是)比媒体报道的影响更大,这可能导致媒体报道的增加。

上述提出的科学证据指出,捷克社会已经并将继续必须应付全国各地发生的干旱。对历史数据的分析表明,异常干旱时期的证据足以严重损害农业经济。尽管科技进步,降水仍是农业灌溉的主要水源。近年来的主要干旱(2000 年、2003 年、2007 年、2011~2012 年和 2014~2015 年)是政策制定者态度变化的催化剂。迫切需要采取一项全面的干旱政策,因为干旱发生的频率和强度在地下水资源利用率低的地区最高。在此之前,通过把水储存在 20 世纪建造在河流上游的水库,这一普遍问题得到缓解。

虽然在今后 20~30 年的大多数情况下,饮用水和能源的需求仍将得到满足,但用于灌溉的可管理水资源不足以满足预期的水资源需求的增加。由于灌溉系统使用不足(而且不发达),农业用水量比邻国低得多。造成这一现象的原因有以下几个,主要是气候条件普遍有利,夏季降水最多,冬季降水在土壤中积累。由于气候变化侵蚀了土壤水和降水的可靠性,它们是作物的水源(特别是价值较高的作物,如啤酒花、葡萄或蔬菜),因此对灌溉农业的需求将会增加。然而,如果目前的灌溉系统(覆盖不到 4%的耕地)满负荷运转,满足作物需要的水量将超过某些集水区的资源,特别是在干旱年份。由于 2021~2040 年气候条件的变化,我们预计用水量将增加 33%(与 1981~2010 年基线期相比),以维持相同的种植系统。未来的气候可以允许有利可图的灌溉农业,但需要扩大或增加灌溉面积。尽管理论上有可能大幅增加灌溉用地,但这需要大规模的基础设施投资,而政策制定者和公众尚未就这一投资达成共识。

持续的气候变化可能会导致未来 20 年捷克共和国八个主要集水区的总体水资源大幅减少。基于一组代表性的全球循环模型的五个模拟运行中的四个表示潜在可用水量的大幅下降(已经减去当前取水量之后的年排放量的总和)。在 10 年干旱的情况下,与 1981~2010 年相比,所有迭代都导致可用水量显著减少。对于该国东南部和西北部地区尤其如此,未来 20 年干旱的发生可能会增加。

必须在全国范围内考虑旨在减少该领土易受干旱影响的措施,但也必须考虑到其他水文气象风险。中欧正在发生的全球气候变化不仅会导致上文提到的干旱频率和严重程度的增加,还会导致其他水文气象极端情况的频率增加,如洪水和山洪或热浪(Stocker 等,2013)。因此,有必要考虑采取适应和缓解措施,应对日益增加的干旱和洪水风险。将这些灾害的易损性降到最低要求,并将每种灾害的适应和缓解措施一起进行评估,因为这些措施可能并不相互适宜。

为了应对该地区的消极的气候趋势和日益暴露的重大干旱事件,必须加强理事机构(特别是区域和中央政府当局)的管理能力,并积极制定具体的、特定的策略来积极应对干旱以及在干旱期间做出更有效的回应。在干旱期间,除对危机或紧急情况做出反应以限制损害外,我们几乎无能为力。因此,有必要积极地、系统地与个体企业、社区和受干旱影响的部门合作,提高他们对干旱事件的适应能力。在立法过程中已实施或建议的现行政策包括：

(1)系统支持提高土壤和景观的整体保持能力。

(2)优化作物结构和作物/品种多样化，包括适当利用土壤耕作和其他农业技术。

(3)重点选择抗旱和其他已知气候风险的适应力强的树种和森林类型。

(4)尽早发现干旱的发生，并愿意采取适当和及时的行动，强调将经济损失、社会损失和环境损失降到最低，包括提高对受影响最严重部门的认识和了解。

各级管理部门对干旱反应迟缓可能导致潜在损害成倍增加。目前正在讨论的其他政策包括：

(1)增加各种规模的可管理水资源(新建水坝、池塘或地下水库)。

(2)提高人民的认识，促进和支持个人对提高抗旱能力的责任(例如，水资源的经济利用和各种个人蓄水系统的使用)。

(3)对“好”年份干旱事件的经济后果进行系统的准备(例如，建立一个基金，为农民承担无法克服的风险，这将增加农民从公共资源中支付的保费，即国家将与私营公司支付的保费相匹配，在干旱期间只向那些积极参与融资计划的公司提供支持，并在干旱期间停止特别干预)。

(4)制定明确权限和定期更新的具体、直接和有用的干旱计划。

22.7 干旱监测与干旱预报的作用

在所有情况下，重要的是改进关于干旱现状的时空信息，并预测特定干旱事件发展的可能性。特别是在农业方面，早期和中期季节预报的存在是至关重要的，以便该部门采取适当的管理战略，尽量减少干旱的影响。应用早期预警系统提供的信息，包括长期预报，对本书其他章节中讨论的许多其他部门(如能源、交通、林业、旅游和娱乐)也发挥着重要作用。因此，创建了一个专门的门户(http://www.drought.cz)，概述了干旱利用的现状：

(1)结合地面观测和高分辨率土壤含水量建模，提供每日 500 m×500 m 分辨率的干旱水平的信息。

(2)遥感植被状态数据(250 m 分辨率)，可用于评估土壤水分亏缺对田间作物、永久或长期文化产品(葡萄园和果园)和森林的影响，以及整个微波雷达估算的土壤水分提供了一个额外的土壤水分状况的评估方法。

(3)近实时干旱影响报告，由农民网络报告土壤水分含量，特别是基于特定一周内在农场一级观察到的干旱影响。

目前，近 300 名答复者积极参与提供关于其农场和森林干旱状况和干旱影响的资料，其中 120 多名答复者每周进行报告。目前正在努力将定期报告答复者的人数增加到 250 人以上，以实现适当的空间展示。但是，为了在于旱事件期间有效管理水资源，干旱状况资料必须辅以干旱预报。通过 5 个数值天气预报模型(最多 10 天)和概率预报(最多 2 个月)的组合来完成。所有用户每天都可以免费获得这些信息，因此受到用户的高度重视。2016 年，共有 45 411 名用户使用该系统，页面浏览量超过 25 万次，是异常干旱的 2015 年(20 614 名用户，页面浏览量 130 021 次)用户数量的两倍多。它证实了用户对干旱预报产品的高度兴趣。

22.8 总结与展望

毫无疑问，干旱的风险及其影响将在未来几年需要研究人员和决策者持续的系统关注。不仅在捷克共和国，而且在整个中欧都将是这种情况。与邻国在这个问题上的合作既经济又必要。例如，中欧农业干旱联网监测和预警系统(http://www.drought.cz)目前为捷克共和国和斯洛伐克共和国服务。这是位于布尔诺的捷克科学院全球变化研究所(CzechGlobe)和位于布拉迪斯拉发的斯洛伐克水文气象研究所之间的一项无成本/无项目的相互合作。斯洛伐克伙伴提供气象数据和专门知识，并向斯洛伐克的利益攸关方交流信息，而捷克地球继续运行监测系统本身以及编制目前的状况和预报地图。在分享技术和数据方面的这种相互协作为双方提供了切实的好处，并可作为其他地区的一种适当模式。现有的计划是在整个区域的机构之间分享方法和知识，包括植被状况(CzechGlobe提供)和土壤水分指数(维也纳技术大学通过哥白尼提供)。在不久的将来，最理想的是发展综合系统，提供气象、农业和水文干旱状况，预测的概况及其对该区域的影响。不仅需要在干旱监测领域，而且在拟订和执行干旱计划方面进行密切合作。交流经验不仅是经济的和有效的，而且是必要的，因为为应对干旱事件而采取的任何措施都可能对该区域所有国家产生影响。

致　谢

所得出的结论是在捷克共和国教育部、青年和体育部在国家可持续性规划项目 I(NPU I)(其编号为 LO1415)和科学院战略 21 的支持下获得的。干旱预测得到捷克共和国国家农业研究机构项目“农业干旱影响监测预报系统”(No.QJ1610072)的资助。捷克科学基金会项目支持了 MT、RB、PD、JM、PŠ 和 LŘ 编号为 No. 17-10026S 的项目。此外，我们还感谢广大的作者团队，他们为捷克共和国的干旱一书做出了贡献(参见 Brázdil 等，2015a)。

参考文献

(略)

第 23 章　伊比利亚半岛的干旱规划和管理

23.1 引　言

干旱是伊比利亚半岛(Iberian Peninsula,IP)最具破坏性的自然灾害之一,导致产生各种社会经济和环境影响。在很大程度上,由于半干旱的气候特征和日益增加的用水,包括 IP 在内的南欧地区在历史上极易遭受干旱的影响。降水变异性和干旱发生是 IP 气候的两个共同特征(Martín-vide,1994)。整个 IP 区域存在着重要的气候差异(Font-Tullot,1988),干旱同时影响着湿润和干旱地区(Gil 和 Morales,2001;Vicente Serrano,2006a,2013)。这种现象的主要负面影响出现在年平均降水量低于 600 mm 的地区(Vicente Serrano,2007)。

过去几十年里,人们对 IP 干旱影响的认识发生了显著变化(Pita,1989)。这是农村社会向城市社会主导转变的结果,其中主要经济活动与第一产业(农业和牲畜)无关。土地干旱导致农业社会频繁发生饥荒是 20 世纪 60 年代以前干旱的主要影响,这也是 40 年代 IP 强旱事件的主要影响。

目前,伊比利亚第一产业的经济比重远低于几十年前。此外,各类适应性措施(如堤坝、土地灌溉、农业保险和牧场保险)降低了农业部门干旱脆弱性,尽管干旱仍会导致干旱地区农作物严重歉收(Austin 等,1998;Molinero,2001;Páscoa 等,2017)。这些措施,加上城市扩张及旅游业的高度发展,导致社会对干旱的看法发生了重大变化(Morales 等,2000)。目前,这种看法主要认为干旱是一种水文灾害,干旱预警通常与水库水位下降有关,这可能会引发土地灌溉和城市供水问题。此外,人们对干旱可能造成的环境影响越来越感兴趣,该影响很难从土地的历史使用情况和当前的土地管理中分离出来。在过去几十年中,干旱事件以一定频率发生(Vicente Serrano,2006a),覆盖范围广,并对各种经济活动,特别是农业和牲畜造成重大影响(Maia 等,2015)。例如,1992~1995 年 IP 发生的干旱,累计造成了 1 200 万居民的用水限制,约 3.5 亿欧元的损失。此外,在此期间,农作物经济收入减少了 12 亿~18 亿欧元。IP 有记录的最干旱年份是 2005 年,其影响包括农业产量下降、森林火灾(主要在葡萄牙)的频繁发生(Gouveia 等,2012)、水力发电量明显减少。2005 年的水力发电量创下了自 1965 年以来的最低纪录(Jerez 等,2013)。2012 年是 IP 最近一次发生严重干旱,该年受野火影响的地表面积大幅增加(1994 年以来面积最大)。

本章分析了 IP 目前的干旱规划和管理,相关政策主要根据该地区气候特征和欧盟水利政策制定,葡萄牙和西班牙都同意遵守该政策(由于该政策考虑到各国之间的体制差异、共同点及考虑到体制差异、共同点和伊比利亚两国之间的合作协议)。在此背景下,讨论了气候和水文干旱模式的特征(第 23.2 节),其次是葡萄牙和西班牙的干旱规划和管理现状，以及遵守欧洲政策（第23.3节和第23.4节）。第23.5节建议了一些改善伊比利亚水平干旱风险管理的潜在行动，包括一些建议的干旱管理政策最佳实践。

23.2 伊比利亚半岛干旱的特征

不同的研究分别利用树木年代学（Tejedor 等，2015）、文献资料（Martin-Vide 和 Barriendos，1995；Vicente-Serrano 和 Cuadrat，2007a）和地质记录（Corella 等，2016）来分析 IP 干旱的发生情况。这些研究表明干旱发生率很高，进一步证明干旱是该地区的普遍气候特征。例如，Dominguez-Castro 等（2012）使用从18世纪和19世纪17个档案中获得的教会记录（propluvia rogations）分析了干旱的发生。他们不仅发现干旱在几十年内会更加频繁（如18世纪50年代、18世纪80年代和19世纪20年代），而且在干旱事件的发生和严重程度上也显示出重要的空间差异。工业化前时期，经济以农业和畜牧业为基础，干旱的后果是毁灭性的，经常发生与干旱条件相关的饥荒和死亡事件（Cuadrat 等，2016）。

在19世纪下半叶的仪器记录中也发现了干旱的高频率。1901年以来，基于12个月标准化降水指数（*SPI*）的整个 IP 的区域序列显示了不同的主要干旱事件（见图23-1）。从1910年、1920年和1930年开始的几十年显示出低严重干旱时期。相反，1940年以后，*SPI* 的变异性显著增加。

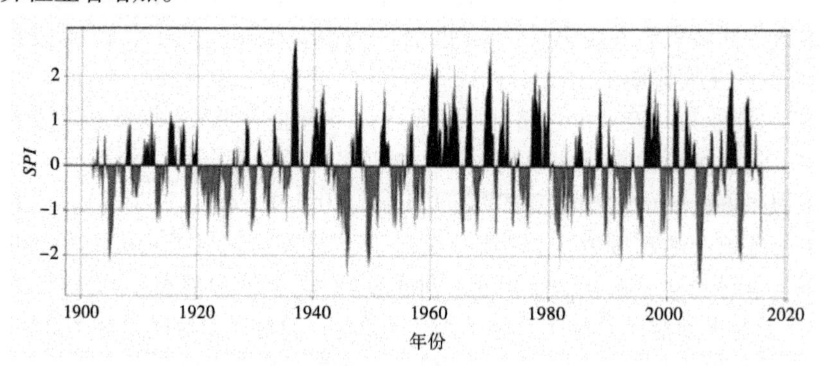

图23-1 1901~2015年整个伊比利亚半岛12个月标准化降水指数的演变

从1940年和1950年开始的几十年主要是干旱的，而1960年和1970年主要是潮湿的。20世纪初以来，最严重的两次干旱发生在1945~1946年和1949~1950年。1980年以后，该系列中干旱期占主导地位。因此，1981~1984年和1992~1995年是受长期严重干旱影响的两个时期，而该系列中最干旱的年份是2005年。

各种研究表明，即使在区域范围内，IP 地区干旱的空间变化也非常重要（Vicente-Serrano 和 Cuadrat，2007b；vicont-serrano 等，2004；Vicente-Serrano 和 Lopez-Moreno，2006）。在 IP 的其他地区显示了正常甚至潮湿的条件，这在干旱地区并不罕见。因此，很少有历史事件影响到 IP 总表面积的75%以上（Vicente-Serrano，2006a）。利用气候干旱指数和多变量技术，可以确定一些干旱时间变异性相似的均匀区域。在 IP 地区，确定了干旱发生中表现出特定时间演变的6个主要区域（Vicente-Serrano，2006b）。

IP 地区干旱的强烈空间变异性主要是不同大气环流模式控制该地区降水的结果

(Rodriguez-Puebla 等,1998)。冬季和春季的大气环流异常通常会提前几个月确定水的有效性(Lorenzo-Lacruz 等,2011;vicont-serrano 等,2016)。北大西洋涛动(NAO)是一种大气机制,主要控制 IP 地区寒冷季节降水的年际变化(Trigo 等,2002),导致重要的农业、水文和社会经济影响(Vicente-Serrano 和 Trigo,2011)。20 世纪 80 年代和 90 年代所观察到的严重干旱时期与国家审计署的积极阶段有关。然而,这个问题要复杂得多,因为尽管大部分 IP 区域显示 NAO 有更强的降水,但其他区域显示出其他大气环流模式的影响(Martin-Vide 和 Lopez-Bustins,2006;vicont-serrano 等,2009)。尽管如此,用基于大气环流指数的简单方法解释主要干旱事件是不可能的,因为引发干旱事件的大气条件可能在不同的事件之间有很大的差异(Garcia-Herrera 等,2007;Trigo 等,2013)。

全球和欧洲最近讨论了干旱频率和严重程度的可能趋势(Trenberth 等, 2014)。基于降水数据的研究表明,地中海地区的干旱状况加剧(Hoerling 等, 2012)。然而,干旱的强烈空间变异性使得很难确定干旱趋势的一般格局。20 世纪初以来的 *SPI* 系列表明,干旱的严重程度和持续时间在 IP 的西南部和东北部显著增加(Vicente-Serrano,2013)。在其他地区(如西北、东南和中部地区),趋势是干旱的程度和持续时间较低。由于该指数具有很强的时间变动性,1901~2015 年 IP 的平均 *SPI* 序列(如图 23-1 所示)并没有显示出显著的 *SPI* 值负值趋势。然而,基于客观水文干旱指标(例如,径流)的研究表明,在过去几十年中,干旱事件的频率和严重程度显著增加。Lorenzo-Lacruz 等(2013a)分析了 1945~2005 年 IP 流域的水文干旱演变,发现 IP 南部和东部大部分流域的水文干旱明显增加。在东北和西北的其他盆地也观察到这种情况,虽然没有那么严重。

很难区分气候和人为因素对水文干旱严重程度的影响。目前对水的管理和使用已经影响到水文干旱的持续时间和严重程度。因此,水资源管理显著地改变了气候和水文干旱之间的关系,无论是在关系的大小还是在响应的时间尺度上(Lopez-Moreno 等,2013;Lorenzo-Lacruz 等,2013b)。水资源管理还可能改变干旱的持续时间和严重程度。Lopez-moreno 等(2009)展示了西班牙—葡萄牙边界大型水库的开发是如何导致大坝下游的缺水事件比上游地区更加严重的。此外,灌溉用水需求的增加可能导致水库下游和灌溉多边形的水文干旱严重程度的严重加重。最近,Vicente-Serrano 等(2017)分析了塞格雷盆地(一个在西班牙北部的高度监管盆地)气候和水文干旱事件的演变。结果表明:与观测到的气候干旱演变相比,灌溉地的集约增加了下游水文干旱事件的严重程度。

无论如何,最近在 IP 中发现的变暖过程导致了大气蒸发需求(*AED*)的显著增加,自 1960 年以来平均为 25 mm(Vicente-Serrano 等,2014a)。有证据表明,这种增长在过去几十年加剧了干旱的严重程度。Vicente-Serrano 等(2014b)比较了基于降水的 *SPI* 和基于降水与 *AED* 气候平衡的标准化降水蒸散指数(*SPEI*)两个干旱指数,分析了 *AED* 对干旱严重程度的可能影响(Vicente-Serrano 等,2010)。结果表明,*AED* 的增加对气候干旱的严重程度和水资源的可获得性有明显的影响。因此,尽管降水趋势在 IP 中大多不显著,但在大多数伊比利亚盆地,包括不受水调节和消耗影响的自然非调节盆地,水文干旱条件得到了加强,且主要对气候变化做出反应(见图 23-2)。

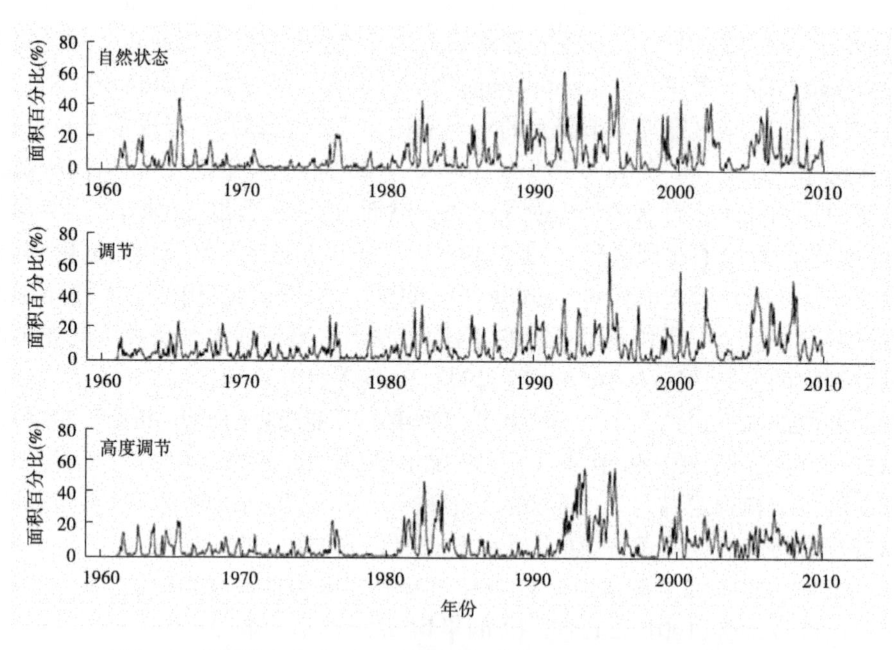

图 23-2 根据整个伊比利亚半岛自然、调节和高度调节流域的标准化水流指数,计算了 1961~2009 年受水流干旱影响的面积百分比

23.3 欧洲和伊比利亚干旱规划及管理背景

2000 年发布的《水资源框架指令》(WFD)为欧洲的水资源政策和管理提出了一个新的展望,考虑了流域层面的方法和制定流域管理计划(RBMPs)来保护欧洲的水体。世界粮食日确定了减轻干旱影响的必要性,强调了通过处理具体水资源问题的特别规划和管理计划(例如干旱管理计划)来补充 RBMPs 的可能性(EC,2000)。根据欧盟《世界河流日》,西班牙和葡萄牙于 2016 年批准了其大部分河流流域部门(RBDs)RBMPs 的第二(6年)周期,即对应于(每个国家的部分)共享的跨界 RBDs。

2007 年,委员会向欧洲议会和水资源短缺与干旱理事会(WS&D)提交的一份函件提出了一套政策选择方案,以解决和缓解欧盟内部的水资源短缺和干旱问题(EC,2007a)。这些备选办法旨在通过促进制定干旱管理计划、干旱早期预警系统和欧洲干旱观测站(EC,2007a;Estrela 和 Vargas,2012)。此外,根据 EU(2007a),干旱管理计划(DMPs)应包括:①指标和干旱水平阈值;②针对每个干旱水平应采取的相应措施;③一个明确的干旱管理组织框架(EC,2007b)。

这两个 IP 国家认识到干旱管理的重要性,自 2005 年发生严重干旱事件以来,一直在世界粮食日和欧盟干旱政策框架内努力应对干旱问题。在 IP 地区的干旱规划和管理取决于葡萄牙和西班牙之间的合作和相互作用,因为他们有五个共享的河流流域(Minho、Lima、Douro、Tejo 和 Guadiana),占 IP 领土的 45%,这可以被认为是跨界管理的一个特例。由于该案例的特殊性,需要签署流域联合管理协议(Pulwarty 和 Maia,2015)。对葡萄牙来说,这一需求尤其重要,因为其 64%的领土与共享的河流流域相对应。事实上,葡萄牙部分共同河流流域的下游位置使该国极易受到西班牙用水、水流状况和泥沙运输的影响(Do O,2011;Lopez-Moreno 等,2009;Pulwarty 和 Maia,2015)。1998 年(DR,1999)签署的《阿尔布费拉条约》确立了两国在共同流域管理方面的合作框架。

23.3.1 《阿尔布费拉条约》

19 世纪以来,葡萄牙和西班牙一直在建立伙伴关系和条约,主要是界定边界和使用边界延伸。《葡西河流流域保护和可持续利用合作条约》(通常称为《阿尔布费拉条约》,自 2000 年起生效)是根据世界水资源日的原则制定的,是第一个在流域规模上解决所有共享河流问题的条约。

《阿尔布费拉条约》确定了一个流域内共同水资源的可持续水资源管理双边合作的框架(DR,1999)。它促进在具体双边问题上的协调,例如流量制度、干旱和紧急情况(Maia,2011)。《阿尔布费拉条约》规定,葡萄牙和西班牙应"协调行动,预防和控制干旱和缺水情况",并应"充分研究干旱和缺水问题"。

条约发展和应用委员会(CADC)根据《阿尔布费拉条约》所取得的最重要成就之一是修订了《阿尔布费拉条约》规定的可提供的最低流量制度。如 Maia(2008)所述,在非异常年份(主要根据参考降水监测站的值定义),这些数值必须在某些控制区段得到保证。不过,该制度可加以修订以考虑到区域监测系统所建立的环境流量制度。事实上,目前西班牙 RBMPs 的最小流量值比《阿尔布费拉条约》规定的值要大;葡萄牙的 RBMPs 还没有建立这些阈值。

23.4 伊比利亚半岛目前的干旱规划和管理

《阿尔布费拉条约》和世界河流日都强调了西班牙和葡萄牙在跨界河流流域管理方面进行协调与合作的必要性(Maia,2009)。关于干旱,《阿尔布费拉条约》规定两国必须加强干旱预防和控制协调的定义该生产商共同标准的例外和干旱风险管理,建立监测点及监测指标、触发值和可以应用于干旱情况下的措施(Maia,2009)。然而,到目前为止,根据欧洲委员会关于促进跨界合作的建议(EC,2007b),两国还远未达成或甚至就共同或协调的干旱管理框架达成协议。甚至还没有建立一个统一和均匀的干旱指标系统,而该系统本来是由干旱协调会制定的。事实上,在干旱管理和规划方面,伊比利亚国家从未达成共识,目前两国处于不同的阶段(Maia,2011)。下面更详细地说明了每个伊比利亚国家(葡萄牙和西班牙)的干旱管理状况(体制框架、规划和监测)。在本章的最后,对这两个国家的干旱管理进行了全面的比较。

23.4.1 干旱制度框架

在西班牙,目前管理水资源的法律框架是《西班牙水法》和《世界水资源法》(2003 年改为西班牙法律)(Stefano 等,2015)。WFD 在 2005 年被转换为葡萄牙法律。

在制度框架上,西班牙的水资源管理是一个多层次的结构,分为中央政府、自治社区(西班牙宪法将自治社区定义为地区政府)和流域地区管理机构(RBDAs)(Sanchez-Martinez 等,2012)。《西班牙水法》规定了两种河流流域类型:①区域内流域,其中边界位于一个自治社区内;②跨区流域,其边界包括一个以上自治社区和/或跨界(例如与葡萄牙共有的流域)。区域内流域由自治社区的区域政府通过水力管理(Administración Hidráulica)进行管理。而跨区流域由河流流域管理机构(Confederaciones Hidrográficas)行使管理职能。国家干旱政策由中央政府(环境部)制定。旱情规划部门负责旱情规划和旱情管理。当宣布干旱情况时,政府会颁布的一项皇家法令,成立一个常设干旱委员会。该委员会由干旱地区(Estrela 和 Sancho,2016)的行政部门和利益攸关方的代表组成,在水资源系统管理方面发挥作用。

葡萄牙的情况则不同。葡萄牙环境局(Agencia portugal esa do Ambiente,APA)作为国家水利管理机构,在水问题上代表国家,负责水的规划和管理。其权力和责任于 2012 年移交给 APA,将前 RBDAs(5 个位于属于葡萄牙领土内的 IP 地区)整合为区域一级的分散服务(APA,2016)。根据葡萄牙水资源法,国家水资源管理局宣布干旱情况,并同其他有关组织一起管理抗旱措施的实施。然而在 2012 年干旱事件后,干旱和气候变化影响预防和监测委员会(葡萄牙,CSAC)及其下的技术工作组成为负责预防、监测和跟踪干旱状况和气候变化影响的常设机构,以及提供和评估抗旱措施风险的影响(DR,2012)。该工作组由规划、政策和总务厅(GPP)协调,由气象、农业、自然保护、粮食、领土、财政等各领域的 20 个实体组成。APA 就是其中之一。

23.4.2 干旱管理

干旱计划非常重要,因为它们为风险管理方法创建了一个框架。制定这些计划的目的是"提供工具来为决策提供信息,为所有干旱管理定义任务和责任,并确定一系列缓解和应对行动"(Stefano 等,2015)。由于每一个干旱事件都可能以不可预测的方式演变并影响到不同的地区,因此必须由政府机构和部门机构安排一些特别机制,以应对不断演变的干旱情况。在接下来的章节中,介绍了基于 DMP 实施的西班牙和葡萄牙干旱管理发展框架的描述。葡萄牙和西班牙的 DMP 都为干旱情况提供了行动框架,展示了一些触发行动的常用工具(干旱指标),与每种干旱情况有关的措施,以及干旱管理方面的主要实体和作用。

23.4.2.1 西班牙

2001 年制定的《国家水文规划法》规定,区域水文规划法应由区域水文规划局制定。在 2005 年影响知识产权的严重干旱事件之后,西班牙为发展中国家制定了一份指导文件。因此,根据皇家水文规划法令(RD 907/2007),为所有西班牙皇家水文规划系统开发了 DMPs,并于 2007 年通过了部级命令,被视为皇家水文规划系统的具体计划。《国家水文计划》还指出,公共行政部门应对 2 万多居民的城市供水系统负责,应对干旱情况制定应急计划(BOE 2001)。

西班牙是制定流域尺度水文干旱计划的先驱,该计划是基于对流域水文状况的准确实时监测信息。水文干旱计划是由不同的水资源管理机构在流域一级制定的(例如,Ebro 流域干旱计划可以在 http://www.chebro.es/contentido.streamfichero.do? idbinario =5889 上获得)。这些干旱计划对每个盆地都是独立的,因为它们适用于特定的盆地特征,但所有干旱监测都使用相同的概念(详情见下文)。

西班牙的 DMPs 包括干旱诊断(干旱指标和阈值)、相关措施方案(不同类型的,与每种干旱状况有关)、管理和后续系统(具有处理各流域干旱问题的组织框架)(CHG,2007;Maia,2009)。2007 年 DMPs 目前正在修订和适应第二轮 RBMPs(2016 年初通过),预计将于 2017 年底(BOE,2016)完成。

西班牙目前没有一个活跃的干旱预警系统(DEWS);不过,订正 DMP 中所界定的干旱指标预计将包括由西班牙国家气象实体 AEMET 提供的季节气象预报。目前,应急计划只在马德里、巴塞罗那、塞维利亚和马拉加等大城市制定(MAPAMA,2016a)。

23.4.2.2 葡萄牙

到目前为止,还没有开发出 RBD 规模的 DMPs。2015 年公布了一项全国干旱形势预防、监测和应急计划(简称 PT DMP),但尚未得到正式批准(APA,2016)。正如 2004/2005 年的严重干旱所表明的那样,对干旱情况的管理是反应性的,主要是根据政府在国家一级就严重干旱情况设立的干旱委员会的活动。在 2012 年的下一个严重干旱时期,该委员会(CSAC,如上所述)与一个技术顾问工作组(DR,2012)一起成立了一个常设机构。PT DMP 建议(由工作组制定)考虑了干旱指标并确定了干旱水平,以及制定了与这些水平相关的一些具体措施。然而,目前由于 DMP 的临时特性,这些特性可能还没有完全实现。前葡萄牙水务局(INAG)开发了 DEWS 的试点版本,并于 2011 年向公众展示,但尚未实施(Maia,2011)。

DMP 建议提供了关于干旱预防、监测和突发事件的信息。该计划包括:①一些预防性结构性和非结构性措施;②用于制定干旱指标的变量;③干旱监测的周期性;④在干旱事件期间采取行动的建议(例如,有关实体和与每次干旱警报有关的措施)。DMP 提案还描述了公开披露的条款,包括相关实体公布监测结果的频率。此外,建议要求所有公共供水和灌溉供应管理实体为干旱情况编制应急计划。

23.5 干旱监测系统

干旱监测系统是跟踪和绘制干旱空间范围和强度的关键,是建立干旱状况和应采取的适当行动之间的联系,是分析所实施措施的有效性的关键。

23.5.1 西班牙

西班牙有一个由农业、粮食和环境部(MAGRAMA)管理的全国干旱监测系统。该系统基于几个水文变量的信息,如水库蓄水量、地下水承压水平、流量、水库流入和降水。这些变量在整个河流流域的几个地点进行测量,并根据国家指标体系(Estrela 和 Vargas,2012)加权得到综合指标,是西班牙特有的概念定义。该指标(Indice de Estado-Index of Status)表示每个流域的水文状况。例如,如果一个地区的用水量取决于水库中储存的水,则干旱指数是根据水库水位计算的;如果用水依赖地下水,则用含水层的测压水平来计算干旱指数。该指数是根据各水文系统各关键变量的百分位数得出的。将当前情况的数值与干旱阈值进行比较,从而建立相应的干旱警报级别。这些指标的标准化值(范围为 0~

1)提供了流域干旱状况等级,分为正常、预警、警报和紧急。正常情况对应的水文条件优于历史评价所定义的平均条件。其他干旱状况级别(正常、预警、警报和紧急情况)对应的水文条件值低于平均值(CHG,2007)。

每个干旱警报级别都与特定的管理行动相关联,具体管理行动在为每个 RBD 开发的 DMPs 中指定。例如,在预警情况下,RBA 鼓励农民考虑可用的水资源以修改他们的种植计划(Estrela 和 Vargas,2012;Stefano 等,2015)。

区域干旱数据中心定期向 MAGRAMA 水事局发送后续信息,后者汇编了来自每个区域干旱数据中心的数据,从而形成关于西班牙领土干旱信息、情况和措施的公共数据集和报告。这些信息(包括地图、图表和统计数据)由国家干旱观测站提供,提供整个西班牙领土上以月为单位点的信息(MAPAMA,2016b)。

与此同时,还有一些关于西班牙实时干旱情况的可用信息。西班牙国家气象局(AEMET)利用 *SPI* 编制了每月关于气象干旱状况的全国地图。该指数基于降水记录(AEMET,2016)计算。

西班牙的农业干旱监测有两种方法。第一种方法是根据 MODIS 图像的时间序列记录的异常情况建立牧场干旱监测系统(http://www.mapama.gob.es/es/ enesa/lineas_de_seguros seguros_ganaderos//-dida_pastos.asp)。根据这些图像计算的植被指数,确定每个区域的牧场是否出现与干旱相关的叶片产量和净初级产量显著下降的阈值。因此,基于遥感系统,根据生产力预期损失的演化规律,对有草场保险的农户进行经济补偿。第二种方法是基于国家农业保险公司开发的农业监测(AGROSEGURO,http://AGROSEGURO.es/)。对不同物候期的作物进行了高空间密度的田间调查。如果某一地区宣布作物歉收,则对其进行评估,以确定每种农业用途的预期损失以及相应的农民保险赔偿。

23.5.2 葡萄牙

1995 年干旱之后,国家水资源研究所(INAG)(1995~1998 年)开发了干旱预警计划(PVAS-Programa de Alerta e Vigilancia de Secas),该机构于 2012 年并入葡萄牙环境局(APA),成为葡萄牙国家水资源管理局。PVAS 用于监测 2004~2005 年和 2012 年的干旱事件。PT DMP 提案要求使用 PVAS,包括一系列修改,如加强压力计监测网络。通过 PVAS,将有可能根据降水、河流流量和水库蓄水以及含水层等常见水文气象变量的信息,确定长期干旱和缺水事件及其影响。根据这些资料,对水文年的四个时期(1 月、3 月、5 月和 9 月底)进行评估,以便评估干旱造成的异常情况。

由葡萄牙气象研究所(IPMA)编制的、可能与干旱情况评估有关的共同气象信息月报(如 *SPI* 和 *PDSI*)已在 GPP(CSAC 工作组协调员)网站上公布。PT DMP 还建议预测(在正常和干旱条件下)监测雨养农业和广泛牲畜生产指标。

根据 PT DMP 的建议,监测的变量是评估农业气象和水文干旱状况的基础,而农业气象和水文干旱状况又与干旱条件的四个级别有关:正常、预警、警报和紧急。每一干旱程度可能与某些干旱措施有关。例如,预警级别可能与实施缓解措施有关,例如限制水的使用(APA,2016)。应该指出的是,DMP PT 总体监测程序(行动计划)尚未完全执行。

目前,在葡萄牙,监测了一些雨养农业和广泛的畜牧生产活动,并取得了成果(由 SI-

MA 和 RICA 系统提供，在葡萄牙分别是 Sistema de Informacao de Mercados Agricolas 和 Rede de Informacao de Contabilidades Agricolas）。根据 PT DMP 的建议，从这些现有的监测系统获得的信息可以用来评估干旱的影响。这类信息被 CSAC 的咨询技术工作组用于评估 2014/2015 年气象（预警）干旱事件期间的干旱情况。

23.6 西班牙和葡萄牙的整体比较

葡萄牙和西班牙有着长期而共同的严重干旱历史，这带来了几个挑战。这些活动突出了使水资源规划和管理适应的相应影响和用水限制的重要性。两国在干旱规划和管理方面遵循共同的框架和方法，但在实施方面有所不同。其中一个差异与开发 DMPs 的方法和时间有关。尽管西班牙在 2007 年为西班牙的 RBDs 开发了 DMP，但葡萄牙预计将实施一项全国性的 DMP，此前该国在 2015 年拟定了一项提案，但尚未得到正式批准。事实上，在一些西班牙区域监测系统中（例如杜罗和瓜迪亚纳），已经在第一次和第二次区域监测系统核准的范围内审查和/或调整相应的区域监测方案的某些方面（指标的评价和/或评价）。

在体制框架方面，即关于区域开发银行管理方面，各国在广泛的水资源管理方面表现出一些差异。在葡萄牙，水资源管理局集中于一个国家机构，即国家水权机构；在西班牙，这种结构是由中央政府、自治社区和地方自治机构共享的。治理结构的这种差异也反映在干旱管理方面。在操作阶段也可以观察到不同的空间尺度方法。区域、地方和用水用户组织在干旱管理方面的作用可以说明这一点。在葡萄牙，2012 年成立的干旱管理机构拥有全国范围的监测区域，当宣布干旱情况时，地方/区域实体的作用仍然不明确，这表明缺乏干旱业务框架。在西班牙，《区域干旱评估报告》在干旱管理方面发挥了重要作用，在所有用水户一级都采取了干旱管理行动。事实上，随着干旱事件的发展，西班牙的 DMPs 定义了每个干旱组织/利益相关者的角色。

西班牙已全面实施干旱监测系统，提供关于西班牙所有河流流域不同区域（zonas de explotacion）干旱水平的信息。在葡萄牙，PT DMP 提出的干旱监测系统仍有待全面实施。同西班牙的情况一样，预计该系统将提供关于同样数目的干旱程度的资料，同时考虑到水文变数的演变。

关于干旱预警系统，西班牙和葡萄牙都没有按照 2007 年《欧洲准则》（EC，2007a）的建议，在区域和/或国家范围内全面运作露珠。因此，显然有必要在这两个国家发展这些制度。在葡萄牙，前葡萄牙水务局（INAG）开发了 DEWS 的试点版本，但尚未投入使用（Maia，2011）。尽管如此，葡萄牙国家水资源计划已经确立了到 2021 年（DR，2016）实现了 DEWS 的目标。在西班牙，正在努力为西班牙河流域开发一个干旱监测系统，以便在目前确认干旱存在的能力之外，能够中期预测干旱。此外，在 DMPs 修订中，将确定西班牙干旱指数，以便包括由 AEMET 提供的季节气象预报。

表 23-1 简单地比较了葡萄牙和西班牙与干旱规划和管理有关的主要主题。

表 23-1　2017 年 3 月葡萄牙和西班牙的干旱监测和管理对比

干旱监测和管理	西班牙	葡萄牙
干旱管理计划	自 2007 年起采用，适用于各 RBD 预计 2017 年修订 DMPs	2015 年提出了一项临时国家计划，但尚未得到正式批准
责任方	MAGRAMA；RBD；政府；干旱常设委员会	干旱和气候变化影响预防和监测委员会（CSAC）和技术工作组
干旱监测系统	基于 *SPI* 指数的全国尺度气象监测，AEMET 国家干旱指标体系： 按流域尺度提供资料，根据： ·水库蓄水 ·地下水蓄量 ·河流 ·降水 使用状态指数 基于水文监测的四个干旱等级（正常、预警、警报、应急）	基于 *SPI* 和 *PDSI* 的国家尺度气象监测，IPMA PVAS *： 在国家一级提供的资料，考虑到： ·水库蓄水 ·地下水蓄量 ·河流 ·降水 没有具体的综合指数 基于水文监测的四个干旱等级（正常、预警、警报、应急）（*目前尚未全面实施）
干旱情况报告	RBD 级别： RBD 行政部门每月的 * * 报告 国家级别： 国家干旱观测站每月 * * 报告（ * * 或更频繁，如果干旱条件允许）	在国家层面上： 由 IPMA 编制并由 CSAC 咨询工作组提交的每月气象报告。 根据预计的 PT DMP，在干旱情况恶化时，CSAC 的咨询工作组应更频繁地提出报告
抗旱措施	在干旱事件期间，针对每个干旱级别，在 DMPs 中提出预防和应急措施	由 DMP 定义与每个干旱级别相关的措施（批准）
应急计划	居民超过 2 万的系统应当有应急计划；目前，这些只在一些大城市开发	PT DMP 预计，所有公共供水和灌溉供应管理单位应制定应急预案
干旱早期预警系统	在全球 RBDs 水平上，没有任何 DEWS 是主动性的；预计在 2017 年 DMPs 修订版中定义的干旱指标将包括由 AEMET 提供的季节气象预报	葡萄牙国家水资源计划确立了到 2021 年实施干旱预警系统的目标

两国对干旱规划和管理的评价表明，共同或协同的干旱监测和管理仍然很遥远。为实现这一目标，有必要首先调整两国之间的指标、阈值和警戒级别，这是在 CADC 工作下商定和计划的。事实上，这些调整必须适用于跨界协定，特别是如 Maia（2009）所述的《阿尔布费拉条约》。

根据《阿尔布费拉条约》的规定，西班牙将保证共同河流上游边界的 MFRs，除非在特殊年份，这相当于在规定的期间内的累积降水量（在参考的监测站）低于预先确定的最低降水量。这意味着 MFRs（瓜迪亚纳除外，其中也考虑了预定义水库的蓄水量）只依赖于预定义降水站的降水值。在西班牙使用的干旱监测系统，在《发展支助方案》中有定义，包括若干如前所述的水文指标，但不包括《阿尔布费拉条约》中在某些河流流域系统（例如杜罗和特霍）中有定义的降水量指标；如果包括这些指标，就像瓜迪亚纳 RBD 的情况一样，它们将与其他降水量计指标混合使用（Maia，2009）。

图 23-3 在考虑《阿尔布费拉条约》的降水量指标［见图 23-3（a）］或 DMPs 中定义的

系统中使用的指标(见图 23-3)[本例来自 Douro 河流域(CHD,2016)]时,可以比较同一时期获得的干旱警报级别。

如图 23-3 所示,两种情况得到了不同的结果和对应的分类。例如,使用《阿尔布费拉条约》(CHD,2016; Maia,2009)。这突出表明有必要在两国及其以前达成的协议之间达成具体的统一指标。此后,在西班牙杜洛的第二 RBMP 内,对将要使用的指标进行了修订,并考虑将《阿尔布费拉条约》降水指标纳入该 RBD 的西班牙指标体系(CHD,2016)。

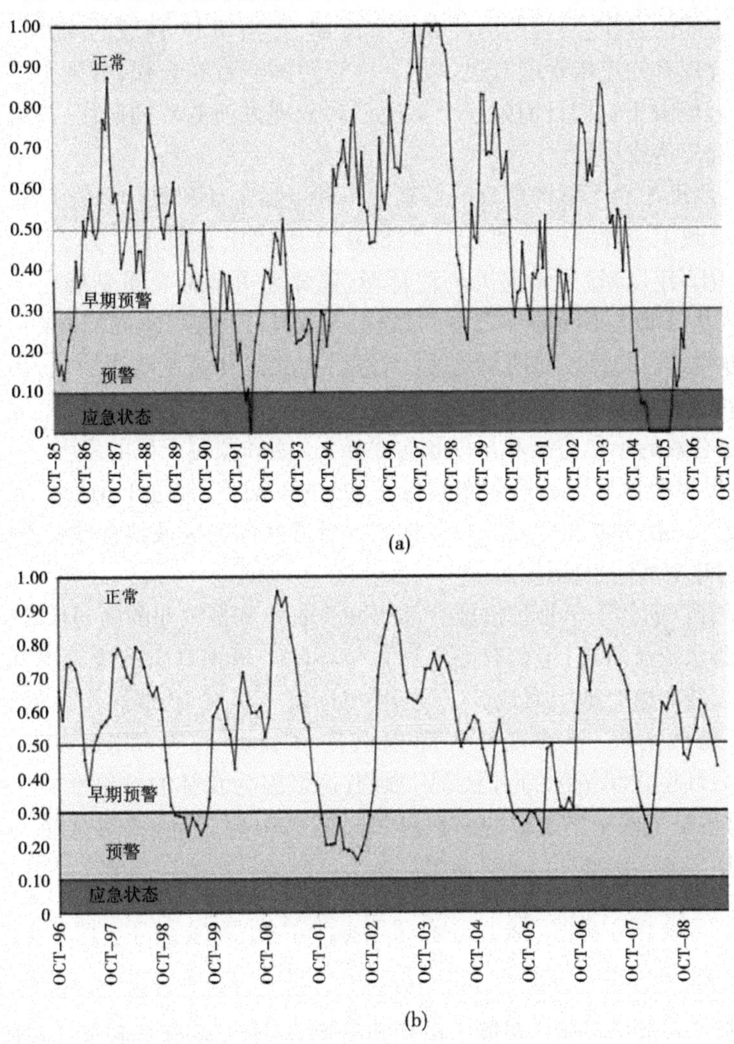

图 23-3　考虑到(a)《阿尔布费拉条约》确定的降水指标和(b)流域全球业务指标,杜罗河流域状况和警报水平指数的时间演变[改编自 CHD, Actualización del Plan Especial de Sequías(**干旱管理计划实施**),Anejo 13.1 del Plan Hidrológico de la Parte Española de la Demarcación Hidrográfica del Duero (2015~2021),2016]

23.7 结论与展望

IP 地区的干旱规划和管理是根据欧盟共同水资源政策要求(WFD)和关于 WS&D 的具体政策选择建议制定的。虽然干旱在 IP 地区的空间变异性是显著的,但可以确定具有相似干旱时间变异性的同质区域。如前所述,IP 领域的干旱规划和管理主要依赖于葡萄牙和西班牙之间的合作,因为两国共有 5 个流域,相当于 IP 领域的 45%。所需的干旱政策协调应符合现有的流域管理双边协定。尽管两国一直在合作,并致力于宣布共同管理共享的 REDs,但由于它们目前处于干旱规划和管理方面的不同阶段,没有就共同或协调的干旱管理框架达成协议。

事实上,西班牙的干旱管理政策是基于一种更加主动和有计划的方法,而葡萄牙的干旱政策仍然反映了一种危机管理方法,目前还没有 DMP 的批准。为了明确转向有效的和预期的(自 2012 年以来)干旱危机主动管理,葡萄牙可能需要重新确定干旱管理的运作体制框架(涉及目前在不同部委之下的机构,与 2012 年有所不同)以及与国家水务局的作用和/或协调。它的目标和期望是,两国将根据欧盟和区域双边协议,为干旱管理政策(WMP,2012)做出共享和/或促进最佳做法,具体如下:

(1)实施有效的干旱监测和早期预警系统,预测和预测干旱的发生。

(2)在《世界粮食日》和《阿尔布费拉条约》的框架下,促进干旱规划和管理方面的标准和共同方法,旨在协调和可能地联合规划与管理共同的区域粮食储备系统。

(3)建立健全共同指标体系。

此外,尽管目前的干旱管理措施有助于减少农业和畜牧业的脆弱性和影响,并在关键干旱时期改善水资源管理,但仍有必要加强与环境干旱相对应的决策支持数和指标。在过去 20 年里,随着整个地中海地区气候变暖,环境干旱对 IP 地区产生的影响越来越大。干旱影响了森林生长,导致森林大面积退化(Camarero 等,2015; Vicente-Serrano 等,2012)。然而,环境干旱指标的制定是困难的,这是因为森林的抗旱性和恢复力取决于森林类型,同时也是气候干旱条件的函数(Pasho 等,2011),有必要对这些关系进行进一步的研究和发现。

致 谢

Sergio M. Vicente-Serrano 获得了由西班牙科学技术委员会和 FEDER 编号为 PCIN-2015-220、CGL2014-52135-C03-01 研究项目的支持,以及由欧洲委员会的 Water Works 2014 的 IMDROFLOOD 研究项目的资助。

参考文献

(略)

第 24 章　建立昆士兰干旱缓解中心

24.1　简　介

澳大利亚的昆士兰州是世界上年降水量变化最大的洲(Love,2005;Nicholls 等,1997)。而政府决策人员一直认为澳大利亚和昆士兰的干旱是长期正常气候模式的异常现象(Botterill 和 Wilhite,2005;Wilhite,2005)。事实上,从欧洲人定居以来,澳大利亚政府一直通过各种英联邦国家的赈灾手段对干旱做出响应,类似于应对热带气旋或者洪涝灾害的手段(Botterill 和 Wilhite,2005)。

然而,澳大利亚大旱不断发生,国民经济尤其是农村经济损失不断增加。1963~1968 年的干旱使澳大利亚的小麦收成下降了 40%,农业收入减少了 3 亿~6 亿澳元。1982~1983 年的干旱使澳大利亚经济损失达 30 亿澳元。1991~1995 年的干旱使澳大利亚经济损失达 50 亿澳元,其中 5.9 亿澳元以干旱救济金的形式直接补贴给农民及农村企业。这里提到的重要干旱都是由赤道太平洋中部及东部的厄尔尼诺现象造成的。

与此同时,19 世纪 90 年代,人们对澳大利亚气候模式的了解逐渐深入,尤其是对每年高自然水平的气候变化,现有的干旱政策越来越站不住脚。在 1992 年之前的 10~20 年,大量的研究使人们至少可以季节性预测澳大利亚和昆士兰降水的潜在变化性,进而为昆士兰严重干旱预防做好准备(Stone,2014)。

干旱研究以收益和可持续发展为目的,范围广泛,截至 1992 年已包括整个农业管理系统,该系统综合了气候预测、技术、生物、财务信息、杂草害虫控制策略、社会经济学因素,以及农村社区和农户面临压力时的需求(澳大利亚国家干旱政策,1992;White 等,1993,2005)。

然而,一个关键问题是,如何高效利用这些气候农业研究成果,以及在澳大利亚和全球范围启动的变化气候和农业系统研究(包括农产品供应链研究),将其纳入备灾计划(Everingham 等,2003;Meinke 和 Stone,2005;Stone 和 Meinke,2005)。一项重大技术进展,以及人们对昆士兰和澳大利亚这段期间主要气候机制的进一步了解,实现了利用农作物模拟[例如农业生产系统模拟模型(APSIM)]帮助规划农业干旱预防,如寻找合适种植日期和决定如何应用化肥等(Keating 等,2003)。还有一项新技术是能够以一种决策支持的形式提供农业生产系统模拟模型预运行输出结果,以帮助应对极端气候变化情况,包括有可能伴随着低土壤湿度条件的低降水量时期(Cox 等,2004)。

通过干旱综合管理计划(IDMP;见第 3 章)的倡议和在日内瓦举行的全球水事伙伴关系(GWP)与世界气象组织(WMO)之间的合作项目的互动引导,专家们意识到,结合全球干旱响应措施的成败可以学到更多经验。干旱综合管理计划汇集了许多世界抗旱专家和项目管理者,其中有部分人来自美国国家干旱减灾中心(NDMC),该中心旨在帮助机构制定和实施各种措施以减少社会抗旱的脆弱性，强调防范和风险管理，而不是危机管理。事实上，Pulwarty（2011）认识到，没有任何一个国家或组织能够完全克服干旱预警系统建立时所面临的所有障碍，他还强调有必要建立国际与国家间的联系。因此，需要进一步做出行动，承认全球资料交换中心有必要理解干旱研究与规划复杂性，并与其他关键机构联合，从而为有效应对干旱作出多方面准备和计划。正是由于认识到开展全球干旱研究合作的必要性，2017 年昆士兰干旱缓解中心（QDMC）成立，并需要根据当地的备灾策略、开发与规划做出相应举措。

24.2 昆士兰干旱缓解中心

昆士兰政府是 QDMC 的主要推动者，最近宣布为期五年的农村援助和干旱援助计划，总额为 7 790 万澳元。这些计划包括 2016~2017 年 4 490 万澳元的干旱援助计划和 2016~2017 年 350 万澳元的干旱与气候适应计划（DCAP），其中 QDMC 是关键组成部分。然而，如果农村和相关产业及组织在 2016~2017 年得到支持，那么 DCAP 倡议很有可能再延长 4 年。整个计划包括集中放牧最佳管理计划（BMP），包括整个农场的经济规划以及帮助放牧人（在澳大利亚通常称为生产者）应对风险的计划，而干旱是其主要组成部分；政府部门帮助昆士兰农业适应未来气候情景的研究和发展计划；还有 QDMC，包括干旱与气候研究以及指定农业保险计划的研究（详情如下）。

QDMC 有三个节点，核心部分位于国际应用气候科学中心（ICACS）内的南昆士兰大学的图文巴。QDMC 将会成为一个研究基地（包括监测、预报和预警）、交流基地和关于减轻干旱对农业及社会影响的能力建设基地。QDMC 汇集并增加了季节性气候预测、气候风险管理和决策支持系统方面的专业知识，这些知识存于 ICACS 和国家政府部门中的农渔业部门（DFA）、科技创新部门（DSITI）。为确保全球所有相关新科学和创新研究系统都能够适应 QDMC 和 DCAP 的需求，与国家和国际研究发展机构加强联系和合作将至关重要。这些合作机构包括 NDMC、美国国家干旱信息系统集成、澳大利亚气象局（尤其是季节和多年气候预测研究部门）、英国梅特办公室（尤其是其哈德利气候研究中心和年代预测工作）、澳大利亚联邦科学与工业研究协会、昆士兰和澳大利亚的重点大学、新南威尔士的主要产业部门、世界气象组织（尤其是其农业气象技术委员会、综合干旱管理计划以及干旱与粮食安全的主要方案领域），还有东南欧干旱管理中心以及欧洲干旱中心。

此外，QDMC 将着重吸引参与机构、研究、发展和投资拓展人为干旱备灾投资或捐赠实物。其实，QDMC 预算为其他感兴趣机构的额外投资提供种子资金，特别是与农民、牧场主和农业产业密切相关的机构。

根据以下原则，QDMC 提高农业系统的抗旱性有这些做法：

（1）利用气候科学和季节气候预测的最新进展，增进对干旱风险、缓解干旱方法以及更广泛的气候风险管理的了解。

（2）利用风险管理方法，认识气候变化尤其是干旱引起的短期和长期生产和财政风险。

（3）重点支持农场经理在管理短期和长期业务时做出的战术战略决策。

(4)认识到充分利用好季节因素是管理气候变化和改进抗旱准备工作的关键组成部分。

总之,QDMC 的工作计划将首先包括表 24-1 所示的项目。

表 24-1 2016~2017 年正式 QDMC 项目清单

DCAP2 提高季节气候预测(QBO、STR 等,包括 ENSO)
DCAP3 提高多年干旱预测能力——将 UKMO DePreSys 或类似的模型整合到十年预测中(与 BoM/UKMO 合作)
DCAP5 农业产业的区域气候变化适应性
DCAP6 生产增强型/指定作物保险系统(与主要国际再保险机构合作)
DCAP7.1 开发用于干旱监测的产品:干旱指标应用
DCAP7.2 开发用于干旱监测的产品:提高作物产量和产量预测(将季节预测与高作物建模方法整合)
DCAP9 开发和制定决策支持工具(如"GRAZe-ON""Droughtplan""Rainman""ClimateARM")
DCAP13 在全国范围内对多用户参与的成功气候管理研讨会进行改进
DCAP14 气候变化和区域适应下的作物生产模型
DCAP15 通过对昆士兰主要农业产业的季节性气候预测的应用,评估改进气候风险管理策略的经济价值

注:缺少编号的项目是其他领域的项目,不在 QDMC 项目清单中。

24.3 总 结

在昆士兰州制定改进抗旱准备方案和程序需要一个长期的过程,由于气候机制曾导致昆士兰州在 20 世纪 90 年代出现极端年降水量变化,因此这个过程需要对气候机制有更透彻的了解。随着对这种气候变化地深入理解,许多作物和牧场仿真建模系统以及相关决策支持系统的开发也为预测和应对强降水变化和干旱提供了可能。尽管在过去的 20~30 年内,昆士兰在气候和农业系统研究方面取得了如此大的进展,抗旱工作仍然相对缓慢且不完善。2016 年昆士兰政府有了一个显著的突破,即利用科学和决策支持系统将 QDMC 纳入其中。通过一系列子项目,从进一步提高季节性气候和多年预测机制到创新指定农业保险制度和重新引入以前成功的气候管理农民研讨会,昆士兰农民和其他农业供应链将进一步加强他们应对干旱的能力。

参考文献

(略)

第Ⅴ部分 总结与展望

第 25 章　干旱与水危机：经验教训，未来道路

25.1 简　介

到 21 世纪中叶，地球上一半的人口将生活在供应无法持续满足需求的水资源短缺地区。（《经济学人》2016 年 11 月 5 日）

尽管干旱是几乎所有气候现象中不可避免的一种气候特征，抗旱工作却进展缓慢。纵观历史，大多数国家应对干旱采取的措施都是危机管理模式。许多国家现在越发迫切地感受到需要采取更加积极主动的、基于风险的干旱管理方法（Wilhite，2000；Wilhite 等，2014），如本书前文所述一般。确实，近年来这种多发的潜在性自然灾害引起人们的危机感。最近世界许多地区均发生干旱，每年众多发展中国家及发达国家的部分地区均受到影响。例如，美国每年受严重和极度干旱影响的平均面积约占到 14%。这个数字曾高达 65%（1934 年和 2012 年），并且自 2000 年以来大多数年份是在 35%～40%的范围内波动（全球干旱发生趋势评估会覆盖重大区域及地方变化）。因此，鉴于过去的大规模事件并没有促使决策者采取行动，美国过去 10 年发生的大规模干旱是否可以解释国家和州在干旱监测和备灾上有所行动的必要性？在某种程度上，我们会说，是的。近年来，其他国家或地区（如澳大利亚、巴西、非洲之角和墨西哥）广泛、严重、持续的干旱也推动着干旱监测和备灾的改进。然而，经验表明，这只是易发生干旱国家更加重视干旱风险管理的因素之一。

气候变化和极端事件发生频率和严重程度不断增加也是一个影响因素。在本书的第 1 版中，我们得出的结论是，气候变化可能并没有在这一趋势中起到重要作用，因为大多数决策者只在他们的任期内或者为了下一次选举才考虑它，并且许多企业最多只考虑到下一季度报告，不会过多考虑。在撰写本书时，我们认为气候变化在国家、社会和在干旱风险管理方面投入时间和资源的水资源管理者做出重要决策时发挥重要作用，尤其是为更全面的干旱监测、预警信息系统、安全隐患评估、抗旱计划、国家干旱政策的发展。人们现在越来越重视改善干旱管理，可能是因为越来越多的国家正经历着显著的气候变化，干旱频发，并且严重程度不断增加。对于经历了年降水量呈下降趋势或者干旱频发（可能持续多年），甚至两者都有的地区来说，气候变化的潜在威胁现在似乎更加迫切。此外，一系列活动和举措也激发了人们对干旱风险管理的兴趣并取得了更大的进展。例如，2013 年召开由 87 个国家参与的有关国家干旱政策的高级别会议（HMNDP）（见第 2 章），会议后进行的一系列后续活动［例如干旱综合管理项目（IDMP）的启动——见第 3 章］，各地区研讨会在国家干旱政策方面做出的建设，欧盟的新举措（见第 18 章），2016 年非洲干旱会议（http://allafrica.com/stories/201608180693.html），帮助传播概念并且为干旱风险管理和国家干旱政策赢得了支持。

要在未知的情况下做出决策很困难但却无法避免。一些决策者和资源管理者仍然认定气候变化预测是错误的，他们认为气候状况不会发生变化，干旱等极端气候事件的频率和严重性也不会发生改变。很少考虑到预测的气候变化很有可能过于保守，或者低估了某些地区极端事件发生频率和严重性的变化程度。一些地区的周期性干旱都是由气候变化而引起的。如本书所示，极端气候变化的发生，包括干旱，加上高温和其他大气因素及地表情况，都会导致无法进行气候预测。

除上述因素外，我们认为人们对抗旱工作日益增加的兴趣也和社会、经济的改善及环境不断被破坏有关，例如其影响的规模性和复杂性的增加。虽然全球数据中不存在有关干旱引起的经济损失趋势，但联合国开发计划署（联合国开发计划署 2004 年危机预防与恢复）的报告表明，每年与自然灾害相关的损失从 19 世纪 60 年代的 755 亿美元到 19 世纪 90 年代增加到近 6 600 亿美元。干旱造成的损失可能也是类似的一个趋势，但经济损失额等实际影响仍不得而知。并且这些自然灾害，尤其是干旱，所造成的损失额很有可能由于不准确的报道或者数据不足而被大大低估。损失预算不包括随时间推移的社会成本和环境成本，也不包括像水力发电这样次要的或更重要的影响。正如本书许多作者所述，发展中国家和发达国家尽管在大多数情况下这种影响有显著不同，但这种影响都在增长。大多数与干旱有关的损失预算不包括间接损失——生活、非正式经济，还包括生态服务、生活质量、文化影响在内的无形损失（Pulwarty 和 Verdin，2013）。

关于干旱，我们应该如何定义脆弱性？它通常表示社会预测、应对、抵抗、适应以及自然灾害恢复能力的程度。纸上能力并不一定可以转变为实际能力。城市化有限的水资源供应带来了更大的压力，尤其在水资源需求高峰期，很多水资源供应系统无法向包括农业在内的用户供水。更为先进的技术在某些情况下降低了我们应对干旱的脆弱性，而增加了其他方面的脆弱性。对环境和生态服务更多的认识以及保护和恢复环境质量正在给我们所有人施加越来越大的压力，要求我们更好地管理我们的物质和生物资源。沙漠化等环境退化问题正降低许多景物的生物生产力，并增加了应对干旱事件的脆弱性。所有这些因素都在强调我们应对干旱的脆弱性是动态的，必须定期进行评估。今天与几十年前经历的同等或类似规模的干旱的再次发生将很可能遵循不同的影响轨迹，造成更大的经济损失、社会损失和环境损失，并引起用水者之间的冲突。

25.2 从危机转向风险管理：转变模式

1986 年，内布拉斯加州大学举办国际研讨会，集中讨论干旱的几个方面问题，从预测、预警、影响评估到响应、规划和政策。这次会议的目的是审查和评估我们目前对干旱的了解，并确定为提高国家和国际应对干旱的能力所需要研究的内容和信息（Wilhite 和 Easterling，1987）。30 年后的今天回顾这次会议及其成果，这个研讨会似乎代表着一个新的干旱管理模式的开端——以一个更加积极主动的方式减少社会应对干旱的脆弱性。

根据这一框架，国家干旱政策委员会（NDPC，2000）指出，干旱风险管理应该：

（1）相比保险更应该未雨绸缪，相比救济更应该保险，相比监管更应该激励。

（2）根据研究的可能结果确定研究重点，以减少干旱影响。

(3)通过与非联邦实体的合作来协调联邦提供的服务。

此外,欧洲联盟水资源框架指令(欧盟,2000,本书第 18 章)在处理水资源短缺和干旱问题时,将"提高干旱风险管理"确定为七个关键政策选项之一。

如前所述,改变干旱管理模式进展缓慢。显然,决策者和实践者经历很多时间后意识到干旱不同并逐步增加的影响、干旱的复杂性、应对举措和危机管理方法的无效性。可解释这种新模式进展缓慢的原因有很多,但可以确定的是这种现象如今已经发生在很多应对灾害管理和发展问题的国家及国家组织。与干旱有关的危机,例如最近在非洲之角和其他地方发生的危机,揭示了详细审查缺乏早期行动的根本原因的重要性(Verver,2011)。一个更加积极主动的、基于风险的干旱管理方法必须要依赖于强大的科学。它还必须发生在科学和政策之间,这让很多科学家觉得非常不自在。

尽管一些人认为(Stakhiv 等,2016)美国西部、埃及和其他地区的整个水利基础建设展示了我们有效管理干旱风险的能力,但其实在大多数情况下(例如美国西部),基础设施还没有发展完善,它是经历了一个多世纪的演变,并且依赖于湿润气候中技术剩余(还没有被完全开发利用)的逆流河道水。我们发现大多数这样的系统是封闭的。正如科罗拉多河那样,理解脆弱性如何变化对于确定未来的管理路径和改革抉择是至关重要的(Kenney 等,2010)。此外,这些基础设施也在老化,需要翻新整修。

图 4-1 阐明了灾害管理的周期,描述了危机和风险管理之间的联系。传统的危机管理方法在很大程度上是无效的,有很多的实例表明这种方法会因为个人(受灾群众)过于依赖政府和捐助组织的应急援助,而增加干旱脆弱性。例如,干旱救济援助往往会给予那些没有做干旱规划但贫穷的资源管理者,而采取适当缓和措施的资源管理者却得不到援助。因此,干旱救济对于改善资源管理往往是一个阻碍。政府应该奖励良好的自然资源管理规划还是不可持续的资源管理呢? 不幸的是,由于受到有关危机和准备不足的政治和其他方面的压力,大多数国家几十年来一直遵循着后者。将这种惯性制度重新定向,转化为一个新的范式,为科学界和政策界提供了一个相当大的挑战。

正如本书作者多次强调的那样,减少未来干旱风险需要一个更加积极主动的方式,即强调备灾规划,重视适当的减缓措施及规划的发展,包括通过发展综合预警和信息传递系统来改善干旱监测。表 25-1 显示了危机管理与风险管理特征的鲜明对比。然而,由于相关影响和影响之间联系的复杂性,这种方法必须要是多主题且多领域的。风险管理对灾害管理周期的危机管理部分有着积极的补充作用,因此人们可以预期,随着时间的推移,影响程度(无论是经济、社会还是环境)将会减弱。但是,一旦灾难带来的威胁消退,自然倾向将逐渐转变成一种社会冷漠现象(众所周知的水文非逻辑循环;见第 4 章图 4-2)。

这提出一个很多作者在这本书中曾描述过的重要观点:什么构成了危机? 危机与决策密不可分。1977 年出版的《韦氏词典》对危机的定义如下:一个决定性瞬间(字面意思);事件的一种不稳定或者关键的时间或状态,其结果无论是好是坏都将会起到一个决定性作用。危机这个词来源于希腊语 krisis,字面意思是"决定"。如果内外环境的变化或者变化的累积影响对基本价值观或预期结果产生了威胁,并导致冲突(法律、军事或其他方面)发生的可能性很大,并且应对外在价值威胁的时间有限,那么就可以说危机发生了。

表 25-1　危机与风险管理：特征、成本、收益

危机管理	风险管理
昂贵	投资
• 成本+不作为的成本	• 短期—预警系统、网络建立、合作、机构能力
• 重复过去的错误	• 长期—结构调整、政策转变
后影响	前影响
• 干旱救济/紧急援助 奖励贫穷的资源管理者 了解脆弱性的状况(影响) 提高脆弱性,增加对政府和捐助者的依赖	• 风险评估和降低 识别并处理脆弱性的根源 促进改善自然资源管理 降低了脆弱性,能够依赖自己 减少对政府和捐助者的依赖

危机并不是灾难,它只是一个转折点。如果不同级别的决策者能够意识到危机,如果行动者有可能对局势做出改变,那么危机局势可以改善。因此,明智的决策是有效缓解危机情况,主动将风险降低到可接受等级的关键。积极主动地进行危机管理可以发挥决策支持工具的作用,包括提高使用即将发生事件的信息的能力,来为脆弱性降低战略提供信息。

预警概念包括减轻危机的关键决策支持工具。预警系统不仅仅是预测灾害和发出警报的科学技术手段。它们应该被理解为科学可靠的、权威性的、可获得的信息系统,它们通过授权脆弱部门和社会团体来减轻即将发生的灾害事件的潜在损失和破坏,以此来整合有关且来自风险地区的能够促进决策(正式和非正式)的信息(Maskrey,1997; NIDIS,2007)。

自然灾害风险信息在发展和经济决策中很少被考虑到(更不用说脆弱性降低战略)。危机情景可以让我们从一个窗口中看到在灾难发生前采取行动,从另一个较小、较暗的窗口中看到在灾难发生后采取行动,而灾难前采取行动不比灾难后采取行动获得的降低风险的机会少。鉴于干旱缓慢和持续的性质,要减少潜在影响,在理论和实践上都必须要将其作为发展规划不可分割的一部分加以重新塑造,并且在国家、区域和地方各级执行。影响评估方法不仅应揭示脆弱性存在的原因(谁和什么正处于风险中,为什么),还应该揭示可以将脆弱性或风险降到当地可以接受水平的投资。关于干旱的自然环境和社会环境的研究应包括对知识障碍的评价,并确定信息进入政策和实践的适当入口点,入口点不适当将导致危机局势。可持续发展、水资源短缺、跨界水冲突、环境退化与保护以及气候变化等问题推动着人们辩论在水资源管理上什么样的结果是应该被重视的。

25.3　新问题

自 20 世纪 30 年代美国发生沙尘暴以来,人们已经获得了大量应对和预测干旱灾害方法的可靠信息。但是,在一个联系日益密切和变化迅速的世界里,几个重要的领域正在出现。我们强调以下五个重要关注领域。

25.3.1　与气候变化、区域和地方各级表现有关的不确定性

必须要比现有水平更加严格地处理气候模型产出，尤其是在影响评估方面，要让局部水平能更好地适应。目前，任何预测系统，包括蒸发需求量的日益增加，都不能解决多年干旱问题。很多面对气候变化表现脆弱的热点地区，其土壤水分和土壤质量也在下降，同时适应能力也在下降。情景规划（基于过去、现在和预测的事件）可以让人们更好地理解是否或者如何充分利用含有过去数据和多年气候累积风险的概率信息。而所有这些的核心是一个持续的高质量监测系统网络。

25.3.2　干旱影响的复杂途径：水—能源—粮食关系

联合国（FAO，2014）对水—能源—粮食关系的描述如下：

"水、能源和粮食密不可分。水是农田和整个农业食物供应链上生产农产品的一种投入。"农业目前在全球是最大的用水户，用水量占总用水量的70%。食品生产和供应链消耗能源约占全球能源消耗总量的30%。生产和分配水资源和粮食，从地下水或地表水资源中抽水为灌溉系统供电，加工、储存和运输农产品都需要能源。到2050年，全球能源需求预计将增长400%。在国家能源供应中水力发电发挥重要作用的地区，如巴西和赞比亚，长期干旱期间已经发生了停电以及能源价格上涨。同样，在2014年由于低流量，格伦峡谷大坝（科罗拉多河）不得不购买6 000万美元的火力发电，以抵消美国市场需求增长最快的地区——美国西南部。20世纪90年代以来，玉米、水稻和小麦的平均产量增幅已经开始稳定在每年1%左右（FAO，2017）。水、能源利用、粮食生产之间有许多协同作用和权衡。增加灌溉可能会促进粮食或生物燃料的生产，但是它也会因为增加总取水量而减少河流流量和水力潜力，从而危害粮食安全。而在大多数情况下，每一个要素都是被拿来单独研究和管理的，没有考虑到保证水、能源和粮食安全共同的权衡、文化相似性（和差异性）、相互作用和互补性。

25.3.3　干旱影响的代价、作为的收益和不作为的代价

围绕干旱主动采取行动的主要假设是，当前或者前期的行动和投资能够产生巨大的未来效益，但这样的假设难以成立。然而，美国一项研究发现，在三个联邦的自然灾害缓解补助项目（灾害缓解补助项目、项目影响、洪水缓解援助项目）中，每花费一美元，平均可为未来社会避免损失节省4美元（Godschalck 等，2009）。这一结论源于1993～2003年，美国联邦政府花费35亿美元缓解补助，为社会节约了140亿美元的预计损失（Mittler 等，2009）。现在尚未有像这样的干旱研究。但是，本书中，Gerber 和 Mirzabaev（第5章）已经开始在评估作为的收益和不作为的代价方面取得一些进展。在干旱和其他灾害领域，需要做出更多工作来实现"弹性的三重效益"（Tanner 等，2015）。效益提供了三种类型的公共效益和个人效益，使积极的灾害风险投资具有商业理由，也为协调短期和长期目标提供说明。这些好处包括：

（1）避免灾难发生时的损失。

（2）减少灾害风险能够刺激经济活动。

(3)特定灾害风险管理投资的开发效益和用途。

25.3.4 技术、效率、政策的作用

1980 年以来,美国的用水量已经恢复到 1970 年的水平。在此期间,美国人口增长了 33%(Rogers,1993)。这种转换说明行为和效率变化的累计有效性。然而,主要推动因素是减少美国年平均需求和淡水取水量的国家政策(Rogers,1993),它显示了在保护措施上确立法律法规的价值。其中包括《清洁水法》(1972)、《国家环境政策法》(1970)、《濒危物种法》(1973)和《安全饮用水法》(1974)。Stakhiv 等(2016)认为,这些法案促进并确保了一个自下而上的授权机构框架,其重点是调节、监测、执行 19 世纪 70 年代一系列水质和环境法。

25.3.5 与人类安全相关:未来研究的一个领域

据美国国家情报机构近日发布的一份报告显示,在未来 20 年(NIC 2016)气候变化及其影响可能会给美国和其他国家带来广泛的国家安全挑战。该报告概述的不安全途径包括几个干旱敏感问题,例如:

(1)对粮食价格和供应产生不利影响。

(2)增加了给人类健康带来的风险。

(3)给投资和经济竞争带来负面影响。

虽然我们已知在社会混乱与不稳定的情况下,水资源匮乏和粮食安全问题会对人们产生影响,但是现在人们对其中联系和冲突的关系仍然知之甚少(Erian 等,2010)。与冲突途径无关,水文气候变化对经济和生计的影响会对人类安全构成重大威胁(Kallis 和 Zografos,2014;Serageldin,2009)。干旱和气候变化如何影响未来脆弱性将是一个日益受到研究和关注的领域。

Godschalck 等(2009)指出减灾策划者和决策者多年来已经有了宝贵的经验,包括考虑投资组合的损失的必要性,综合定性和定量分析,在大量项目的基础上评估利益和价值,明确承认不同社会价值观的必要性,并且强化合作制度机构,包括收集影响数据以减少脆弱性,增强恢复力。正如 Vayda 和 Walters(1999)所提醒的,研究人员应该关注人类对环境问题的反应,而不是预料政治决策对环境问题的影响。在一个调节脆弱性驱动因素的更广泛的政治生态中,将一个事件(或多个事件)更深层次的面向问题的上下文分析联系起来是必要的。正如本书已经指出的,批判本身不是参与(Walker,2007)。

25.4 最终思考

干旱对社会造成了广泛且复杂的影响,影响干旱脆弱性的因素有很多。随着国家人口增长和城市化不断提高,水资源、自然资源管理者和决策者为减少这些影响面临着越来越大的压力。这也给科学界带来了相当大的压力,要求他们提供更好的工具,提供可靠及时的信息来帮助决策者。社会适应能力(这里用广义术语定义)意味着可用的工具、数据和知识没有得到有效利用。干旱无疑加剧了这些问题,并对这些地区产生超出气候发生

期显著累积影响。加强干旱防备和管理以及与水资源管理的联系是未来的关键挑战之一。

本书的目的是为这些重要事件和问题提供见解,并且希望在试验证据和经验的基础上指出一些真正的、潜在的解决方案。本书的作者讨论了广泛的主题,这些主题集中于理论和实践中的科学、管理和政策问题。人们需要意识到如今改善干旱管理,投资于备灾规划、减灾、改进监测、预警和更好的预报,将在现在和将来产生巨大的效益。

寻找财政资源来采用基于风险的干旱准备计划和政策总被政策制定者和其他决策者认为是改变现有模式的一个障碍。然而,解决方案似乎很明确:将资源从减少干旱脆弱性作用甚微(甚至像已经证明的那样,可能会增加脆弱性)的应对性计划中转移到更积极的、基于风险的管理方法中。例如,在美国,近几十年来已经有数十亿美元救济提供给了旱灾受害者。还有世界上许多易发生干旱国家,无论是发达国家还是发展中国家,情况都是如此。我们只能想象干旱预备减灾所取得的进步,备灾战略将这些资金的一部分投资于更好的监测网络、预警、信息提供系统、改进决策的决策支持工具、改进的天气预报、干旱规划和影响评估方法。我们这里所说不包括那些真正的受害者——也就是那些由于无法获得和使用先进技术而受制于可以行使知识、决策和权力的人。启动干旱管理新模式的关键是教育公众——不仅是那些已经习惯了在干旱危机期间接受政府援助的受害者,还有那些税收被用来补偿损失的其他公众群体。无论是干旱还是其他自然灾害,紧急反应总是可以发挥作用,但必须谨慎使用,并且不能与反映了可持续资源管理措施的既定干旱政策相冲突。

在 2004 年 3 月世界水日之际,联合国秘书处长科菲·安南表示:

与水有关的灾害,包括洪灾、旱灾、飓风、台风和热带气旋,使人民生命和财产付出了极大的代价,影响了数百万人,造成了严重的经济损失……无论我们多么希望把这些完全看作是自然灾害,人类活动都的确大大增加了风险和脆弱性……现代社会与过去经历过甚至因为水而崩溃了的文明相比具有明显的优势。我们拥有丰富的知识,并且有能力将这些知识传播到地球上最遥远的地方。我们也是科学进步的受益者,科学进步使得天气预报、农业措施、自然资源管理以及防灾、备灾和管理得到了改进。新技术将继续成为我们努力的支柱。但是,只有理性和明智的政治、社会和文化反应,以及公众在灾害管理周期所有阶段的参与,才可以减少灾害脆弱性并确保灾害不会转变到无法控制的地步。

2013 年,联合国秘书处长潘基文表示:

在过去的 25 年里,世界变得更容易干旱,并且由于气候变化,干旱预计会变得更加广泛、严重、频繁。长期干旱对生态系统的长久影响是深刻的,它加速了土地退化和沙漠化。它最终导致贫穷,当地也可能会因为水资源和肥沃的土地而发生冲突。干旱难以避免,但是其影响可以减轻。因为干旱通常跨越国界,它们需要集体做出反应。与救灾费用相比,备灾工作的费用微不足道。因此,让我们通过全面贯彻 3 月在日内瓦举行的国家干旱政策高级会议的成果,从危机管理转向备灾和抗灾。(潘基文的完整会话在:http://www.un.org/sg/statements/? nid=6911)

我们认为,干旱的复杂性及其与其他自然灾害的差异使干旱比其他自然灾害更难应对,尤其是当目标为减轻影响时。要将差异作为抗灾准备规划的一部分来处理,需要做出特殊的努力,否则这些差异将导致缓解和规划进程的失败。未来干旱管理工作必须考虑干旱的独特性质,它的自然和社会维度,发展有效预警系统的困难,可靠的季节性预测,准确及时的影响评估工具,综合干旱防备计划,有效缓解和应对行为,加强可持续资源管理目标的干旱政策。

参考文献

(略)